面向CS2013计算机专业规划教材

嵌入式系统基础教程

第2版

俞建新　王 健　宋健建　编著
南京大学　东南大学　南京大学

Fundamentals of Embedded Systems

Second Edition

机械工业出版社
China Machine Press

图书在版编目（CIP）数据

嵌入式系统基础教程 / 俞建新，王健，宋健建编著 . —2 版 . —北京：机械工业出版社，2014.10
（2021.6 重印）
（面向 CS2013 计算机专业规划教材）

ISBN 978-7-111-47998-7

I. 嵌… II. ①俞… ②王… ③宋… III. 微型计算机 – 系统设计 – 高等学校 – 教材
IV. TP360.21

中国版本图书馆 CIP 数据核字（2014）第 216128 号

本书概括地介绍 32 位嵌入式系统的基础理论知识，重点论述 ARM 处理器的 32 位嵌入式硬件平台。主要内容包括：嵌入式系统的基本概念；嵌入式微处理器硬件技术、嵌入式调试方法；ARM 处理器体系结构、ARM 寻址方式和指令集、ARM 汇编语言程序设计和 ARM 开发工具；基于 ARM 嵌入式处理器的中断控制、DMA 控制和时间管理；嵌入式存储器、嵌入式总线、嵌入式接口和嵌入式常用外部设备。

本书可以作为高等院校计算机专业、软件专业、嵌入式专业、电子专业和其他相关专业的本科生或者研究生的专业基础课教材，也可以作为嵌入式开发技术人员的技术培训教材或者开发参考书。

出版发行：机械工业出版社（北京市西城区百万庄大街 22 号 邮政编码：100037）
责任编辑：朱 劼 佘 洁 责任校对：董纪丽
印 刷：北京建宏印刷有限公司 版 次：2021 年 6 月第 2 版第 6 次印刷
开 本：185mm×260mm 1/16 印 张：19.25
书 号：ISBN 978-7-111-47998-7 定 价：49.00 元（附光盘）
ISBN 978-7-89405-603-0（光盘）

前　　言

十几年以来，嵌入式系统技术和嵌入式产品发展势头迅猛，其应用涉及通信产品、消费电子、汽车工业、工业控制、信息家电、国防工业等各个领域。目前，嵌入式产品在 IT 产业以及电子工业的经济总额中所占的比重越来越大，对国民经济增长的贡献日益显著。随着手机、平板电脑、媒体播放器、上网本、数码相机和机顶盒等电子器材类嵌入式产品的普及，嵌入式系统知识在广大民众中间的传播也越来越广泛。现在，许多 IT 公司每年都投入可观的资金和科研力量研发嵌入式新产品，产业界每年都需要大量受过良好教育的嵌入式系统开发人才。出于对嵌入式高科技知识的追求，广大在校学生纷纷选修嵌入式系统课程，以提高嵌入式系统的理论知识和开发技能。教育界也纷纷开设各种嵌入式系统课程，积极推动嵌入式系统教学质量和水平的提高。

在整个社会对嵌入式系统研发人才的需求持续增长的背景下，参加本书编写的三位作者均从 2002 年开始着手准备嵌入式系统的教学工作，并且于 2004 年在南京大学计算机系和软件学院以及东南大学计算机系正式开设并讲授嵌入式系统课程。截至 2014 年，作者们在嵌入式系统课程上已经培养了大约 2600 名修课学生。

2012 年春季，基于多年的教学实践和科研成果积累，大家经过讨论决定对 2008 年出版的《嵌入式系统基础教程》进行修订，并确立了第 2 版教材的基本编写原则。

1）发挥第 1 版教材的优点和长处，排除第 1 版教材的冗余和不足，使新版教材的概念更加清晰、重点更加突出、案例更加简明易读。

2）以硬件为基础，把可能涉及的大多数硬件知识讲深讲透，使读者掌握好底层嵌入式开发的技能，为将来进一步学习嵌入式技术打好基础。

3）在知识传授方面，做到合理衔接、循序渐进，力求使其他课程讲授过的内容不再在本教材中简单地重复出现。

4）对于其他前导课程与嵌入式系统基础课程中相重叠的知识点，通过对比和补足的方式加以讲解。例如，DMA 输入输出方式在"计算机组成原理"和"微机原理与接口技术"课程中分别从不同角度做了讲解，为此在嵌入式系统课程中，我们采取对比的方式简明扼要地介绍嵌入式系统中的 DMA 机制与使用方法，从而消除学生的重复感，使之学深学透。

5）尽可能提高嵌入式理论知识的抽象度。例如，嵌入式处理器有多种体系结构，其中凌动处理器同 PC 的 IA32 处理器体系结构相同，但是多数嵌入式处理器的体系结构与 IA32 处理器的体系结构有所不同。我们将这些嵌入式处理器的共有特点抽象出来，利于读者举一反三，深入理解嵌入式处理器不同于通用处理器的主要方面。

6）着重讲解 ARM 处理器的体系结构、流水线、指令集、IP 核、汇编语言程序设计、常用功能模块等，突出 ARM 处理器在嵌入式系统中的主导地位。

本书特点

- 本书阐述的知识点主要是在计算机组成原理和微机原理与接口技术这两门本科生课程之上的延续，突出了嵌入式产业硬件的新发展，涵盖了嵌入式系统技术领域的主要概念和知识点，并在此基础上做了扩展，力求做到层次分明、结构清晰。

- 本书首先概述了嵌入式系统的定义、分类、硬件结构和软件结构，列举了近20个具体的嵌入式系统，并介绍了它们之间的规模区别和技术特点，使读者对嵌入式系统有一个全局概念。
- 本书第9章对闪速存储器单元构造的微电子学物理结构做了概括性的介绍，包括闪速存储器的存储单元原理和基本结构，避免读者对底层元器件工作机制认识的不足。
- 以ARM处理器为嵌入式硬件平台核心，兼顾其他体系结构的嵌入式处理器，全面系统地介绍嵌入式系统的硬件理论知识，包括常用嵌入式处理器、常用嵌入式存储器、常用嵌入式总线、常用嵌入式接口和常用嵌入式外部设备。
- 嵌入式硬件原理介绍、软硬件接口介绍、电路连接介绍和应用编程介绍并重。除了把每一个重要的概念讲解清楚之外，还力求做到理论与实践相结合，并给出相应的编程范例。这些范例都已调试通过，覆盖了很多典型的嵌入式程序设计范式。
- 相较上一版，内容有所取舍，重点突出。例如，删除了上一版关于知识产权核、低功耗的原理知识，以及实时操作系统的一般性原理，把内容重点放在ARM嵌入式处理器的硬件平台上。
- 有一部分内容是选修选讲内容，在标题上用 * 号标记。使用本教材的教师可以根据课时计划和学生的知识基础对这些内容加以取舍。
- 使用本教材授课时应该同时开展相应的实验/实践教学。

教学建议

1）本教材主要用于本科生教学，硕士生教学可酌情使用。

2）本科生课时数安排以48学时为宜，即每周安排3学时。按照这个教学计划，整个课程的总授课时间约32学时，另外安排16学时的实验。

教学资源

本书将为授课教师提供相关软件、实例程序、教学课件、习题解答等资源，教师可以从华章网站（www.hzbook.com）下载。

作者分工

本书由俞建新编制提纲，并撰写了第2、3、4、5、6、8、9章，王健撰写了第1章，宋健建撰写了第7章。俞建新负责全书的统调工作。

致谢

南京大学计算机系李宣东主任、陶先平副主任、陈道蓄教授、陈立军教授和王崇骏副教授与作者讨论过本书的写作大纲，给出了建设性观点；南京大学计算机系张福炎教授、张天副教授为本书的编写提供了很好的指导性建议；南京大学计算机系杨献春教授和陆庆文副教授为本书的实验范例编写提供了很好的实验环境。

南京大学计算机系的黄滨、孙睿、吴亚琦、胡琰华、黄蓉、余进、欧建生、冯子陵、阮佳彬、戴平等硕士生参加了本书的部分范例程序的编写和调试工作,南京大学物理系和电子系的马小飞、邢向磊、范爱华、娄孝祥、赵凤英、赵伟明和赵红玉等同学参加了本书的编写、试读和校对工作。

在此一并对上述各位老师和学生的指导、协助与支持表示衷心的感谢。

编者

2014 年 7 月 10 日于中国南京

目　录

第1章 嵌入式系统概论

本章将主要介绍嵌入式系统的定义、发展简史、特点、基本分类和组成，例举若干典型的嵌入式产品和嵌入式系统，最后简要说明嵌入式系统的发展趋势及相关研究领域。

1.1 概述

嵌入式系统泛指嵌入在电子产品或者机电产品中的专用计算机系统。在日常生活方面常见的电子产品，诸如手机、PDA、机顶盒、数码相机、媒体播放器、游戏机等，都内含了嵌入式系统。嵌入式系统广泛应用的领域较多，例如汽车电子，其应用产品包括：牵引力控制、电子控制悬架、电子动力转向、自动雨刷、灯光控制系统、防抱死制动系统（ABS）等。同样，医疗器械也是嵌入式系统广泛应用的一个领域，其应用产品包括：B型超声波诊断仪、全套血液生化指标检测仪、数字血糖仪等。

嵌入式系统具有芯片集成度高、硬件软件最小化、高度自动化、响应速度快以及性能可靠等基本特点，特别适合实时和多任务场合。从应用角度考察，目前相当一部分嵌入式产品都具有3C融合特征，即计算机（computer）、通信（communication）和消费电子（consume electronic）一体化。

从本质上来说，嵌入式系统和嵌入式设备是有区别的。嵌入式系统是一个比PC（个人计算机）更加小型化的计算机系统，只是它通常被嵌入于应用设备或应用系统中成为一个专用的计算机系统。而嵌入式设备是指某一包含嵌入式系统的专用设备。通常，在典型嵌入式设备中几乎感觉不到计算机系统的存在，例如我们日常所见的PDA、手机、微波炉等都属于嵌入式设备。

1.1.1 嵌入式系统的定义

迄今为止，关于嵌入式系统的定义有很多。例如："嵌入到对象体系中的专用计算机系统"，它强调嵌入式系统的三个基本要素：嵌入性、专用性与计算机系统。又例如："一种用于控制、监测或协助特定机器和设备正常运转的计算机"，它强调的是嵌入式计算机的功能。本书采用国内流行的较为完整和规范的定义：嵌入式系统是以应用为中心，以计算机技术为基础，软件硬件可裁剪，适应应用系统对功能、可靠性、成本、体积、功耗严格要求的专用计算机系统。

嵌入式技术（embedded technology）也是产业界和学术界常用的术语，它指的是嵌入式系统研发和应用过程中使用的芯片技术、硬件技术和软件技术。由于嵌入式系统日益普及，人们往往还使用更为简洁的术语"嵌入式"，它是嵌入式系统、嵌入式技术或者嵌入式产品的简称，具体含义视场合而定。本教材也会使用"嵌入式"这个术语，读者应根据上下文予以理解。

1.1.2 后PC时代与无所不在的计算时代

21世纪，人类进入了所谓的后PC时代（post PC era）。在这个时代，WinTel（Windows&Intel）联盟因垄断PC技术而占有IT产业大部分市场份额的长达20多年的格局将被改变。后PC时代的基本特点是：计算装置无所不在，信息电器普及化和联网化，数据处理多媒体化。近年来，IT 工程师纷纷在科学研究、工程设计、消费电子以及军事技术等领域的产品创新设计方面采用灵活、高效和高性价比的嵌入式解决方案。嵌入式技术已经成为后 PC 时代 IT 领域的主流研发技术之一。

今天，嵌入式计算机在应用数量上远远超过了各种通用计算机。嵌入式系统正在逐步渗透到人类社会的各个领域，我们身边无所不在的嵌入式应用构成了所谓 "无所不在的计算时代"。例如：一台通用计算机的外部设备中就包含了多个嵌入式微处理器，软驱、硬盘、显示器、调制解调器、打印机、扫描仪等均由嵌入式处理器控制。在制造工业、过程控制、通信、仪器、仪表、汽车、船舶、航空、航天、消费类电子产品、军事装备等产业领域，在产品中配套使用的嵌入式系统均占有举足轻重的产值份额。

下面，我们给出若干个典型嵌入式系统例子，参见表 1-1。

表 1-1　嵌入式产品和嵌入式系统举例

产品名称	嵌入式产品和嵌入式系统特征简介
智能电表	功能全、防窃电；芯片：MAXQ3180、ATmega64L 和 STM32F107；C 监控程序
道路信号灯控制器	路口信号灯多个相位控制信号；处理器：LPC2478；操作系统：μC/OS- Ⅱ
LED 大屏幕控制器	具有以太网通信功能的 LED 显示控制器；处理器：AX11015；C 监控程序
电梯控制器	CAN 总线，模糊控制；处理器：S3C2410A；操作系统：嵌入式 Linux
校园卡系统	采用双界面 CPU 卡和读卡器作为人机交互界面；系统包括：网络平台、管理服务平台、应用平台；与银行系统及与学校原有应用系统衔接
超市收款机	具备税控收款功能，以太网通信；处理器：W90P71；操作系统：μCLinux
SOHO 路由器	具备网络地址转换功能；处理器：S3C2500；操作系统：μCLinux
汽车行驶记录仪	记录刹车、主光灯、左右转向灯、机油压力、制动气压和手制动 8 个开关状态量以及水温和行驶速度 2 个模拟量，USB 数据转储；处理器：AT91RM9200；操作系统：Linux
机载雷达	具备大吞吐量雷达信号数据处理能力；芯片：PowerPC8548、XC5VLX330T、TS201；操作系统：VxWorks

从表 1-1 中读者可以观察到，为了简洁地描述一个嵌入式产品和与之配套的专用计算机系统，我们主要了解它的三个核心要素：功能和性能；处理器芯片；操作系统或者监控程序。

1.2　嵌入式系统发展简史

实际上，嵌入式系统这一术语并不是近几年出现的新名词，它已经存在了大约半个世纪之久。在早期工业控制领域，计算机就已经嵌入到应用对象中了。例如，20 世纪 60 年代，它被用于对电话交换进行控制，当时被称为存储程序控制系统（stored program control system）。但由于那时的计算机无论是体积、功耗还是价格都难以满足各种设备尤其是小型设备的需求，因此，严格意义上的嵌入式系统应该从微处理器出现开始算起。

1.2.1　微处理器的发展

从 20 世纪 70 年代起，VLSI 技术的运用使得我们可以将整个中央处理器集成在一个芯片上。1971 年，Intel 公司生产了世界上第一台 4 位微处理器 Intel4004，它本身就是为嵌入式应用（即计算器）而设计的。它仅提供基本的算术运算功能，因此不能算作通用计算机。翌年，

Intel公司又研制成功了 8 位微处理器 Intel8008。同 4004 一样，8008 也是为专门用途而设计的嵌入式微处理器。它们都属于第一代微处理器，其典型应用是计算器、打字机、微波炉和交通灯控制等。

1974 年，第二代 8 位微处理器 Intel8080 诞生。作为代替传统复杂电子逻辑电路的器件，8080 成为诸如字处理机、导航系统以及巡航导弹这样具有可编程、体积小等特点的嵌入式应用的标准微处理器。同时期微处理器的代表性产品还有 Motorola 公司的 M6800、Zilog 公司的 Z80 以及 Intel 公司的 8085 等。

1978 年出现了第三代 16 位微处理器，其典型代表为 Intel 公司的 8086、Zilog 公司的 Z8000 以及 Motorola 公司的 M68000。第三代微处理器的性能较第二代提高了近 10 倍，使得微处理器从专用目的微处理器发展成通用微计算机系统的中央处理器。1981 年，IBM 公司推出了基于 8088（8086 的变种产品，8 位外部总线）的个人计算机系统 IBM-PC，使得计算机进入了 PC 时代。

1983 年第四代 32 位微处理器问世，其典型代表为美国国家半导体公司的 32032、Motorola 公司的 68020、Intel 公司的 80386 和 80486 等。基于 32 位微处理器的微机系统在性能上可与 20 世纪 70 年代的大、中型计算机相媲美。

从 20 世纪 80 年代起，随着微电子技术的迅猛发展，半导体厂商致力于将微处理器、存储器件、I/O 接口、A/D 转换器、D/A 转换器等集成在一个芯片上，这就是单片机或者称为微控制器（Micro Control Unit，MCU）。作为面向 I/O 设计的微控制器，单片机在过去的 30 多年间，被广泛应用于仪器仪表、智能控制、消费电子、军事电子等各种领域。即使在今天，它依然占据着普及型嵌入式应用的大部分市场份额。

但是，单片机应用只是嵌入式应用的初级阶段，其控制逻辑主要是循环查询的前后台监控程序。随着应用复杂性的提高，如网络、GUI 和多媒体技术的广泛使用，迫切需要更高性能的微处理器以及操作系统的支持。于是，高性能的 32 位 RISC 微处理器、嵌入式操作系统、数字信号处理器（Digital Signal Processor，DSP）以及片上系统（System on a Chip，SoC，有时也写成 SOC，它是集成了微计算机的大多数功能模块的芯片，也叫做系统级芯片）等便成为高端嵌入式应用的主要组成部分。

1.2.2 嵌入式系统的发展阶段

真正意义上的嵌入式系统是从 20 世纪 70 年代随着微处理器的出现发展起来的。伴随着微处理器的发展，嵌入式系统至今已经有 30 多年的历史，它大致经历了以下 5 个发展阶段。

第一阶段是以 4 到 8 位单片机为核心的可编程控制器系统，同时具有检测、伺服、指示设备相配合的功能。这一阶段系统主要的特点是：结构和功能相对单一、效率较低、存储容量较小、几乎没有人机交互接口。应用范围主要局限于一些专业性极强的工业控制系统中，一般没有操作系统支持，通过汇编语言对系统进行直接控制。尽管这类系统使用简单方便、价格便宜，但是，对于需要大容量存储介质、友好的人机交互界面、远距离或无线通信的高性能现代化工业控制和后 PC 时代新兴的信息家电等领域而言，已远远不能满足要求。

第二阶段是以 8 到 16 位嵌入式中央处理器（CPU）为基础，以简单操作系统为核心的嵌入式系统。这一阶段系统的主要特点是：CPU 种类繁多、通用性较差、系统开销小、操作系统的兼容性和扩展性较低、应用软件较为专业、用户界面不够友好以及网络功能较弱。这种嵌入式系统的主要任务是提高应用对象的智能化水平，如智能化仪器仪表、智能化家电等。

第三阶段是以 32 位 RISC 嵌入式中央处理器加嵌入式操作系统为标志的嵌入式系统。这一阶段系统的主要特点是：嵌入式操作系统能够运行于各种不同类型的处理器之上、操作系统内核精练小巧、效率高、模块化程度高、具有文件和目录管理、支持多任务处理、支持网络操作、具有图形窗口和用户界面等功能，具有大量的应用程序接口以及各种组件，开发程序简单、高效，能满足日益复杂的应用需求。这也是我们现在通常所说的典型嵌入式系统，然而，它在通用性、兼容性和扩展性方面仍有待改进。

第四阶段是以基于 Internet 接入为标志的嵌入式系统。这个阶段大约从 2000 年开始，到 2013 年，在技术方面接近成熟。目前越来越多的 IT 应用已经联网，如手机上网浏览、手机电子邮件、平板电脑万维网浏览，甚至洗衣机、电暖器、电冰箱等传统家电都能够联网，提供远程控制功能。

第五阶段是具有应用软件运行平台和/或开发平台的嵌入式系统。这一阶段的代表产品是智能手机，例如，苹果公司的 iPhone 手机和配备 Android 操作系统的各式手机（HTC、Gphone 等）。这一类手机一般都拥有 DSP 处理器和 ARM 体系结构的应用处理器，无线通信速率高达 20Mbps 以上，可以进行 2G/3G 制式以及 WiFi 制式的语音通信和数据通信。除了通信速度快、数据处理能力强之外，这一类手机的人机交互功能也十分完善，具有多点触摸屏输入法和高分辨率彩色 LCD 显示屏。例如，安装了 Windows Mobile 操作系统的智能手机可以运行 Word 软件，打开存储在 SD 卡上的 Word 文档进行阅读或者编辑。此外还可以下载并运行 Acrobat reader 软件，在手机上阅读 PDF 格式的文档。这种由手持设备用户自主决定应用软件使用与否的情况在传统手持设备上是不存在的。

智能手机操作系统往往还含有丰富的应用函数库，某种程度上能够充当通用移动计算的开发平台。目前专业软件开发者或业余软件开发者（许多是高中生或大学生），在 PC 上的手机软件集成开发环境下就能够高效率地开发普通消费者适用的手机应用软件，并且还可以在 PC 的模拟器上进行调试和试运行。

据了解，目前 iPhone 手机上可使用的商用应用软件已经达到 15 万件以上，而 Android 手机上的商用应用软件也达到 23 万件以上。

1.3　嵌入式系统的特点

如前所述，嵌入式系统也是一个计算机系统，但与通用计算机系统相比，它具有以下一些特点：

- 与应用密切相关，执行特定功能：任何一个嵌入式系统都和特定应用相关，用途固定。嵌入式系统的硬件和软件都必须高效率地设计，要具备良好的软、硬件可裁剪性，力争在满足应用目标的前提下使系统最精简。
- 具有实时约束：嵌入式系统都是实时系统，都有时限要求。若违反实时约束则可能使系统瘫痪或不可用。特别是对于一些强实时嵌入式系统，如军用电子、飞机控制、核电站控制等，如违反实时约束有可能会造成非常严重的后果。
- 嵌入式操作系统一般为硬的或软的多任务实时操作系统（Real Time Operating System，RTOS）。由于嵌入式系统处理的外部事件通常有多个，而且具有分布和并发的特点，因此要求嵌入式操作系统必须是多任务实时操作系统。
- 系统可靠性要求高：嵌入式系统使用环境不定，甚至要在非常恶劣的环境下工作，但嵌入式系统对软件故障的容错能力比 PC 差很多，因此需要有相应的可靠性保障机制，如看门狗定时器（Watchdog，WDG）等。

- 具有功耗约束：很多嵌入式系统采用电池供电，因此对功耗有严格要求，从而使得嵌入式系统的硬件和软件必须仔细设计以满足其功耗约束。
- 需要交叉开发环境和调试工具：嵌入式系统本身不具备自举开发能力，即使在设计完成以后用户通常也不能对其中的程序功能进行修改，必须有一套开发工具和环境才能进行开发和测试。这些工具和环境一般是基于通用计算机上的硬件设备、各种逻辑分析仪、混合信号示波器以及专门的软件开发和调试工具等。
- 系统资源紧缺：由于对成本、体积、功耗的严格要求，使得嵌入式系统的资源（如内存、I/O 接口）都非常紧缺，因此软、硬件都需仔细设计以充分利用有限的系统资源。

1.4 嵌入式系统的基本分类

嵌入式系统广泛应用于人类社会的各个行业和领域，其数量大、品种多、规格复杂。科学地对嵌入式系统进行分类，有助于有效、简明地描述一个具体的嵌入式产品的属性和特征。为此，我们按照以下方式对嵌入式系统分类。

1. 按嵌入式系统的技术复杂度分类

根据控制技术的复杂度可以把嵌入式系统分为三类：

1）低端嵌入式系统，又称无操作系统控制的嵌入式系统（Non- OS control Embedded System，NOSES）。

2）中端嵌入式系统，又称小型操作系统控制的嵌入式系统（Small OS control Embedded System，SOSES）。

3）高端嵌入式系统，又称大型操作系统控制的嵌入式系统（Large OS control Embedded System，LOSES）。

2. 按嵌入式系统的用途分类

按照应用领域可以把嵌入式系统分为军用、工业用和民用三大类。其中，军用和工业用嵌入式系统的运行环境要求比较苛刻，往往要求耐高温、耐湿、耐冲击、耐强电磁干扰、耐粉尘、耐腐蚀等。民用嵌入式系统的需求特点往往体现在另一些方面，如易于使用、易维护和标准化程度高。

1.5 嵌入式系统举例

下面给出几个常见的嵌入式系统实例，包括低端、中端和高端嵌入式系统。

1.5.1 低端嵌入式系统

所谓低端嵌入式系统，其特征是：硬件主体由专用 IC 芯片或 4 位/8 位单片机构成。通常这一类嵌入式系统的控制软件不含操作系统。下面给出两个低端嵌入式系统的例子。

【例 1-1】 数字血压计

适合家庭使用的数字式血压计的基本工作原理是：将捆绑在被测者胳膊上的充气袖带的气压数据发送给单片机，由单片机转变成血压信号并显示出来。

测试开始时，单片机启动气泵向袖带充气，当袖带内的气压达到 200mmHg 高之后停止充气，随后打开袖带的出气阀，让袖带内的气压慢慢以每秒约下降 3 ~ 5mmHg 的速度放气。在气压下降过程中，A/D 转换器采样袖带内的气压直流分量以取得收缩压和舒张压，之后送往 LCD

显示模块显示。参见图 1-1a 和图 1-1b。

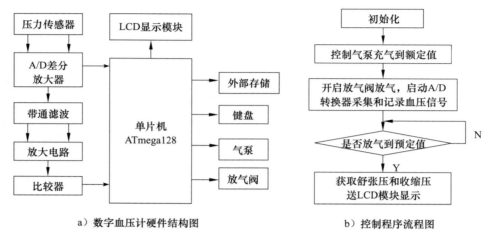

a）数字血压计硬件结构图   b）控制程序流程图

图 1-1　数字血压计的硬件结构图和控制程序流程图

该款数字血压计的单片机型号是 ATmega128。它是爱特梅尔（Atmel）公司 8 位系列单片机中的一款高配置单片机，基于 AVR 内核，采用 RISC 结构，低功耗 CMOS 电路。主要包括：4KB 的 EEPROM，53 个通用 I/O 接口，4 个可输出 PWM 的定时器/计数器，8 通道单端或差分输入的 10 位 ADC，6 种可通过软件选择的节电模式。

【例 1-2】　自动气象站的温度湿度传感系统

为了提高气象预报的准确性，常常需要在无人值守的地点安装自动气象站。自动气象站能够自行采集主要气象数据，然后通过电缆通信或者无线通信方式把获得的气象数据送往气象预报中心。自动气象站的核心设备是温度、湿度、大气压力、日光和雨量等传感器。

下面介绍一种温度湿度传感器的系统设计，该系统能够用串口通信或无线通信方式向上位机发送采集到的信号。图 1-2a 和 b 分别给出了该系统的硬件结构图和主程序流程图。

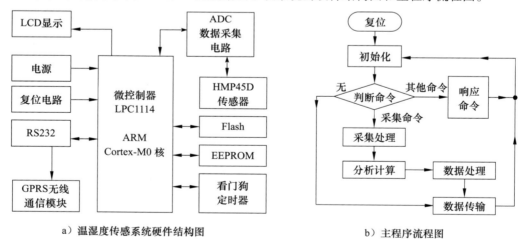

a）温湿度传感系统硬件结构图   b）主程序流程图

图 1-2　温度湿度传感器系统硬件软件架构图

从图 1-2a 中可见，嵌入式 CPU 型号为恩智浦（NXP）公司生产的 LPC1114，LPC1114 内核型号是 ARM Cortex-M0，是一款功耗指标优良的 32 位微控制器。此外，温度湿度传感器采用了进口的 HMP45D 型传感器。

软件部分包括：初始化程序，循环的温度湿度数据采集程序以及 RS232 通信程序。

1.5.2　中端嵌入式系统

中端嵌入式系统一般指的是硬件主体由 8 位/16 位单片机或者 32 位处理器构成。其控制软件主要由一个小型嵌入式操作系统内核（如 μC/OS-Ⅱ 或 TinyOS）和一个小规模的应用程序组成，小型嵌入式操作系统内核的源代码一般不超过 1 万行。这一类嵌入式系统的操作系统功能模块不齐备，并且无法为应用程序开发提供一个较为完备的应用程序编程接口。此外，没有图形用户界面（GUI）或者图形用户界面功能较弱，数据处理和联网通信功能也比较弱。下面给出两个中端嵌入式系统的例子。

【例 1-3】　远程电力抄表系统

远程电力抄表系统主要由 GPRS 抄表终端、GPRS 网（二代移动通信网）和 GPRS 抄表主站组成。其中 GPRS 抄表终端是系统的关键元素，也是一个嵌入式产品。它可同时对接入的多路 485 电表或多路机械式脉冲电表采集用电信息。其中 485 电表指的是能够通过 RS485 串行总线传输用电数据的电表。

该远程电力抄表终端的用户可以是厂矿院校，也可以是住宅小区居民。

在系统内，一台抄表主站可以连接多台抄表终端，而一台抄表终端连接的多功能电表最多可达 256 台。抄表终端能够自动定时读取电表数据，并根据预定时间或抄表主站下达的命令，将采集到的数据通过 GPRS 网或以太网发送给抄表主站。抄表主站计算机对抄收到的每一个用户使用电能的数据进行电费统计和营业管理。参见图 1-3。

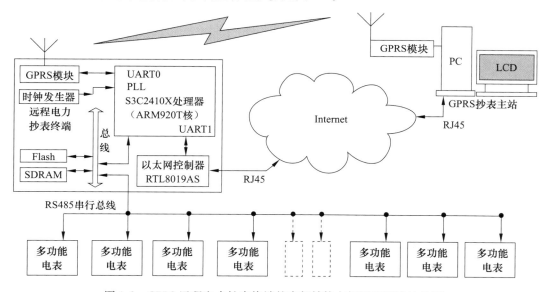

图 1-3　GPRS 远程电力抄表终端的内部结构方框图和网络结构图

该抄表终端的嵌入式系统硬件部分主要采用了三星公司的 S3C2410X 处理器（ARM920T 核），Realtek 公司的以太网控制器 RTL8019AS 和华为公司的 GPRS 模块。抄表终端的主控软件采用的是开源的 μC/OS-Ⅱ 操作系统。应用程序包括初始化模块、终端与抄表主站之间的 Internet 通信模块、多功能电表数据采集模块、超负荷报警模块及向指定手机发送报警短信的模块等。

【例1-4】 门禁系统

目前门禁系统（出入控制管理系统）已经广泛用于高校实验室、高校图书馆、办公楼、旅馆饭店、旅游景点等。门禁系统是一个嵌入式网络系统，组网方式有多种，包括 RS485 总线、CAN 总线、以太网、WiFi 等。下面我们给出一个基于 RS485 串行通信总线的门禁系统，参见图1-4。该系统由 6 个部分组成：控制器、读卡器、通信转换器、电控锁、感应卡（出入人员携带）和管理软件系统。

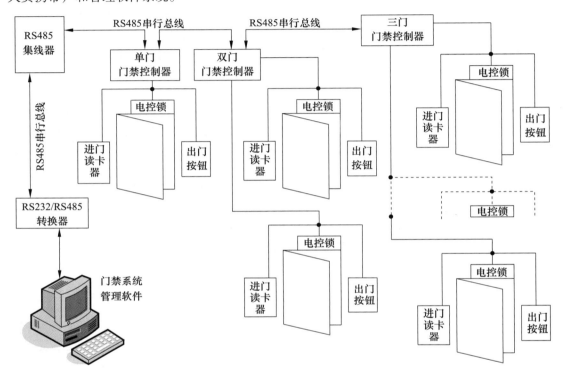

图1-4　采用射频卡识别技术的门禁系统示意图

一般而言，门禁系统的核心部件是门禁控制器。在图1-4给出的门禁系统中，控制器的处理器芯片是 S3C2440X，主控制软件使用 μC/OS-Ⅱ 操作系统。门禁控制器的内部结构与采用的识别方式关系密切，目前门禁系统常用的识别方式是射频卡（即 RFID 卡）。门禁系统的管理软件包括：控制器管理、用户管理、设备管理、计时记录、实时查询、报表管理、出入统计等模块。门禁控制器主电路板的功能方框图参见图1-5。

门禁系统有两种操作：入口操作和出口操作。人员进入时需要通过读卡器刷卡，确认是合法身份人员后，电控锁打开，允许人员进入。如果不能确认身份合法，则电控锁保持关闭。人员需要离开

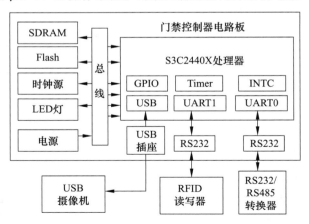

图1-5　门禁控制器主电路板的功能方框图

时，按动出门按钮，电控锁即打开，无需身份确认。

1.5.3　高端嵌入式系统

高端嵌入式系统的硬件主体通常由 32 位/64 位处理器、32 位 SoPC 或 32 位片上系统组成。控制软件通常包含一个功能齐全的嵌入式操作系统（如 VxWorks、RTLinux、Symbian、Windows CE、ECOS 等）以及封装良好的 API 库，实时性能较强，具备 DSP 处理能力，具备良好的图形用户界面和网络互联功能，可运行多种数据处理功能较强的应用程序。下面我们给出两个常见的高端嵌入式系统的例子。

【例1-5】　网络视频监控系统

网络视频监控系统是交通控制、远程教育、安防和消防的主要技术设施，现已广泛用于道路交通、高等院校、宾馆饭店、商店超市等场所。网络视频监控系统的核心部件包括：网络摄像机、数据通信网络（Internet 或 LAN）、视频服务器、管理服务器、监控终端、视频录像机（视频录像磁盘阵列）和电视墙。一个典型的网络视频监控系统的基本组网结构如图 1-6 所示。

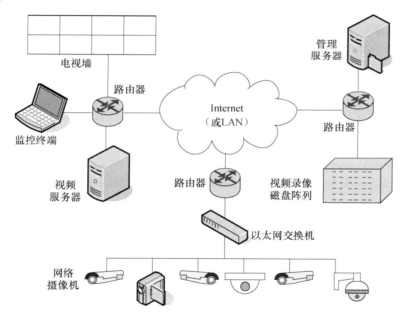

图 1-6　网络视频监控系统结构示意图

在视频监控系统中，网络摄像机是一个典型的嵌入式产品。图 1-7 给出了基于海思公司 Hi3512 处理器和 Linux 操作系统的网络摄像机硬件组成方框图。

图 1-7 中的 Hi3512 处理器的 CPU 核是 ARM926EJ-S，还包括 H.264 视频编解码器、图形引擎、共享内存开关、GPIO 口、UART、DDR 接口、看门狗定时器（WDT）等硬件部件。

Hi3512 处理器提供了三个视频输入引脚，在这款视频摄像机中只使用了其中一个视频输入引脚 VI_2，该引脚外接 CPLD 部件。CCD 摄像头（图像传感器）或 CMOS 摄像头获得的图像信息先经过 CPLD 部件的数据处理，再进入 Hi3512 处理器进行解码。解码之后的视频数据流通过外置的以太网控制器 KSZ8041NL，经由 TCP/IP 网，按照指定的 IP 地址，传送到监控中心的视频服务器，显示在大屏幕墙上。

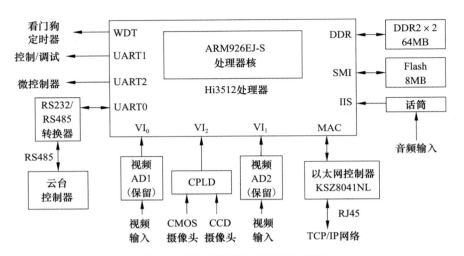

图 1-7　网络摄像机硬件组成方框图

每一路视频信号除了显示在大屏幕上之外，还存储在视频录像磁盘阵列上（磁盘机上只保留 7 天之内的视频录像，之后这些存储空间被新存入的录像数据覆盖）。监管人员可以通过管理服务器，检索一周之内任何一个位置的监控摄像机的录像资料。

云台是安装和固定摄像机的支撑设备，它分为固定云台和遥控云台两种。安装在固定云台的摄像机只能固定不变地指向一个方向拍摄动态影像信息，而安装在遥控云台上的摄像机可以根据管理员通过监控终端发出的上下左右的旋转命令进行旋转，从而按照管理员的要求对特定的物体进行实时跟踪拍摄。

图 1-8 是本例网络摄像机的软件层次结构和应用层功能模块示意图。从图 1-8a 可见，引导程序（初始化程序）采用的是 U-Boot，操作系统选用了嵌入式 Linux。应用层的模块较多，在图 1-8b 中只绘制了主要的功能模块。应用层中的 RTP/RTCP 网络传输模块是按照 RTP 和 RTCP 协议发送视频流的程序模块。RTP（Real-time Transport Protocol）即实时传输协议，它是针对 Internet 上的多媒体数据流的一个传输协议，RTCP 是 RTP 的控制协议。这两个协议都在 RFC1889 中做了陈述。

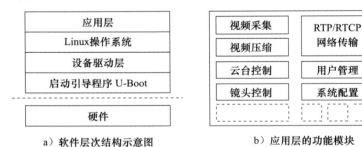

a）软件层次结构示意图　　　　　　b）应用层的功能模块

图 1-8　网络摄像机的软件结构图和功能模块示意图

【例 1-6】　面向通用航空的电子飞行包

电子飞行包（Electronic Flight Bag，EFB）是民航驾驶员的一种飞行助理工具。它通常是运行在便携式计算机上的小型数字化资料库，其数据涵盖驾驶舱/客舱使用的电子显示系统状态，以及民航机组人员携带的所有资料（航空图表、飞行操作手册、飞行检查单、最低设备清单及飞行日志等）。电子飞行包供民航飞行员在空中飞行时随时查阅，从而实现座舱无纸化操作。

中国民航飞行学院教师们参照国际标准，在 2012 年成功开发了面向通用航空的电子飞行包。该应用系统采用 C/S 结构，包括文件服务器、数据管理电脑、局域网、WiFi 路由器以及客户机，参见图 1-9 给出的系统结构图解。值得注意的是，图 1-9 中的客户机是 iPad 平板电脑，客户程序运行在 iOS 操作系统上。在飞行途中，飞行驾驶员使用 iPad 平板电脑，通过 WiFi 无线网与文件服务器通信，获得驾驶飞机所需要的各种信息。

该电子飞行包的客户端软件子系统是一个典型的嵌入式软件系统。研发人员使用 iOS 的 Xcode 开发环境，采用 Objective C 语言为开发工具编写应用程序。

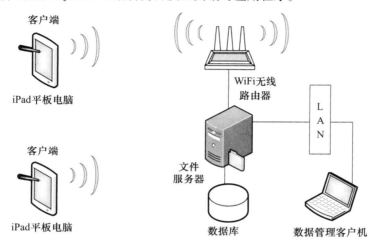

图 1-9　飞行电子包的系统结构图

该 EFB 系统的基本功能有：

1）电子化的文件、手册、图表和资料，便于随时调用查阅；

2）电子航图，包括终端区图、进近图、地面滑行数据及航路导航数据库，供随时调用查阅或显示地面活动；

3）电子检查单，包括起飞着陆用检查单、应急检查单；

4）电子化的飞行性能计算；

5）电子化的飞行日志；

6）电子视频监视，包括对机外情况（各种操作面的位置、结冰情况、起落架位置）和客舱的监视（驾驶舱门附近的情况、各段客舱内的旅客情况）。

原先厚重的飞行手册变成平板电脑上的电子手册之后，大大地简化了飞行员的查阅操作，取得了很好的实用效果。

1.6　嵌入式系统的基本组成

嵌入式系统通常由嵌入式硬件系统和嵌入式软件系统两部分组成。图 1-10a 和图 1-10b 分别给出了嵌入式系统的硬件组成和软件结构图。由于嵌入式系统的应用相关性特点，不同嵌入式系统的具体硬件和软件构成具有一定的差异性。但从宏观上来说，一般嵌入式系统的软硬件组成都具备一定的共性。

1.6.1 嵌入式系统的硬件组成

嵌入式系统硬件以电路板的形态出现，电路板上的双层或多层信号线（以总线为主）把嵌入式 CPU 以及外部设备连接起来。我们称 CPU 之外的控制电路为外围电路，外围电路主要包括：各种 I/O 接口控制器电路（如中断控制器、DMA 控制器、液晶屏控制器、JTAG 调试接口、串口、以太网口、USB、A/D 转换器或 D/A 转换器等）、时钟电路、各式总线等。

在电路板上除了外围电路，还有外部设备。外部设备主要包括：RAM、ROM、闪存（Flash Memory，Flash）、键盘、发光二极管（LED）、液晶屏（LCD）、触摸屏、手写笔等。

随着半导体技术的迅猛发展，硬件设计越来越多地采用 SoC 技术和专用集成电路（Application-Specific Integrated Circuit，ASIC）技术来实现，或者采用具有知识产权（Intellectual Property，IP）的标准部件或半定制设计来实现，特别是市场容量大的产品更是如此。在许多嵌入式硬件设计中，一些专用控制逻辑越来越多地采用现场可编程门阵列（Field Programmable Gate Array，FPGA）或复杂可编程逻辑器件（Complex Programmable Logic Device，CPLD）芯片来设计。一些专用功能，如加密、图像压缩、视频编解码，也采用基于 SoC 技术的芯片实现。从板级电路设计到处理器加 ASIC 或 SoC 已成为硬件设计的潮流和发展趋势。现在，许多嵌入式产品，如 PDA、手机、数码相机、MPEG 播放器等虽然体积小巧，但功能强大，其中很重要的原因在于使用了 ASIC 和 SoC 技术。

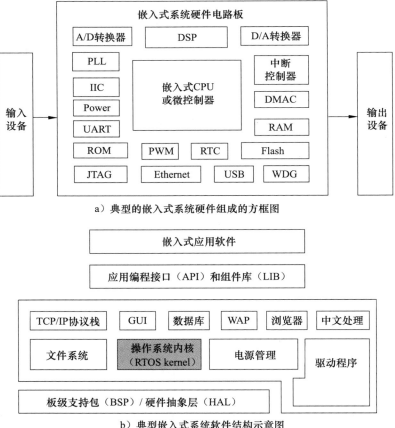

a）典型的嵌入式系统硬件组成的方框图

b）典型嵌入式系统软件结构示意图

图 1-10　中高端嵌入式系统基本结构图

1.6.2　嵌入式系统的软件组成

如图 1-10b 所示，中高端嵌入式系统大致可分为 5 层。最底层是板级支持包或硬件抽象层，在它之上是操作系统核心层，再上是操作系统服务层。次高层是应用程序接口函数库，最高层是应用程序。

嵌入式软件可以分为两大类：含操作系统的嵌入式软件与不含操作系统的嵌入式软件。如图 1-11 所示，图 1-11a 给出了 NOSES 的软件结构，这也是 8 位/16 位单片机常用的软件结构。NOSES 刚加电时，运行硬件初始化指令段（也称为硬件使能指令段或硬件激活指令段）和硬件驱动程序，然后监控程序投入运行。监控程序循环检测各个信号源，执行各个例程，如果外部设备发出中断请求信号，则立即停止监控程序的运行，转而执行中断服务子程序（ISR）。中断服务子程序在运行过程中，如果需要访问硬件，则通过驱动程序进行。

图 1-11b 和图 1-11c 分别给出了 SOSES 和 LOSES 的嵌入式软件结构。两者的共同点是都包含操作系统，两者的不同点是 LOSES 对硬件驱动接口进行了标准化处理，在操作系统和硬件之间构成了一个硬件抽象层，例如 Windows CE 和 VxWorks。而 SOSES 的硬件驱动通常没有标准化，其驱动程序与 NOSES 基本相同，例如 μC/OS-Ⅱ 或 TinyOS。

a）NOSES软件结构

b）SOSES软件结构

c）LOSES软件结构

图 1-11　按照技术复杂度分类的三种嵌入式系统软件结构示意图

LOSES 软件一般由板级支持包（Board Support Packet，BSP）、硬件驱动程序、嵌入式实时操作系统（Real Time Operating System，RTOS）、嵌入式中间件（embedded middleware）、应用程序编程接口 API、组件（构件）库以及嵌入式应用软件组成。其中，RTOS 是核心，是嵌入式系统软件的基础和开发平台。

LOSES 软件体系结构可以分为 5 个层次，BSP 和硬件驱动程序属于同一层。

- BSP：是介于硬件和上层软件之间的底层软件开发包，为各种嵌入式电路板上的硬件提供统一的软件接口。它将具体硬件设备和软件分离开，便于软件移植，是一种硬件抽象层（Hardware Abstract Layer，HAL）。
- 硬件驱动程序：不属于 BSP 和 HAL 的对硬件设备进行初始化配置、激活使能和运行控制的程序。有些嵌入式操作系统规定了符合本操作系统 I/O 接口规范的驱动程序设计标准。
- RTOS：负责管理嵌入式系统的各种软硬件资源，完成任务调度、存储分配、时钟、文件与中断管理等，并提供文件、GUI、网络以及数据库等服务。
- 嵌入式中间件：位于嵌入式操作系统、数据库与应用软件之间的一种软件，使用嵌入式操作系统所提供的基本功能与服务，并为上层的应用系统提供运行开发环境。

- API 及组件（构件）：为嵌入式系统应用软件提供各种编程接口库（LIB）以及第三方软件或 IP 构件。
- 应用系统（软件）：嵌入式系统的应用软件。

随着嵌入式系统应用的不断深入和产业化程度的不断提升，新的应用环境和产业化需求对嵌入式系统软件提出了更加严格的要求。行业性开放系统正日趋流行。统一的行业标准具有开放、设计技术共享、软硬件重用、构件兼容、维护方便和合作生产的特点，是增强行业性产品竞争能力的有效手段。在新需求的推动下，嵌入式系统软件不仅需要具有微型化、高实时性等基本特征，还将向高可信性、自适应性、构件组件化方向发展；支撑开发环境将更加集成化、自动化、人性化；并形成包括嵌入式操作系统、中间平台软件在内的嵌入式软件体系。硬件技术的进步，推动了嵌入式系统软件向运行速度更快、支持功能更强、应用开发更便捷的方向不断发展。

1.7 嵌入式系统的现状与发展趋势

1.7.1 嵌入式系统的现状及主要制约因素

从 20 世纪 90 年代开始，嵌入式系统发展越来越迅猛，应用面日益广阔。在信息家电、消费电子领域，嵌入式应用更是无所不在。

在嵌入式硬件方面，随着半导体技术的发展，出现了更多适宜嵌入式应用的产品。各种嵌入式处理器已有上千种，采用了诸如流水线技术、哈佛结构、多核技术等先进的体系结构，它们可用于一些高端的嵌入式产品中。也有一些处理器只有几个引脚，其体系结构简单，价格低，可应用于一些低端产品中。基于 ASIC 和 SoC 技术的一些专用功能器件和 IP 核，如 MPEG-4、H.264 的编解码芯片和 MP3 音频芯片等，也被广泛地应用于信息家电、消费电子、智能家居等嵌入式应用中。

嵌入式软件方面，从嵌入式操作系统（RTOS）、集成开发环境、IP 构件库、嵌入式网络协议栈、嵌入式移动数据库以及嵌入式应用程序设计等方面都有了很大发展。目前仅 RTOS 就有上百种之多，如 Android、VxWorks、Windows Embedded Compact、Blackberry、Palm OS、iOS、PSOS、OS-9 等都是非常成功的嵌入式操作系统，它们广泛应用于工业控制、军事电子、信息家电和消费电子等领域。基于 Linux 开发的各种 RTOS 也被越来越多地应用于各种嵌入式系统中。各种集成开发环境被普遍应用于嵌入式系统开发过程中，如 ARM 公司的 ADS 和 RVDS、IAR 公司的 EWARM、WindRiver 公司的 Tornado 等。一些适用于嵌入式应用的软件，如 MiniGUI、轻量级 TCP/IP 协议栈、Oracle 和 Sybase 的嵌入式实时数据库系统、GPS 导航软件等在各种嵌入式应用中被广泛使用。

随着嵌入式系统的深度应用，在嵌入式系统软硬件开发中的一些制约因素也体现出来，它们对嵌入式系统的开发成本、开发周期以及开发难度都有影响。这些因素主要包括：

1）从事嵌入式系统开发的门槛较高。嵌入式系统开发涉及知识面广、综合性强、实践性强，并且学科发展快，因而学习难度大，难以形成一个简单明确的知识体系。开发人员需要具备一定的软硬件知识，特别是了解和掌握目前广泛使用的 32 位 RISC 处理器的体系结构，并熟练掌握 RTOS 及其开发环境和开发工具。

2）嵌入式系统设计受成本、功耗和上市时间等多种因素的制约，其设计方法涉及软硬件协同设计、系统级设计、数字系统设计等多个层次，涉及系统需求描述、软硬件功能划分、系统协同仿真、优化、系统综合等多个全新的问题，要求掌握计算机系统结构、操作系统、SoC

系统设计、EDA 工具等多个领域的知识。

3）嵌入式硬件平台（嵌入式处理器）和软件平台（RTOS）种类繁多，选择、学习和掌握都具有一定的难度，没有统一的开发标准，使得移植工作难度加大。

4）开发环境和开发工具的抽象程度较低，这在很大程度上影响了开发成本和进度，使得产品上市时间推迟。

1.7.2 嵌入式系统的发展方向

以信息家电、消费电子、智能控制设备为代表的具有网络特征的嵌入式产品为后 PC 时代 IT 工业带来了广阔的市场前景，同时也给嵌入式系统的发展提出了新的挑战。总的来说，嵌入式系统将向着更高性能、更小体积、更低功耗、更廉价、无处不在的方向发展。嵌入式系统的设计和实现朝着基于芯片，特别是系统级可编程芯片（SoPC）的方向发展。为了降低研制难度，常采用融微处理器技术、数字信号处理技术、可编程系统级芯片设计和软硬件协同设计技术于一体的嵌入式系统的设计方法。这样可以提高嵌入式系统的开发效率和质量，缩短产品进入市场的周期。

今后嵌入式系统发展的主要方向为：

1）开放式平台架构，易于与其他系统整合。

2）体积越来越小，性能要求更稳定，成本更低廉。

3）应用趋向多元化，需要小批量、快速客制化的服务。

4）嵌入式操作系统从可用型、通用型到可定制型、优化型转变，可定制嵌入式操作系统（Customized Embedded Operating System，CEOS）是嵌入式操作系统的发展趋势。

5）集成开发环境开放式、抽象程度更高，调试工具方便易用。

6）嵌入式软件开发将是以面向对象技术为基础，采用软件复用、基于组件和集成化计算机辅助软件工程互为协同的开发方法。

1.8 嵌入式系统的相关研究领域

1.8.1 嵌入式系统的主干学科领域

从学术观点看，嵌入式技术具有典型的多种学科交叉融合的特点。其中，构成嵌入式技术领域的核心学科有 4 个，分别是：微电子学、计算机科学与技术、电子工程学、自动控制学。嵌入式硬件开发集中在专用集成电路设计以及片上系统（SoC）设计，广泛使用了 EDA 工具，大量采用硅知识产权产品，实现低功耗和高性能，这些涉及微电子学领域的理论和技术；嵌入式处理器体系结构设计、嵌入式操作系统和应用程序设计都需要借助计算机科学与技术的理论；嵌入式系统的 AD/DA 转换、内部时钟电路、外部设备的逻辑设计和驱动离不开电子工程学的理论和技术；嵌入式系统的稳定性和可靠性分析、传感器和执行机构的设计需要借助自动控制学的指导。

本教材是嵌入式系统的简明教材，在上述嵌入式系统四个核心学科框架内，将全面而系统地介绍嵌入式系统的基本理论、技术和开发方法。

1.8.2 与嵌入式系统密切关联的科学技术领域

与嵌入式系统关系密切的科学技术领域主要有物联网、普适计算、人机交互、多媒体技术、无线传感器网络、信息安全、数据库等。我们在下面简要介绍这些领域。

1．物联网

物联网，顾名思义，就是物物相连的互联网，它对现有的计算机网络系统（特别是 Internet）进行技术扩展，使之能够对贴有射频识别标志的物品进行 ID 识别和空间信息采集，并通过无线网络将数据传输给服务器。这样就可以实现计算机对各种物品（在途/仓储/使用）的实时空间定位、信息查询、管理和控制。

作为功能扩展的网络系统，物联网有 4 个层次：传感识别层、数据通信层、管理控制层及综合应用层。

【例 1-7】 物联网在自动售货方面的应用

现在以使用基于物联网的自动售货机售货的某商业公司为例，描述物联网的 4 个技术层次。参见图 1-12。

在图 1-12 描述的商业公司内部，存储在仓库的商品货物识别采用了 RFID 技术。RFID 数据采集和通信构成了该物联网的传感识别层。公司总部与仓库管理员之间，以及公司信息中心与各地自动售货机之间，通过第 2 代移动数据通信网络（General Packet Radio Service，GPRS）传递仓储商品信息、在途商品信息和自动售货机的商品存量信息。GPRS 构成了该物联网的数据通信层。公司总部信息中心从数据库中对历史积累的和实时采集的商品进行查询操作以及实时管理。执行操作的软件系统构成了该物联网管理控制层。公司信息中心可以从数据库提取信息，对各个自动售货机的销售情况进行定期的统计分析，改进自动售货机布点的方案。此外，还能够根据数据库中的数据，定期打印各类商品销售的月报/季报/年报。处理这些业务活动的软件构成了该物联网的综合应用层。

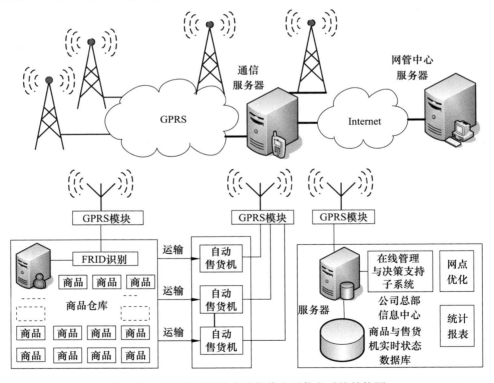

图 1-12 基于物联网的自动售货公司信息系统结构图

物联网技术在国内发展很快，已经出现了诸如物流公司货物运输管理系统、粮食仓库的谷物存放库房检测系统、医疗器械的使用保管系统等一大批物联网实际应用项目。

2. 普适计算

普适计算（Pervasive Computing）这个术语最早由美国人马克·维沙在 1991 年提出。它是指运行在各种信息设备上的无所不在的计算模式，是移动计算的一种形式。在普适计算时代，计算设备与环境融合在一起，人们能够在任何时间、任何地点进行信息的获取与处理，并且人们在使用计算设备时几乎察觉不到它们的存在。普适计算所使用的计算设备都是移动计算设备，而移动计算设备基本上都属于嵌入式设备，因此可以说嵌入式系统构成了普适计算不可或缺的实体运行平台。嵌入式系统的迅速发展正在有力地推动着普适计算的快速发展。

3. 人机交互

嵌入式系统是超微型化计算机系统。为了有效地控制和利用嵌入式设备，就必须解决好嵌入式系统的人机交互问题。嵌入式系统人机交互的特点是：软件轻量化、输入输出设备小型化、输入输出方式多样化。目前阶段的典型研究课题包括：小屏幕超高分辨率彩色液晶屏、先进的手持设备汉字输入、语言识别、人机的眼球视觉通信等。

近几年来，在嵌入式设备上最显著的人机交互技术发展是多点触摸技术（Multi-Touch Technology）的普及化。即在手机触摸屏上可以同时用两个以上手指的动作向手机发出操作指令。美国苹果公司于 2007 年 5 月销售的 iPhone 手机采用了多点触摸技术，引起了广泛关注，许多公司竞相模仿。此后手机的输入方式渐渐发生了改变。现在市面上销售的智能手机几乎都使用了多点触摸技术，带有小键盘的手机已经很难寻觅了。

4. 多媒体技术

众所周知，许多嵌入式设备都采用了多媒体计算技术。例如，PDA 和智能手机就采用了多种多媒体技术。嵌入式多媒体技术包括硬件和软件两个方面，其中最重要的嵌入式多媒体芯片技术就是低功耗地实现处理器芯片内的流媒体数字信号（如 MP3 音频流、MP4 视频流）和图像信号（如 JPEG 图片）的编码解码模块、压缩解压缩模块、加密解密模块。这些多媒体处理功能如果由于条件的限制无法以芯片的形式实现或集成在 CPU 中，就必须考虑用软件实现。

现阶段典型的嵌入式多媒体软件研究课题有：多媒体数据适用的文件系统和数据库系统、DSP 处理程序、多媒体服务系统管理软件、手持设备媒体数据管理软件、移动数据库等。

5. 无线传感器网络

无线传感器网络是一种特殊的自组网（Ad-hoc 网），应用于组网困难和人员不能接近的区域以及临时场合。它集成了传感器、嵌入式计算机、网络和无线通信四大技术，其特点是无须固定网络支持、抗灾能力强、组网迅速，目前广泛应用于环保、交通、工业、军事等领域。无线传感器网络由传感器节点（嵌入式设备）、网关服务器、外网和控制中心组成，其典型架构如图 1-13 所示。

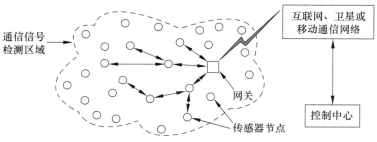

图 1-13　无线传感器网络的基本架构

节点具有感知外界物理量、信号处理和通信传输的功能。通常一个节点就是一个嵌入式系统。信号的处理和传输都需要通过嵌入式硬件和软件平台。图 1-14 给出了典型的节点内部结构。

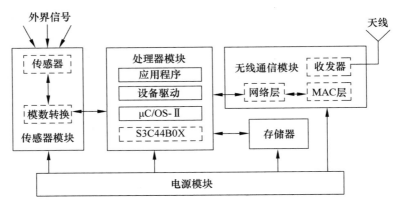

图 1-14   无线传感器网络节点的内部结构

6. 信息安全

目前，多数嵌入式系统已经实行了有线联网和无线联网，可以进行电子商务、数据库访问、网页浏览、电子邮件、保密信息传输、远程控制、手机支付等业务。这些业务的安全可靠性十分重要。此外，由于存在着黑客恶意性攻击和敌方破坏性攻击，网站被攻击、病毒发作的事件也时有发生，往往会造成嵌入式系统使用部门的重大损失。因此，嵌入式系统的信息安全成为影响嵌入式应用的重要技术之一。嵌入式系统涉及的信息安全技术包括：密码系统设计、身份认证设计、进程间通信保护机制等。

7. 数据库

运行在嵌入式系统上的数据库称为嵌入式数据库。嵌入式数据库的基本特点是：简单、小巧、性能高和可移动性。嵌入式数据库无须独立运行的数据库引擎，通常与操作系统和具体应用集成在一起，可以看成是应用程序管理的内存缓冲池。对嵌入式数据库的操作往往不强调使用标准的 SQL 语句，多数情况下通过调用专用的 API 实现。由于嵌入式数据库在移动环境和实时环境下运用较多，因此在技术方面强调数据复制、数据一致性、数据广播、数据装入优化、故障恢复、高效率事务处理等。

在商用嵌入式数据库软件方面，Oracle 公司在 2012 年 10 月推出了 Oracle Java 嵌入式套件 7.0 版以及嵌入式移动数据库系统（Oracle Lite 10g）。Oracle Lite 10g 能够在无需用户干预的情况下与中心数据库实行自动数据同步，这种数据同步是双向的，数据同步可以在企业数据库或移动设备上发起。

开源嵌入式数据库软件主要有 SQLite 和 Bericeley DB。

1.9   本章小结

本章从嵌入式系统的定义出发，阐述了嵌入式系统的主要特点和发展历程。嵌入式系统是软件和硬件协同构造的，其核心是嵌入式处理器和嵌入式操作系统。目前广泛使用的嵌入式处理器有 MPU、MCU、DSP 和 SoC 等，有的系统采用它们的组合以提高产品的性能。本章还讨论了嵌入式系统的发展现状和趋势，并介绍了与嵌入式系统联系较密切的相关领域。

1. 10　习题和思考题

1-1　试说明嵌入式系统和 PC 系统的主要差异在哪些方面?

1-2　除了本章给出的嵌入式系统定义，请读者用自己的语言来表述对嵌入式系统的理解或名词解释。

1-3　请描述嵌入式系统的基本组成，并通过一个你熟悉的具体嵌入式产品进行对照说明。

1-4　试描述一个你熟悉的与嵌入式系统关系密切的科学技术领域的现状和发展趋势。例如：嵌入式人机交互、嵌入式数据库等。

1-5　物联网技术是嵌入式技术应用的重点，试给出一个典型的国内物联网成功研发的产品实例。

第2章 嵌入式微处理器技术

本章从三个方面介绍嵌入式处理器，它们是嵌入式微处理器的基本分类、嵌入式微处理器的典型技术、主流的嵌入式微处理器。

要说明的是，从芯片制造角度考虑，本章介绍的大多数嵌入式处理器都不是传统意义的中央处理器（CPU），而是集成了 Cache、调试电路、系统总线接口甚至外设控制器。但是在本章以及后面的章节，除非必要，否则我们不使用术语 SoC，而使用传统术语处理器或者 CPU，以便适应读者对 CPU 术语承接性质的理解思维。另外，需要进一步说明的是，由于 32 位 ARM 处理器在嵌入式系统领域一直具有最广泛的应用，因此本章以及后续章节将较多地讲解 ARM 处理器的概念、技术原理和新进展。

2.1 嵌入式处理器基本分类

嵌入式系统的核心硬件部件是各种类型的嵌入式微处理器（本教材中简称为嵌入式处理器或处理器），目前使用的嵌入式处理器多达几百种。嵌入式处理器一般具备以下 4 个特点：

1）处理器结构可扩展，以便针对不同应用需求迅速高效地组装嵌入式硬件。

2）低功耗，智能手机、PDA 和平板电脑中的嵌入式系统尤其要求低功耗。

3）支持实时多任务，中断响应速度快，从而使开发人员能够优化应用程序代码，减少RTOS 内核的任务执行开销。

4）内部集成了测试电路。

按数据处理能力划分，目前广泛使用的嵌入式处理器主要有 8 位、16 位和 32 位等，其中 8 位、16 位处理器是广泛用于控制领域的单片机，而目前在嵌入式应用领域越来越多采用的是 32 位微处理器。

嵌入式处理器从设计目标、性能、功能以及应用方面可以分成 6 类。即通用型嵌入式微处理器、微控制器、嵌入式 DSP 处理器、可编程片上系统、嵌入式双核/多核处理器、可扩展开发平台。下面将分别介绍。

2.1.1 通用型嵌入式微处理器

通用型嵌入式微处理器也称为嵌入式微处理器单元（Embedded Micro Processor Unit，EMPU），它有两种类型。

一类是嵌入式系统中使用的通用处理器，这些处理器并不是专门为嵌入式系统设计的，但是却用于嵌入式系统。x86 处理器（从 80186、80386 到 Pentium M）就是这一类处理器的典型代表。例如，研扬科技公司在其生产的 5 英寸嵌入式主板 PCM830 中使用了 Pentium M 处理器，该主板可以用于医疗器械和电力调度控制系统。再如，广州铜材厂在铜板轧机厚控系统的技改项目中使用了 Pentium III 嵌入式处理器。

另一类是为各种嵌入式设备共用目的而设计的高性能专用处理器。它们的运算器、寄存器和总线都是 32 位，含指令流水线，功耗低、集成度高、体积小，凸显出强大的计算能力。这一类通用型嵌入式微处理器的典型代表有 386EX、Power PC、ColdFire（freescale 公司）、MIPS、

ARM、凌动（Intel 公司）、i. Max（freescale 公司）、SPEAr（意法半导体公司）等系列。随着技术的不断进步，这一类处理器现在经常以 IP 核的形态出现在系统级芯片内。

通用型嵌入式微处理器举例

图 2-1 给出了三星公司生产的通用型嵌入式微处理器 S3C2410A 的实物照片。如图 2-1 所示，该芯片已经安装在了电路板上，其封装方式是细间距球栅陈列（Fine- Pitch Ball Grid Arra，FPGA）。在该芯片左边的电路板上标记了引脚坐标 1，2，3……底边标记了引脚坐标 A，B，C，D……该芯片的实际外形尺寸是 14mm×14mm。

S3C2410A 是三星公司生产的一款基于 ARM920T 核的 32 位嵌入式处理器。其制造工艺为 0.18μm，含独立的 16KB 指令 Cache 和

图 2-1　已经安装在电路板上的 S3C2410A
　　　　处理器的照片

16KB 数据 Cache 以及 MMU，支持 TFT 的 LCD 控制器和 NAND 闪存控制器。该芯片集成的外设控制器包括：UART、DMA、脉宽调制定时器、通用 I/O 口、实时时钟 RTC、ADC、触摸屏接口、USB 主机控制器、USB 设备接口、SD 主机和 MMC 接口、SPI 接口，它的最高主频达 203MHz。

图 2-2 给出了 S3C2410A 处理器底板的内部方框图。从图中可见，该底板的左侧还包含了一块核心板。

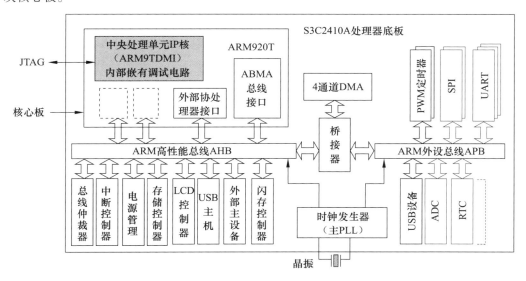

图 2-2　S3C2410A 处理器的内部方框图

从 2005 年开始，该款处理器芯片已经应用在国内许多高等院校的嵌入式实验平台上。此外，在数据采集系统、视频监控系统、路由器、机顶盒等嵌入式产品上也有很多应用。

通用型嵌入式微处理器核

通用型嵌入式微处理器内核（简称处理器核或内核）主要指采用电路图或硬件描述语言（HDL）设计，通过功能测试和时序测试，达到预定计算能力的嵌入式微处理器电路。它涵盖

了嵌入式微处理器的内部体系结构以及同它密切相关的指令系统，是处理器芯片的硬件解决方案核心。目前，全球比较流行的 32 位嵌入处理器核主要有四种。它们是 ARM 核（ARM 公司研发）、PowerPC 核（Motorola 公司研发），凌动核（Intel 公司）和 MIPS 核（Mips 公司研发）。

嵌入式微处理器核举例

图 2-3 给出了 ARM920T 核的内部结构示意图。

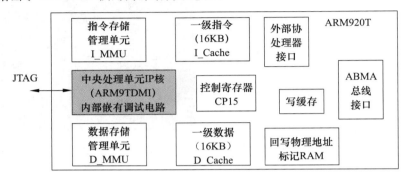

图 2-3   ARM920T 处理器核的内部结构示意图

ARM920T 核的中央处理单元 IP 核型号是 ARM9TDMI。此外，ARM920T 的内部 Cache 具有哈佛结构属性，指令 Cache 和数据 Cache 都是 16KB。值得注意的是，ARM9TDMI 本身就可以直接用于无 MMU 的 ARM 处理器内核。

2.1.2   微控制器

微控制器（Micro Controller Unit，MCU）又称单片机（Single Chip Microcomputer，SCM），它将整个计算机系统集成在一块芯片中，体积小、功耗和成本低、可靠性高、速度更快、性能更好、电磁辐射更少。它通常以某种微处理器内核为核心，芯片内部集成 ROM、RAM、总线、总线逻辑、定时/计数器、WatchDog、I/O、串行口、脉宽调制输出、A/D、D/A、Flash RAM、EEPROM 等必要功能部件和外设。为最大限度地匹配应用需求，目前市场上存在大量处理器内核相同而存储器和外设的配置及封装等不同的产品。单片机的品种和数量最多，目前约占嵌入式系统市场份额的 70%。

有代表性的传统通用微控制器系列包括 8051、P51XA、MCS-251、MCS-96/196/296、C166/167、MC68HC05/11/12/16、68300 等，另外还有许多半通用系列的微控制器及专用 MCU 和兼容系列。

应该指出的是，从 2006 年开始，ARM 公司推出了型号为 Cortex-M3 的微控制器内核。随后，许多半导体公司纷纷采用 Cortex-M3 内核研发新型微控制器。仅以意法半导体公司推出的 STM32 微控制器为例，迄今已经形成了 200 多种型号的微控制器系列产品家族。

图 2-4 给出了已经焊接在嵌入式电路板上的 STM32F103ZET 微控制器的照片。

在意法半导体公司产品系列中，STM32F103ZET

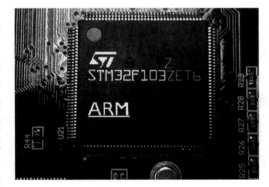

图 2-4   安装在嵌入式电路板上的
STM32F103 芯片照片

芯片属于中等容量增强型微控制器，配备 512KB 闪存。其硬件组件包括：USB 控制器、CAN 总线控制器、定时器（8 个）、ADC（2 个）、通用 IO 口（7 个 16 位口，112 个引脚）。最高工作频率为 72MHz，内核型号是 ARM Cortex-M3。图 2-5 给出了该款芯片的内部结构图。

　　实际上，意法半导体公司生产的 STM32F103 系列处理器拥有 30 多款产品。其中 STM32F103xC、STM32F103xD 和 STM32F103xE 微控制器的方框图都与图 2-5 相符合。该图中的 AHB 是 AMBA 2.0 的高性能片上总线，APB 是 AMBA 2.0 的先进外围片上总线。AMBA 是 ARM 公司片上总线的缩略语，参看 3.5 节。

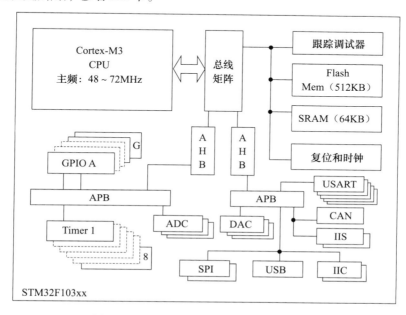

图 2-5　STM32F103xx 系列微控制器方框图

2.1.3　嵌入式 DSP 处理器

　　在本书中，嵌入式 DSP 处理器（Embedded Digital Signal Processor，EDSP）简称为 DSP 处理器，是专门用于嵌入式系统的数字信号处理器。它对 CPU 的系统结构和指令集做了特殊设计，使其适合执行 DSP 算法程序，编译效率较高，指令执行速度也较快。嵌入式 DSP 处理器有两个发展来源，一是 DSP 处理器经过单片化、EMC（电磁兼容）改造、增加片上外设成为嵌入式 DSP 处理器；二是在通用单片机或 SoC 中增加 DSP 协处理器。

　　DSP 处理器可分为两大类：定点 DSP 和浮点 DSP。定点 DSP 发展迅速，品种多，处理速度为 20～2000MIPS；浮点 DSP 处理速度为 40～1000MFOLPS。

　　嵌入式 DSP 处理器中比较有代表性的产品是德州仪器（TI）公司出产的 TMS320 系列和飞思卡尔公司的 DSP56000 系列数字信号处理器。

2.1.4　可编程片上系统

　　近年来，电子设计自动化（EDA）技术和 VLSI 设计的推广与普及进展很快，半导体工艺水平也迅速提高，已经能够做到把一个或多个 CPU 单元以及功能部件集成在单个芯片上。这种芯片就是所谓的片上系统 SoC（也称为系统级芯片）。

　　用户可以在简易环境下研发专用的 SoC 芯片。这时用户需要先使用硬件描述语言（VHDL 或

Verilog）定义整个应用系统，然后用工具进行仿真。仿真通过后就可以将 SoC 的设计源代码或者版图交给半导体芯片代工公司制作样品。样品经过严格测试，就可以投入量产。这样除少数个别无法集成的器件以外，整个嵌入式系统的大部分硬件部件均可集成到一块或几块芯片中去。SoC可以使系统电路板变得很简洁，非常有利于嵌入式应用产品减小体积和功耗以及提高可靠性。

随着技术的进一步发展，SoC 设计面临着一些诸如如何进行软硬件协同设计，如何缩短电子产品开发周期的难题。为了解决 SoC 设计中遇到的难题，设计方法必须进一步优化。因此，人们提出了基于 FPGA 的 SoC 设计方案—可编程片上系统（System On a Programmable Chip，SoPC）。随着百万门级的 FPGA 芯片、功能复杂的 IP 核（知识产权核）和可重构的嵌入式处理器软核的出现，作为未来电子系统设计新领域的 SoPC 技术已经成为了国际上电子系统设计技术的热点，具有广阔的应用前景。Altera 公司、Xilinx 公司、Lattice 公司、QuickLogic 公司等全球最重要的 FPGA 及 EDA 公司都分别推出了 SoPC 系统解决方案。如 Altera 公司在其最新的EDA 开发工具 Quartus II 中集成了 SoPC Builder 工具，在该工具的辅助下，设计者可以非常方便地完成系统集成，软硬件协同设计和验证，最大限度地提高电子系统的性能，加快设计速度和节约设计成本。

2.1.5 嵌入式双核/多核处理器

双核（Dual Core）处理器是指基于单个半导体的一个处理器芯片上拥有两个同样功能的计算引擎（也称为中央处理器引擎或 CPU 引擎），即将两个计算引擎集成在一个内核中，通过协同运算来提升性能。其优势在于克服了传统处理器由于通过提升工作频率来提升处理器性能而导致耗电量和发热量越来越大的缺点。另外，采用双核架构可以全面增加处理器的功能，也就是说增加一个计算引擎，处理器每个时钟周期内可执行的单元数将增加一倍。两个处理引擎在共享芯片存储界面的同时，可以独立地完成各自的工作，从而能在平衡功耗的基础上大幅提高CPU 性能。当处理器内部集成的计算引擎多于 2 个时，就称为多核处理器。

目前，PC 领域的主要处理器供应商 AMD 和 Intel 都推出了两核、四核或八核微处理器。它们可以多线程地同时运行多个应用，大大提高了运行性能。

在嵌入式领域，随着应用领域的扩大以及终端产品性能的日益丰富，人们对 DSP 系统的性能、功耗和成本提出了越来越高的要求，单核 DSP 处理器已不能满足当前的需求。于是 DSP生产商在单一晶片上集成更多的处理器内核，推出双核 DSP 处理器和多核 DSP 处理器。这些DSP 处理器的主要结构是一个或多个微控制器（MCU）核外加一个 DSP 核。

例如，美国 AD 公司生产的 Blackfin 系列产品就是适用于多格式音频、视频、语音和图像处理的嵌入式 DSP 处理器系列。采用 Blackfin 芯片的最终产品可以是便携式媒体播放器（PMP）、VoIP（基于 IP 通话）电话机、网络摄像机以及移动电视设备等。Blackfin 系列中的ADSP-BF561 处理器是一款双核的具有对称多处理（SMP）架构的 DSP 处理器，时钟频率为750MHz，它能够以两种工作方式执行。

图 2-6 给出 AD 公司 Blackfin 处理器家族中 ADSP-BL561 处理器的两种工作模式的第一种。在该模式下，可以让 Core A 运行操作系统、网络协议栈和控制任务，让 Core B 运行信号处理的 RISC/DSP 任务。图 2-7 给出 ADSP-BF561 的两种工作模式的第二种。该工作模式按照纯SMP 方式执行。视频数字信号处理可以被平均分配在两个 Core 上执行，偶数帧由 Core A 处理，奇数帧由 Core B 处理。

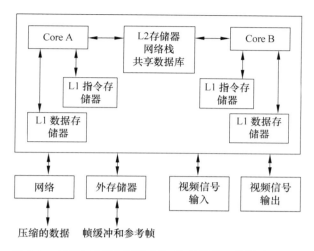

图 2-6   ADSP-BF561 双核 DSP 处理器的工作模式（一）

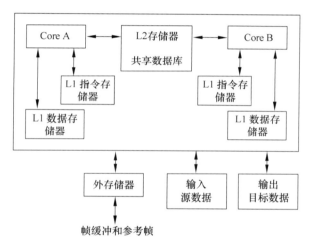

图 2-7   ADSP-BF561 双核 DSP 处理器的工作模式（二）

多核 DSP 在以下几个方面的应用越来越重要：

1）移动通信：其中包括基站和移动终端两方面的应用。该领域需要在低功耗下实现高性能，并且要具备强大的多任务实时处理能力。多核 DSP 在嵌入式操作系统的实时调度下，能够将多个任务划分到各个内核，大大提高了运算速度和实时处理性能。这些特点将使 3G 手机能够同时支持实时通信和用户互动式多媒体应用，支持用户下载各种应用程序和数据。

2）新型数字消费类电子产品：这类产品的更新换代非常快，对核心 DSP 的性能追求也越来越苛刻。数字音响设备、多媒体音效卡、语音识别、数字视频产品和视频监控领域都要求音、视频编解码算法（如 MPEG4）的快速实现以提高质量和降低传输带宽，因此越来越多的该类产品使用多核 DSP。

3）智能仪器仪表：如汽车电子设备的主动防御式安全系统中，ACC（自动定速巡航）、LDP（车线偏离防止）、智能气囊、故障检测、免提语音识别、车辆信息记录等都需要多个 DSP 各司其职，对来自各个传感器的数据进行实时处理，及时纠正车辆行驶状态，记录行驶信息。

例如，杰尔系统公司（Agere System）研发的 Vision X115 多核处理器能够处理每秒 24 帧的四分之一 VGA 规范（320×240 像素）的视频信号流。该处理器在一颗数字基带芯片上集成了三个处理器核芯，即用于通信的 ARM7 处理器、用于信号处理的 DSP16K 数字信号处理器及专门用于各种应用处理的 ARM9 处理器，参见图 2-8。这种功能分割的处理方式使得每个处理器都能够完全专注于其特定功能的执行。如在智能手机中采用此处理器可以使通信、应用处理器独立。不同的处理器单独运作，分工明确，互不干扰，显著提升协同工作效率。

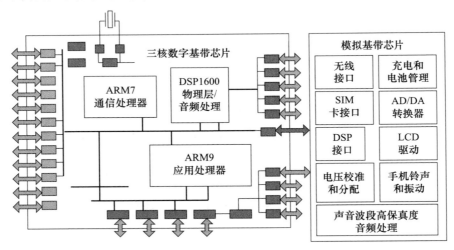

图 2-8　杰尔系统公司的多核 Vision X115 平台

2.1.6　可扩展处理平台

赛灵思（Xilinx）公司于 2011 年推出了可扩展处理平台（Extensible Processing Platforms，EPP）系列的首款产品 Zynq-7000 EPP，这是一款具有突破意义的处理器技术。

实际上，在纯粹逻辑单元的 FPGA 器件上集成处理器硬核不只 Zynq-7000 一种型号，还有 Xilinx 公司和其他公司的 FPGA 型号。例如，Altera 公司在 2012 年推出的新型 FPGA 芯片中集成了 28-nm Cyclone V 和 Arria V FPGA 架构、双核 ARM Cortex-A9 MPCore 处理器、纠错码（ECC）保护存储器控制器、外设和宽带互联等。

对于上述的"处理器硬核 + FPGA"新型嵌入式系统开发模式，我们沿用 Xilinx 公司首先提出的新术语"可扩展处理平台"。

Zynq-7000 将双 ARM Cortex A9 MPCore 处理器核与低功耗可编程逻辑和硬 IP 外设集成在同一个 FPGA 器件之上。其内部结构示意图参见图 2-9。与以往的 FPGA 芯片不同的是，传统意义上的 FPGA 芯片在没有加电时，或者加电后没有将固核映像下载到 FPGA 芯片时，整个芯片不包含任何用户的逻辑电路。而 Zynq-7000 EPP 即使在没有加电时，内部也有两块 ARM Cortex A9 处理器核的硬件逻辑存在。

研发人员可以在 PC 的 ISE™集成开发环境下，用 HDL 编写自己的硬件电路，然后按照需要添加 Xilinx 公司的 IP 核。之后将自己编写的硬件电路和现成的 IP 核连接在 ARM Cortex A9 处理器核的引脚上。最后进行编译连接，生成固核，下载到 Zynq 7000 开发板上，使它成为一个数字计算机。硬件设计和配置完成后，再编写应用程序，编译连接后下载在该计算机上，实行测试和试运行。这样，嵌入式系统研发者就可以快速开发产品的原型，使得嵌入式产品能够及时上市。

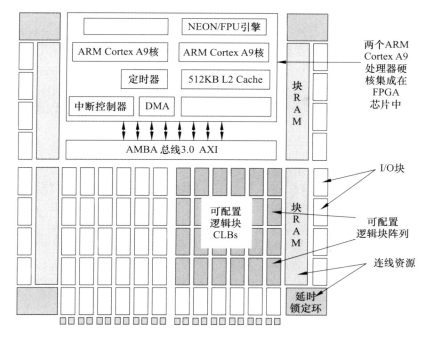

图 2-9　Zynq-7000 EPP 的 FPAG 内部架构示意图

2.2　嵌入式微处理器的典型技术

嵌入式微处理器具有功能专用、低功耗、低成本的特点，这源于它采用了一些通用处理器（例如 PC）中没有或者不明显的技术解决方案。但这些技术解决方案在嵌入式处理器中是非常典型的，下面就来详细介绍这些方案。

2.2.1　I/O 端口统一编址与特殊功能寄存器

计算机中存在两种地址空间，即主存储器地址空间（简称主存地址空间）和 I/O 端口地址空间（简称 I/O 地址空间）。主存储器地址空间的大小由 CPU 的地址线数量决定，I/O 地址空间的大小与地址线数量没有直接关系。此外，主存地址空间只有一种编址方法，而 I/O 地址空间有两种编址方法。

I/O 地址空间的第一种编址方法是独立编址法，即存储器地址空间和 I/O 端口地址空间分别编址，互不干涉。数据传送指令所访问的数据对象位于哪一个地址空间由指令的操作码决定。

Intel 公司的 x86 系列处理器采用的就是这种编址方法。在 x86 处理器中，I/O 地址空间是单独编址的，最大 I/O 地址空间是 64K 个单元，容量为 64KB。而 x86 处理器的主存地址空间可以是 4GB（32 根地址线），或者 64GB（36 根地址线）。x86 处理器的 MOV 指令只访问存储器的存储单元，而输入指令 IN 和输出指令 OUT 只访问 I/O 地址的数据寄存器或控制逻辑端口。

第二种 I/O 地址空间的编址方法是统一编址法，即将 I/O 地址空间与主存地址空间合在一起编址，处理器不存在独立的 I/O 地址空间。采用统一 I/O 地址编址方法的处理器，只使用一种数据传送指令。大多数嵌入式处理器采用了统一编址法。在这些处理器中，I/O 端口地址同存储器的存储单元地址分享同一个主存地址空间，被分配不同的地址段。例如，8051 系列和

ARM 系列处理器就采用了统一编址法。

有的读者可能会问，在阅读关于 8051 微控制器和 ARM 处理器的书籍时，好像并没有看到明显的 I/O 端口地址的概念，怎么能说它们是统一编址的呢？实际上，如同 PC 一样，任何计算机系统都存在 I/O 接口和 I/O 端口，嵌入式系统也不例外。诸如 8051、PowerPC 和 ARM 处理器的嵌入式系统都有 I/O 接口模块，这些接口是 UART、液晶屏控制器、DMA 控制器、中断控制器等；既然存在接口模块，就少不了同接口模块集成在一起的 I/O 端口寄存器，它们在 CPU 和接口之间传递数据、状态和控制信息。

8051 和 ARM 处理器的端口寄存器集成在存储器芯片内，与存储器单元划分区段统一编址。这些存储单元在物理上与普通的内存单元基本相同，但是有两个区别。一是一个单元地址的存储位数有可能不是 8 位，例如只有 3 位或者 4 位；二是功能特殊，不仅仅用于数据的读写，还表示状态信息和控制信息。此外它们也不同于 CPU 里的通用寄存器，不具备通用功能。所以人们将这些按照存储单元寻址的寄存器命名为特殊功能寄存器（Special Function Register，SFR）。

由于集成电路工艺技术的发展和嵌入式系统的体积、安装空间和功耗限制，通常把整个控制接口的逻辑电路集成在处理器芯片中。因此，嵌入式 CPU 与 I/O 接口，以及嵌入式 CPU 与外设之间的通信实质上是借助芯片内部的特殊寄存器进行的。嵌入式处理器里 SFR 的数目较多，远超过通用寄存器。

图 2-10 给出了三星公司嵌入式处理器 S3C44B0X 的存储器地址映射图（该处理器使用的处理器核是 ARM7TDMI，我们将在 3.6 节做详细介绍）。从图 2-10 中可以看到，该处理器最大可管理的主存储器空间达 256MB。这 256MB 地址空间被划分成 8 个独立的可管理主存储区域（Bank，也叫存储区），这就是说一共可外接 8 组物理存储器，其中每一组外接的主存储器可以将它的地址空间映射到一个 Bank。S3C44B0X 为每个 Bank 提供 1 个片选信号（信号引脚是 nGC7-nGC0[⊖]）。这 8 个 Bank 都可以用于 ROM 和 SRAM 存储器的地址分配，而且 Bank6 和 Bank7 还可以用于 FP/EDO/SDRAM 等类型的存储器配接。

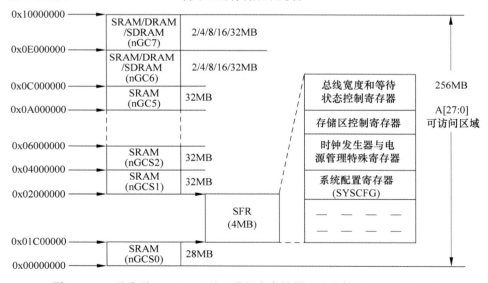

图 2-10   三星公司 S3C44B0X 处理器的主存储器地址映射和 SFR 地址空间

⊖   本书中凡是低电平有效的信息一律在信号前面加小写字母前缀 n，不采用在信号字母名称中加上划线的标记方法。

值得注意的是，图 2-10 中有一块 4MB 大小的 SFR 地址空间，该地址空间在 Bank0 之上 Bank1 之下，即地址 0x01C00000 到 0x01FFFFFF 之间。在这个 SFR 地址空间里安排了所有的 S3C44B0X 片内外设控制器的数据端口、控制端口和状态端口。每一个端口都是 32 位（4 字节）的 SFR。在进行该外设控制器初始化编程时程序员应该仔细阅读和理解每一个外设控制器的 SFR 端口地址以及 SFR 的每一位详细定义。如果是嵌入式系统初学者，则必须学会熟练地看懂 SFR 的功能定义与端口定义。

2.2.2　哈佛结构

冯·诺依曼体系结构计算机是人们所熟知的，通用计算机通常都采用这种结构，它也称为普林斯顿结构。冯·诺依曼型计算机只有一个主存储器（也称为内存储器），主存储器里存放的内容可以是数据，也可以是指令。它只有一种访问主存储器的指令，并且只有在取指令周期从主存储器取出来的二进制数码才是机器指令。CPU 通过数据总线与存储器交换信息。

如果计算机的存储器分为两个部分，一部分存放指令，另一部分存放数据，它们各自拥有自己的地址空间和访问指令，可以分别独立访问，这种计算机结构称为哈佛体系结构，简称哈佛结构。冯·诺依曼体系结构中的数据总线在哈佛结构中被分为指令总线和数据总线。从而使哈佛结构处理器的数据吞吐率比冯·诺依曼结构处理器提高了大约一倍。因此哈佛结构的微处理器通常具有较高的执行效率。

程序指令存储和数据存储分开，还可以使指令和数据有不同的数据宽度。例如，Microchip 公司的 PIC16 微控制器芯片采用哈佛总线结构，程序存储器和数据存储器分别拥有自己的总线。其中 PIC16C84 型微控制器的程序存储器空间为 8K×14 位宽度（指令长度为 14 位），而数据存储器的空间为 128×8 位×2Bank。

在嵌入式技术领域，许多嵌入式处理器采用了哈佛结构。例如，8 位的 MCS-51 处理器、MC68 系列（摩托罗拉公司）、Zilog 公司的 Z8 系列、ATMEL 公司的 AVR 系列和 ARM 公司的 ARM9、ARM10 和 ARM11 架构处理器。

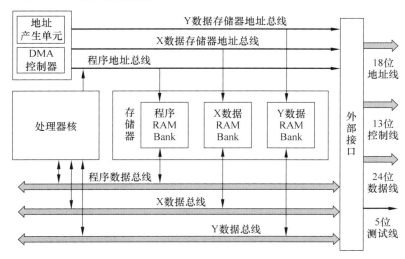

图 2-11　摩托罗拉公司 DSP56311 型处理器的哈佛结构存储系统示意图

图 2-11 给出了摩托罗拉公司的 DSP56311 型数字信号处理器的存储系统结构框图。它采用了哈佛结构，有三个内部存储体。其中两个是数据存储体，一个是指令存储体。这样就可以做

到利用三组总线，同时从存储系统中执行两个数据访问和一个指令预取。这种数据访问方式加快了典型 DSP 算法执行的速度，例如有限脉冲响应滤波器（FIR filter）运算。

8051 处理器存储器也具有典型哈佛结构的特征。它有四个存储空间：片内程序存储器、片内数据存储器、片外程序存储器和片外数据存储器。其地址空间分为三类：

1）片内和片外统一编址的 64KB 程序存储器地址空间，地址范围从 0x0000 到 0xFFFF（16 位地址）。

2）64KB 片外数据存储器地址空间，地址范围从 0x0000 到 0xFFFF（16 位地址）。

3）256B 数据存储器地址空间（8 位地址）。

8051 处理器的存储空间配置如图 2-12 所示。

当引脚 nEA 接高电平时，8051 的程序计数器 PC 在最低 4KB 片内 ROM 范围内取指令；当指令寻址超过 0xFFF 之后，就自动转向片外 ROM 取指令。当引脚 nEA 接低电平时，8051 的片内 ROM 不起作用，CPU 只能从片外 ROM 中取指令。任何情况下，程序不会从程序存储器空间转移到数据存储器空间。

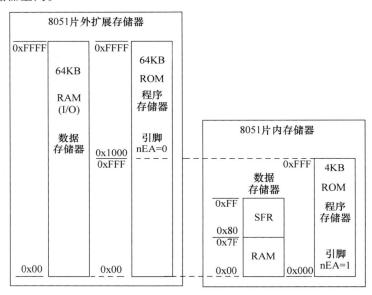

图 2-12   8051 处理器的存储空间分布

哈佛结构在嵌入式处理器的另外一种应用形式涉及 Cache。以 ARM 处理器为例，片内 Cache 分为两类，一种是数据和指令都放在同一个 Cache 中，称为普林斯顿结构 Cache 或者统一化结构 Cache（统一型 Cache）。另外一种是数据和指令分别放在两个独立的 Cache 中，称为哈佛结构 Cache。也叫做分离型 Cache。

哈佛结构 Cache 的优点是数据 Cache 和指令 Cache 区分开来，消除了数据引用与指令引用之间的冲突，使得取指令与取数据能同时进行；而且允许独立地选择和优化各个 Cache 的大小、行大小和相联度。但哈佛结构 Cache 也有两个不足。一是如果程序通过写指令而修改本程序的自身代码，则这些新指令将被写入到数据 Cache。在程序能够执行这些指令前，两个 Cache 都必须被刷新，并且修改了的指令必须被写入存储器以便 Cache 能从中取得指令。另一个不足点是不允许大幅度地调节指令 Cache 和数据 Cache 的容量分配比例。而在统一 Cache 中不存在这个问题，Cache 内部指令占用的空间和数据占用的空间是动态平衡的。

2.2.3　桶型移位器

移位操作是计算机 CPU 内部的重要运算之一，一般通过硬件实现，由连接在算术逻辑部件（Arithmetic Logic Unit，ALU）内部或者外部的移位器执行。传统计算机的 ALU 输出端附加移位控制逻辑的结构属于 ALU 内部移位器结构，这种移位器只能完成直送、左移一位和右移一位操作。传统计算机 ALU 外部的普通移位器在一个时钟脉冲周期只进行一位右移、左移、循环右移或者循环左移操作。如果需要左移或者右移多位，就需要消耗多个时钟周期。当运算器位数达到 32 位或者更多位（例如 48 位或者 64 位）时，移位操作就会非常耗时。于是人们研究出了一个时钟周期内能够进行字宽限度之内任意位数移位或循环移位操作的硬件移位器，这种移位器称为桶型移位器（barrel-shifter）。32 位硬件桶型移位器最早在 80386 处理器上得到使用，后来在其他通用计算机的 CPU 上也有应用。

桶型移位器是具有 n 位数据输入、n 位数据输出和一组指令输入的组合逻辑电路，一般它位于 ALU 的前面（例如 ARM 处理器和 80386 处理器）。涉及桶型移位器操作的机器指令必须指明移动方向（左或右）、移动类型（循环的、算术的、逻辑的）和移动位数（范围为 1 到 n−1，有时为 1 到 n。）。

图 2-13 给出了四位桶型移位器的原理图。读者可由此推导出更多位数桶型移位器的工作原理。

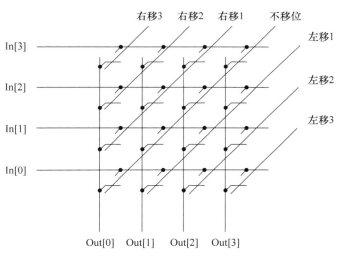

图 2-13　桶型移位器工作原理示意图

图 2-13 显示了一个 4×4 的开关矩阵。为了减少通过移位器的延迟，使用该组合电路的交叉开关矩阵把输入引导到适当的输出。

如图所示，每一个输入都通过多个开关与一个输出相连。如果执行循环右移 2 位，则左起第 2 条对角线（右移 2）和第 6 条对角线（左移 2）上的 2 个交叉开关接通，这样输入第 3 位（In[3]）移至输出第 1 位（Out[1]），输入第 2 位（In[2]）移至输出第 0 位（Out[0]），输入第 1 位（In[1]）移至输出第 3 位（Out[3]），输入第 0 位（In[0]）移至输出第 2 位（Out[2]）。例如，输入 4 位为 0x1011，则输出 4 位为 0x1110。

假定算术右移 1 位，则左起第 3 条对角线（右移 1）上的 3 个交叉开关接通，并且保持输出第 3 位（Out[3]）与输入第 3 位（In[3]）相同，即符号位不变。

桶型移位器操作可以通过软件进行仿真执行，但是这样做会消耗宝贵的时间，而且在某些应用中行不通，例如实时音频和视频应用。目前，桶型移位器作为常用的 IP 核，广泛地集成在微控制器和 DSP 处理器内。例如，浙江大学研制的用于数字信号处理运算的"数芯"微处理器，在它的高度并行计算单元中含有一个 64 位分裂式桶形移位器。又例如，飞思卡尔公司推出的 24 位音频数字信号处理器 DSP56374 的 ALU 内部含有一个 56 位桶形移位器。

ARM 的桶型移位器有 32 位，置于 ALU 的操作数入口之前。数据处理指令执行时，第 2 操作数先经过桶型移位器的预处理再进入 ALU 部件的输入口，这样便使操作数在进入 ALU 之前进行指定位数的左移、右移、左循环或者右循环操作。这种功能增强了 ARM 处理器许多数据处理操作的灵活性。正因为有了这种桶型移位器的预先处理，ARM 处理器省去了通用计算机指令系统中必备的移位指令。

桶型移位器的出现为编写高效率汇编语言程序提供了条件。例如，在编写 ARM 汇编语言程序时，适当使用数据处理指令或者加载/存储指令的操作数移位功能可以有效地加快程序执行速度。桶型移位器的应用主要包括：分组密码，寻址计算、浮点数规格化、多媒体数据压缩/解压缩等。

2.2.4　正交指令集

人们在阅读嵌入式微处理器手册时常常会遇到"正交指令集"（orthogonal instruction set）这个术语。应该讲，术语"正交指令集"用来描述特定处理器指令系统的操作码或者地址码的长度特征，以及操作码与各地址码的取值关联度特征。

正交指令集具有如下特征：①指令集中的绝大多数指令长度相同；②指令的操作码和操作数寻址字段的长度相对固定；③在寻址字段中，所有寄存器的寻址可以替换；④如同笛卡儿坐标系中的 X，Y，Z 坐标轴的取值相互独立（正交）一样，在正交指令集中，一条机器指令的操作码、寻址方式、第 1 操作数地址（寄存器或者内存单元地址）和第 2 操作数地址（寄存器或者内存单元地址）四个字段的取值相互独立。这或许就是正交指令集名称的由来。事实上，一些号称为正交指令集的计算机，并非其所有的指令都具有正交特性。它们的主要的数据运算类、数据处理类和数据传送类指令具有正交性。PDP-11、680x0、ARM 和 VAX 等处理器便具有正交指令集的特征。

RISC 处理器的大部分指令具有正交指令特征，对汇编语言编程者来说比较容易学习，针对它的编译器容易编写，硬件的实现通常也更有效。

【例 2-1】　一个正交的两地址指令集中的运算类指令常采用以下格式：

定长操作码 + 寻址方式编码 + 定长格式的目的寄存器集 + 定长格式的源寄存器集

【例 2-2】　ARM 处理器有 16 个通用寄存器，分别命名为 R0 ~ R15。ARM 处理器的数据处理类指令中的立即数移位指令格式如下：

d31 ~ 28	d27 ~ 25	d24 ~ 21	d20	d19 ~ 16	d15 ~ 12	d11 ~ 7	d6 ~ 4	d3 ~ 0
执行条件	000	操作码	S	Rn	Rd	#shift	SH	Rm

其中的"执行条件"字段是该指令执行的条件，共有 15 种条件，加上无条件，一共有 16 种可能，用 4 位二进制数表示，可以取其中一种；操作码字段有 4 位，表示执行的是哪一种算术逻辑运算，一共有 16 种运算，可以取其中任何一种；SH 字段表示移位类型，有 5 种移位指令的编码可供选择，这些指令都用到了桶型移位器；Rn、Rd、Rm 字段是操作数寄存器字段，可以取 16 个寄存器 R0 ~ R15 中的任何一个；#shift 是立即数移位长度值。ARM 数据处理指令格式的详细解释请看第 5.2 和 5.4 节。

指令举例：

SUBNES R10，R5，R2，ASR #5

这条指令的操作码是 SUB，即减法运算；NE 是条件标志，表示不相等；S 表示本指令执行完毕后更新标志位；第 1 操作数 Rn 是 R5；第 2 操作数表示将 Rm 的内容算术右移 5 位，即 R2 的值除以 32；目标寄存器 Rd 是 R10。该指令的运算表达式为：R10←R5 - R2 ÷ 32。

从上述该指令的编码格式读者可以体会到正交指令编码的特征。

2.2.5 双密度指令集

一般来说，指令密度指的是：在执行同等机器指令操作步骤序列前提下，单位内存空间所容纳的机器指令数。换言之，指令密度就是为了完成同等的特定运算操作，存放机器指令所需要的内存空间大小。指令密度是衡量一个指令系统的设计是否精巧、是否合理的重要标志。由于嵌入式系统体积小，内存容量小，所以有的嵌入式处理器指令系统（主要指 ARM 处理器）被设计成双密度的。这也是嵌入式系统有别于普通 PC 的一大特点。

例如，ARM 微处理器是 32 位设计，配有定长 32 位的指令集。但 ARM 微处理器也配备 16 位指令集，称为 Thumb 指令集。它允许软件编码为更短的 16 位机器指令。早期的 16 位 Thumb 指令集称为 Thumb-1 指令集，其指令密度远高于 32 位指令集。与等价的 32 位代码相比，Thumb-1 指令代码节省的存储器空间高达 35%，然而却保留了 32 位系统所有的优势（例如，访问一个全 32 位地址空间）。Thumb-1 状态与正常的 ARM 状态之间的切换是零开销的。在需要改进程序的时间效率和空间效率的情况下，可以以子程序为单位分别指定目标指令集进行编译，而后切换使用。

2003 年 6 月，ARM 公司推出了 Thumb-2 核心指令集技术。Thumb-2 指令集的特点如下：

1）程序员事实上做到了可以使用所有 ARM 指令的对等指令。

2）12 个全新的指令改善了性能和代码尺寸。

3）Thumb-2 指令集执行 C 代码的运行速度达到了 ARM 指令集的 98%。

4）Thumb-2 指令集的尺寸比 Thumb-1 指令集减小 5%，但速度提高了 2%~3%。

5）就芯片的占位面积（Memory Footprint）而言，Thumb-2 指令集仅仅是等效 ARM 指令集的 74%。

Thumb-2 指令集与 ARM 指令集、Thumb-1 指令集的代码尺寸比较与性能比较如图 2-14 所示。

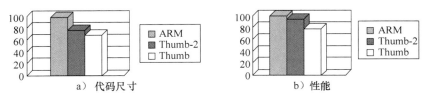

图 2-14   Thumb-2 指令集与 Thumb 指令集的比较

2.2.6 看门狗定时器

看门狗定时器（简称看门狗，WDG）是一个用来引导嵌入式微处理器脱离死锁工作状态的部件，也是嵌入式处理器中一个很有特色的硬件部件。

嵌入式系统的处理信号多为低压信号，并且很多系统处在恶劣的环境（如高海拔地区、高温场合、电压变换频繁、静电释放等）中，这样容易接受到外部电磁场干扰，使存储信息出错，进而使处理器在执行过程中出错，导致系统进入死循环。在这种环境下，便可使用看门狗定时器捕获和复位已失去了控制的处理器。

看门狗定时器是一个专用计数器，能够在一个指定的间隔时间后复位微控制器或者微处理器。在一个配置有看门狗的嵌入式系统中，控制软件将定时监视或重置位看门狗。其原理是系统启动后，初始化程序向看门狗的计数寄存器写入计数初值；此后每经过一个预定的时间间隔看门狗执行一次计数（减 1 或者增 1）。如果软件与设备正常工作，那么看门狗的计数寄存器中设定的计数值计满之时（即 - 1，也就是二进制的计数值为全 1），系统程序就会重置看门狗计数寄存器的计数初值，让它继续计数，并且一直循环下去。这样，看门狗不会因计数值计满而重新启动系统。若软件和设备工作发生故障或者机器死锁，必然导致看门狗在计数器计满后得不到重新填入的计数初值，于是产生计数溢出；一旦出现溢出，看门狗将产生一个复位信号并重新复位系统。

看门狗定时器可设计在芯片的内部或者芯片的外部。设计在芯片内部的看门狗定时器可充分利用微处理器使用的高精度的晶振时钟来准确地计数和复位。下面我们给出三星 S3C44B0X 处理器的看门狗定时器内部结构图和相关的控制寄存器参数，请看图 2-15 和表 2-1。

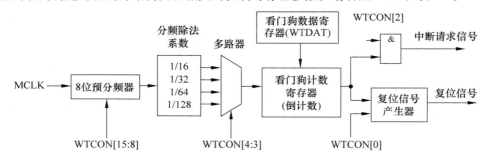

图 2-15　S3C44B0X 处理器的看门狗定时器方框图

S3C44B0X 处理器的看门狗是一个 16 位二进制数的间隔定时器，用来产生中断服务请求信号。它可在 128 个存储器时钟周期内产生一个复位信号。图 2-15 中的 WTCON［4:3］表示看门狗控制寄存器的引脚 3 和引脚 4，其他依次类推。从图 2-15 中可见，S3C44B0X 看门狗使用 MCLK 作为唯一的时钟源。为了产生对应的看门狗定时时钟，MCLK 首先预分频，然后对这个结果做除法分频。预分频值和分频除法系数在看门狗定时控制寄存器 WTCON 中设定。正常的预分频值范围是 $0 \sim 2^8 - 1$。分频除法系数可以在 16、32、64 和 128 的 4 个数中任选。

下面的计算公式用来计算 S3C44B0X 看门狗的定时时钟频率和每一个定时时钟周期的持续时间：

$$T_{看门狗} = 1/(MCLK/(预分频值 + 1)/分频除法系数) \tag{2-1}$$

表 2-1 给出了该看门狗的主要控制寄存器。具体配置看门狗的执行需要了解每一个控制寄存器的详细位定义信息，有兴趣的读者可以自行查阅相关资料。

表 2-1　S3C44B0X 的看门狗定时器相关的寄存器

SFR 名称	地址	读写	控制寄存器描述	位数	初值
WTCON	0x01D30000	R/W	看门狗定时控制寄存器	16	0x8021
WTDAT	0x01D30004	R/W	看门狗定时数据寄存器	16	0x8000
WTCNT	0x01D30008	R/W	看门狗定时计数寄存器	16	0x8000

2.2.7 边界对准与端序

1. 边界对准

边界地址（也可以叫做地址边界）是一个重要概念，既有逻辑意义也有物理意义，指处理器一次性地或者周期性地读写内存的起始地址。把整个内存空间按照 4 字节、2 字节或者其他 2 的整倍数长度划分成内存读写块，并且从零号单元开始编号，则边界地址具有如表 2-2 所示的特征：

表 2-2　内存访问的边界地址特征

读写方式	2 字节对准	4 字节对准	8 字节对准	16 字节对准	32 字节对准
边界地址特征	A[0]=0b0	A[1:0]=0b00	A[2:0]=0b000	A[3:0]=0b0000	A[4:0]=0b00000

说明：其中 A[0]=0b0 表示最低 1 位的 0 号地址线值为 "0"，A[1:0]=0b00 表示最低 2 位的 1 号和 0 号地址线值为 "00"。依此类推。

在嵌入式处理器中，指令寻址和数据寻址通常按照内存地址边界对准（address boundary aligned）的方式进行，简称边界对准、地址对准或地址对齐。所谓按边界对准进行读写就是指从主存储器的双字节以上的边界地址进行读写。例如，双字节对准是从偶地址单元开始读写，一次读写 2 字节；4 字节对准是指从诸如低位地址是 0x0、0x4、0x8、0xC、0x10 等 4 的整数倍地址单元进行读写，一次读写 4 字节。ARM 体系结构的处理器要求按照地址对准方式进行内存访问。

通常，嵌入式系统处理器按照数据总线的宽度进行主存读写。由于现代计算机（包括嵌入式计算机）主存储器采用多体结构，每一个存储体的数据输入输出端口固定连接在数据总线的单字节数据线上，所以按地址对准的方式可以减少读写次数，提高效率。

举例来说，数据总线的宽度是 4 字节，如果每次读写内存时总能够从存储器中得到 4 个字节的数据，则可以获得最高数据传输效率，这是最理想的效果。交叉编址多体存储器能够做到这一点。在一个总线周期，如果每一个存储体都被选中，则可以同时输出 4 个字节。

然而，为了做到这点，就需要按照地址对准的方式访问存储器。因为这样访问能够选中所有的存储体。地址信号中末位地址是 00 的存储单元，在读写时通过数据总线的最低字节线（D[7:0]）发送和接收；末位地址是 01 的存储单元，在读写时通过数据总线的次低字节线（D[15:8]）发送和接收；以此类推。只要保持地址对准访问就可以让 32 位数据总线的每一根数据线都派上用处，实现一次访问 4 个字节，做到高速传输。反之，如果不是这样访问存储器，即没有做到地址对准访问，4 个字节的读写也需要两个总线周期才能完成，使传输效率大大下降。

就 ARM 处理器而言，满足边界对准的直接后果是，绝大多数场合下能得到正确无误的指令，取数据时能够得到编译器或者应用程序以最高效率处理的数据。

一些微处理器在取指令操作时不要求地址对准，例如 8051 单片机和 x86 处理器。其原因是：①指令长度不规整。例如，x86 处理器的机器指令长度可以从 1 字节到 15 字节，因此根本无法做到取指边界对准。②编译器没有规定取数或取指的起始地址一定在读写边界上。③单字节 8 位处理器用不上边界对准。

但是，32 位嵌入式处理器往往对指令和数据的读写有严格的地址对准要求，即有边界对准的要求。按照地址对准方式访问内存可以提高传输效率，加快访问速度，最重要的是简化了编译器设计，优化了程序代码。

对于要求地址对准的嵌入式处理器，如果在运行时发生了指令地址没有对准，或者数据地址没有对准的异常情况，则处理器会采取一些预定强制性措施执行。例如，以忽视末位地址值和强制置低位地址为零等方式进行访问主存。

2. 端序

端序（endian）表示多字节数据存储时数据在内存中的存放顺序。端序也叫做字节序（byte-ordering），有大端序和小端序之分。每一个计算机在运行时只能采用一种端序。在大端序计算机系统里，多字节数据的最高字节存放在最低存储位置（也就是存放在第1个字节处）。在小端序计算机系统里，多字节数据的最低字节存放在最低存储位置。假定存放的32位字是0x5F01003，它的二进制表示是：00000101 11110000 00010000 00000011，那么它的两种端序存放方式如表2-3所示。

表 2-3 大端序和小端序的存储方式示意

32 位字存储单元的最低 2 位地址	大端序	小端序
第 11 单元	00000011	00000101
第 10 单元	00010000	11110000
第 01 单元	11110000	00010000
第 00 单元	00000101	00000011

PC 通常使用小端序，IBM 公司的大型计算机使用大端序，PowerPC 和 ARM 处理器支持两种端序的任意一种。

2.2.8 地址重映射

一般而言，计算机的物理存储单元与分配给它的地址之间具有一一对应的映射关系，而且是固定不变的。如果计算机在运行过程中改变了这种映射关系，就叫做地址重映射（addressre-map）。嵌入式系统常常用到地址重映射技术。

通常，嵌入式系统装有 Nor Flash、SRAM 和 SDRAM 存储器，有的还含有 Nand Flash 存储器。因为 Nor Flash 存储器是只读存储器，并且可以按字节读出，所以适合用作为引导启动加载程序（Bootloader，也叫做启动程序）存储器。在开始启动时，将存有启动代码的 Nor Flash 地址空间映射到 0x00000000。这样，嵌入式系统加电时就从 0 号地址，也就是 Nor Flash 存储器的起始地址开始执行 Bootloader 的第 1 条启动代码。启动程序执行各种初始化操作，建立中断向量或异常向量表，完成程序代码和数据的迁移，然后进行地址重映射，最后执行 C 语言程序。启动程序的流程如图 2-16 所示。此后整个系统开始运行。

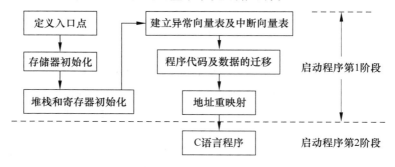

图 2-16 嵌入式系统启动程序简单流程图

同 PC 系统实模式下中断向量表从 0 号地址存放相类似，嵌入式系统的中断向量和异常向量表在启动时也从 0 号地址存放。也就是说，在地址重映射之前，中断向量和异常向量放在 Flash ROM 中。然而 Flash ROM 的读出速度慢，以后每次中断时都要读取 ROM 上的中断向量，这严重影响了中断速度。

为了加快系统运行速度，多数嵌入式处理器都提供了灵活的地址空间重新安排方法，改变 Flash 地址空间、SRAM 地址空间或者 SDRAM 的地址空间分配。其要点是将 SDRAM 地址空间迁移到 0 地址开始处，把 Flash ROM 的地址空间迁移到系统存储器的高端地址。这种地址空间的重新分配方法称为地址重映射。地址重映射之后，中断向量表和异常向量表仍然存放在 0 地址开始的空间。但与地址重映射之前不同，中断向量和异常向量存放在了高速 RAM 存储单元中，系统的中断响应速度得到提高。

图 2-17 给出了 AT91M55800A 处理器的地址重映射示意图。

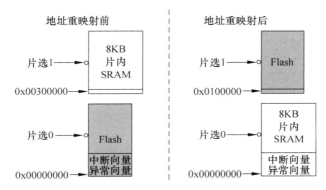

图 2-17　AT91M55800A 处理器地址重映射前后的地址分配

地址空间的重新分配与处理器的硬件结构紧密相关。总体来说，32 位系统中的地址重映射机制可以分为两类情况：

1）处理器内部专门的寄存器可以完成重映射。在这种情况下，通过机器指令将重映射寄存器的特定位进行置位或复位，就可由硬件逻辑来完成地址的重新映射。

以东南大学基于 ARM7TDMI 处理器核自主设计开发的 SEP3203 微处理器为例，该芯片在 0x11000010 单元有一个称作 REMAP 的特殊功能寄存器，它就是片选空间重映射配置寄存器。

此外，ATMEL 公司的 AT91xx 系列处理器也采用类似的方法完成地址重映射。

2）微处理器没有专门的重映射控制寄存器，需要重新改写处理器内部用于控制内存起止地址的 Bank 寄存器来实现重映射过程。三星公司的 S3C4510B 处理器属于这种情况。

在内存地址重映射变化过程当中，程序员需要仔细考虑程序执行流程是否被这种变化的程序存储空间所打断。也就是说，当完成地址重映射以后，必须做到在 RAM 空间完成了程序的初始化，否则会造成严重的程序执行错误。

2.2.9　FIFO 缓冲寄存器

FIFO（First In First Out，先入先出）是一种数据结构。按照 FIFO 方式进行数据读写的寄存器称为 FIFO 寄存器或者 FIFO 缓冲寄存器，有时也直接简称为 FIFO。

在 FIFO 方式中，先被写入到 FIFO 寄存器的数据将先被读出。从逻辑上讲，FIFO 可以是头尾相连的一个环形队列，如图 2-18 中的两个 FIFO 寄存器执行时的读/写指针环状移动示意图。它的基本结构包括 1 个输入端口和 1 个输出端口，各自都有一个指针指向 FIFO 中的某个存储位置。FIFO 重启动时，输入和输出的指针都指向 FIFO 队列中的第一个存储位置。对每次写入操作，一个 FIFO 缓冲寄存器都会使输入指针指向 FIFO 的下一个存储位置；相应地，每次读取操作都会使 FIFO 的输出指针指向 FIFO 的上一个存储位置。若指针需要从 FIFO 队列的最后一个存储位置移动到第一个存储位置，则 FIFO 会自动实现这一过程而不需要任何对指针的重启操作。

FIFO 在嵌入式系统中有助于提高数据传输效率。它有两种使用形态，一种是分立的专用器件，另外一种是 CPU 片内集成的某个控制器的专用寄存器。

例如，CYPRESS 公司的 CY7C424 就是一种专用器件。嵌入式数据采集系统的电路板中往往使用该 FIFO 芯片。它位于数据源和 CPU 之间，系统运行时先将输入数据从数据源写入 FIFO，再由 CPU 从 FIFO 中读取，从而实现数据的高速缓冲输入。而 S3C44B0X 处理器就在它内部的 ZDMA 单元、UART 单元和 IIS 单元集成了 FIFO，如图 2-18 所示。

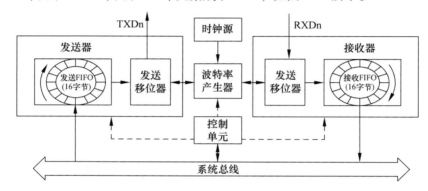

图 2-18　S3C44B0X 的 UART 方框图（含 FIFO）

2.2.10　主存控制器

嵌入式处理器内部可以分成若干个模块或者模组，包括核心模块、系统控制模块、I/O 模块、通信控制模块等，其划分方法随处理器的不同而不同。以 CPU 为例，有的嵌入式处理器把 CPU 所在的模块称为 CPU 模块，例如三星公司的 S3C44B0X 处理器；有的把 CPU 所在的模块称为核心模块。

核心模块中又包含了几个子模块，其中最重要的是处理器核。另外一个重要的模块是主存控制器（Memory Controller，MC）。MC 可以决定处理器所使用的存储区（Bank）个数，各个存储区起始地址，各个存储区的寻址空间大小和存储区的数据线宽度；确定字节序；确定所有 Bank 的可编程访问周期以及动态存储器的自动刷新等。

图 2-19 是东南大学开发的嵌入式处理器 SEP3203 的内部结构框图。

在 SEP3203 处理器中，主存控制器 MC 被命名为外部存储器接口（External Memory Interface，EMI）。该处理器的 EMI 可以提供 7 个存储器 Bank 选择信号，其中的 CSA ~ CSF 六个片选信号支持对 ROM、SRAM、SDRAM 和 Nor Flash 存储器进行片选。对于每一个片选可配置 16 位/32 位数据线宽度，可配置对应存储区的起始地址。此外，每个片选支持的最大寻址范围是 64MB。EMI 还有一个 NAND_CS 片选信号，支持从 8 位数据宽度的 NAND FLASH 直接启动系统，支持 ECC 校验的一位纠错。

EMI 管理一个 20KB 大小的片内静态存储器。片内静态存储器的访问速度快，可以做到零等待读写。将重复执行的大运算量的程序通常存放在片内静态存储器执行可以大大地提高应用程序执行效率。

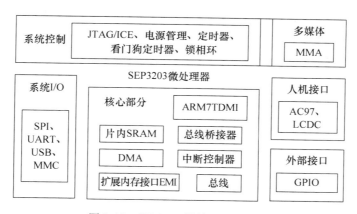

图 2-19　SEP3203 微处理器方框图

2.3　主流嵌入式微处理器

本节介绍主流的嵌入式微处理器，包括 MIPS 处理器、PowerPC 处理器、ARM 系列处理器。

2.3.1　MIPS RISC 嵌入式微处理器

MIPS 处理器于 20 世纪 80 年代初期由斯坦福大学 Hennessy 教授领导的研究小组研制出来。1984 年，MIPS 计算机公司成立。1992 年，SGI 收购了 MIPS 计算机公司。1998 年，MIPS 脱离 SGI，成为 MIPS 技术公司。MIPS 技术公司是一家设计和制造高性能、高档次的嵌入式 32 位和 64 位处理器的厂商，在 RISC 处理器方面占有重要地位。

MIPS 的中文意义是：内部无互锁流水线微处理器。MIPS 也是一种处理器内核标准。MIPS 技术公司于 1986 年推出 R2000 处理器，1988 年推出 R3000 处理器，1991 年推出第一款 64 位商用微处理器 R4000。之后，又陆续推出 R8000（于 1994 年）、R10000（于 1996 年）和 R12000（于 1997 年）等型号的微处理器。之后，MIPS 公司的战略发生变化，把重点放在嵌入式系统上。1999 年，MIPS 公司发布 MIPS 32 和 MIPS 64 架构标准，为未来 MIPS 处理器的开发奠定了基础。新的架构集成了所有原来 MIPS 指令集，并且增加了许多扩充功能。

MIPS 指令系统有两种类型：①通用处理器指令体系，MIPS Ⅰ、MIPS Ⅱ、MIPS Ⅲ、MIPS Ⅳ到 MIPS Ⅴ。②嵌入式指令体系，MIPS16、MIPS32 到 MIPS64。在设计理念上，MIPS 强调软硬件协同提高性能，同时简化硬件设计。

近几年来，MIPS 公司开发了高性能、低功耗的 32 位处理器内核 MIPS32 24KE 内核系列。该内核系列采用高性能 24K 微架构，同时集成了 MIPS 公司的 DSP 应用架构扩展（DSP ASE）。24K 内核时钟频率达到 850MHz，面积为 2.0mm^2，功耗为 0.43mW/MHz。24KE 内核系列包括 24KEc、24KEf、24KEc Pro 和 24KEf Pro，可应用于机顶盒、DTV、DVD 刻录机、调制解调器、IP 电话、数码相机、蜂窝电话、住宅网关和汽车远程信息处理等领域。图 2-20 给出了 MIPS32 24KE 内核的功能方框图。

2007 年 6 月 19 日，MIPS 公司推出了 MIPS32 74K（以下简称 74K）内核产品。该产品采用标准硅工艺，是目前嵌入式市场速度最快的可综合处理器内核，主频速度达到 1GHz 以上。图 2-21 给出了 74K 内核的内部架构。

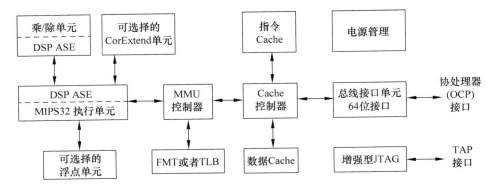

图 2-20　MIPS32 24KE 内核的功能方框图

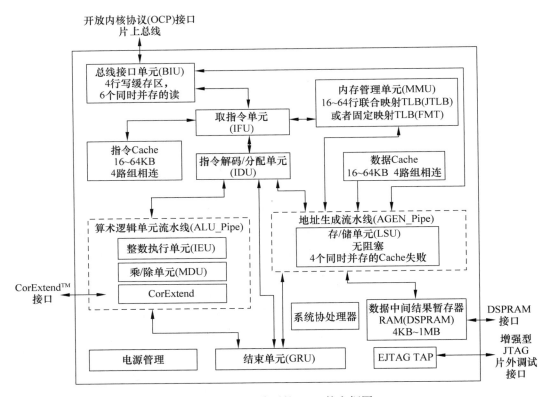

图 2-21　MIPS 公司的 74Kc 核方框图

MIPS32 74K 核按照普通单元和 EDA 标准流程设计，采用 65nm 制造工艺，内核面积为 1.7mm^2；内含自主研发的嵌入式微架构，在同类产品相比，其性能/芯片面积比很高。MIPS32 74K 具有如下特点：

1）具有 CorExtend 功能，该功能可供用户自定义指令。

2）具有二进制兼容的特性，它可以直接替代原有的 MIPS32 24K 系列内核，而不需要对应用代码进行任何修改；74K 内核运行速度可达到 24K 内核的 1.5 倍到 1.6 倍。

3）双流水线架构，支持非对称双发；一条 6 级地址生成（AGEN）流水线可处理存储转移负载/存储，并控制传输分支/转移指令。另外一条 5 级 ALU 流水线处理所有的与算数、逻辑和计算相关的指令。

4）提供加快 DSP 和媒体处理应用的增强型指令集 DSP ASE（第 2 版）。

从 2008 年起，MIPS 公司的产品基本退出了桌面处理器市场，而将其重心完全转移到嵌入式市场领域。在高速大数据吞吐量的嵌入式产品领域，MIPS 公司的产品具有较大的影响力。2014 年 MIPS 公司被英国一家 IT 公司收购，MIPS 处理器产品的后继开发和客户技术支持由该公司负责。

2.3.2　PowerPC 系列嵌入式微处理器

自从 1994 年第一个 PowerPC 处理器 PowerPC 601 问世以来，已经有几十种 PowerPC 桌面微处理器与嵌入式微处理器投放市场，其主频范围从 32MHz 到 1GHz 不等。

PowerPC 微处理器在开发初期由 IBM，Motorola 和 Apple 公司共同投资。后来，Apple 公司退出。除了早期的 PowerPC 601（1994 年出品）、PowerPC 602（1995 年出品）、PowerPC 604（1995 年出品）、PowerPC 620（1997 年出品）是 IBM，Motorola 和 Apple 三家公司联合研制的产品之外，现在 PowerPC 处理器由 IBM 公司和 Motorola 公司分别生产。这两家公司生产的 PowerPC 微处理器芯片的编号和型号也各有不同。

迄今为止，Motorola 公司共生产了 6 代产品。它们是 G1、G2、G3、G4、G5 和 G6。Motorola 公司生产的 PowerPC 微处理器芯片具有"MPC"的前缀。表 2-4 给出了 Motorola 公司的 Power-PC 产品系列编号/路线表。Motorola 公司于 2003 年 10 月宣布将该公司的半导体事业部剥离出去，成立了新公司 Freescale（飞思卡尔）。从 2004 年到现在，飞思卡尔公司延续 MPC 处理器的技术支持和新品研发。

表 2-4　Motorola 公司 PowerPC 产品系列编号

产品级别	产品系列编号
G1	601，821，823，850，860，862，5XX
G2	603，603e，604，8240，8245，8255，8260，8264，8265，8266，82XX，5XXX
G3	750，740，745，755，7XX
G4	7400，7410，7450，7440，74XX
G5	MPC855T
G6	MPC860DE，MPC860DT，MPC860DP，MPC860EN，MPC860SR，MPC860T，MPC860P

目前，IBM 公司的 PowerPC 微处理器芯片产品有 4 个系列，分别是 4XX 综合处理器、4XX 处理器核、7XX 高性能 32 位微处理器和 9XX 超高性能 64 位微处理器。表 2-5 给出了 IBM 公司 PowerPC 产品系列编号/路线表。

综上所述，PowerPC 处理器的品种很多，既有通用的处理器，又有嵌入式控制器和内核，应用范围也非常广泛，涉及从高端的工作站、服务器到桌面计算机系统，从消费类电子产品到大型通信设备等各个方面。

表 2-5　IBM 公司 PowerPC 产品系列编号

产品级别	产品系列编号
4XX 综合处理器	405GP，405CR，405EP，405GPr，440GP，405GX
4XX 处理器核	PPC405，PPC440
7XX 高性能 32 位微处理器	740，750，750CXe，750FX
9XX 超高性能 64 位微处理器	970

PowerPC 架构的特点是可伸缩性好，方便灵活。下面介绍几种典型的 PowerPC 架构的嵌入式处理器。

（1）IBM 公司的 PowerPC405GP 产品

IBM 公司开发的 PowerPC405GP 是一个集成 10/100Mbps 以太网控制器、串行和并行端口、内存控制器以及其他外设的高性能嵌入式处理器。

PowerPC405GP 嵌入式处理器有以下特点：

1）PowerPC405GP 是一个专门应用于网络设备的高性能嵌入式处理器，包括有线通信、数据存储以及其他计算机设备。

2）扩展了 PowerPC 处理器系列产品的可伸缩性。

3）应用软件源代码兼容所有其他的 PowerPC 处理器。

4）利用外频最高可达 133MHz 的 64 位 CoreConnect 总线体系结构，提供高性能、响应时间短的嵌入式芯片。

5）提供具有创新意义的 CodePack 的代码压缩，极大地改进了指令代码密度，并减少系统整体成本。

6）Power PC 405GP 的逻辑结构为要求低功耗的嵌入式处理器提供了理想的解决方案。

7）具有可重复使用的核心、灵活的高性能总线结构、可定制 SoC 设计等。

（2）Motorola 公司的 PowerPC MPC823e

MPC823e 微处理器是一个高度模块集成的片上系统，属于 Power PC QUICC 通信处理器产品家族的一个成员。它包含嵌入式 PowerPC 内核、系统接口单元、通信处理单元和 LCD 控制器。MPC823e 配备大容量数据 Cache 和指令 Cache，具有双处理器结构，即通用 RISC 整数处理器和特殊 32 位标量 RISC 通信处理器。为满足通信的需要，MPC823e 的外设接口设计独特，能提供嵌入式数字信号处理功能，支持高速数字通信。

（3）Motorola 公司的 PowerPC MPC7457 和 MPC7447

摩托罗拉 G4 系列 PowerPC 处理器的新成员 MPC7457 和 MPC7447 于 2003 年 2 月投产，它们的时钟速度最高可达到 1.3GHz。由于制造上采用了 SOI（绝缘体硅）工艺，因此当这两款处理器运行在 1GHz 时，其功耗才不到 10W，因此可广泛应用于对功耗敏感的网络和通信应用领域，例如路由器、交换机和网络控制平台。

（4）Motorola 公司的 PowerPC 8260（QUICC II）

该产品是功能较强的多协议集成通信处理器，具有双核双总线结构，适合构建多协议路由器、多协议交换机等网络接入设备和交换设备。

（5）MPC860 PowerQUICC

MPC860 PowerQUICC 是一款集成了微处理器和外设组合的通用单一芯片，可以用在各种各样的控制应用中，在通信和网络产品的应用中表现得尤其出色。

2.3.3　飞思卡尔公司的系列嵌入式微控制器

飞思卡尔公司于 2004 年 5 月独立经营之后，推出了 32 位冷火（ColdFire）系列微控制器和 32 位 i. MX 微控制器，此外还为 Motorola 公司的 08 系列微控制器添加了新品种。

（1）08 系列 8 位微控制器的扩展

飞思卡尔公司的 08 系列单片机已有十多年的发展历史，主要有 HC08、HCS08 和 RS08 三大类型。该系列的特点是：稳定性好、开发周期短、成本低、型号多（累积达 100 多种）。其中 RS08 是飞思卡尔公司于 2006 年开始推出的超低端 8 位微控制器，以满足用户对更小体积、更经济高效的嵌入式处理解决方案的需求。

（2）Flexis 系列微控制器

2007 年 6 月，飞思卡尔公司发布了 Flexis 系列微控制器的产品信息。首次推出了一款从 8 位跨越 16 位直接升级到 32 位的 MCU 组产品方案。这就是基于 S08 内核的 MC9S08QE128（8 位）和第一款基于 V1 ColdFire 内核的器件 MCF51QE128（32 位）。这两款微控制器的 "心脏" 不同，一个是 8 位的 CPU 核，另一个是 32 位 CPU 核，但两个芯片的外部引脚兼容，都支持 USB，而且采用相同的片上外围设备和开发工具。业内专家认为 Flexis 系列是飞思卡尔控制器产品链中 8 位到 32 位的 "连接点"。迄今为止，Flexis 系列是业内唯一实现 8 位和 32 位互兼容架构的控制器产品链。如图 2-22 所示，作为微控制器的一个跨越升级样板，它显著降低了硬件设计师在 8 位和 32 位微控制器之间移植的复杂度。

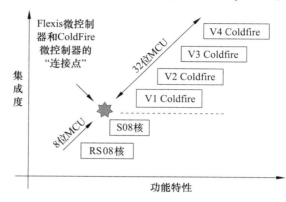

图 2-22 Flexis 微控制器和 ColdFire 微控制器的 "连接点" 示意图

（3）冷火系列微控制器

主流的 32 位冷火（ColdFire）嵌入式微控制器产品参见表 2-6。

表 2-6 主流 ColdFire 嵌入式微控制器产品

产品系列	描述
MCF5221x	具备 V2 ColdFire 内核特征，集成了 USB OTG 和各种串行接口
MCF5223x	具备 V2 ColdFire 内核特征，10/100M 快速以太网控制器，CAN2.0 接口
MCF532x	具备 V3 ColdFire 内核特征，拥有 USB 主机和 USB OTG 外设，超级视频图形阵列 LCD 控制器，适用于带 GUI 的应用
MCF5445x	具备 V4 ColdFire 内核特征，高度集成，带内存管理单元 MMU

（4）i.MX 系列微控制器

在飞思卡尔公司的产品规划中，i.MX 处理器属于应用处理器系列。该处理器系列在功耗、性能和系统整合三者之间做了优化平衡设计，是市场竞争力强的多媒体和显示应用平台。i.MX 处理器解决方案基于 ARM9、ARM11、ARM Cortex-A8 和 ARM Cortex-A9，通过与设计人员互动，为消费电子、汽车电子和工业界市场提供一整套产品设计蓝图。

i.MX 处理器是一个系列家族产品。在该家族产品中包括：i.MX6 系列处理器、i.MX5x 系列处理器、i.MX3x 系列处理器、i.MX2x 系列处理器、i.MXS 系列处理器。

以 i.MX6 系列处理器为例，其中包含以下品种：i.MX6D、i.MX6DL、i.MX6Q、i.MX6S、i.MX6SL。

i.MX6 系列处理器内部集成了 ARM Cortex A9 双核，主频达到 1.6GHz，既可以用在高端嵌入式系统（平板电脑）上，也可以用在便携式笔记本计算机上。

2.3.4 凌动系列嵌入式微处理器

Intel 公司于 2008 年首次向嵌入式处理器市场推出凌动（Atom）处理器。最初两款凌动处理器的型号分别是凌动 N270 和 N230，前者专为上网本（Netbook）设计，后者专为上网机

（Nettop）设计。当时凌动处理器的市场定位是针对超便携电脑（LCD 屏尺寸一般为 8 英寸左右），包括移动互联网设备（Mobile Internet Device，MID）、上网本和上网机。之后，若干个凌动处理器系列和几十种型号的凌动处理器陆续问世，其产品设计的服务对象涉及多种嵌入式计算领域。

凌动（Atom）处理器有以下几个主要技术特征：①低功耗；②体系结构方面，低端和中端凌动处理器沿用 IA32 架构，高端凌动处理器沿用 IA64 架构；③从单核发展到双核和四核；④除用于移动嵌入式产品之外，还用于游戏机、平板电脑和笔记本计算机。

2010 年 6 月前后 Intel 公司推出了凌动 400 系列和凌动 500 系列产品。表 2-7 给出了这两个系列产品的主要技术指标数据。

表 2-7 凌动处理器 400/500 系列的主要技术指标

产品型号	处理器核数量	主频	L2 Cache 技术指标	内存芯片特征	内存最大容量	I/O 控制器型号
D525	2	1.8GHz	核内，1MB，8 路组相联	DDR3-800	4GB	82801HM
D425	1	1.8GHz	核内，512KB，8 路组相联	DDR3-800	4GB	82801HM
N455	1	1.66GHz	核内，512KB，8 路组相联	DDR3-667	2GB	82801HM
D510	2	1.66GHz	核内，1MB，8 路组相联	DDR2-667	2GB	82801HM
D410	1	1.66GHz	核内，512KB，8 路组相联	DDR2-667	2GB	82801HM
N450	1	1.66GHz	核内，512KB，8 路组相联	DDR2-667	2GB	82801HM

下面介绍凌动处理器 E600 系列的技术概况。

Intel 公司的 E600 系列凌动处理器在一个封装芯片内集成了一个处理器核（45nm、512KB 二级缓存、24KB 数据和 32KB 指令一级缓存）、3D 图形和视频编码/解码，以及内存和显示控制器。参见图 2-23。

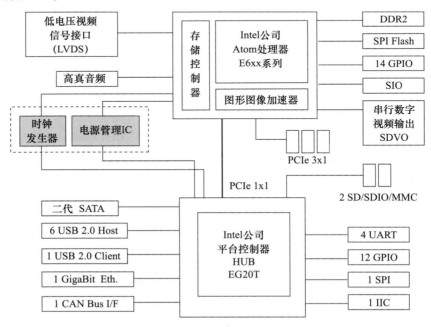

图 2-23 英特尔 E6XX 系列处理器的方框图（源自 Intel 网站）

其中集成的图形媒体加速器（Graphics Media Accelerator，GMA）600 图形引擎可提供最高达 400MHz 的核心频率，并支持 OpenGL ES2.0、OpenGL 2.1 和 OpenVG 1.1 以及硬件加速的 HD 视频解码（MPEG4 part 2、H.264、WMV 和 VC1）和编码（MPEG4 part 2、H.264），同时能够使用 80MHz 像素时钟的 LVDS 显示和使用 160MHz 像素时钟的 SDVO。

E600 系列凌动处理器具有两个技术特色：①支持 2GB 的 DDR2 内存条。②内嵌式单通道主存控制器以预取算法、低延迟和高存储带宽提供快速内存读写。

图 2-23 中的平台控制器核心 EG20T 也是 Intel 公司研发的。按照传统的 Intel 计算平台观点看，该芯片属于与 CPU 配套的芯片组。EG20T 集成了一组常用的 I/O 模块，满足了许多嵌入式产品细分市场（如工业自动化、医疗器械、自动售货机、收款机、游戏机和数字标牌）的应用需要。这些模块包括：SATA、USB 客户端、SD 卡接口、SDIO（安全数字输入输出卡）接口、MMC 卡接口和千兆以太网 MAC。还包括普通嵌入式接口，如 CAN、IEEE 1588、SPI、I2C、UART 和 GPIO。

2.3.5 ARM 系列嵌入式微处理器

ARM 是英文 Advanced RISC Machines 的缩写。它是公司的名称，也是一种计算机架构的名称。ARM 处理器是嵌入式系统产品中使用最为广泛的微处理器。本书的许多地方涉及 ARM 处理器的知识内容。我们还将在第 3、5、6 章，以及其他章节详细介绍 ARM 处理器。

1. ARM 简史

1985 年春季，第一个 ARM 原型处理器在英国剑桥的 Acorn 计算机有限公司诞生，由美国加州 San Jose VLSI 技术公司制造。随后几年，ARM 很快被开发成 Acorn 公司的台式机产品，成为英国的计算机教育的基础产品。

1990 年，Advanced RISC Machines Limited（简称为 ARM Limited，或者 ARM 公司）成立。20 世纪 90 年代，ARM 公司的 32 位嵌入式 RISC（Reduced Instruction Set Computer，精简指令集计算机）处理器扩展到世界范围，占据了低功耗、低成本和高性能的嵌入式系统应用领域的领先地位。ARM 公司使用通用的 CPU 体系结构，以很低的成本和功耗提供了高性能、多系列的 32 位 RISC 处理器核。

2. ARM 处理器是知识产权产品

ARM 公司是设计公司，是 IP 核供应商。该公司本身不生产芯片，靠转让设计许可证由合作伙伴来生产各具特色的芯片。作为 32 位嵌入式 RISC 微处理器业界领先的供应商，ARM 公司商业模式的强大之处在于它在世界范围有超过 500 个的合作伙伴——包括半导体工业的著名公司。从而导致 ARM 处理器拥有大量的开发工具和丰富的第三方资源。它们共同保证了基于 ARM 处理器核的设计可以很快投入市场。

3. ARM 处理器的基本特点

ARM 处理器有 3 大特点：①16 位/32 位双指令集；②小体积、功耗低、成本低、性能高；③全球众多的合作伙伴。该处理器的出色性能使系统设计者可得到满足其要求的解决方案。借助于来自第三方开发者广泛的支持，设计者可以使用丰富的标准开发工具和优化的 ARM 应用软件。

ARM 32 位体系结构目前被公认为是业界领先的 32 位嵌入式 RISC 微处理器结构，所有 ARM 处理器共享这一体系结构。这就确保当开发者转而使用更高性能的 ARM 处理器时，能保有原先的投资，提高软件开发效率，并获得高额回报。

4. ARM 处理器应用

ARM 芯片是典型的 32 位 RISC 芯片，在 PDA、智能手机、STB、DVD 等消费类电子产品中，以及 GPS、航空、勘探、测量以及军用产品中得到了广泛的应用。ARM 核芯片的典型应用包括：①无线产品，如手机、PDA，目前 80% 以上的手机使用了 ARM 处理器。②汽车电子，应急刹车、车上娱乐系统、车上安全装置、导航系统等。③个人消费娱乐产品，数字视频、Internet 终端、交互电视、机顶盒等。④数字音频播放器、数字音乐板、游戏机。⑤数字影像产品，如信息电器、数码相机、数字系统打印机。⑥工业产品，如机器人控制、工程机械、冶金控制等。⑦网络产品，如 PCI 网络接口卡、ADSL 调制解调器、路由器、无线 LAN 访问点等。⑧安全产品，如电子付费终端、银行系统付费终端、智能卡、32 位 SIM 卡（手机客户识别卡）等。

5. ARM 处理器的未来发展趋势

ARM 处理器行业将成为未来中国集成电路芯片设计行业的发展核心。随着 ARM 处理器研发技术日渐成熟，市场日渐扩大，会有更多公司进入这个行业。未来 ARM 处理器不仅可以应用于手机、平板电脑等移动互联网手持设备中，在便携式电脑、台式机、智能家电、智能电视等网络应用终端都有着广泛的应用潜力。

2.4 本章小结

本章将嵌入式系统的硬件核心处理器大致划分成 6 类，即嵌入式处理器、微控制器、嵌入式 DSP 处理器、可编程片上系统、嵌入式双核/多核处理器与可扩展处理平台，并且简单地描述了它们的特点。伴随 IT 技术的飞速发展，处理器概念已经从计算机电路板中的单个 CPU 芯片，扩展到电路板的多种芯片（CPU 只是其中的一个器件），再扩展到多颗同构或异构的 CPU 芯片集成，乃至整个计算机电路板的集成，因此对 CPU 品种的概念和分类界限逐渐模糊。本节中对上述处理器的分类只是概略性的，希望引起读者的关注和进一步研究。

随后，本章给出了嵌入式微处理器使用的典型技术，这些技术知识是读者日后阅读嵌入式技术开发文献时常见的，要求深刻理解。

本章的最后部分列举了当前主流的五种嵌入式处理器。它们分别是 MIPS 处理器、PowerPC 处理器、飞思卡尔处理器、凌动处理器和 ARM 处理器。而从计算机体系结构的角度来说，它们只有 MIPS、PowerPC、ARM 和 IA32 四种 CPU 体系结构。

由于 ARM 处理器技术特征是本教程的重点内容，将在第 3、5、6 章中详细讲解，本章只做简单介绍。

2.5 习题和思考题

2-1 查阅 S3C2410A 处理器和 STM32F103EZTb 处理器的数据手册，了解这两款芯片内部是否集成了以太网控制器。

2-2 看门狗定时器的主要功能是什么？

2-3 从数字电路原理观点看，本章介绍的 ARM 处理器桶形移位器与通常的移位器有什么不同？

2-4 地址重映射的作用是什么？

2-5 在设计 ARM 嵌入式系统时，如何对处理器进行选型？

第 3 章　ARM 处理器体系结构

ARM 处理器是使用广泛的嵌入式处理器，近几年来全球出产的 90% 的手持设备采用的都是 ARM 处理器。此外，在工业控制、汽车电子、医疗电子、视频监控处理、数码相机和通信等技术领域，ARM 处理器的市场占有率也在逐步提高。本章将介绍 ARM 处理器体系结构的基本知识。

3.1　概述

3.1.1　ARM 体系结构的版本

自第 1 个 ARM 处理器芯片在 1986 年诞生以来到 2012 年年底，ARM 公司先后定义了 8 个 ARM 体系结构版本，分别命名为 V1 ~ V8，此外还有基于这些体系结构版本的变种版本。现在版本 V1 ~ V3 已经被淘汰，正在使用的 ARM 体系结构版本是 V4、V5、V6、V7 和 V8。其中，每一个版本都继承了前一个版本的基本设计，但性能有所提高或者功能有所扩充，且指令集向下兼容。表 3-1 给出了这 8 个体系结构版本的主要特点。

表 3-1　ARM 体系结构版本的基本特点

体系结构版本	主要特点描述
版本 V1	这种版本在原型机 ARM1 上实现过，从未用于商用产品。它包含：基本的数据处理指令（不包括乘法）；字节、字和多字的加载/存储（load/store）指令；分支（branch）指令，用于子程序调用的分支与链接指令；软件中断指令 SWI。版本 V1 只有 26 位寻址空间（64MB），现在已废弃不用
版本 V2	在版本 V1 的基础上增加了乘法和乘加指令；支持协处理器的指令；快速中断模式（FIQ）；SWP 指令和 SWPB 指令。版本 V2 和它之后的版本 V2a 仍然只有 26 位寻址空间，现在已废弃不用
版本 V3	这个体系结构版本将寻址范围扩展到了 32 位；当前程序状态信息不再保存在 R15，而是移到一个新的当前程序状态寄存器（Current Program Status Register，CPSR）中；增加了备份程序状态寄存器（Saved Program Status Registers，SPSR），以便当异常出现时保留 CPSR 的内容；增加了 2 个指令（MRS 和 MSR），允许访问新的 CPSR 和 SPSR 寄存器；增加了两种处理器模式，使操作系统代码可以方便地使用数据访问中止异常、指令预取中止异常和未定义中止异常
版本 V4	对体系结构版本 V3 进行了扩展，增加了半字读取和存储指令；增加了读取带符号的字节和半字数据的指令；增加了 16 位的高密度指令集 Thumb，这样 V4 体系结构有了 T 变量；有了在 ARM/Thumb 状态之间切换的指令；增加了处理器的管理模式（Supervisor mode，SVC）；提供了嵌入跟踪宏单元部件，即所谓的跟踪接口
版本 V5	提高了 T 变量中 ARM/Thumb 之间切换的效率；增加了一个前导零计数（Count Leading Zeros，CLZ，参见 5.4.3 节）指令，该指令允许更有效的整数除法和中断优先程序；增加了软件断点指令 BRK；为协处理器设计者增加了更多可选择指令；定义了如何由乘法指令设置标志
版本 V6	平均取指令和取数据延时减少，因 Cache 未命中造成的等待时间减少，总的内存管理性能提高达到 30% 左右；适应多处理器核的需要；增加了 SIMD 指令集；支持混合端序，能够处理大端序和小端序混合的数据；异常处理和中断处理得以改进，实时任务处理能力增强

（续）

体系结构版本	主要特点描述
版本 V7	扩展了的 130 条指令的 Thumb-2 指令集；具有 NEON 媒体引擎，该引擎具有分离的单指令多数据（SIMD）执行流水线和寄存器堆，可共享访问 L1 和 L2 高速缓存，因此提供了灵活的媒体加速功能并且简化了系统带宽设计；Jazelle-RCT 技术，对 Java 程序的即时编译和预编译可以节省 30% 以上的代码空间；TrustZone 技术，可以对电子支付和数字版权管理之类的应用业务提供可靠的安全措施；高带宽的 AXI 系统总线，可配置 64 位或者 128 位数据线
版本 V8	ARMv8 版本基本信息最早在 2011 年年底公开，目前只有应用型的 v8 内核，即 ARMv8-A。ARMv8-A 是一款 64 位应用处理器，其中包括：64 位通用寄存器、SP（堆栈指针）和 PC（程序计数器）、64 位数据处理和扩展的虚拟寻址。有两种主要执行状态：AArch64—64 位执行状态和 AArch32—32 位执行状态。含有三种指令集：①A32（或 ARM）：32 位固定长度指令集，通过不同的处理器 IP 架构变动，增强了部分 32 位架构执行环境，现在称为 AArch32。②T32（Thumb）：最初是以 16 位固定长度指令集的形式引入的，在引入 Thumb-2 技术时增强为 16 位和 32 位的混合长度指令集。③A64：提供与 ARM 和 Thumb 指令集功能类似的 32 位固定长度指令集。目前版本 V7 的主要特性都将在 ARMv8 架构中得以保留或进一步拓展，如 TrustZone 技术、虚拟化技术及 NEON（SIMD 架构扩展、多媒体数据加速器）技术等

目前在用的 ARM 处理器核一共有三十多种，每一种处理器核依据一个体系结构版本设计。这些 ARM 核的共同特点是：字长 32/64 位、RISC 结构、低功耗、附加 16 位高密度指令集 Thumb、获得广泛的嵌入式操作系统支持（包括 Windows CE、Palm OS、Symbian OS、Linux 以及其他的主流 RTOS）、含有内嵌式在线仿真器（Embedded ICE 或者 Embedded ICE-RT）。

3.1.2　ARM 体系结构版本的变种

ARM 处理器是典型的 SoC，其内核的版本号用体系结构版本号标记。但是，在实际制造过程中，ARM 内核的具体功能要求往往会与某一个标准 ARM 体系结构版本不完全一致，会在一个体系结构版本上添加或者减少一些功能。ARM 公司制定了标准，使用一些字母后缀来标明基于某个标准 ARM 体系结构版本之上的不同之处，这些字母称为 ARM 体系结构版本变量或者变量后缀。带有变量后缀的 ARM 体系结构版本称为 ARM 体系结构版本变种。目前已知的 ARM 版本变量后缀在表 3-2 中列出。

表 3-2　ARM 体系结构版本的变量后缀

后缀变量	功能说明
T	Thumb 指令集，Thumb 指令的长度为 16 位。目前 Thumb 有两个版本，Thumb1 用于 ARM4 的 T 变种，Thumb2 用于 ARM5 以上的 T 变种
D	含 JTAG 调试器，支持片上调试
M	提供用于进行长乘法操作的 ARM 指令，产生全 64 位结果
I	嵌入式在线测试宏单元（Embedded ICE macrocell）硬件部件，提供片上断点和调试点支持
E	增强型 DSP 指令，增加了几条 16 位乘法和加法指令，加减法指令可以完成饱和带符号算术运算
J	Java 加速器 Jazelle，与普通的 Java 虚拟机相比，Jazelle 使 Java 代码运行速度提高了 8 倍，而功耗降低了 80%
F	向量浮点单元
S	可综合版本，以源代码形式提供的，可以被 EDA 工具使用

3.1.3　ARM 体系结构版本的命名规则

通常，ARM 处理器内核有一个规范的名称，该名称概括地表明了内核的体系结构和功能特性。ARM 处理器内核名称由字符串"ARM"开头，后面是若干个进行功能描述的参数。命名规则的字符串表达式如下：

$$ARM\{x\}\{y\}\{z\}\{T\}\{D\}\{M\}\{I\}\{E\}\{J\}\{F\}\{-S\}$$

其中花括号表示其中的内容可有可无。

下面说明前三个参数的含义，其余参数的含义已经在表 3-2 中给出。

- {x} 表示系列号，例如 ARM7、ARM9、ARM10。
- {y} 表示内部存储管理和保护单元，例如：ARM72、ARM92。
- {z} 表示含有高速缓存（Cache），例如：ARM720、ARM940。

说明：

1）对于 ARM7TDMI 之后出产的所有 ARM 内核名称，即使"ARM"字串后面没有包含"TDMI"字符串，也都默认包含了该字串。

2）对于 2005 年以后 ARM 公司投入市场的 ARMv7 体系结构的处理器核，其命名方式有所改变。名称用字符串"ARM Cortex"开头，随后附加字母"-A""-R"或者"-M"，表示该处理器核适合应用的领域；而后再加一个数字，表示 ARM Cortex 处理器在该领域的产品顺序号。例如 ARM Cortex-A8、ARM Cortex-M3、ARM Cortex-R4。

3.1.4 ARM 处理器核系列

在指称一个 ARM 处理器时，为了方便起见，人们有时用核型号取代该处理器型号的全称。例如，S3C44B0X 是韩国三星公司生产的基于 ARM7TDMI 核的处理器。该处理器内部除了有 ARM7TDMI 核之外，还增加了许多控制器模块。但是如果只涉及运算能力，人们在交流时有时也简称 S3C44B0X 处理器为 ARM7 处理器，或者 ARM7TDMI 处理器。

从体系结构版本 V6 开始，ARM 公司在一个体系结构版本的基础上，根据功能/性能指标和应用方向的不同，开发多个 ARM 处理器核。从而实现了处理器核的系列化，满足了广大用户的需要。

1. 处理器核产品系列的分类

目前在用的 ARM 处理器核（简称为 ARM 内核）的系列产品主要有 7 个。以下从每个系列的技术特点和主要用途两个方面对其加以说明。

（1）ARM7 系列

- 特点：冯·诺依曼结构，3 级指令流水线，峰值速度达到 130MIPS（Dhrystone 2.1 测试基准），主要制造工艺 0.13 微米。其中，ARM7TDMI 是性能稳定、适用面广的 ARM 核代表性产品；ARM710T/720T 带 MMU，ARM720T 带 8KB 统一 Cache。
- 主要用途：MP3 播放器、WMA 播放器、接入级无线设备、PDA、数码相机、嵌入式教学实验平台。

（2）ARM9 系列

- 特点：哈佛结构，5 级指令流水线、峰值速度达到 300MIPS（Dhrystone 2.1 测试基准），1.1MIPS/MHz，硬核，主要制造工艺 0.13 微米，做到了指令 Cache 和数据 Cache 分离。
- 主要用途：3G 手持设备、机顶盒、家庭网关、游戏机控制器、数码相机和数码摄像机、嵌入式教学实验平台。

（3）ARM10E 系列

- 特点：6 级指令流水线、分支预测、峰值速度达到 430MIPS（Dhrystone 2.1 测试基准）、内嵌并行数据加载和存储单元、双 64 位 AMBA AHB 总线接口和 64 位内部总线结构，支持高性能浮点操作。三维图像处理峰值达 650Mflops、统一 Cache。

- 主要用途：3G 通信设备、成像设备、汽车电子产品、工业控制设备。

（4）ARM11 系列

- 特点：8 级指令流水线、ARM v6 指令集、峰值速度达到 740MIPS（Dhrystone 2.1 测试基准）、1.25MIPS/MHz、智能电源管理器（Intelligent Energy Manager, IEM）、AXI 片上总线接口（与 AMBA 3 AXI 规范相兼容）、硬核、支持高性能浮点操作。基于 ETM 的 CoreSight 技术能够为 SoC 设计提供较全面的调试和跟踪方案。
- 主要用途：DVD 播放机、刀片服务器、激光打印机、网络基础设施的交换机和路由器、无线通信基站、智能手机的基带处理器和应用程序组合、移动游戏设备等。

ARM 处理器核与体系结构版本之间的关系请参见表 3-3。

表 3-3　ARM 处理器核与体系结构版本一览表

处理器核	体系结构版本
ARM1，ARM2，ARM3，ARM6，ARM700，……	V1/V2/V2a/V3
ARM7TDMI、ARM710T、ARM720T、ARM740T	V4T
StrongARM、ARM8、ARM810	V4
ARM9TDMI、ARM920T、ARM940T	V4T
ARM9E-S、ARM946E-S、ARM966E-S	V5TE
ARM10TDMI、ARM1020E	V5TE
ARM11、ARM1156T2-S、ARM1156T2F-S ARM11JZF-S	V6
ARM Cortex-A8/A9/A15、ARM Cortex-R4/R5、ARM Cortex-M0/M1/M3……	V7
ARM Cortex-A53/-A50	V8

（5）SecurCore 系列

截至 2013 年年底，ARM 公司的 SecurCore 核系列产品共有三个：

1）SC100（基于 ARM7TDMI 核）。

2）SC200（基于 ARM9TDMI 核）。

3）SC300（基于 Cortex-M3 核）。

SecurCore 系列 IP 核主要用来生产各种 IC 卡或智能卡芯片。三星、意法半导体、恩智浦、上海华虹和爱特梅尔公司均采用 SecurCore 核生产了含有 CPU 的 IC 卡芯片。

例如，三星公司的 S3FS9QB 型 CPU 智能卡芯片。采用 SC100 核，内部集成了硬件三重 DES 协处理器和硬件 RSA 算法协处理器。该智能卡芯片可用于：电子商务、电子银行和电子政务等领域。

再如，中国上海华虹公司生产的 SHC1124 型 CPU 智能 IC 卡芯片。一款非接触式的芯片，采用 SC100 核。该芯片采用 0.18 微米 CMOS EEPROM 工艺，内置 160KB 用户程序只读存储器，48KB 原厂程序只读存储器，8KB RAM 用于程序和数据的存储，并且采用 72KB EEPROM 用于数据或程序的断电存储。

（6）Cortex 系列

自 2005 年以来，ARM 公司推出的处理器核产品均采用了 ARMv7 以上的体系结构版本，并且冠以 Cortex-A/R/M 的商标名称。Cortex 系列有 3 个针对不同市场方向的产品系列：A 系列是针对复杂操作系统以及用户应用设计的应用处理器；R 系列针对系统专用的嵌入式处理器；M 系列是针对微控制器和低成本应用专门优化的用户不易察觉到的嵌入式处理器。迄今为止，ARM 公司出产的 Cortex 系列处理器核大约有十几个，常用的有 ARM Cortex-M3、Cortex-A8、Cortex-A9。

ARM Cortex 系列处理器的主要用途：企业应用、汽车系统、家庭网络、智能手机、无线技术等。

2. 按应用特征分类

ARM 处理器核按照应用特征可分为 3 大类，分别是应用处理器、实时控制器和微控制器。表 3-4 给出了这 3 类处理器的特征。

表 3-4　ARM 处理器核的 3 种应用类型

处理器核分类	硬件特点	频率	性能	功耗	典型用途/产品举例
应用处理器	配备 MMU 和 Cache	最快	最高	合理	主要用于媒体播放器。产品举例：MP3、机顶盒、iPod、智能手机、PAD
实时控制器	去除 MMU，备有 Cache	较快	合理	较低	主要用于数字信号处理。产品举例：汽车 ABS 系统、路由器、交换机、航电系统
微控制器	没有存储子系统，即不含 MMU	合理	适中	极低	主要用于日常电器控制。产品举例：门禁系统、游戏控制器、家庭网关、洗衣机控制器

根据上面对 ARM 处理器核的基本分类，我们可以将目前市场上主流的 ARM 处理器核汇总在表 3-5 中。

表 3-5　当前主流 ARM 处理器核一览表

处理器核系列	应用处理器	嵌入式实时控制器	微控制器
ARM Cortex 系列	ARM Cortex-A5 ARM Cortex-A7 ARM Cortex-A8 ARM Cortex-A9 ARM Cortex-A15	ARM Cortex-R4 ARM Cortex-R5 ARM Cortex-R7	ARM Cortex-M0 ARM Cortex-M1 ARM Cortex-M3 ARM Cortex-M4
ARM11 系列	ARM1136J-S ARM1176JZ-S	ARM1156T2	
ARM10 系列	ARM1020E ARM1022E ARM1026EJ-S	ARM1026EJ-S	
ARM9 系列	ARM920T ARM922T ARM926EJ	ARM946E	ARM966E ARM948E
ARM7 系列	ARM720T	ARM7TDMI ARM7EJ-S	ARM7TDMI

3. 按用途特征分类

图 3-1 给出了 ARM 处理器核的用途特征分类与出产年份的概念示意图，该图根据 ARM 公司网站上发布的产品新闻报道和产品分类图绘制，其纵坐标表示功能和性能的粗略评估值，横坐标表示出产年份。从图 3-1 中读者可以看到三个图例，分别表示经典 ARM 处理器核、嵌入式 Cortex 处理器核和应用 Cortex 处理器核。目前仍在使用的 ARM7～ARM11 内核都被列入经典 ARM 处理器核，Cortex-R 和 Cortex-M 处理器核被列入现用的嵌入式处理器核，而 Cortex-A 系列处理器核被列入现用的应用处理器核。

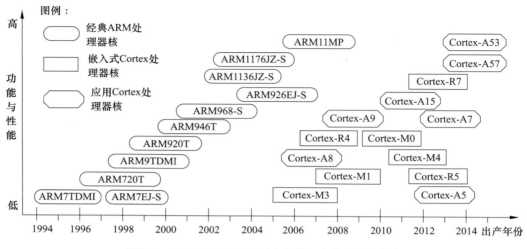

图 3-1　ARM 处理器核的三大分类与出产年份的概念

注意：

1）右上角的两个 ARM 内核（Cortex-A53 和 Cortex-A57）是 64 位架构的，属于 ARMv8 体系结构版本，它们的综合处理能力很强。这两个核是 ARM 公司为数不多的几个 64 位处理器核中的两个，它们最早于 2011 年年底公开信息，将于 2014 年向半导体集成电路公司供货。

2）ARM7TDMI-S 核（或 ARM7TDMI）处于两个坐标轴的起点处，这表明 ARM7TDMI 处理器核属于 ARM 处理器核中的经典，它也是 ARM 体系结构处理器核的一个祖先版本，其他 ARM 处理器核在很大程度上继承了 ARM7DTMI 内核的硬件结构和指令集，即继承了它的大部分硬件设计特征。如果能够深入理解 ARM7TDMI 内核，则易于理解其他的 ARM 处理器核。

3.2　ARM 处理器的结构

下面我们以 ARM7TDMI 为例，介绍 ARM 处理器的内部结构，包括基本特征、流水线结构、寄存器结构等。

3.2.1　ARM 处理器的 RISC 特征

RISC（Reduced Instruction Set Computer，精简指令集计算机）是一种重要的计算机结构设计方案。它最早出现在 20 世纪 70 年代末，由美国加州大学伯克利分校提出，是对当时普遍采用的 CISC（Complex Instruction Set Computer，复杂指令集计算机）设计方案的改进。RISC 设计方案的基本目标是降低绝大多数机器指令的复杂程度（从而降低了计算机硬件设计的复杂性），减少指令种类，尽可能地做到在一个时钟周期完成一条指令的执行。由于指令操作被精简，指令的执行时间相应缩短，机器的时钟速率就得到提高。虽然 RISC 的指令功能减少了，但是单位时间内执行的指令数增加了。与 CISC 相比，RISC 的总体处理能力并没有下降。此外，RISC 方案还具有以下特点：采用指令流水线，采用更多的通用寄存器（即所谓的寄存器组），只有 Load 和 Store 指令能够访问内存，芯片逻辑不采用微指令技术而采用硬布线技术实现，按照正交指令集格式来设计运算指令和数据传送指令。

ARM 处理器在设计上沿用了 RISC 技术的基本特征，但是也放弃了一些 RISC 设计特征。被沿用的 RISC 技术特征有：通用寄存器堆，32 位定长指令，Load/Store 访问存储器指令和 3 地址数据运算指令。没有沿用的 RISC 技术特征有：重叠寄存器窗口，延迟转移和单周期指令，执行。2001 年以后，ARMv6 体系结构中增加了 60 多条 SIMD 指令集。现在可以认为 ARM 处理器体系结构以 CISC 结构为主，兼有 RISC 的优点。

3.2.2 流水线

在计算机指令执行过程中，各个阶段相对独立，因此 CPU 内部的指令译码执行逻辑电路可以设计成分级的处理部件，实行流水处理，即流水线方式。流水线技术大大加快了处理器的指令执行速度，因此现代 CPU 设计方案中几乎都采用了流水线技术，ARM 处理器也不例外，所有的 ARM 处理器核都使用了流水线设计。

1. ARM7 流水线

图 3-2 给出了采用 3 级指令流水线的 ARM7TDMI 核的结构图。ARM7 核的指令执行分为 3 个阶段：取指、译码和执行。

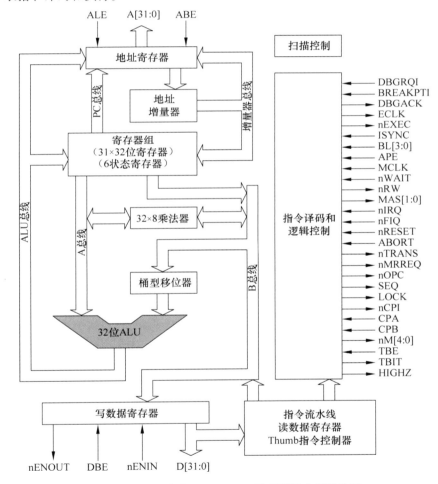

图 3-2　3 级流水线 ARM7TDMI 处理器核内部结构图

1）取指：由取指部件处理，把指令从内存中取出，放入指令流水线。

2）译码：指令被译码，在这一阶段，指令占有译码逻辑，不占有数据通路。

3）执行：执行流水线中已经被译码的指令，在这一流水线级，指令占用数据通路，执行的操作是移位、读通用寄存器、输出 ALU 结果、写通用寄存器。

　　并不是所有的 ARM 机器指令都能够在一个时钟周期内完成执行阶段的操作。因此，指令分为单周期指令和多周期指令。单周期指令是一个时钟周期内能够完成执行阶段操作的指令，例如算术逻辑运算指令 ADD、AND 等；多周期指令是需要两个以上时钟周期才能够完成执行阶段操作的指令，例如数据装载和存储指令 STR 和 LDR。

　　ARM7TDMI 的单周期流水线处理如图 3-3 所示。在 T1 时钟周期，第 1 条指令开始执行，由流水线的取指部件执行取指令操作，此刻流水线中只有一条指令在执行。T1 结束时第 1 条指令完成取指操作，此后立即进入 T2 时钟周期。在 T2 时钟周期，取出的第 1 条指令码放到流水线的译码部件中执行译码操作，而取指部件进行第 2 条指令的取指操作，此刻流水线中有 2 条指令在执行。在 T3 时钟周期，第 1 条指令处于执行操作阶段，第 2 条指令处于译码操作阶段，第 3 条指令执行取指操作，此刻流水线上有 3 条指令在同时执行操作。

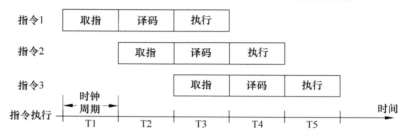

图 3-3　ARM 单周期指令的 3 级流水线操作时序图

　　多数情况下，流水线上预先取出的指令有效，因此流水线上可以有 3 条指令在同时执行，每一个时钟完成一条指令的执行。然而如果执行的是条件转移指令，并且实际转移地址与预先取出的指令的地址不一致，则会导致预取的指令无效，这时需要立即清空流水线，从实际转移地址开始重新进行流水线操作。显然，预取指令无效的情况占总预取指令的比例很小，因此流水线运行效率被降低的程度并不大。

　　多周期指令的执行流程有较大的不确定性，其原因是多周期指令在执行阶段会占用其他指令的执行资源，导致流水线阻塞，指令不能够顺序取出。图 3-4 给出了流水线上出现这种情况的一个例子。第 1 条指令 ADD 是单周期指令，没有造成流水线阻塞。第 2 条指令 STR 是多周期指令，它的执行阶段需要两个时钟，第 1 个时钟周期计算出保存寄存器数值的内存物理存储单元地址，第 2 个时钟周期存储数据。特别是在第 2 个时钟周期，执行数据存储操作既需要占用存储器，又需要占用数据通路，这使得后面的第 3 条指令 ADD 的执行阶段不能与第 2 条指令 STR 的存储数据阶段同时执行，被迫延迟一个时钟周期。此外，计算地址和译码不能同时进行，导致第 3 条指令和第 4 条指令的译码操作被推迟一个时钟周期。按这样推算，第 5 条指令的取指也被延时一个时钟周期。

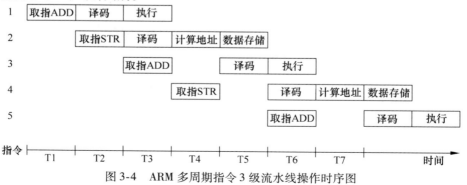

图 3-4　ARM 多周期指令 3 级流水线操作时序图

2. ARM9 流水线

ARM9TDMI 处理器的组织结构如图 3-5 所示，它采用了 5 级流水线，5 级流水线包括 5 个指令执行阶段。

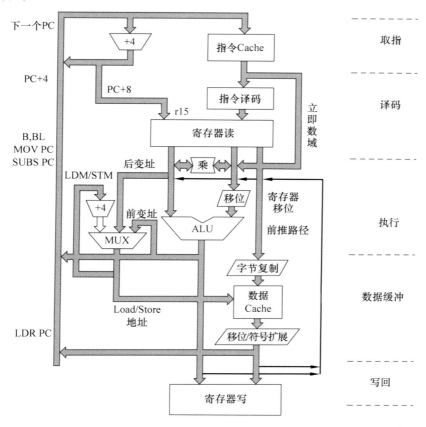

图 3-5   ARM9TDMI 的 5 级流水线组织结构

1）取指：从指令存储器中读取指令，放入指令流水线。

2）译码：对指令进行译码，从通用寄存器组中读取操作数。由于寄存器组有 3 个读端口，大多数 ARM 指令能在一个时钟周期内读取其操作数。

3）执行：将其中的一个操作数移位，并在 ALU 中产生结果。如果是 Load 或 Store 指令，则在 ALU 中计算存储器的地址。

4）数据缓冲：如果需要，则访问数据存储器；否则，ALU 只是缓冲一个时钟周期，以便所有指令具有同样的流水线流程。

5）写回：将指令的结果写回到寄存器组，包括任何从存储器读取的数据。

图 3-6 给出了 ARM7TDMI 和 ARM9TDMI 的流水线操作的区别。

ARM9 的寄存器组有 3 个源操作数读端口和 2 个写端口。此外，在流水线的执行级配备了地址增值硬件，以支持多寄存器的 Load 和 Store 指令中地址的计算，不使用 ALU 计算地址。

3. ARM 处理器 3 级流水线中的互锁现象与解决方法

在 3 级流水线中，如果前一条指令未执行完毕，致使当前指令执行阶段无法获得所需要的操作数，则会产生流水线互锁现象。产生互锁时，硬件暂停执行指令，直到数据准备好为止。这种处理能够完全兼容以前的 ARM 处理器二进制程序，但是增加了互锁时钟周期，从而也增加了代码的执行时间。许多编程场合下，汇编程序设计员通过重新安排指令的次序来减少互锁时钟周期数。考察下面的指令段：

```
LDR R0, [R1]       ; [R1]→R0
ADD R4, R3, R0     ; R3 + R0→R4
SUB R6, R7, R8     ; R7 – R8→R6
```

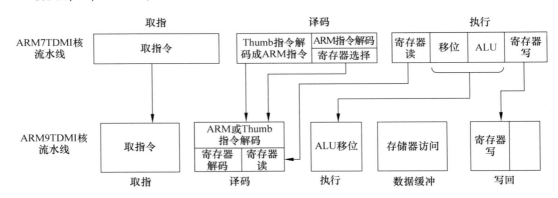

图 3-6   ARM7TDMI 和 ARM9TDMI 的流水线操作

显然，第 1 条指令和第 2 条指令之间有数据依赖关系。ADD 指令的第 2 操作数是 LDR 指令的执行结果，即 R0 寄存器的内容；但是 LDR 指令需要 2 个时钟周期才能执行完成，在 LDR 指令没有完成 R0 寄存器数据转载之前，ADD 指令不能够完成执行操作。也就是说，LDR 和 ADD 指令产生了互锁。为解决互锁，可将第 2 条指令和第 3 条指令的次序颠倒。这样，3 个时钟就可以完成 3 条指令。

4. ARM10 和 ARM11 流水线

图 3-7 给出了 ARM7、ARM9、ARM10 和 ARM11 内核流水线的结构比较图。其中，ARM10 的流水线为 6 级，比 ARM9 的 5 级流水线增加了一个发射阶段，它位于预取和译码阶段之间。ARM11 的流水线为 8 级，其中第 5~7 阶段为三种不同的指令建立，分别为 ALU 分支、乘累加分支和存储器 Load/Store，最后是写回阶段。

图 3-7   ARM 内核流水线结构演进示意图

5. Cortex-R4 流水线

Cortex-R4 的主频速度适中，对许多部件进行了简化处理，减小了集成电路的版图面积。

Cortex-R4 处理器的流水线为 8 级，如图 3-8 所示，其特点是双发射指令流水线，含动态分支预测，执行速度达到 1.6 MIPS/MHz（Dhrystone 基准测试程序）。其中，前 3 级是指令预取单元（PFU），包括第 1 阶段取指、第 2 阶段取指和译码。PFU 从指令存储器取出 64 位宽的数据包，解码出指令（包括 ARM 和 Thumb-2）后向 DPU（数据处理单元）输出指令流。指令发射单元能够并行发射两条指令，从而降低了每条指令的处理器周期（Cycle Per Instruction，CPI），使得 Cortex-R4 处理器成为超标量处理器。在该流水线中还有硬件除法器部件，它能够完成无符号或者带符号的整数除法。

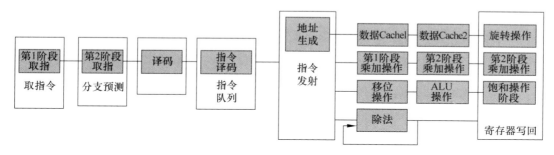

图 3-8　Cortex-R4 处理器的 8 级流水线组织结构

3.2.3　ARM 的工作模式和工作状态

在处理器的工作过程中有可能出现异常。异常是指计算机脱离正常的运算顺序，完成一个预先准备的特殊服务例程。此后再返回被临时中止的程序断点处，继续沿着原先的执行顺序执行程序。一般而言，有四种类型的异常：中断、陷阱、故障和终止，对每一种异常均采用中断服务子程序来处理。

ARM 公司在设计处理器时为了有针对性地处理外来中断请求或者内部陷阱，对异常处理一律用中断服务子程序予以处理。这样，在概念上 ARM 处理器不再区分异常和中断，因此出现了异常中断的说法。

为了提高异常处理效率，减少中断返回错误和满足上下文切换的需要，ARM 处理器内部安排了 5 种异常中断处理的工作模式。

1. ARM 处理器的工作模式

ARM 体系结构支持 7 种处理器工作模式。表 3-6 给出了 7 种处理器工作模式的基本描述。ARM 处理器的当前程序状态寄存器（CPSR）的 M[4:0] 字段值反映了处理器的当前工作模式。在软件控制下可以改变模式，外部中断或异常处理也可以使模式发生改变。

1）用户模式：大多数应用程序在用户模式（USR）下执行。当处理器工作在用户模式时，正在执行的程序不能访问某些被保护的系统资源，也不能改变模式。如果在应用程序执行过程中发生了异常中断，处理器进入相应的异常模式。此时，处理器自动改变 CPSR 的工作模式标志字段 M[4:0] 的值。

表 3-6　ARM 处理器的工作模式

处理器模式	当前程序状态寄存器 M[4:0] 字段值	模式描述
USR	10000	正常程序执行模式
FIQ	10001	支持高速数据传送或通道处理
IRQ	10010	用于通道中断处理
SVC	10011	操作系统保护模式
ABT	10111	实现虚拟存储器和/或存储器保护
UND	11011	支持硬件协处理器的软件仿真
SYS	11111	运行特权级的操作系统任务（ARMv4 及以上版本）

2）特权模式：除用户模式之外的其他 6 种模式称为特权模式（privileged mode）。在特权模式下，程序可以自由地访问系统资源和改变模式。改变处理器模式的方法是用指令将特定的位序列写入到 CPSR 的 M[4:0] 字段（最低 5 位）。

3）异常模式：在 6 种特权模式中，除了系统模式（SYS）之外，其余 5 种模式称为异常模式，即快中断（Fast Interrupt re Quest，FIQ）、中断（Interrupt ReQuest，IRQ）、管理（Supervisor，SVC）；中止（Abort，ABT）和未定义（Undefined，UND）。

4）模式使用说明：SVC 模式是操作系统内核代码运行的模式，USR 模式通常是用户代码运行模式。处理器一旦进入 USR 模式，必须通过 SWI 异常中断才能进入 SVC 模式调用内核代码的接口。但是，在没有 MMU 进行内存保护的场合，USR 模式也能够访问到 SVC 模式的内存空间，因此使用 USR 隔离用户级代码没有意义。

IRQ 和 FIQ 模式是微处理器收到中断信号后强制处理器进入的模式，用于中断处理。SYS 模式用于嵌套中断处理。有人简单地把 SYS 模式与 PC 的 Ring 0 特权级别工作模式相类比，认为它是特权级别的操作系统代码运行模式，这种观点是错误的。ARM 的 SYS 模式与 PC 的特权级运行模式是不能简单比较的。ABT 和 UND 模式是真正意义上的"异常"，一旦出现就要进入对应的异常中断服务子程序进行处理。

2. ARM 处理器异常中断向量表

中断向量表中存放了各个异常中断以及它们和处理程序的对应关系。在 ARM 体系结构中，异常中断向量表的大小为 32 字节。其中，每个异常中断向量占 4 字节。系统初始化时，一级中断向量表从 0 号存储单元开始存放，如表 3-7 所示。一个异常中断向量的 4 字节存储空间中存放了一个跳转指令或者一个向 PC 寄存器中赋值的数据访问指令。通过这两种指令，程序便能跳转到相应的异常中断处理程序。ARM 的软件中断、IRQ 和 FIQ 异常还拥有二级中断向量表。

表 3-7　ARM 处理器的异常中断

一级中断向量号	中断向量地址	异常中断类型	异常中断模式	优先级（6 级最低）
1	0x0	复位	管理模式，SVC	1
2	0x4	未定义指令	未定义指令中止，UND	6
3	0x8	软件中断	管理模式，SVC	6
4	0xC	指令预取中止	中止模式，ABT	5
5	0x10	数据访问中止	中止模式，ABT	2
6	0x14	保留	未使用	未使用
7	0x18	普通中断请求，IRQ	普通中断模式，IRQ	4
8	0x1C	快速中断请求，FIQ	快速中断模式，FIQ	3

3. ARM 处理器工作状态

ARM 体系结构版本中带有 T 变量的 ARM 处理器核可以工作在两种不同密度的指令集状态。实际上，自 ARM7TDMI 核之后，即使没有附带 TDMI 变量的 ARM 核，也默认包含了 TDMI 的功能。ARM7TDMI 核是一个经典的 ARM 核，这就是说，现在绝大多数的 ARM 处理器都能够工作在两种状态下，即执行两种不同密度的指令集。

1）ARM 状态：机器指令为 32 位的 ARM 指令集，字对齐取指执行 ARM 指令。

2）Thumb 状态：机器指令为 16 位的 Thumb 指令集，半字对齐取指执行 Thumb 指令。

在一种工作状态下可以通过转移指令切换到另一种工作状态。ARM 和 Thumb 之间的状态切换不影响处理器工作模式和寄存器中的内容。加电启动时，处理器工作在 ARM 状态。有关这两种工作状态切换的指令段请参见 5.4.1 节和 6.2.3 节，以及例 5-9、例 5-10 和例 6-2 对分支指令的介绍。

3.2.4 ARM 寄存器的组织

ARM 处理器总共有 37 个 32 位寄存器，其中有 31 个通用寄存器、6 个状态寄存器（到目前为止状态寄存器只定义了 12 位）。这些寄存器按照工作模式分成不同的组。编程时哪些寄存器组可用，哪些寄存器组不可用是由处理器的状态和模式决定的。表 3-8 给出了 ARM 工作状态下每一种模式使用的寄存器组。

表 3-8 ARM 状态下的寄存器组织

模式							
		特权模式					
			异常模式				
用户	系统	管理	中止	IRQ	未定义	FIQ	ATPCS 名称
R0	R0	R0	R0	R0	R0	R0	a1
R1	R1	R1	R1	R1	R1	R1	a2
R2	R2	R2	R2	R2	R2	R2	a3
R3	R3	R3	R3	R3	R3	R3	a4
R4	R4	R4	R4	R4	R4	R4	v1
R5	R5	R5	R5	R5	R5	R5	v2
R6	R6	R6	R6	R6	R6	R6	v3
R7	R7	R7	R7	R7	R7	R7	v4
R8	R8	R8	R8	R8	R8	R8_FIQ	v5
R9	R9	R9	R9	R9	R9	R9_FIQ	v6
R10	R10	R10	R10	R10	R10	R10_FIQ	v7
R11	R11	R11	R11	R11	R11	R11_FIQ	v8
R12	R12	R12	R12	R12	R12	R12_FIQ	ip
R13	R13	R13_SVC	R13_ABT	R13_IRQ	R13_UND	R13_FIQ	sp
R14	R14	R14_SVC	R14_ABT	R14_IRQ	R14_UND	R14_FIQ	lr
R15	R15	R15	R15	R15	R15	R15	pc

CPSR	CPSR	CPSR	CPSR	CPSR	CPSR	CPSR
		SPSR_SVC	SPSR_ABT	SPSR_IRQ	SPSR_UND	SPSR_FIQ

（1）影子寄存器

表 3-8 中带有阴影色块的寄存器称为影子寄存器，它们是为处理器的不同工作模式配备的专用物理寄存器。在异常模式下，它们将代替用户或者系统模式下使用的部分寄存器。在管理、中止、未定义和普通中断模式下，影子寄存器的数量均为 2 个；而在快速中断模式下为 7 个。

（2）ATPCS 命名规则

ATPCS（ARM-Thumb Procedure Call Standard，ARM-Thumb 过程调用标准）是 ARM 公司的集成开发环境 ADS 中规定的子程序之间调用的基本规则。该规则给出了 ARM 处理器中寄存器的命名规则。程序员在编程时使用 ATPCS 规定的寄存器名称可以方便记忆，提高工作效率，减少差错。例如，C 程序中声明的 int 型变量 a1、a2、a3 和 a4，如果用于 ARM 汇编子程序调用参数，则在 ARM 汇编子程序运行时刻分别存放在 R0、R1、R2 和 R3 寄存器中。ATPCS 的更多规则请参见 6.4 节。

1. ARM 状态下的寄存器组织

（1）通用寄存器

在 ARM 状态下，通用寄存器指的是 R0 ~ R15。这些寄存器可以分为 3 类。

1）不分组寄存器 R0 ~ R7：所有处理器模式下都可以访问的 32 位寄存器，它们是真正意义上的通用寄存器，不包含体系结构所隐含的特殊用途。

2）分组寄存器 R8 ~ R14：在进行中断或者异常处理运行模式时，各个不同的运行模式使用这一类中不同的物理寄存器。

R8 ~ R12 不适用于 FIQ 模式。但其他模式下可以使用这 5 个通用寄存器。当处理器运行在 FIQ 模式时，能够访问影子寄存器 R8_FIQ ~ R12_FIQ。

此外，R13 和 R14 对应 6 个不同的物理寄存器。用户模式和系统模式使用不加模式名称的 R13 和 R14。其他 5 个分别用于 5 种异常模式，其名字形式为：R13_ < mode > 或者 R14_ < mode >。其中的尖括号表示必有项，mode 必须是 SVC、ABT、IRQ、UND 和 FIQ 的 5 种异常模式中的一种。例如，R13_SVC、R14_FIQ。

- 写入寄存器 R12 寄存器 R12 用作子程序间的中间结果（Scratch）寄存器，记录着 IP。在子程序连接代码中常常这样使用。
- 栈指针 R13——SP 寄存器 R13 通常用做栈指针，简称 SP。在初始化过程中，R13 被设置成指向分配给异常模式存储栈区的栈顶指针。在进入该异常模式处理程序时，使用 R13_ < mode > 寄存器把用到的其他寄存器的值保存到栈区中，退出时将这些值重新恢复到寄存器。
- 链接指针 R14——LR 寄存器 R14 用做子程序返回指针寄存器，也称为链接寄存器（Link Register，LR）。当执行带返回指针的转移指令 BL 或者 BLX 时，先将 R15 的值复制到 R14，然后执行指令地址转移。在出现中断或者异常时，以及当中断或异常服务子程序执行 BL 指令时，相应的分组寄存器 R14_SVC、R14_ABT、R14_IRQ、R14_UND 和 R14_FIQ 用来存放 R15 的当前值（即所谓的异常返回地址），供以后中断或异常处理返回使用。换言之，LR 寄存器具有保存函数返回位置和保存中断返回位置两种功能。

【例 3-1】 R14 的典型用法之一：子程序返回。

```
MOV   PC, LR                        ; 把 LR 寄存器的值送 PC 寄存器
```

【例 3-2】 R14 的典型用法之二：子程序进入和返回。

```
STMFD SP!, {<registers>, LR}    ; 把 R14 等寄存器保存在栈区
...
LDMFD SP!, {<registers>, PC}    ; 把 R14 的值恢复到 R15 中,包括其他寄存器恢复
```

【例 3-3】 R14 的典型用法之三：子程序返回。

```
BL    LR                        ; 执行转移指令,跳转到 LR 寄存器值为地址的单元执行
```

ARM 处理器在被 IRQ/FIQ 信号中断时自动改写 IRQ/FIQ 模式中断的 LR（即 R14 寄存器），LR 记录的是被中断的模式中运行的代码断点值，以便退出中断时能够回到原来模式的原来代码位置。同时，LR 也是每个模式下函数调用的返回代码位置计数器。

如果用 IRQ/FIQ 模式嵌套中断自身，则本模式的 LR 被改写后，本模式下原有的函数返回代码位置计数器就无法还原。因此要在关中断情况下，在 IRQ/FIQ 模式中准备好基本运行环境后，让 ISR 切换到 SYS 模式下运行。这种处理方式保证在产生嵌套中断时被中断的模式是 SYS 而不是 IRQ/FIQ 模式本身。IRQ/FIQ 模式中的 LR 保存着回到 SYS 模式的代码位置，SYS 模式

下 LR 未被破坏，保存着函数返回使用的代码位置。

3）程序计数器 R15：寄存器 R15 用做程序计数器（Program Counter，PC）。ARM 处理器的一个重要特点是它的程序计数器是程序员可访问寄存器。读程序计数器的主要用途是快速地对临近的指令和数据进行位置无关寻址，包括程序中的位置无关分支程序段。写 R15 的主要用途是将写入值作为转移地址。

（2）状态寄存器

所有处理器模式都可以访问当前程序状态寄存器 CPSR。CPSR 包含条件码标志、中断禁止位、当前处理器模式以及其他状态和控制信息。每种异常模式都有一个程序状态保存寄存器 SPSR。当异常出现时，SPSR 用于保留 CPSR 的状态。

CPSR 和 SPSR 的格式相同，如图 3-9 所示。

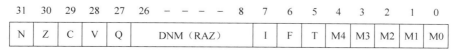

图 3-9　ARM 处理器的 CPSR 和 SPSR 位定义格式

CPSR 和 SPSR 中的标志位分为两类：一类反映运算结果，称为状态标志位。另一类反映对处理器的控制，称为控制标志位。

1）状态标志位 N、Z、C、V：N(Negative)、Z(Zero)、C(Carry)、V(oVerflow) 这 4 个比特位称为条件码标志（condition code flag）。CPSR 中的条件码标志会根据算术指令或逻辑指令的执行结果进行修改，可由大多数指令检测以决定指令是否执行。

条件码标志的含义如下：

- N 标志（即符号标志）　设置成指令运行结果 bit［31］的值。如果运算结果用补码表示，则该值代表补码的符号位。N = 1 表示结果值为负数，N = 0 则表示结果值为正数或 0。
- Z 标志（即全零标志）　若指令运行结果为全 0，则该标志置 1（通常表示比较的结果为"相等"）；否则该标志置 0。
- C 标志（即进位标志或借位标志）　可用如下 4 种方法之一设置：

①加法，包括比较指令 CMN。若加法产生进位（即无符号数运算发生上溢出），则 C 标志置 1；否则置 0。

②减法，包括比较指令 CMP。若减法产生借位（即无符号数运算发生下溢出），则 C 标志置 0；否则置 1。

③对于结合移位操作的非加法/减法指令，C 置为移出值的最后 1 位。

④对于其他非加法/减法指令，C 通常不改变。

- V 标志（即溢出标志）　可用如下两种方法设置：

①对于加法或减法指令，当发生带符号溢出时，V 标志置 1，此种场合可以认为操作数和结果是补码形式的带符号整数。

②对于非加法/减法指令，V 通常不改变。

2）状态标志位 Q：在 ARM 体系结构 v5 及以上版本的 E 变量中，CRSR 的位［27］用做标志 Q。标志 Q 用于指出在增强型 DSP 指令中是否出现溢出或饱和。类似地，SPSR 也有 Q 标志位，用于当出现异常时保留和恢复 CPSR 中的 Q 标志。

3）控制标志位 I 和 F，中断和快速中断禁止位：

- I　该标志置 1 则禁止 IRQ 中断，置 0 则允许 IRQ 中断。

- F　该标志置 1 则禁止 FIQ 中断，置 0 则允许 FIQ 中断。

4）控制标志位 T，Thumb 指令控制位：

- T = 0 指示 ARM 执行。
- T = 1 指示 Thumb 执行。

5）控制标志位，M 模式字段：M0、M1、M2、M3 和 M4（M[4:0]）是模式位。这些位决定处理器的工作模式。

2. Thumb 状态下的寄存器组织

Thumb 状态下的寄存器集是 ARM 状态下寄存器集的子集，主要区别在于 R8 ~ R15 不是 Thumb 标准寄存器集的寄存器。与 ARM 状态下的寄存器集相比较，程序员可访问寄存器有通用寄存器 R0 ~ R7、程序计数器 PC、栈指针 SP、链接寄存器 LR 和当前状态寄存器 CPSP；5 种特权模式都各有一组 SP、LR 和 SPSR；Thumb 状态和 ARM 状态切换时，寄存器值不变，可以为后一种状态使用。

3.3　ARM Cortex 处理器

这一节里我们将以 ARM Cortex-M3、ARM Cortex-A8 和 ARM Cortex-A9 为例简单介绍 ARM Cortex 处理器内核。

3.3.1　ARM Cortex-M3 内核

ARM Cortex-M3 内核（以下简称 CM3 核）是 ARM Cortex-M 系列处理器核中第一个进入市场的内核。CM3 的研发目标是为最小存储、低功耗、精简引脚的电子应用提供一个高性能低成本的处理平台，同时它还具备优越的计算能力和异常快速的中断响应能力。CM3 核只执行 Thumb-2 指令，在存储容量与 8 位/16 位嵌入式系统差不多（内存为几十个 KB 的单片机）的情况下能够提供较强的处理能力。

图 3-10 是 ARM7TDMI（简称 7TD 核）与 CM3 核在 4 个领域（工控装备、网络设备、办公用具和通信器材）上的性能指标二维矩形比较图，图 3-10a 给出的是计算能力相对百分比指标的比较，图 3-10b 给出的是指令密度相对百分比指标的比较。

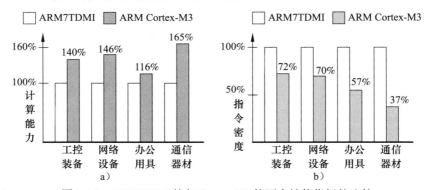

图 3-10　ARM7TDMI 核与 Cortex-M3 核两个性能指标的比较

对于执行同样功能的测试基准程序，在图 3-10b 中，表征 7TD 核中 ARM 机器指令占内存空间的矩形高度为 100%，而 CM3 核中 Thumb-2 机器指令占空间大小的矩形高度则参照 7TD 核进行绘制。

所谓计算能力，是指测试基准程序在单位时间内完成指定程序运行所执行的机器指令的条数。例如，在 1 分钟内循环执行数值运算 ANSI C 程序的场合下，统计机器指令执行条数的总和，以及各个分类的机器指令执行条数之和。

图 3-10a 中，7TD 核执行的测试基准程序是 ARM 指令程序，表征它计算能力的矩形高度设为 100%。CM3 核执行相同的测试基准程序，但是机器指令为 Thumb-2 指令集，表征 CM3 计算能力的矩形高度在图 3-10a 中参照 7TD 核的计算能力大小进行绘制。

观察图 3-10 的两个分图，读者可以发现，Cortex-M3 核具有指令密度高、计算能力强的特点。

1. Cortex-M3 内核构造

Cortex-M3 内核是一个 32 位的处理器内核，内部数据通路、寄存器和存储器接口都是 32 位的，采用哈佛结构，拥有独立的指令总线和数据总线。图 3-11 给出了它的硬件内部结构图。从图中可见，其中的 CPU 核组件 ALU、嵌套向量中断控制器（NVIC）、桶形移位器、控制器、指令接口、数据接口、嵌入跟踪宏单元（ETM）和译码器组件均被放大绘制了。

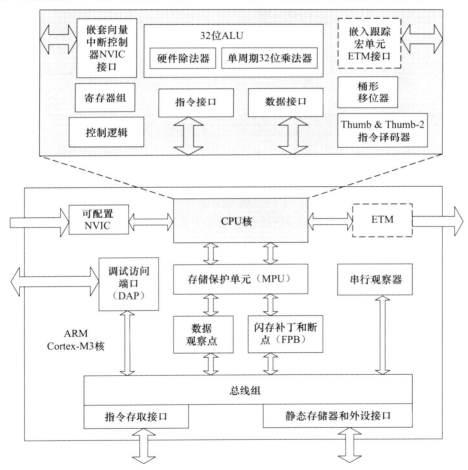

图 3-11　ARM Cortex-M3 核的硬件内部结构图

存储器保护单元（MPU）是可选用的，功能是保证工控装置上应用程序的安全操作，即保证应用程序中特权访问模式和进程分立的操作安全。

闪存补丁和断点（FPB）执行 6 个程序断点和 2 个文字数据取出断点，或者把指令或文字数据从代码内存空间修补到系统内存空间中。

CM3 内核嵌入式系统的调试操作通过调试访问端口（DAP）进行。DAP 不是用做两引脚接口的一个串行线调试端口（SW-DP），就是用做一个串行线 JTAG 的调试端口（SWJ-DP），SWJ-DP 保证 JTAG 或 SW 协议中有一个可用。加电时 SWJ-DP 默认设置为 JTAG 模式。

值得注意的是，在 ARMv7 体系结构版本中的 CM3 内核已经有了硬件除法器，此外 CM3 内核还可以支持"非 4 字节对齐的数据访问"，这是以往 ARMv4、v5 和 v6 版本所没有的。

2. 内核特征简单比较

表3-9 给出了 ARM7TDMI 内核和 Cortex-M3 内核特征的简单比较。

表 3-9   ARM7TDMI 和 Cortex-M3 内核比较[⊖]

特征	ARM7TDMI	Cortex-M3
体系结构版本	ARMv4T（冯·诺依曼结构）	ARMv7-M（哈佛结构）
指令集架构（ISA）支持	Thumb/ARM	Thumb/ Thumb-2
流水线	3 级	3 级 + 分支预测
中断	FIQ/IRQ	NMI + 1 ~ 240 物理中断
中断延时	24 ~ 42 时钟周期	12 时钟周期
睡眠模式	无	已经整合在内
内存保护	无	8 个域的内存保护单元
整数测试基准	0.95DMIPS/MHz（ARM 状态）	1.25DMIPS/MHz
功耗	0.28mW/MHz	0.19mW/MHz
芯片面积	0.62mm^2（仅内核）	0.86mm^2（内核 + 外设控制器）

从表 3-9 可知，CM3 内核是哈佛结构的处理器，具有独立的指令存储器地址总线和数据存储器地址总线，地址空间都是 29 位，即地址单元分别为 0x0 ~ 0x1FFFFFFF。

与 ARM 处理器内核相比，Cortex-M3 还有下面几个主要的技术进步和技术特色。

（1）线程模式 Thread 和句柄模式 Handler

Cortex-M3 处理器支持两种模式（线程模式 Thread 和句柄模式 Handler）和两种特权等级（特权等级 privileged 和无特权等级 unprivileged），以保证复杂和开源系统在执行时应用程序的安全性。当无特权代码执行对一些资源（例如某些指令和特定内存区域）的访问时，会受到限制或被拒绝。线程模式是典型的操作模式，支持特权等级和无特权等级指令的执行。当异常发生时，CM3 便进入句柄模式，在此模式下所有指令都是有特权的。另外，所有操作都分类为两种操作状态，Thumb 状态用于正常执行，Debug 状态用于调试活动。

（2）两个堆栈指针

ARM Cortex-M3 拥有两个堆栈指针，分别是主堆栈指针和进程堆栈指针。

- 主堆栈指针（SP_main，MSP）：复位后默认使用的堆栈指针，用于操作系统内核以及异常处理例程（包括中断服务器例程）。
- 进程堆栈指针（SP_process，PSP）：供常规用户应用程序代码使用。

如图 3-12 所示，R13 是堆栈指针，在指令中可以写成 SP。对于 Cortex-M3 编程，并非必须同时用两个堆栈指针，简单的应用程序可以仅使用 MSP。堆栈指针用于访问堆栈，默认在 PUSH 指令和 POP 指令中使用。

⊖   ARM 公司 Shyam Sadasivan 先生编写，An Introduction to the ARM Cortex-M3 Processor，ARM 公司网站。

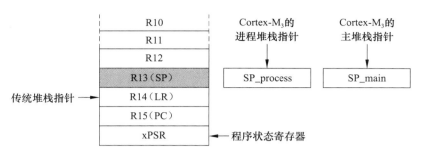

图 3-12   Cortex-M3 的堆栈寄存器示意图

（3）特殊目的寄存器

原先的 CPSR 变更为三个特殊目的寄存器：

1）APSR   应用程序状态寄存器，只能通过 MSR(2) 和 MRS(2) 指令访问。

2）IPSR   中断状态寄存器，存放中断源（中断向量）的数量。

3）EPSR   执行状态寄存器。

（4）系统节拍定时器

Cortex-M3 内核配备一个 24 位的 SysTick 定时器，具备自动重载和溢出中断功能。它是为了给 RTOS 提供系统节拍而设置的，系统节拍使任务执行与处理器时钟脉冲的"周期心跳"相关联。

（5）位带（bit banding）技术

CM3 核的内存映射表含有两个位带别名区（bit band alias），简称位别名区，每一个占有 32MB 的地址空间。此外还有两个位带区（bit band region），每一个占有 1MB 的地址空间。这两个位带区分别位于 SRAM 和外围设备内存的最低 1MB 空间。如图 3-13 所示。

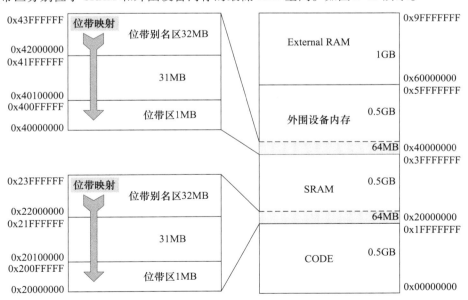

图 3-13   ARM Cortex-M3 部分内存映射图和位带映射示意图

位带映射操作指将位别名区中的任何一个字（4 字节）映射到预先计算好的位带区中的一个比特（1 位元）中。换言之，位别名区的 32 个字节均按照顺序被映射到位带区的单个字节（8 比特）中。因此，位别名区的 32MB 地址空间对应位带区的 1MB 地址空间。ARM Cortex-M3

处理器加电开机之后，上述的位带映射自动执行。

位别名区和位带区这两个内存区的位带映射公式是：

```
bit_word_offset = (byte_offset x 32) + (bit_number × 4)
bit_word_addr = bit_band_base + bit_word_offset
```

其中：

bit_word_offset 是位带内存区的目标位地址；

bit_word_addr 是别名区的字地址，它将映射到目标位；

bit_band_base 是别名区的基地址；

byte_offset 是位带区的字节偏移量，该字节包含了目标位；

bit_number 是目标位的位序号（7 − 0）。

例如，位别名区地址 = 0x23FFFFE0 的字映射到位带区地址 = 0x200FFFFF 的字节的位［0］，其计算公式如下：

$$0x23FFFFE0 = 0x22000000 + (0xFFFFF * 32) + 0 * 4$$

向位别名区某一个字（4 字节）置位，即写入一个"0x1"，这等同于向位带区的某一个比特写入了"0x1"。对于复位操作（即置"0"操作）也是这样。

假定现在我们要向 CM3 处理器上的位带区地址 0x200FFFFF 字节的位［6］置位（置"1"），执行以下三条指令即可：

```
LDR R0, = 0x23FFFFF8        ; 把 4 字节地址送入 R0，即把 R0 设置为写入地址
MOV  R1,#0x1                ; 把写入的逻辑变量"1"送入 R1
STR   R1,[R0]               ; 实现对地址 = 0x200FFFFF 字节的位[6]写入"1"值
```

注意　位带区、位别名区和位带映射是 ARM Cortex-M3 处理器预先定义的，为 CM3 核专用。

3.3.2　采用 Cortex-M3 核生产的微控制器

采用 Cortex-M3 内核生产处理器的厂家有好几个，它们是意法半导体公司、恩智浦公司、德州仪器公司、飞思卡尔公司等。下面以德州仪器公司为例介绍其 CM3 内核微控制器的概况。

德州仪器公司从 2006 年开始生产基于 ARM Cortex-M3 内核的 Stellaris（星辉）系列微控制器，至 2013 年一共生产了 6 代产品，分别是 Sandstorm、Fury、Dust Devil、Tempest、Firestorm、Blizzard（沙暴、暴怒、尘暴、暴风雨、火焰风暴、暴风雪），品种大约有 160 多个。产品系列有 x00/1000/2000/3000/5000/6000/8000/9000，共 8 个系列。参见图 3-14。

德州仪器公司的 Stellaris 系列产品的典型应用举例：使用 LM3S101 微控制器做电视机的音频解码；使用 LM3S310 的 12 路 PWM 控制 6 路电机；使用 LM3S8530 微控制器完成 CAN 转发以太网的网关以及 RS232 转 485 的通信转换器。

3.3.3　ARM Cortex-A8 内核

Cortex-A8 内核（以下简称 CA8 内核）是第一款 ARMv7 架构的应用处理器，该处理器核的设计目标是满足市场对高性能、低功耗产品的需要。它有以下几个技术特色：

1）NEON 多媒体信号处理扩展集，能够对 H.264 和 MP3 等媒体编解码提供加速处理。

2）Cortex-A8 核包括 Jazelle-RCT Java 加速技术，优化实时（JIT）和动态调试编译（DAC），同时节省高达 3 倍的内存占用空间。

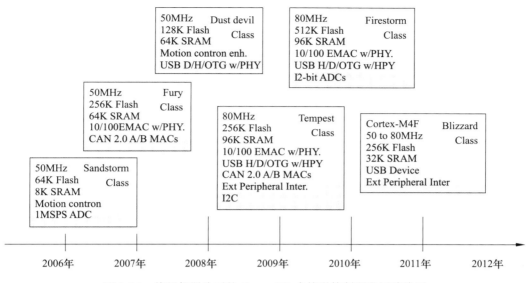

图 3-14　德州仪器公司的 Cortex-M3 内核微控制器发展路线图

3）配置了用于安全交易和数字版权管理的 TrustZone 技术。

4）低功耗管理的 IEM 功能。

5）矢量浮点协处理器（Vector Floating Point Unit，VFP），该硬件组件能够提供低成本的单精度和双精度浮点运算能力。

应用举例：

1）iPad 平板电脑使用的 A4 处理器内核是一颗主频为 800MHz 的 Cortex-A8 处理器。

2）德州仪器公司出产的 OMAP3430 多媒体应用处理器，它第一个集成了 Cortex-A8 内核，可提供比 ARM11 处理器多达 3 倍的性能增益，使得用该处理器制造的 3G 手持终端具有可与笔记本电脑媲美的处理能力以及先进的娱乐功能。

3）FreeScale 公司成功研发的 i. MX515 应用处理器。该应用处理器含有一个多媒体处理单元和一个图像处理单元。多媒体处理单元的功能包括：硬件视频解码器、HD720 高清电视信号输出、嵌入式 OPENGL2.0。图像处理单元的功能包括：图像缩放、图像反转和旋转、图像美化与拍照。近两年来，市场上出售的多种平板电脑均使用了 i. MoX515 应用处理器。图 3-15 给出了 i. MX515 应用处理器的内部硬件组件构成。

3.3.4　ARM Cortex-A9 内核

ARM Cortex-A9 内核架构有多核和单核之分。它可以是一个可扩展的多处理器核，即 ARM Cortex-A9 MPCore 处理器核；也可以是较为传统的处理器核，即 ARM Cortex-A9 单处理器核。下面对它们进行分别描述：

1）ARM Cortex-A9 MPCore 处理器核：一款多核处理器，为了性能可伸缩和能耗控制的要求提供了第二代 Cortex-A9 MPCore 技术。它是高性能网络、自动媒体播放器、移动设备和企业应用的理想处理器。

2）ARM Cortex-A9 处理器核：一个传统的单核处理器，其用途是在诸如移动手持设备和其他嵌入式设备的高性能、成本敏感的市场上做简单设计迁移，以减少上市时间，并且维护现有的软件投资。

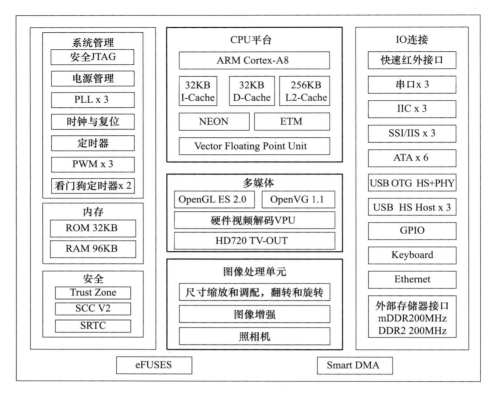

图 3-15 i. MX515 应用处理器的内部硬件组件

ARM Cortex- A9 处理器核（简称 CA9 内核，或根据核数量称为 CA9 单核或 CA9 多核）支持如下的配置：

- 16KB/32KB/64KB 的 4 路组相连一级高速缓存。
- 一个可扩展多处理器核或单处理器核；这是两个不同的独立产品，为客户提供了最大的灵活性，分别适用于特定的应用和市场。

ARM Cortex- A9 内核由以下部件组成：

1）CA9 多核由 1～4 个 CA9 单核族组成，族内有一个侦听控制单元（SCU）以保证族内 CA9 单核的一致性。

2）一个全局定时器。

3）一个 CA9 单核，集成了一个私用定时器和看门狗单元。

4）一个整合的中断控制器，它是普通中断控制器结构的实现。

5）一个可选的带可编程地址过滤器的第二主端口。

6）一个适合一致性内存传输的一致性加速器端口。

ARM Cortex- A9 内核拥有以下几个技术特色：

（1）流媒体处理引擎（NEON Media Processing Engine）

NEON（流）技术是 ARM Cortex-A 系列处理器的 128 位 SIMD（单指令、多数据）的架构扩展，旨在为消费电子产品的多媒体应用程序提供灵活、强大的加速功能，从而显著改善产品的使用性能。NEON 具有 32 个寄存器，64 位宽（双倍视图为 16 个寄存器，128 位宽）。

（2）浮点计算单元（Floating-Point Unit）

为单个和两个精确标量的浮点运算提供意义重大的加速处理。它的处理能力比上一版本ARM 浮点运算单元翻了 1 倍。

（3）信任地区技术（TrustZone Technology）

TrustZone（信任地区）技术保证安全应用程序（从数字版权管理到电子支付）的可靠执行。

信任地区技术的硬件组件分散在 CA9 核内部、处理器芯片内部以及 DDR 存储器内部。如图 3-16 所示。

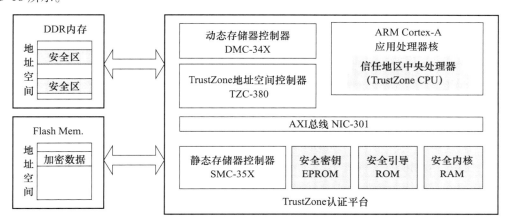

图 3-16　信任地区的硬件结构图

3.3.5　采用 Cortex-A9 内核生产的应用处理器

目前包括德州仪器、飞思卡尔、英伟达、瑞萨、三星在内的十几家半导体集成电路公司使用 CA9 内核生产应用处理器。下面列举几个典型的 ARM Cortex-A9 处理器。

1）飞思卡尔（Freescale）公司的 i. MX6 系列应用处理器，该系列有 5 款处理器，具体技术指标参见表 3-10 ⊖。

表 3-10　飞思卡尔公司的 i. MX6 系列应用处理器技术指标简表

名称	CA9 核	主频	L2Cache	VPU ⊜	3D GPU	应用领域
i. MX6SoloLite	单颗	1.0GHz	256KB	N/A	无	消费电子
i. MX6Solo	单颗	1.0GHz	512KB	Full HD	有	消费电子/工控/汽车电子
i. MX6DualLite	两颗	1.0GHz	512KB	dual Full HD	有	消费电子/工控/汽车电子
i. MX6Dual	两颗	1.2GHz	1MB	dual Full HD	有	消费电子/工控/汽车电子
i. MX6Quad	四颗	1.2GHz	1MB	dual Full HD	有	消费电子/工控/汽车电子

2）瑞萨（Renesas）公司的 RZ/A1H 和 RZ/A1L 应用处理器。

3）英伟达（NVIDIA）公司的图睿 2 处理器集成了双核 Cortex-A9。

4）德州仪器（TI）公司的 OMAP4330 处理器集成了双核 Cortex-A9。

⊖　资料来源：英文维基百科 i. MX 的词条解释。
⊜　术语 VPU：高性能视频解码处理单元。

5）iPhone 4S 手机处理器的内核是 800MHz 主频的双核 Cortex-A9。

3.4 ARM 存储器的组织

3.4.1 ARM 存储器的数据类型和存储格式

ARM 存储器中有 6 种数据类型，即 8 位字节、16 位半字和 32 位字的有符号和无符号数。ARM 处理器的内部操作都面向 32 位操作数，只有数据传送指令（STR、STM、LDR、LDM）支持较短的字节和半字数据。

ARM 存储器支持两种端序，即大端序和小端序。端序选择由硬件引脚接线决定，默认的端序设置为小端序。存储器中每一个字节都有唯一的地址；字节可以占有任一位置；半字占有两个字节位置，该位置开始于偶数字节边界地址；字以 4 字节的边界对准。

1）ARM 体系结构 v4 以上版本支持字节、半字和字，ARMv4 以前的版本仅支持字节和字。

2）当将这些数据类型中的任一种说明成 unsigned 类型时，N 位数据值表示范围为 $0 \sim 2^{N-1}$ 的非负整数，使用通常的二进制格式。

3）当将这些数据类型的任一种说明成 signed 类型时，N 位数据值表示范围为 $-2^{N-1} \sim 2^{N-1}-1$ 的整数，使用二进制的补码格式。

4）所有数据操作，例如 ADD、AND，以字进行处理。

5）加载和存储操作可以字节、半字和字的大小同存储器之间传送数据。加载时自动进行字节或半字的零扩展或符号扩展。

6）ARM 指令恰好是一个字（与 4 字节边界对准），Thumb 指令恰好是一个半字（与 2 字节边界对准）。

3.4.2 ARM 的存储体系

ARM 的存储体系与通用计算机大致相同，可以抽象成一个金字塔形的存储结构。金字塔的最高层为寄存器组；第 2 层是片内 Cache、写缓存、TCM、片内 SRAM；第 3 层是板卡级 SRAM、DRAM 和 SRAM；第 4 层是 NOR 型和 NAND 型闪速存储器；第 5 层为最底层，包括硬盘驱动器和光盘驱动器。

1）典型的 RISC 微处理器含有 32 个 32 位通用寄存器。ARM 处理器的通用寄存器数量与之相比数量相当。由于是嵌入式应用，系统数据吞吐量比较小，因此 ARM 处理器的寄存器数量是充足的。目前，最快的 ARM 处理器的寄存器读写周期小于 2ns。

2）片内 Cache 可以优化内存访问，降低系统的总成本。片内 Cache 的访问时间大约为 10ns。

3）写缓存可以是片内的高速 FIFO 缓存。

4）紧耦合存储器（Tightly Coupled Memory，TCM）为了弥补 Cache 访问的不确定性增加的片上存储器。有的处理器含有分立的指令 TCM 和数据 TCM。TCM 包含在存储器地址映射空间中，可以作为快速存储器来访问。除了不得包含读敏感地址之外，对 TCM 接口上连接的存储器类型没有其他限制。TCM 使用物理地址，对 TCM 的写访问受到 MMU 内部保护信息的控制。参见图 3-17。

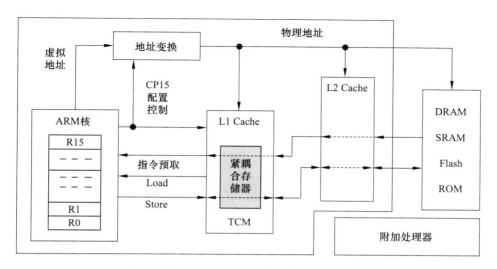

图 3-17　TCM 在 ARM v6 处理器存储系统模型中的位置

5）片内 SRAM 可以提供高速内存访问。片内 SRAM 适用于使用频度大，需要高速运算的常驻内存程序。

注意，存储器 2、3、4、5 处于同一级别，都是片上存储器（也称为片内存储器），只是使用方法不同。

6）片外 DRAM 或者片外 SDRAM 是嵌入式系统的板卡级主存储器（即内存），其容量通常在 8 ~ 512MB 之间。运行时操作系统和应用程序都存放在主存储器。

7）闪速存储器因其体积小、容量大成为嵌入式系统的常用外部存储器，人们通常称它们为固态盘。引导加载程序存放在固态盘上，加电之后传送到主存中执行。

8）在体积允许的情况下，后备存储器可以配接 IDE/ATA 接口的硬盘驱动器和光盘驱动器。容量通常达到几百 MB 到几个 GB，访问时间为几十个毫秒。

3.4.3　片内存储器的用法

事实上，许多 ARM 处理器芯片内部都含有存储器，称作片内存储器。片内存储器的存储空间可以通过指令进行配置，定义成片内 Cache，或者片内 SRAM，或者一部分片内 Cache 加一部分片内 SRAM。例如，S3C44B0X 和 S3C4510B 都有一个 16KB 的内嵌存储器，它有三种配置用法：8KB 的 Cache，4KB 的 Cache 和 4KB 的 SRAM，8KB 的 SRAM。

虽然从物理角度看，片内 Cache 和片内 SRAM 属于同一个内嵌存储器的不同工作区，但是还是有区别的。前者能够减少访问内存次数，让数据和指令读取在片上进行，从而加快程序执行速度；但是 Cache 行的调进和淘汰是硬件自动完成的，对于程序员来说这些内容是透明的，不可控制。无法让那些反复使用的需要高速运行的程序常驻在片内存储器中。后者存储空间可以由程序员直接控制，运行过程具有可观察性。在应用软件规模不大的情况下，程序员能够做到掌控整个片内存储区的指令/数据进出。因此嵌入式系统较多采用片内 RAM 配置而不是片内 Cache 配置。

3.4.4　协处理器 CP15

ARM 处理器支持 16 个协处理器。在程序执行过程中，如果一个协处理器的指令执行时得不到硬件支持，则将产生一个未定义指令异常中断。在该异常中断处理程序中，可以通过软件模拟该硬件操作。例如，如果执行向量浮点运算指令时系统不包括向量浮点运算器，则可以选择浮点软件模拟包来支持向量浮点运算。

CP15 即所谓的系统控制协处理器（System Control Coprocessor）。在基于 ARM 的嵌入式系统中，诸如 Cache 配置、写缓存配置之类的存储系统管理工作由协处理器 CP15 完成。在一些没有标准存储管理的系统中，CP15 是不存在的。在这种情况下，针对协处理器 CP15 的操作指令将被视为未定义指令。

CP15 可以包含 16 个 32 位寄存器，其编号为 C0 ~ C15。表 3-11 展示出了 CP15 主要寄存器的功能，其中未列出的寄存器是没有定义的保留寄存器。

表 3-11　CP15 中的寄存器

编号	基本作用	在 MMU 中的作用	在 PU 中的作用	MMU 相关
C0	ID 编号	ID 和 Cache 类型		非
C1	控制位（可读可写）	各种控制位		是
C2	存储保护和控制	地址转换表基地址	可用高速缓存控制位	是
C3	存储保护和控制	域访问控制位	可用缓存区控制位	是
C4	存储保护和控制	保留	保留	无可用答案（N/A）
C5	存储保护和控制	内存失效状态	访问权限控制位	是
C6	存储保护和控制	内存失效地址	保护区域控制	是
C7	高速缓存和写缓存	高速缓存和写缓存控制		非
C8	存储保护和控制	TLB 控制	保留	是
C9	高速缓存和写缓存	高速缓存锁定		非
C10	存储保护和控制	TLB 锁定		是
C13	进程标识符	进程标识符		非
C15	因不同设计而异	因不同设计而异	因不同设计而异	非

只有下列两种指令可以访问 CP15 寄存器：

- MCR　ARM 寄存器到 CP15 寄存器的数据传送指令。
- MRC　CP15 寄存器到 ARM 寄存器的数据传送指令。

MCR 和 MRC 指令应该在系统模式下执行，在用户模式下执行时会引发未定义指令的异常中断。

3.4.5　存储管理单元

多数 ARM 核含有存储管理单元（Memory Management Unit，MMU），它是管理嵌入式系统的虚拟存储器。当然，为了实现虚拟存储器功能，在软件方面还要求操作系统具备虚拟存储管理模块。下面我们以 S3C2410A 处理器（ARM920T 内核）的 MMU 部件为例，简单介绍 ARM 处理器 MMU 的内部结构[二]。

ARM920T 的 MMU 部件对 ARM9TDMI 核的指令和数据端口实施地址转换和访问许可检查。它受控于内存中的单套两级页表，由 CP15 寄存器 1 的 M 位使能，能够实现单个地址映射和保护机制，此外该 MMU 中的指令 TLB[一]和数据 TLB 可被单独锁定和刷新。

该 MMU 主要完成以下操作：

　㊀ TLB 的英文全称是 Translation Lookaside Buffer，即转换旁路缓冲路。由于该表存在于 Cache，俗称快表。
　㊁ 参考文献：S3C2410A MICROPROCESSOR USER'S MANUAL，Appendix 3。

- 虚拟存储空间到物理存储空间的映射。ARM 采用了页式虚拟存储器管理。页的大小有两种：粗粒度和细粒度，换言之，有粗页和细页之分。
- 控制存储器访问权限。
- 设置虚拟存储空间的缓冲特性。

1. 虚存空间到物理存储空间的地址映射

虚拟存储空间到物理存储空间的映射是以内存块为单位进行的，即虚拟存储空间中一块连续的存储空间（称为逻辑块）被映射成物理存储空间中同样大小的一块连续存储空间（称为物理块）。当 CPU 需要访问内存时，先在**快表**（Translation Lookaside Buffer，TLB，也称为转换旁路缓冲器，位于 Cache 中）中查找逻辑块所在的表项（TLB 表项反映了逻辑块到物理块的映射关系）。如果存在该逻辑块的表项，则根据表项中的物理块进行内存访问。如果该逻辑块的表项不存在，则 CPU 从位于内存中的页表（准确地讲为描述符表，也称慢表，后面我们可以看到 ARM 的慢表有两级）中查询，并用相应的结果更新 TLB。以后，当 CPU 再次访问需要该逻辑地址变换表项时，就可以从 TLB 中直接得到物理块，从而使地址变换的速度大大加快。

当位于内存中的页表内容改变时，或者通过 C2 寄存器使用新的页表时，TLB 中的内容需要全部清除。MMU 提供了这方面操作的硬件支持，可以用 C8 寄存器来控制清除 TLB 内容。

MMU 可以通过 C10 寄存器将某些地址变换表项锁定在 TLB 中，从而使得与该地址变换表项相关的地址变换能以较快速度进行。

2. ARM 处理器的域访问控制

ARM 通过存储器域（memory domain，简称"域"）来支持多用户操作系统，它是 ARM 的特色之一。ARM 域是一组具有特定访问权限的段或者页。换言之，存储器的所有段或者页都与某一个域相关联。域允许多个不同进程用同一个转换表执行，同时不同程序之间又有一些保护。域不要求每一个进程都有自己的虚实地址转换表。

MMU 最多可以将整个存储空间分为 16 个域，命名为 D15 ~ D0。这些域具有相同的访问权限控制属性。当存储访问失效时，MMU 通过 C5 寄存器和 C6 寄存器提供了相应的机制加以处理。

31,30	29,28	···				···	5, 4	3, 2	1, 0
D15	D14	···				···	D2	D1	D0

图 3-18 域访问控制寄存器的字段结构

域是 ARM 主要的存储器访问控制机制，在域上定义了可以进行某种类型访问的条件。每一个域的配置在域访问控制寄存器（Domain Access Control Register，DACR）中完成。DACR 寄存器也就是 CP15 寄存器的 C3 寄存器。

DACR 寄存器从位 0 开始，每 2 个位定义一个域控制字段；这样共有 16 个字段，从而控制 16 个域的访问。这些字段名与域名相同，分别为 D15 ~ D0。如图 3-18 所示。

DACR 寄存器中 D15 ~ D0 的访问权限字段定义如下表 3-12 所示。

表 3-12 域访问控制字段编码及定义

字段	取值	域访问控制定义
D15 ~ D0	00	无访问权限，如果访问会引起域故障
	01	客户访问，访问权限将被检查。检查方法是根据页表项中的域访问权限控制位决定是否允许进行特定的读写操作
	10	保留，当作不可访问域
	11	管理者权限，访问权限免检查。方法是忽略页表项中的域访问权限控制位

3. MMU 的使能和禁能

CP15 的 C1 寄存器位［0］用于控制禁能/使能 MMU。当 C1 寄存器的位［0］复位时，禁止 MMU。当 C1 寄存器的位［0］置位时，使能 MMU。例如，下面的三条指令使能 MMU。

```
MRC P15, 0, R1, C1, R0, 0
ORR R1, #0x1
MCR P15, 0, R1, C1, R0, 0
```

其中，第 1 条指令将协处理器 P15 寄存器中的数据传送到 ARM 寄存器中，其中 R0 和 R1 为 ARM 寄存器，它是目标寄存器；C1 为协处理寄存器，操作码 1 为 0，操作码 2 为 0。

4. MMU 控制下的存储器访问

当处理器从快表或慢表中得到了需要的地址变换表项后，将进行以下操作：

1）计算出虚拟地址对应的物理地址。

2）根据表项中的 C（Cacheable，可高速缓存）控制位和 B（Bufferable，可缓存）控制位决定是否缓存该内存访问的结果。

3）根据存取权限控制位和域访问控制位确定该内存访问是否被允许。如果该内存访问不被允许，CP15 向 ARM 处理器报告存储访问中止。

4）对于不允许缓存（uncached）的存储访问，使用步骤 1 中得到的物理地址访问内存。对于允许缓存（cached）的存储访问，如果 Cache 命中，则忽略物理地址；如果 Cache 失败，则使用步骤 1 中得到的物理地址访问内存，并把该块数据读取到 Cache 中。

图 3-19 给出了允许缓存的 MMU 存储访问示意图。

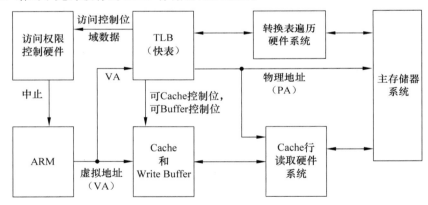

图 3-19　允许缓存的 MMU 存储访问示意图

5. MMU 地址变换

ARM 处理器支持的虚拟存储块大小有以下 4 种：

- 段（Section）：1MB 的存储块。
- 大页（Large Pages）：64KB 的存储块。
- 小页（Small Pages）：4KB 的存储块。
- 极小页（Tiny Pages）：1KB 的存储块。

通过另外的访问控制机制，还可以将大页分成 16KB 的小页，将小页分成 1KB 的极小页。极小页不可以再细分，只能以 1KB 大小的整页为单位。

ARM 的 MMV 采用两级页表实现虚拟地址到物理地址的映射。现在我们以 ARM920T 核中 V4 版 MMV 的地址映射为例加以说明。

（1）基本特点

- 段存取访问可以控制。
- 大页和小页的存取访问能分别控制，并且它们的 1/4 子页访问也能控制。
- 指令 TLB 含有 64 个行（表项），数据 TLB 含有 64 个行（表项）。
- 页表硬件遍历。
- 页表项采用循环算法淘汰替换。
- 段地址映射只需要一级页表访问。
- 大页、小页和极小页的映射需要后继的二级页表访问。

（2）硬件映射过程

在处理器加电结束开始运行程序时，快表里还不包含程序执行所需要的虚拟地址翻译信息。此时处理器执行硬件映射。硬件映射依据虚存地址转换表（Translation Table，简称转换表）把虚拟存储器地址转换成内存的物理地址。转换表在内存中按照 16KB 边界对准存放。

ARM 处理器内部有一个转换表基地址（Translation Table Base，TTB）寄存器。该寄存器的高 18 位是指向位于内存中的描述符表基地址指针，低 14 位为零。转换表的记录称为表项，占 4 个字节。它或者是含有段表基地址的段表描述符，或者是含有页表基地址的页表描述符。一个转换表可容纳 4096 个 32 位描述符，每个描述符可以描述 1MB 虚拟存储器。由此推算，ARM 的最大虚拟存储空间可以达到 4GB。

（3）一级描述符表

一级描述符表里的描述符占 4 个字节，这些描述符可分为段描述符、粗页表描述符、细页表描述符和无效描述符 4 种类型。段描述符含有 1MB 存储块的基地址；页表描述符提供了含有二级描述符的页表基地址。有两种类型的页表，粗页表和细页表。如图 3-20 所示。

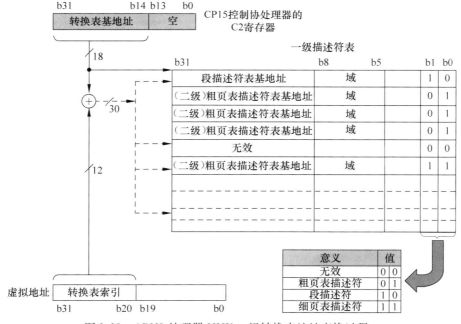

图 3-20　ARM9 处理器 MMU 一级转换表地址变换过程

虚拟地址转换成物理地址的第一步操作是一级描述符表地址变换。其操作步骤是：分别取 C2 寄存器高 18 位的转换表基地址和虚拟地址高 12 位的转换表索引字段，图 3-20 中的运算符

"⊕"表示两个无符号数地址值的相加运算（简称地址拼接）。即转换表基地址左移12位加上转换表索引，拼接成一级描述符表（也叫转换表）的表项指针。读出表项后，根据表项的最后两位决定下面是访问段描述符表、粗页表描述符表还是细页表描述符表。如果表项的最后两位是 0b00 则表示该表项是无效的，会引发访存错误软中断处理。

（4）段地址映射

段描述符的字段定义如表 3-13 所示。

表 3-13 段描述符的字段定义

字段	说明	字段	说明
位［1:0］	在一级描述符表中标识段描述符	位［9］	总是被写为 0
位［3:2］	C、B 控制位，表述内存区域中本映射段的性质是下面 4 种之中的哪一种：①写回型 Cache 有效，②写到底型 Cache 有效，③缓存有效但 Cache 无效，④缓存无效 Cache 无效	位［11:10］	AP（访问允许）字段，表示是否允许访问本段
位［4］	应当填入 1，表示向下兼容	位［19:12］	总是被写为 0
位［8:5］	指明可能的 16 种域中的 1 个域	位［31:20］	构成本段的物理首地址

S3C2410X 处理器的段地址完整映射如图 3-21 所示。该图中的运算符"⊕"表示两个无符号数地址值的相加运算（简称地址拼接），即基地址值先按照偏移量字段位数左移，之后再加上偏移量值，形成物理地址。

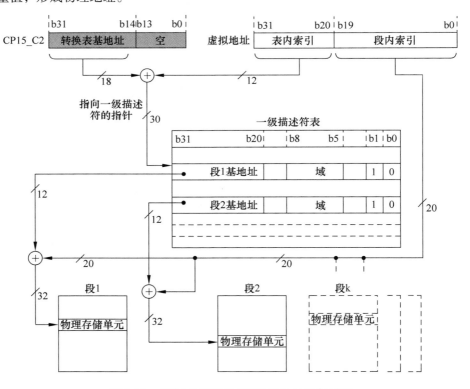

图 3-21 ARM 处理器的 MMU 段地址映射过程

段地址映射过程如下：

1）根据 C2 寄存器高 18 位和虚拟地址的高 12 位，求出一级描述符表的描述符指针（30 位）。

2）根据描述符指针，从一级描述符表中读取描述符。描述符长度为 32 位，最低两位是描述符类型。描述符类型值为 0b10 时才是段描述符。

3）段描述符的高 12 位是物理段的段基地址。

4）虚拟地址的低 20 位是被访问单元的段偏移量。

5）将段基地址左移 20 位后加上段偏移量（段内索引）就得到了物理存储单元的准确地址。

6）寻址完成之后进行读写操作。

（5）页地址映射

ARM 处理器 MMU 的页表有两种：粗页描述符表（简称粗页表）和细页描述符表（简称细页表），其页表项就是页描述符，长度均为 4 字节。页描述符的主要字段是页基地址，它指向内存中的大页、小页或极小页的首地址。地址转换时根据页基地址加上页内索引就能够得到读写单元的准确物理地址。

粗页表有 256 个描述符，可划分 1MB 的内存空间，每个粗页描述符提供了 1 个 4KB 块的基地址。细页表有 1024 个描述符，同样能够划分 1MB 的内存空间，其中每个细页描述符提供了 1 个 1KB 块的基地址。

粗页表和细页表的映射对象稍有不同。前者可以将虚拟地址映射到大页内存块或者小页内存块，后者可以将虚拟地址映射到大页、小页或者极小页。

图 3-22 是虚拟地址经过一级转换表和二级粗页表映射到小页内存单元的过程。该图中的小页地址映射过程如下所述：

1）分别取 C2 寄存器的高 18 位转换表基地址和虚拟地址的高 12 位转换表索引字段，拼装成 30 位的一级描述符表表项指针。参见图 3-20 中 ARM9 处理器 MMU 一级转换表地址变换流程。

2）从一级描述符表中读取描述符。最低两位的描述符类型值如果是 0b01，则为二级粗页表描述符；如果是 0b11，则是二级细页表描述符。小页的地址转换既可以通过二级粗页表实现，也可以通过二级细页表实现。图 3-22 的例子中采用二级粗页表实现。

3）二级粗页表描述符的高 22 位给出了二级粗页表的基地址。

4）虚拟地址的中间字段是二级描述符表索引，共有 8 位（位 [19:12]）。

5）二级粗页表基地址加上二级粗页表索引得到 30 位的二级粗页表指针。该指针指向小页表的描述符。

6）小页表描述符的高 20 位是小页的起始地址。

7）虚拟地址的最右字段（低 12 位）是被映射存储单元所在小页的偏移量。

8）将小页的起始地址加上小页偏移量就得到了物理存储单元的准确地址。

9）寻址完成之后进行读写操作。

6. MMU 失效处理

MMU 可能发生 4 种类型的存储访问失效，即地址对齐失效、地址变换失效、域控制失效和访问权限控制失效。当发生存储访问失效时，存储系统可以中止 3 种存储访问，即 Cache 内容存取、非缓冲的存储器访问操作和页表访问。MMU 中与存储访问失效有关的寄存器有两个，即 C5 和 C6。寄存器 C5 为失效状态寄存器，C6 为失效地址寄存器。

图 3-23 给出了 ARM1020E 处理器的 MMU 访存故障检查流程。

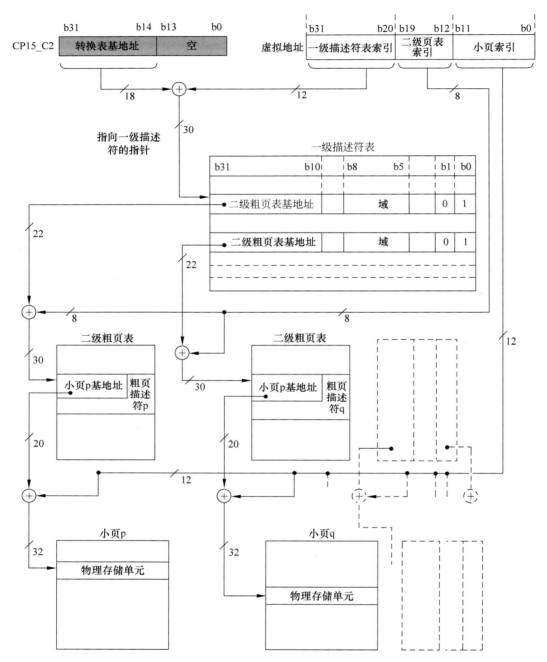

图 3-22　ARM 处理器 MMU 的小页地址变换过程

3.4.6　保护单元

保护单元（Protection Unit，PU）提供了一个相当简单的替代 MMU 的方法来管理存储器。对于不需要 MMU 的嵌入式系统而言，PU 简化了硬件和软件，主要表现在不使用转换表，从而不必使用硬件遍历转换表和软件建立与维护转换表。包含 Cache 的 PU 操作流程如图 3-24 所示。当然，PU 的简化处理是有代价的。如果使用 PU，则通过 MMU 获得的高精度存储管理将消失殆尽。

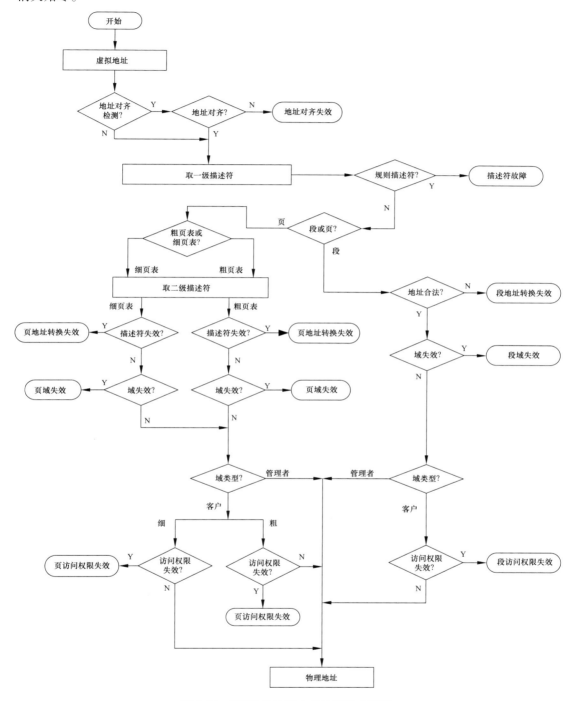

图 3-23　MMU 的访问内存故障检查流程

　　保护单元允许将 ARM 的 4GB 地址空间映射到 8 个区域。每一个区域都有可编程的起始地址及大小、可编程属性和 Cache 属性。区域的起止位置可以重叠，区域的寻址有固定的优先级。通过写 CP15 的 C6 寄存器可以定义 8 个区域中每一个的起始地址和大小界限。

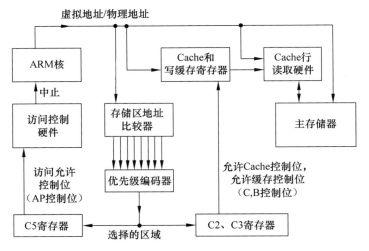

图 3-24　带 Cache 保护单元的存储系统示意图

3.4.7　ARM 处理器的 Cache

　　Cache 是位于主存储器和 CPU 之间的一块高速存储器。它存放了 CPU 最近使用的取自主存储器的指令和数据的副本。按照程序局部性原理，CPU 稳定运行时，95% 以上的指令和数据可以从 Cache 获得，仅当 Cache 访问失败时才去访问主存储器。这样，含 Cache 处理器的加权平均访问存储器速度大大高于无 Cache 处理器。

　　ARM 处理器均带有 Cache 或者可以将片内存储器配置成 Cache。当然，在不需要时也可以通过配置操作关闭 Cache。

　　ARM 核可以采用两种总线结构：冯·诺依曼结构和哈佛结构，取决于内核与主存之间的总线是否将指令通道和数据通道分离。因此导致 ARM 有两种不同的 Cache 设计，即统一 Cache 和分离 Cache。在冯·诺依曼结构的 ARM 处理器中采用统一 Cache，例如基于 ARM7TDMI 核的 S3C44B0X 处理器；而在哈佛结构的 ARM 处理器中采用分离 Cache，例如基于 ARM920T 核的 S3C2410X。

1. 逻辑 Cache 和物理 Cache

　　如果带 Cache 的处理器内核支持虚拟存储器，则 Cache 在处理器内部有两种电路定位方案。一种是放在处理器内核与 MMU 之间，另外一种是放在 MMU 与物理存储器之间。前一种 Cache 称为逻辑 Cache，也称为虚拟 Cache；后一种 Cache 称为物理 Cache。参见图 3-25。

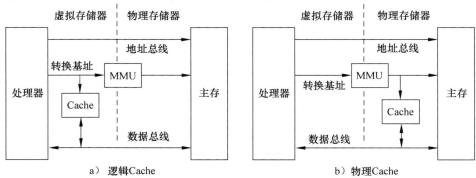

图 3-25　逻辑 Cache 和物理 Cache

Cache 放在 MMU 之前还是放在 MMU 之后决定了 Cache 寻址范围和编程结构。这也是程序员编写 MMU 控制软件时必须了解的。

逻辑 Cache（见图 3-25a）在虚拟地址空间存储数据。处理器可以直接通过逻辑 Cache 访问数据，而无须通过 MMU。

物理 Cache（见图 3-25b）使用物理地址存储数据。当处理器访问存储器时，MMU 必须先把虚拟地址转换成物理地址，Cache 存储器才可以向内核提供数据。

2. ARM 处理器 Cache 的地址映射

Cache 存储器的基本读写单位是行（Line），它的大小通常是 2 的整数次幂（记为 L），单位是字节。因此，行的字节数为 2^L 字节。例如 $2^4 = 16$ 字节或者 $2^5 = 32$ 字节。与 Cache 中的行相对应，主存储器空间（逻辑的或者物理的）按照 2^L 个字节为一个单位数据块（Block）划分边界。Cache 填充时从主存读取一个数据块，根据 Cache 地址映射方法，写入 Cache 中的某一行。

表 3-14 给出了典型的 ARM 处理器 Cache 参数列表。

表 3-14　典型的 ARM 处理器 Cache 参数列表

处理器型号（核型号）	地址空间（地址线数）	Cache 类型	Cache 大小	Cache 标记位数	路数	组内行数（组内行索引位）	行字节数（字节索引位）	备注
S3C44b0X（ARM7TDMI）	256MB（28）	统一	4KB 或 8KB	17	4	128（7）	16（4）	LRU 替换，可配置片内 SRAM
S3C4510X（ARM7TDMI）	64MB（26）	统一	8KB	15or14	2	128or256（7or8）	16（4）	LRU 替换，可配置片内 SRAM
S3C2410X（ARM920T）	1GB（30）	分离	16KB + 16KB	13	64	8（3）	32（5）	用 CAM 确定标记位置

Cache 地址映射通常有直接映射、相联映射和组相联映射。组相联映射技术是前两种 Cache 映射方式的折中方案。ARM 处理器的 Cache 地址映射均采用组相联映射。组是行的有序集合，容量为 2 的整数次幂（记为 S）。应用组相联映射的 Cache 存储器至少有两个以上的相同容量的组。组的数量称为路（Way）数，注意，路数可以不是 2 的整数次幂。如果路数用 W 表示，则 Cache 的总容量计算公式为：Cache 存储容量 = $W * 2^{S+L}$ 字节

设 Cache 行大小为 2^L（L 个行内字节索引位），组中的行数为 2^S（S 个组内行索引位），主存地址空间为 2^K（K 根地址线），则主存地址可以划分为如下所示的三个字段结构：

	标记	组内行索引	行内字节索引
字节数	K − S − L	S	L
位域	位［K − 1:S + L］	位［S + L − 1:L］	位［L − 1:0］

图 3-26 给出了 S3C2410X 处理器的 Cache 地址映射结构示意图。该处理器的相关参数如下：ARM920T 核，哈佛结构，16KB 的指令 Cache 和数据 Cache 各一个。Cache 行长度为 32 字节（8 字，256 位），每组 4 行，64 路组相联。

在 S3C2410X 处理器的 Cache 控制器中使用了 CAM（Content Addressable Memory，内容寻址存储器）。CAM 使用一组比较器，以比较输入的标志地址和存储在每一个有效 Cache 行中的 Cache 标志。CAM 的工作方式与 RAM 相反：RAM 是得到一个内存单元地址后再给出它的数

据，而 CAM 则是在得到给定的数据值后给出该数据所在的存储单元地址。使用 CAM 可以同时比较更多的 Cache 标志，从而增加了可以包含在一个组中的 Cache 行数，也就是增加了组相联 Cache 的路数。

从图 3-26 中可以看出，每一个 Cache 行与一个 CAM 连接，由于一路 Cache 组的内部一共有 4 个 Cache 行，所以该 Cache 一共有 4 个 CAM，分别命名为 CAM0 ~ CAM3，它们分别对应于 Cache 组内的行 0 到行 3。一个 CAM 内部可以存储 64 路的行标志，工作时它接受一个行标志输入，然后进行标志匹配比较。如果能找到一个标志匹配，则 Cache 命中，CAM 输出该匹配标志的 Cache 路号，控制器将该路的数据行送往 CPU；如果找不到一个标志匹配，则 Cache 失败，输出一个 Cache 行填充操作信号，从主存中读出一个数据块，按照预定的替换算法填充到被淘汰的 Cache 行。

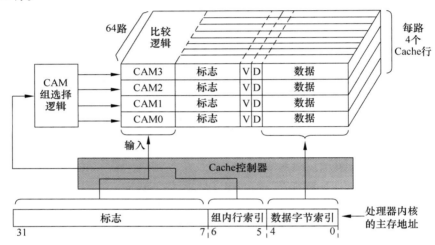

图 3-26   S3C2410X 的 Cache 地址映射

S3C2410X 主存地址的位 [4:0] 是行内的字节索引，主存地址的位 [6:5] 选择了组内的具体行号，主存的高 25 位地址（位 [31:7]）用于确定该组在哪一路。CPU 读写 Cache 时，为了确定路，将高 25 位地址输入到对应于行号的 CAM，由 CAM 决定 Cache 是否命中。

3.4.8   快速上下文切换扩展

快速上下文切换扩展（Fast Context Switch Extension，FCSE）是 ARM 存储系统的修正机构。它修改系统中不同进程的虚拟地址（Virture Address，VA），避免在进行进程间切换时造成虚拟地址到物理地址的重映射，从而提高系统的性能。

通常情况下，切换两个地址重叠的进程需要对 MMU 页表定义的虚拟地址到物理地址的映射做出修改。由于 Cache 及 TLB 中保存了旧的虚拟地址到物理地址映射关系，此时 Cache 和 TLB 中的内容失效问题比较突出。也就是说，进程切换不仅要重建 MMU 中的页表，而且要刷新 Cache 及 TLB 的内容。这些操作带来的系统开销较大，而 FCSE 技术则避免了这种开销。

FCSE 部件位于 CPU 和 MMU 之间，FCSE 将重叠的各进程虚拟空间变换成不同的虚拟空间。这样，进程间切换时就无须进行虚实地址的重映射。

在 ARM 系统中，4GB 的虚拟空间被分为 128 个进程空间块，每个进程空间块大小为 32MB。每一个进程空间块可以包含一个程序，它被编译系统安排到地址空间 0x00000000 ~ 0x01FFFFFF。这个地址范围就是 CPU 可以看到的进程虚拟空间。系统 128 个进程空间块的编

号为 0 ~ 127。于是，编号为 N 的进程空间块中的进程实际使用虚拟地址空间为：从 N*
0x02000000 单元到 N* 0x02000000 + 0x01FFFFFF 单元。

这个地址是系统中除了 CPU 之外的其他部分看到的该进程所占有的虚拟地址空间。

快速上下文切换扩展将 CPU 发出的每一个虚拟地址按照上述的规则进行变换，然后发送
到系统中的其他部分。变换过程如图 3-27 所示。

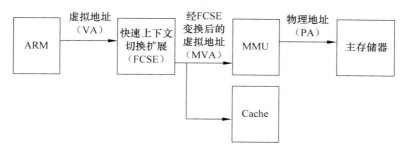

图 3-27　快速上下文切换扩展变换过程

由虚拟地址（VA）到变换后虚拟地址（MVA）的变换词句如下所示：

```
if (VA[31: 25] ==0b0000000) then    ; 如果 VA 的高七位全部为零
MVA = VA | (PID <<25)               ; 则 MVA = VA + 高七位的进程标识
else
MVA = VA                            ; 否则变换后虚拟地址与原虚拟地址相同
```

其中，PID 标识当前进程装入哪一个进程空间块，即 PID 是当前进程的进程标识符，其取
值范围为 0 ~ 127。在系统中，每一个进程都使用虚拟地址空间 0x00000000 ~ 0x01FFFFFF。当
进程访问本进程的指令和数据时，它产生的虚拟地址高 7 位为全 0。FCSE 机构用该进程的进程
标识符代替虚拟地址的高 7 位，从而得到变换后的虚拟地址（Modified Virture Address，MVA）。
这个 MVA 处于该进程中对应的进程空间块地址范围内。

这样，任务间的切换就可以不改变页表，只需将新任务的进程 ID 写到位于 CP15 的 C13 寄
存器（FCSE 进程 ID 寄存器）即可。正因为任务切换不需要改变页表，所以切换后 Cache 和
TLB 中的值依然保持有效，不需要清除。

当 VA 的高 7 位不是全 0 时，MVA = VA。这种 VA 是本进程用于访问别的进程中的数据和
指令的虚拟地址，注意这时被访问的进程标识符不能为 0。

3.4.9　写缓存区

写缓存区（write buffer）是一个容量很小的片内的先进先出（FIFO）存储器，位于处理器
核与主存之间。写缓存区的主要用途是：当 CPU 输出数据时，若总线恰好被占用而无法输出，
那么 CPU 可以把输出数据写入到写缓存区。当总线上没有比写缓存区优先级更高的掌控者时，
写缓存区可以通过总线将数据写入内存。写缓存区中的 FIFO 存储器在存储层次中与 L1 Cache
处于相同的层次。

写缓存区改善了 Cache 的性能，其效率依赖于主存写的次数与执行指令数的比例。写缓存
区中的数据没有写入主存之前，是不能被读取的。同样，被替换的 Cache 行在写缓存区中时也
不能进行读操作。因此写缓存区的 FIFO 深度通常比较小，只有几个 Cache 行的深度。

S3C44B0X 处理器由 4 个写缓存寄存器构成。每一个写缓存寄存器包括一个 32 位数据字
段、一个 28 位地址字段和一个 2 位状态字段。可以通过指令使能或者禁能写缓存区。图 3-28

给出了写缓存区的结构示意图。左边的［27:0］地址字段指示写数据的地址；右边的［31:0］数据字段值是将要被写入外部存储器的数据。MAS［1:0］ 是 Memory Access Size 信号，用于指示存储系统在读和写周期所要求的数据传送的大小（字节、半字和字）。MAS 取值为 00 表示 8位模式，取值为 01 表示 16 位模式，取值为 10 表示 32 位模式，取值为 11 表示保留值。

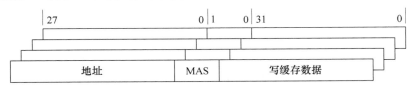

图 3-28　写缓存区结构示意图

3.5　ARM 处理器的片上总线规范 AMBA

在设计 ARM 核与处理器芯片内其他宏单元之间的数据传输通路时，ARM 公司定义了片上总线规范，名为 AMBA(Advanced Microcontroller Bus Architecture，先进微控制器总线结构)。目前常用的 AMBA 总线标准是 1999 年推出的 2.0 版。最新的 AMBA 总线标准是 2004 年推出的 3.0 版。

AMBA2.0 版规范定义了 3 种总线：

1）AHB(Advanced High-performance Bus，高性能片上总线)：该总线用于连接高性能的系统模块，支持突发数据传输方式以及单个数据传送方式，所有时序都以单一时钟的前沿为基准。

2）ASB(Advanced System Bus，片上系统总线)：该总线用于连接高性能系统模块，支持突发数据传输方式。

3）APB(Advanced Peripheral Bus，先进外围片上总线)：该总线为低性能的外围部件提供较为简单的接口，优点是最小功耗和易于使用。通常用做 SoC 的局部二级总线。

AHB 是 ASB 的升级版本，能够支持更高性能的综合及时序验证。典型的基于 AMBA 的微控制器使用 AHB + APB 组合，或者使用 ASB + APB 组合。如图 3-29 所示。

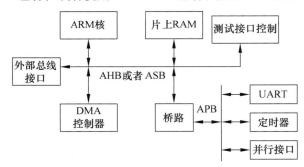

图 3-29　典型的基于 AMBA 的 SoC 芯片内部结构

3.5.1　AMBA 2.0 片上总线的特点

1. AHB 的特点

AHB 适用于高性能、高时钟频率的系统模块，它构成了高性能的系统骨干总线（backbone bus）。AHB 的主要技术特性是：多控制器、数据突发传输（burst transfer），最大为 16 字节，数据分割传输（split transaction），内部无三态实现，流水线方式，一个周期内完成总线主设备（master）对总线控制权的交接、单时钟沿操作、更宽的数据总线宽度（最低 32 位，最高可达 1024 位）。

2. ASB 的特点

ASB 是第一代 AMBA 系统总线，同 AHB 相比，它数据宽度要小一些。它支持的典型数据宽度为 8 位、16 位、32 位。ASB 的主要特征有：流水线方式传送、数据突发传送、多总线主控设备、内部有三态实现。ASB 包含一种访问保护机制，用来区别特权访问和无特权访问模式。

3. APB 的特点

APB 属于本地二级总线（local secondary bus），通过桥和 AHB/ASB 相连。它主要用于不需要高性能流水线接口或不需要高带宽接口的设备互连。APB 的总线信号经改进后全部与时钟上升沿相关，这种改进的主要优点是：更易达到高频率的操作、性能和时钟的占空比无关、无须特别考虑自动插入测试链、更易与基于周期的仿真器集成。

APB 只有一个 APB 桥，它将来自 AHB/ASB 的信号转换为合适的形式以满足连接到 APB 上的设备的要求。桥要负责锁存地址、数据以及控制信号，同时要进行二次译码以选择相应的 APB 设备。

3.5.2 AMBA 2.0 片上总线的主控单元和从动单元

在 ARM 体系结构中，主控单元和从动单元的概念来源于 AMBA 片上总线。主控单元可以向总线发出请求并且对传输进行初始化，例如对存储器进行读/写操作。典型的主控单元可以是 CPU、DSP、DMAC。从动单元是 ARM SoC 体系结构中的接收命令并做出反应的模块，典型的从动单元有片上存储器、桥接电路、外部设备或者片外存储器等。主控单元和从动单元都有自己的唯一地址。主控单元发起读写操作时，在初始化中会给出读写操作地址，而地址译码器根据这个地址决定数据传输目标是哪一个从动单元。

在任意时刻，只能有一个主控单元通过请求获得总线使用权。当多个主控单元同时向总线发出请求时，由仲裁器进行仲裁，决定当前时刻哪个主控单元使用总线。

3.5.3 AMBA 2.0 总线的时序

图 3-30 给出了 AHB 总线的简单传输时序图。从图中可以看出，一次传输包括地址传输阶段和数据传输阶段。

在图 3-30 中，HCLK 是 AHB 片上系统总线的时钟信号，它来源于 MCLK 时钟信号。其他信号都对 HCLK 的上升沿敏感。HADDR[31:0] 是 32 位系统地址总线，用来传输读写操作的地址；HWDATA[31:0] 是主控单元到从动单元的写数据线；HRDATA[31:0] 是主控单元到从动单元的读数据线；信号 HREADY 用来表明传输状态，信号为高电平时表示传输已经完成，为低电平时表示正在进行传输。

如图 3-30 所示，在 T1 的上升沿，主控单元驱动地址和控制信号，地址信号就是由主控单元发起的读写操作所对应的从动单元地址，控制信号包含读/写操作、传输数据宽度等信息。在 T2 的上升沿，从动单元获得地址和控制信息后，开始进行数据的传输。当 HREADY 为高电平时，表明整个传输已经完成。

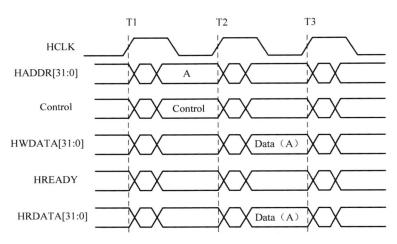

图 3-30   AMBA 的 AHB 系统总线简单传输时序图

AMBA 的 APB 总线的时序和 AHB 的时序相似，但是 AHB 中的时钟 HCLK 的频率比 APB 中的时钟 PCLK 高出很多。因此在整个 AMBA 的时序中，会出现 APB 信号和 AHB 信号的时钟等待现象。

3.5.4   AMBA 3.0——AXI 协议

AMBA 3.0 片上总线称为 AXI（Advanced eXtensible Interface，先进可扩展接口）协议。它是新的高性能片上总线，其技术特点如下：

1）与 AHB 2.0 相比，数据线宽度选择余地更大。AMBA 3.0 一共有 8 种选择，分别是 8、16、32、64、128、256、512 和 1024 位。

2）采用单向通道体系结构，信息流只以单方向传输，因而简化了时钟域间的桥接。因此，可减少芯片上的逻辑门数量。

3）具有独立的地址和数据通道。AXI 是一种多通道传输总线，将地址、读数据、写数据、握手信号在不同的通道中发送，不同的访问之间顺序可以打乱，用 BUSID 来表示各个访问的归属。由于地址和数据通道分开，并能对每一个通道进行单独优化，根据需要控制时序通道，因而能够将时钟频率提到最高，并将延时降到最低。

4）支持多项数据交换，更好地支持各种突发访问、乱序访问，使 AMBA 可以运行在更高的时钟频率下，在相同的频率下可以提供更高的数据吞吐量。AXI 允许并行执行猝发操作，从而极大地提高了数据吞吐能力。因为这样能够在更短的时间内完成数据传输，不但满足了高性能要求，还能够减少功耗。

5）AXI 技术拥有对称的主从接口，主设备在没有得到返回数据的情况下可发出多个读写操作，读回的数据顺序可以被打乱。同时，AXI 还支持非对齐数据访问。无论在点对点或在多层系统中，AXI 技术都能十分方便地得到应用。

3.6   ARM 处理器核的典型范例：ARM7TDMI

ARM7TDMI 的内部组织逻辑如图 3-31 所示。

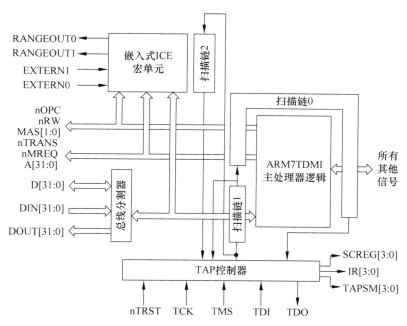

图 3-31   ARM7TDMI 处理器核方框图

ARM7TDMI 处理器核按照 0.35 微米工艺制造，其技术指标在表 3-15 中给出。

表 3-15   ARM7TDMI 的性能指标

工艺	金属层	晶体管数	核面积	时钟	Vdd	MIPS	功耗	MIPS/W
0.35μm	3	74209 个	2.1mm^2	66MHz	3.3V	60	87mW	690

标准的 ARM7TDMI 处理器核以"硬"宏单元形式存在，也就是说，它以物理版图的形式出售，客户按照适当工艺技术使用该核定制芯片。ARM7TDMI-S 是 ARM7TDMI 的一个可综合版本，它以高级语言模块的形式提供，可以使用任何目标工艺的适当的单元库来综合。因此，ARM7TDMI-S 比硬宏单元的 ARM7TDMI 更容易地转移到新的芯片制造工艺技术。

3.6.1   复位

当 nRESET 信号降为低电平时，ARM7TDMI 处理器放弃执行当前指令，并且继续从增量字地址取指令。当 nRESET 信号再次升高时，ARM7TDMI 执行以下操作：

1）将当前的 PC 值拷贝到 R14_SVC，将 CPSR 值拷贝到 SPSR_SVC。

2）强制设置 CPSR 的 M[4:0] 为 10011（管理模式），置位 CPSR 中的 I 位（禁止普通中断）和 F 位（禁止快速中断），并且清除 CPSR 的 T 位（进入 ARM 指令工作状态）。

3）强制 PC 从 0x00 地址取下一条指令。

4）从 ARM 工作状态恢复指令执行。

3.6.2   总线周期

现在以 ARM7TDMI 核的总线周期为例，介绍 ARM 处理器的总线信号和总线时序。

1. ARM 的主要总线信号

- A[31:0]（address）：32 位地址总线，地址总线的相关控制信号是 ABE、ALE 和 APE。

- ABE(address bus enable)：当它为低时禁止总线驱动，使地址总线进入高阻状态。
- ALE(address latch enable)：当该信号为低电平时，锁存地址总线以及其他信号。这个信号能使处理器向下兼容。对于新设计，如果需要重新定义地址线，则推荐使用 APE，并将 ALE 接高电平。
- APE(address pipe line enable)：APE 为高电平时选择地址总线、LOCK、MAS[1:0]、nRW、nOPC 和 nTRANS 信号操作在流水线方式；当 APE 为低电平时，这些信号工作在非流水线方式。
- MCLK(memory clock input)：MCLK 是 ARM7TDMI 的主时钟信号，用于所有存储器访问和处理器操作。它由两个阶段构成，第 1 阶段是低电平，第 2 阶段是高电平。
- nWAIT(not wait)：当它为低电平时，处理器将其读写时间延长几个 MCLK 周期，这对访问低速存储器或外围设备有用。在内部，nWAIT 与 MCLK 进行逻辑"与"，仅在 MCLK 为低时改变信号值。
- ECLK(external clock output)：在正常操作中，它只是可选用 nWAIT 延展的 MCLK，从内核输出。当内核正在被调试时，内核强制使用调试时钟（Debug Clock，DCLK）直至调试结束。DCLK 由 JTAG 的时钟信号 TCK 内部产生。
- nRESET(not reset)：用于从已知的地址启动处理器。该信号为低电平将造成正在执行的指令非正常中止，这个信号保持为低电平的状态必须至少持续 2 个时钟周期，同时 nWAIT 保持为高。
- nMREQ(not memory request)：请求存储器访问信号，低电平有效。
- SEQ(quential address)：顺序地址信号，当下一个存储器周期的地址与上一次存储器访问的地址紧密相关时，SEQ 为高。与低位地址线配合，它就能指示下一个周期可以使用快速存储器模式（例如 DRAM 页模式），或用于旁路地址转换系统。
- nOPC(not op-code fetch)：它为低电平时表明处理器正在从存储器取指令。
- D[31:0](data bus)：用于处理器与外部存储器之间的数据传送。在读周期，输入数据必须在 MCLK 的下降沿有效。在写周期，在 MCLK 的下降沿之前输出数据保持有效。

2. 典型的存储周期

ARM7TDMI 的一个存储周期如图 3-32 所示。

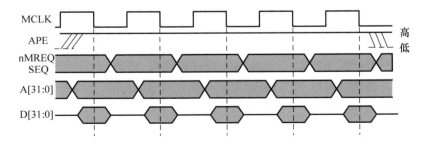

图 3-32　ARM7TDMI 处理器的简单存储周期

3. 总线周期类型

ARM7TDMI 的总线接口可以完成 4 种不同类型的总线周期，参见表 3-16。

表 3-16   ARM7TDMI 的总线周期类型一览表

nMREQ	SEQ	总线周期类型	说明
0	0	N 周期	非顺序周期
0	1	S 周期	顺序周期
1	0	I 周期	内部周期
1	1	C 周期	协处理器寄存器传送周期

（1）非顺序周期

非顺序周期是最简单的总线周期，在处理器向或从某一地址传送请求时出现。这个地址与前一周期使用的地址无关。存储控制器必须启动存储器访问来满足这个请求。如图 3-33 所示，其中的粗线条表示决定总线周期的采样信号值。

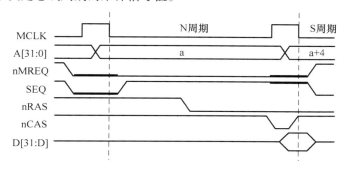

图 3-33   ARM7TDMI 处理器的非顺序访问周期

（2）顺序周期

顺序周期用于实现总线上的突发传送，优化存储控制器与突发存储器件（如 DRAM）接口的设计。在顺序周期期间，ARM7TDMI 请求存储器定位，这可作为顺序突发的一部分。突发传送的第一个周期，地址可与前一个内部周期相同。其他情况下地址是前一个周期的地址增加一个量。也就是说，对于字访问的突发，地址增加 4 字节；对于半字访问的突发，地址增加 2 字节；不会有字节访问的突发。顺序周期的简单说明如图 3-34 所示。

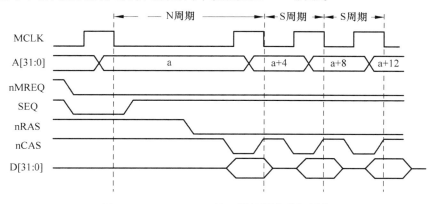

图 3-34   ARM7TDMI 处理器的顺序访问周期

（3）内部周期

不需要数据传送，此时正在执行内部功能，不能同时执行有用的预取。

（4）协处理器寄存器传送周期

使用数据总线与协处理器进行通信，但不需要存储系统执行任何动作。

3.6.3 ARM7TDMI 处理器的总线优先级

S3C44B0X 是典型的 ARM7TDMI 处理器，它的总线优先级管理具有代表性。S3C44B0X 有 7 个总线主控单元，复位之后它们的优先级如下：

1）DRAM 刷新控制器

2）LCD_DMA

3）ZDMA0 或者 ZDMA1

4）BDMA0 或者 BDMA1

5）外部总线主控制器

6）写缓存区

7）Cache 和 CPU

通过对 S3C44B0X 的 SBUSCON 寄存器编程可以改变 ZDMA、BDMA、LCD_DMA 和一个外部总线主控器（External bus master）的总线优先级。CPU 的 Cache 和写缓存总是拥有最低级别的优先级，它们与 SBUSCON 寄存器无关。编程还可以选择总线主控器的轮转优先级或者固定优先级。在轮转优先级方式下，刚刚服务完毕的主控器降为最低优先级，这样所有的总线主控器具有同等优先级。

3.7 ARM 的异常中断处理

在 ARM 处理器中，若发生异常，那么系统完成当前指令后便跳转到相应的异常中断处理程序入口执行异常中断处理。异常处理完毕后返回原来的程序断点继续执行原来的程序。

ARM 异常按照起因的不同可分为 3 类：

1）指令执行引起的直接异常：软件中断、未定义指令和预取指令中止属于这一类异常。

2）指令执行引起的间接异常：数据中止（在读取和存储数据时的存储器故障）属于这一类异常。

3）外部产生的与指令流无关的异常：复位、IRQ 和 FIQ 属于这一类异常。

3.7.1 ARM 的异常中断响应过程

当发生异常时，ARM 处理器对异常中断的响应过程如下：

1）将 CPSR 的内容保存到将要执行的异常中断模式的 SPSR 中。例如，如果异常类型是 FIQ，则 SPSR_FIQ = CPSR。

2）设置当前程序状态寄存器 CPSR 中的模式字段位。

3）将异常发生时程序的下一条指令地址保存到新的异常模式的 R14（也就是 LR）寄存器。

注意，异常发生时程序的下一条指令地址就是断点地址，其地址值应该是 PC + 4。这个值将被保存到 LR 寄存器中。由于异常类型有好几种，有的异常发生时 PC 已经被更新；另一部分异常发生时 PC 没有被更新，因此根据异常中断的类型不同，LR 寄存器的值会有一条指令（4 字节）地址的差异。参见表 3-17。

表 3-17   ARM 处理器进入与退出异常处理时的地址计算

一级中断向量号	异常类型	异常类型	PC 是否已被更新	LR 寄存器值	返回地址	返回时 LR 值传送到 PC 前调整
1	复位	SVC	清零	清零	不返回	
2	未定义指令	UND	未更新	X + 4	X + 4	不需要
3	软件中断 SWI	SVC	未更新	X + 4	X + 4	不需要
4	指令预取中止	ABT	未更新	X + 4	X	LR − 4
5	数据访问中止	ABT	已经更新	X + 8	X	LR − 8
6	保留					
7	外部中断请求	IRQ	已经更新	X + 8	X + 4	LR − 4
8	快速中断请求	FIQ	已经更新	X + 8	X + 4	LR − 4

注:(1)按照三级流水线考虑地址计算;(2)设异常发生的地址值为 X。

4)强制对程序计数器赋值,使程序从异常所对应的向量地址开始执行 ISR。

ARM 处理器对异常的响应过程可用伪代码描述如下:

```
R14_<exception_mode>=return link
SPSR_<exception_mode>=CPSR
CPSR[4:0]=exception mode number
CPSR[5]=0   /* 当运行于 ARM 状态时 */
if  <exception_mode>==Reset or FIQ then
CPSR[6]=1   /* 禁止新的 FIQ 中断 */
CPSR[7]=1   /* 禁止新的 IRQ 中断 */
PC=exception vector address
```

下面给出了响应复位异常和软件中断(SWI)异常的 ARM 处理器示例执行伪码。

示例代码 1   响应复位(Reset)异常中断的伪码

```
R14_SVC = 不可预料值
SPSR_SVC = 不可预料值
CPSR[4:0]=0b10011        // 进入 SVC 模式
CPSR[5]=0               // 切换到 ARM 状态时
CPSR[6]=1               // 禁止 FIQ 中断
CPSR[7]=1               // 禁止 IRQ 中断
If high vectors configuration Then
     PC    =0xFFFF0000
Else
     PC    =0x00000000
```

示例代码 2   响应 SWI 异常中断的伪码

```
R14_SVC = SWI 的下一条指令的地址
SPSR_SVC = CPSR
CPSR[4:0]=0b10011        // 进入 SVC 模式
CPSR[5]=0               // 切换到 ARM 状态时
CPSR[6]=CPSR[6]         // 不变
CPSR[7]=1               // 禁止 IRQ 中断
If high vectors configuration Then
     PC    =0xFFFF0008
Else
     PC    =0x00000008
```

3.7.2 从异常中断处理程序返回

从异常中断处理程序返回时，需要执行以下 4 个基本操作：

1）所有修改过的用户寄存器必须从处理程序的保护栈中恢复（出栈）。

2）恢复被中断程序在被中断时刻的 CPSR 寄存器（当时的执行现场），实质上就是将 SPSR_mode 寄存器内容恢复到 CPSR。

3）返回到发生异常中断的指令位置（该指令没有执行完毕）或者异常中断的下一条指令处执行，为了做到这一点，需要将 LR_mode 寄存器的内容经过某种减法计算后复制到程序计数器 PC 中。

4）清除 CPSR 中的中断禁止标志位（I 标志和 T 标志）。

由于整个应用系统是从 Reset 异常中断处理程序开始执行的，因此 Reset 异常中断处理不需要返回。值得程序员注意的是，当非 Reset 异常中断发生时，程序计数器 PC 所指的位置对于各种不同的异常中断是不一样的，因此返回地址对于各种不同的异常中断也是不同的。

下面详细介绍三种异常中断处理程序的返回方法。

1. SWI 和未定义指令异常中断处理程序的返回

SWI 和未定义指令异常中断是由当前执行的指令自身产生的，当 SWI 和未定义指令异常中断产生时，程序计数器 PC 的值还未更新，它指向当前指令后面第 2 条指令。因此处理器将程序计数器的计算值（PC - 4）保存到异常模式 LR_SVC 或者 LR_UND 寄存器中。也就是说，LR_SVC 或者 LR_UND 寄存器中保存的主程序断点值是指向当前指令的下一条指令地址。因此，SWI 和 UND 异常处理的返回操作可以通过下面的指令来实现：

```
MOV  PC, LR
```

该指令将寄存器 LR 中的值复制到程序计数器 PC 中，实现程序返回，同时将 SPSR_ SVC 或者 SPSR_ UND 寄存器的内容复制到 CPSR 中。

当异常中断处理程序中使用了数据栈时，可以通过下面的指令在进入异常中断处理程序时保存被中断程序的执行现场，在退出异常中断处理程序时恢复被中断程序的执行现场。异常中断处理程序中使用的数据栈由程序员编程得到。参看示例代码 3。

示例代码 3   使用数据栈情况下的 SWI 和 UND 异常返回

```
STMFD SP!, {Reglist, LR}
; …
LDMFD SP!, {Reglist, PC}^
;在上述指令中,标识符^指示将 SPSR_SVC 或者 SPSR_UND 寄存器
;的内容复制到 CPSR。该指令只能在特权模式下应用。
```

2. IRQ、FIQ 和 ABT（指令预取）异常中断处理程序的返回

发生 IRQ 或者 FIQ 异常中断时，指令已经执行完毕，PC 指向当前指令后面的第 3 条指令。此时，处理器将程序计数器的计算值（PC - 4）保存到 LR_IRQ 或者 LR_FIQ 寄存器中。这时 LR_IRQ 或者 LR_FIQ 寄存器的值指向当前指令后的第 2 条指令。参见图 3-35。

在指令预取时，如果目标地址是非法的，则该指令将被标记成有问题的指令，处理器产生指令预取 ABT 异常。此刻 PC 的值还没有更新，它指向当前指令后的第 2 条指令。指令预取 ABT 异常中断发生时，处理器将程序计数器的计算值（PC - 4）保存到异常模式 LR_ABT。这

时 LR_ABT 寄存器的值指向当前指令后的第 1 条指令。

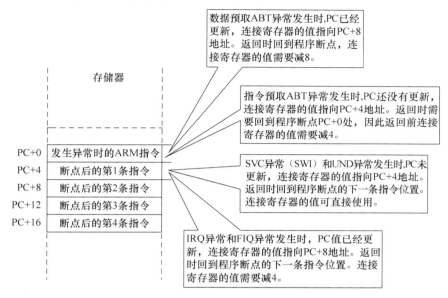

图 3-35　六种异常中断中的四种异常中断返回方式图解

当 IRQ、FIQ 和 ABT（指令预取）异常中断处理程序退出时，在前两种情况下应该执行断点的下一条指令，在最后一种情况下程序应该返回到有问题的指令处（即断点指令），重新读取并执行。无论上述三种情况的哪一种，返回操作都应该通过 SUBS PC, LR, #4 指令实现。该指令将寄存器 LR 中的值复制到程序计数器 PC 中，实现程序返回，同时将 SPSR_SVC 或者 SPSR_UND 寄存器的内容复制到 CPSR 中。

如果进入上述三种异常中断处理子程序时使用了数据栈保存执行现场，则退出异常中断处理程序时可以按照下面的指令序列恢复被中断程序的执行现场。参看例 3-4 和例 3-5。

【例 3-4】IRQ、FIQ 和取指 ABT 异常返回。

```
SUBS LR, LR, #4
STMFD SP!, {Reglist, LR}
; …
LDMFD SP!, {Reglist, PC}^
```

【例 3-5】数据访问 ABT 异常返回。

```
SUBS LR, LR, #8
STMFD SP!, {Reglist, LR}
; …
LDMFD SP!, {Reglist, PC}^
```

注：上述指令中，标识符^指示将 SPSR_<mode> 寄存器的内容复制到 CPSR。该指令只能在特权模式下应用。

3. ABT（数据访问中止）异常中断处理程序的返回

数据访问 ABT 异常是由数据访问指令产生的。当此种情况发生时，PC 值已经被更新，指向当前指令后面的第 3 条指令。因此数据访问 ABT 异常中断发生时，处理器将程序计数器的计算值（PC − 4）保存到 LR_ABT 寄存器中。也就是说，LR_ABT 寄存器的值指向当前指令后的第 2 条指令。

数据访问 ABT 异常处理完毕时，程序要返回到该有问题的数据单元，重访该数据。因此，返回操作应该通过 SUBS PC，LR，#8 指令来实现。该指令将连接寄存器 LR 中的值减 8 后复制到程序计数器 PC 中，实现程序返回，同时将 SPSR_ABT 寄存器的内容复制到 CPSR 中。

如果使用了数据栈保存执行现场，则退出异常中断处理程序时可以按照示例代码 5 的指令序列恢复被中断程序的执行现场。

4. 小结

上面我们对六种异常中断返回方式进行了详细介绍，根据连接寄存器的值和返回地址可分为三种返回类型，每一种返回类型又有寄存器传送和栈传送两种返回地址复原方法。图 3-35 给出了这六种异常中断的三种返回方式的说明。

3.8 本章小结

本章首先讲解了 ARM 处理器的体系结构版本、处理器核型号以及两者之间的关系，还介绍了 ARM 处理器核型号的命名规则和体系结构版本，以及近年来新型的 ARM Cortex 内核系列。详细描述了 ARM 处理器的三种应用类型，即微控制器、实时处理和应用处理。这些是开发基于 ARM 硬件平台嵌入式系统的必备知识。

随后讲解的 ARM 处理器结构、ARM 存储器和 AMBA 总线三节内容向读者揭示了 ARM 处理器的基本核心架构。ARM7TDMI 是一个经典的低功耗高性能 ARM 内核，可以认为是所有目前在用的 ARM 处理器的前驱内核。通过介绍 ARM7TDMI 核的总线周期和总线优先级，为读者理解 ARM 处理器核的基本运行机制提供了帮助。

本章重点介绍了三个 ARM Cortex 处理器核，它们分别是 Cortex-M3、Cortex-A8 和 Cortex-A9。基于这三款 ARM 内核开发的处理器芯片比较多，了解这三个内核的基本技术特征有助于理解近六年以来许多 ARM 嵌入式产品的硬件系统特征。

本章最后详细解释了传统 ARM 处理器的异常中断响应、处理和返回，这些知识都是开发基于 ARM 处理器的嵌入式底层软件所必不可少的。

3.9 习题和思考题

3-1   ARM 处理器核型号与体系结构版本的关系如何？

3-2   与其他处理器中的移位器设计相比较，ARM 处理器的桶形移位器有什么特点？

3-3   ARM 指令集程序与 Thumb 指令集程序如何相互跳转？请写出示例代码。

3-4   当 ARM 处理器从用户（USR）模式切换到快速中断（FIQ）模式时，编写汇编级 FIQ 中断服务例程的程序员可以使用的 ARM 寄存器有哪几个？

3-5   什么是 ARM 影子寄存器？请举出两个应用场景的例子加以说明。

3-6   ARM7TDMI 的主要时钟信号有哪些？最主要的时钟信号是什么？

第4章 嵌入式系统调试技术

本章主要涉及研发阶段对嵌入式软件调试和测试的相关技术，包括嵌入式系统的硬件调试结构和调试技术（硬件调试和软件调试），以及指令集模拟器。本章对基于 ARM 体系结构的嵌入式系统调试方法做了重点介绍，涉及 Angel 调试方案和半主机方式。

4.1 嵌入式硬件调试结构和调试技术

在对嵌入式系统执行调试作业时，我们称嵌入式系统处理器所在的电路主板为目标机（Target，也称为目标板或开发板），而称调试工具（调试器）所在的计算机为宿主机（Host，也称主机）。如果目标机的处理器体系结构与主机相同，并且调试工具可以在目标机上运行，那么主机与目标机就不再区分，两者合二为一。这种调试结构称为**本地调试**（Local Debugging）。例如：对基于凌动（IA32 架构）处理器的一块嵌入式工控主板进行软件调试时，主机和目标机都是同一块工控主板，这种调试结构即本地调试。

多数情况下主机与目标机的处理器体系结构不同，即 CPU 架构不同。它们分别是两个独立的计算机实体，调试器运行在主机上，被调试程序运行在目标机上，需要通过数据通信线路连接起来，执行调试操作。这种调试架构称为**远程调试**（Remote Debugging）或者**交叉调试**（Cross Debugging）。图 4-1 给出了这两种不同类型调试架构下硬件结构的概念级视图。

在目前主流的嵌入式电路板中，凡是采用凌动（IA32 或者 x86）架构处理器的，在调试阶段都要采用如图 4-1a 所示的调试结构，即当主机与目标机的处理器体系结构相同时采用的本地调试结构。此外，凡是采用 ARM、MIPS、VAR 和 PowerPC 等非 Intel 架构处理器的，在调试阶段都要采用如图 4-1b 所示的调试结构，即当主机与目标机的处理器体系结构相互独立时采用的远程调试结构。

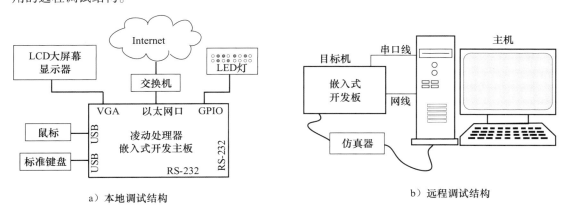

a）本地调试结构　　　　　　　　　　　　　b）远程调试结构

图 4-1　嵌入式系统调试结构的概念级视图

嵌入式系统开发中的软件调试或测试所使用的调试结构主要就是图 4-1 给出的这两种调试结构。一旦调试或测试作业完毕后，后继的工作包括：保存被调试程序，编写软件开发文档；给出开发板硬件的裁剪方案，设计标准的成品电路板；研发单位批量制造成品板，将经过调试的合格映像软件下载安装到成品板上，装配嵌入式产品，进行系统测试。

4.1.1　与通用计算机调试结构的比较

在大多数场合，PC、工作站、大型计算机等通用计算机系统的调试结构均为本地调试。调试通用计算机上的程序时，调试器的运行与被调试程序的运行都在同一台计算机上。调试器运行之前可以配置为插桩方式或者 JTAG 方式工作模式，之后打开和启动被调试程序的映像文件，完成程序员发出的调试指令。例如，单步执行机器指令，设置断点，在断点处观察变量值、寄存器值、指定内存地址值、任务状态、信号量或消息队列等信息。

相比之下，基于 ARM、MIPS、VAR、PowerPC 等处理器的嵌入式系统的调试机制明显不同。因为这些嵌入式计算机的运算能力、存储能力和显示能力相对较弱、数据吞吐量较小，作为目标计算机很难在它（集成开发环境）上面同时运行被调试程序和调试工具。因此，一般的嵌入式调试方法只能将调试工具安装在主机上，通过数据通信向目标机发出指令，控制目标机的运行，并且从目标板上获得运行参数，再在主机上进行观察。运行在主机上的调试工具不仅能够观察到程序的运行参数（寄存器值和存储单元值），而且能够做断点设置/取消，单步跟踪，临时修改变量数值，进行各种运行资源（符号表、变量取值、信号量、中断级别等）的检查和调试。

4.1.2　调试信道

如果在嵌入式系统开发过程中，宿主机和目标机具有不同的计算机体系结构，就需要有通信转换器对调试信息进行转换。一般称仿真器以及连接在宿主机和目标机之间的信号线为**调试信道**。

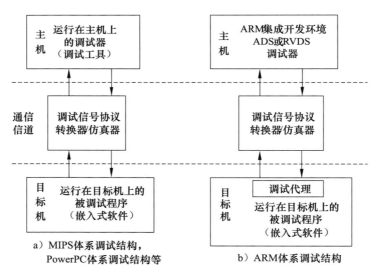

图 4-2　主机和目标机之间的调试信道

图 4-2 给出了基于 MIPS、PowerPC 等体系的嵌入式系统调试信道和基于 ARM 体系的嵌入式调试信道，从图中可以直观地观察到，调试信道位于主机和目标机之间。此外，我们在图 4-2 中使用了 ARM 体系调试结构这个术语，它特指 ARM 体系结构处理器的目标电路板的调试结构。这种表达方式也可以用在其他体系结构处理器的调试结构上。

4.1.3 ROM 仿真器

当嵌入式系统的程序存储器为 ROM 时，如果调试时需要修改代码、设置断点及更新程序代码，就需要进行离线编程。因此离线编程器和擦除器（如果使用 EPROM）必不可少。离线编程是一个费时间的工作，用 RAM 替代 ROM 可以解决这个问题。这种用 RAM 以及附加电路制成的替代工具称为 ROM 仿真器。在 MCS-51 单片机开发过程中经常使用这种调试工具。

一般来讲，一个特定的 ROM 仿真器可支持 2 ~ 3 倍的 ROM 空间和配置。它可以为程序开发（编辑、编程、下载、调试）过程节省时间。在更新 ROM 中的程序时，一般是取下旧的 EPROM（或 Flash），将其用紫外线照射擦除后放到 EPROM 编程器中，写入新的程序，然后再插回到目标系统，这样 EPROM 很快就会老化。若使用 ROM 仿真器，可将生成程序用 ROM 仿真器下载到目标系统，运行它，并根据程序运行好坏修改主机上的程序，然后再下载。

4.1.4 实时在线仿真

实时在线仿真（In-Circuit Emulation，ICE）是目前较为有效的调试嵌入式系统的手段。通过 ICE 的实际执行，开发者可以对应用程序进行原理性检验，排除人们难以发现的隐藏在设计方案中的逻辑错误。ICE 的另外一个主要功能是在应用系统中对微控制器的实际执行进行仿真，发现和排除由于硬件干扰等引起的异常执行行为。

实时在线仿真系统的硬件主体是在线仿真器（In-Circuit Emulator，ICE，常称为 ICE 仿真器）。它具有与所要开发的嵌入式应用系统相同的嵌入式处理器。当使用 ICE 进行调试时，用在线仿真器取代被测试应用系统的处理器，即应用系统与 ICE 共用一个处理器。这样，当我们在开发系统上通过仿真器调试嵌入式系统时，如同在使用原先的处理器一样，感觉不出来这种替代。除了替换应用系统的 CPU 之外，还可以替换它的存储器。

此外，高级实时在线仿真系统带有完善的跟踪功能，可以以一种录像的方式连续记录被测试应用系统对变化参数输入的反应，以便进行优化分析。

在 8 位单片机调试过程中，可以用这种 ICE 仿真器完全取代目标板上的 MCU。因此，目标系统对开发者来说完全是透明的、可控的。ICE 仿真器通过仿真头连接到目标板，通过串口、网口或 USB 口与主机连接。由于仿真器自成体系，调试时可以连接目标板，也可以不连接目标板。值得注意的是，对 16 位或 32 位嵌入式系统的调试，还没有能够完全取代目标板的 ICE 仿真器。

实时在线仿真的优点是功能强大，软硬件均可以做到完全实时在线调试，但缺点是价格昂贵。

4.2 指令集模拟器

指令集模拟器（Instruction Set Simulator，ISS）是用来在一台计算机上模拟另一台计算机上目标程序（机器指令）运行过程的软件工具，有时也叫做软仿真器。指令集模拟器有大约有半个多世纪的历史了，它不仅在通用计算机上有许多用途，而且对于嵌入式开发具有更加重要的意义，是嵌入式系统开发不可或缺的工具。

指令集模拟器是一个纯软件系统，在内部有一个反映目标处理器硬件的数据结构。它以时序状态机的方式工作，可以根据目标机指令集定义执行目标指令。按照实现方法的不同，指令集模拟器分为解释型和编译型两种。

指令集模拟器的操作界面与集成开发环境类似。运行时，它接受目标代码的机器指令输入，模仿目标机的取指、译码和执行操作，并且将中间执行结果或者最终执行结果存入目标机映像数据结构中。调试人员可以在指令集模拟器界面的控制下，通过观察目标机映像寄存器或者映像存储器的单元了解目标代码的执行结果。

指令集模拟器主要用在以下几种场合：①没有目标机开发板。②有目标机开发板，但使用目标机开发板成本较高。③被调试的程序模块不需要在实际开发板上执行，例如在学习 ARM 汇编语言程序时。④对模块代码先行调试，以加快调试速度，在指令集模拟器调试结束之后，再连接开发板进行系统调试。

对于 ARM 体系结构计算机，目前有两种比较著名的指令集模拟器：ARMulator 和 SkyEye。此外国内还有一些研究之中没有进入市场的 ARM 指令集模拟器。

4.2.1 ARMulator

ARMulator 是 ARM 公司推出的 ARM 处理器的指令集模拟器，它作为一个插件集成在 SDT 2.51、ADS 1.2 和 RVDS 2.2 集成开发环境的调试器（如 AXD）中。在这三种集成开发环境中，程序员不需要 ARM 开发板就可以编译、调试和测评 ARM 代码。ARMulator 不仅可以仿真 ARM 处理器的体系结构和指令集，还可以仿真存储器和处理器外围设备，例如中断控制器和定时器等。ARMulator 由四个部分组成：处理器核模型、存储器接口、处理器接口、操作系统接口。

指令集模拟器的模拟精度有三个级别：指令级、周期级和时序（节拍）级。ARMulator 完全实现了指令级和周期级模拟精度，但是没有完全实现时序级精度。

4.2.2 SkyEye

SkyEye（中文名字是"天目"）是一个国内开放源码的自由软件项目，是一个 ARM 体系结构的嵌入式仿真和集成开发环境。它可以运行在 Linux 平台和 Windows 的 Cygwin 环境下，仿真的 CPU 包括不带 MMU（Memory Management Unit，内存管理单元）的 Atmel 91X40 和带 MMU 的 ARM720T 等，它们都是基于 ARM7TDMI 的内核。同时，SkyEye 也模拟了其他一些硬件外设，如串口、网络芯片、内存、时钟等。在 SkyEye 上可以运行多种操作系统，如 μC/OS- Ⅱ，uCLinux 和 ARM Linux 等。SkyEye 的网络仿真功能还支持 Lwip on μC/OS- Ⅱ（一个著名的嵌入式 TCP/IP 协议栈实现）和 TCP/IP on Linux 等网络协议栈。

SkyEye 与 GDB 能够无缝结合，开发者可以方便地使用 GDB 提供的各种调试手段对 SkyEye 仿真系统上的软件进行源代码级的调试。SkyEye 由四个部分组成：用户接口模块、符号处理模块、目标控制模块、目标仿真模块。ARM 指令集模拟器 ARMulator 与 SkyEye 的简单比较如表4-1所示。从表中可以看出，可扩展性强是 SkyEye 的最大优势。

表 4-1　ARM 指令集模拟器 ARMulator 与 SkyEye 的比较

指标	ARMulator	SkyEye
运行平台	Windows、Linux	Windows 的 Cygwin、Linux
调试工具	基于 AXD 调试器	基于 GDB
开发程度	接口开放	源码开放
运行界面	支持图形用户界面	以命令行为主
操作系统支持	μC/OS- Ⅱ	μC/OS- Ⅱ、μCLinux、ARM Linux
处理器仿真	ARM 全系列	ARM7TDMI、ARM720T
MMU 支持	支持	支持

（续）

指标	ARMulator	SkyEye
网络芯片支持	不支持	支持
网络协议栈	无	支持 Lwip、TCP/IP
外设仿真	中断控制器、定时器看门狗等	中断控制器、定时器、UART
安装使用	非常容易	比较困难
可扩展性	一般	较强

4.3　片上调试技术

片上调试技术（On-Chip Debugging，OCD）是嵌入式系统调试技术中运用得最广泛的一种。片上调试需要在 CPU 的内部嵌入额外的控制模块，即片上调试器，使得 CPU 的工作模式分为正常模式和调试模式。当处于调试模式下时，CPU 不再从内存中读取指令，而是通过调试端口读取指令。同时宿主机的调试工具可以通过调试端口访问 CPU 的寄存器或者存储器等各种资源，并且执行指令。显然，片上调试技术要求主机和目标机之间具有协议转换器，参见图 4-2。

片上调试器是指集成在处理器芯片或者 FPGA 芯片内的调试器（模块）。在具有完善流水线、高速缓存及 MMU 的复杂芯片中，片上调试器可以报告被测试电路的工作状态。

目前常用的片上调试技术主要有三种：背景调试模式（Background Debug Mode，BDM）、JTAG（IEEE 1149.1）以及 Nexus（IEEE-5001 ISTO）。本章将分别加以介绍。

4.3.1　背景调试模式

背景调试模式是对基于 Motorola 公司专用片上调试器的调试方法的称呼。Motorola 公司是第一个把片上调试器集成在处理器内核中的嵌入式微处理器厂商。BDM 首先在 68300 系列处理器上实现，现在也在其他微控制器上得到应用，包括：Motorola/Freescale 的 MC9S08、MC68HC12 等。

BDM 与 ICE 有所不同。使用传统 ICE 调试时，使用 ICE 中的 CPU 来取代目标板中的 CPU，目标板和 ICE 之间使用多芯扁平电缆连接。而 ICE 在使用时一般还需要与主机（一般是 PC）连接。在 BDM 调试方式下，处理器被停机，各种调试命令可以被发送到处理器中访问内存和寄存器。因此，满足 BDM 调试的微处理器内部已经包含了用于调试的微码，调试时仿真器软件和目标板上 CPU 的调试微码通信，目标板上的 CPU 无须取出。

BDM 调试方式为开发人员提供了底层的调试手段。开发人员进行 BDM 调试时，可以通过它初次向目标板下载程序，同时也可以通过 BDM 调试器对目标板 MCU 的 Flash 进行写入、擦除等操作。用户还可进行应用程序的下载和在线更新、在线动态调试和编程、读取 CPU 各个寄存器的内容、单片机内部资源的配置与修复、程序的加密处理等操作。而这些仅需要向 CPU 发送几个简单的指令就可以实现，从而使调试软件的编写变得非常简单。

图 4-3 给出了 BDM 调试时 PC 与目标机的连接方法。能够进行 BDM 调试的开发板一定安装有 Motorola 公司标准的 6 针 BDM 测试插座。BDM 调试器与开发板之间通过 6 针插头 BDM 电缆相连。BDM 调试器与主机之间的通信通过三线串行双工通道（见图 4-3a），或者 USB 信号线（见图 4-3b）进行。

BDM 调试方法的优点是成本低、设计工具简化、连接简单、与目标系统一起运行，且与微处理器变化无关。缺点是多数只提供运行控制，特性受限于芯片厂商、速度慢，不能访问其他总线、不支持覆盖内存。

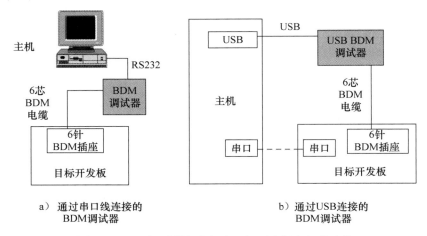

a）通过串口线连接的
BDM调试器

b）通过USB连接的
BDM调试器

图 4-3　BDM 调试器与主机和目标开发板之间的连接

4.3.2　边界扫描测试技术和 JTAG 接口

边界扫描测试技术和 JTAG 接口是嵌入式系统的特有技术，主要用于在研制集成电路时测试内部电路和开发嵌入式软件时的程序调试。

1. 什么是 JTAG

JTAG 是 Joint Test Action Group（联合测试行动组）的缩写，它的真实含义是"边界扫描测试接口标准"。联合测试行动组是 IEEE 的一个下属组织，该组织研究标准测试访问接口和边界扫描结构（Standard Test Access Port and Boundary-Scan Architecture）。JTAG 的研究成果被接纳为 IEEE1149.1-1990 规范，成为电子行业的一种国际测试标准。现在，人们通常用 JTAG 来表示 IEEE1149.1-1990 规范，或者满足 IEEE1149 规范的接口或者测试方法。

JTAG 是一种在线调试接口，即 OCD 接口。JTAG 的建立使得集成电路固定在印制电路板（PCB）上，只通过边界扫描便可以被测试。JTAG 是面向用户的测试接口，也是 ARM 系列处理器和其他嵌入式处理器的测试技术的基础。

在 ARM 嵌入式系统开发过程中，软件人员能够利用主机上的集成开发环境，通过 JTAG 协议转换器和 JTAG 接口，直接控制 ARM 处理器的内部总线、I/O 口等信息，从而达到调试的目的。

2. JTAG 的工作原理

按照传统方法，PCB 是在配备有密集接触点阵列（称为"探头阵列"）的机器上进行测试的，这些接触点连接到 PCB 上的每个结点。结点是 PCB 各个部件共享的相互连接处。比如，一个 UART 的输出可能连接到 PCB 上其他几个部件的输入。从电路角度看，这个输入输出结合部件在逻辑上可以抽象成为 PCB 的一个结点。将电路板测试仪的一个探头连接到这个结点上，就能确定该点的运行状态是否正常。如果不能正确运行，测试仪还能查明这个结点出了什么问题。传统调试工具及方法过分依赖芯片引脚接线，信号采集困难，因此具有不能在高速运行下正常工作、占用系统资源、不能实时跟踪程序断点、价格过于昂贵等弊端。

JTAG 是对印刷电路板测试仪的重大改进。它将 PCB 上所有的结点连接到一个很长的移位寄存器的二进制位上进行测试。每个二进制位表示电路中的一个结点。实际的 JTAG 串行数据流可能长达几百位。如图 4-4a 所示。

3. JTAG 的接口信号

如图 4-4a 所示，JTAG 接口的对外信号主要有 5 个，它们是：

- TMS：测试模式选择（Test Mode Select），通过该信号控制 JTAG 状态机的状态。
- TCK：JTAG 时钟信号。
- TDI：数据输入信号。
- TDO：数据输出信号。
- nTRST：JTAG 复位信号，复位 JTAG 的状态机和内部的宏单元（Macrocell）。

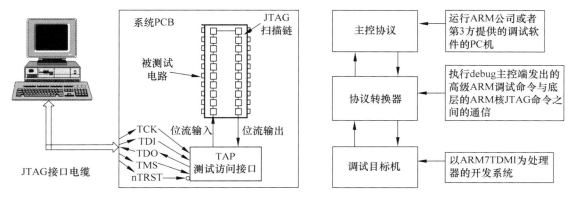

a）主机与开发系统的JTAG连线　　　　　　　b）ARM的JTAG协议转换器

图 4-4　ARM 处理器的 JTAG 调试结构

通常，人们把一条由测试点引脚移位寄存器构成的串行电路称为一条 JTAG 扫描链。该扫描链中的一个结点称为扫描单元。扫描单元可以配置成获取外部信号的输入单元或者向外提供引脚信号的输出单元。移位寄存器根据 JTAG 控制指令进行工作，通过 JTAG 的 TDI 和 TDO 信号线，将输入数据加载到扫描单元或者读出每一个单元的数据。扫描单元的内部结构可参见图 4-5。注意，图中的 G1 是两路选择开关。

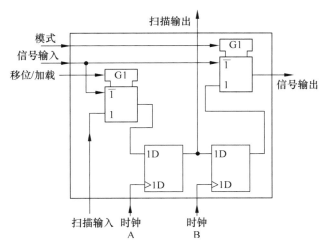

图 4-5　基本 JTAG 扫描单元内部结构示意

为使 JTAG 接口能正常工作，被使用的集成电路器件必须符合 JTAG 标准。在芯片正常工作情况下，JTAG 扫描链是透明的和停止运行的，允许信号正常通过。当有测试需求时，主机通过 JTAG 协议转换器向 JTAG 接口发出控制指令，此后被测试电路的每个引脚状态都被 JTAG 扫描单元采样。以 ARM 处理器的 JTAG 协议转换器为例，有关 JTAG 协议转换器的连接位置可以参见图 4-4b。

经过同扫描单元数相等的时钟脉冲之后，整个扫描链的采样数据被输出到电路板，再经过协议转换器送往调试主机。此时，获得的测试数据以可视化形式出现在嵌入式集成开发环境的调试窗口界面。实际上，为了存储硬件断点和软件断点信息，并增强片内调试功能，符合 JTAG 标准的半导体芯片中往往存在多根扫描链，例如，ARM 公司出产的 ARM7TDMI 处理器核的内部就包含了多根 JTAG 扫描链，参见图 4-6。

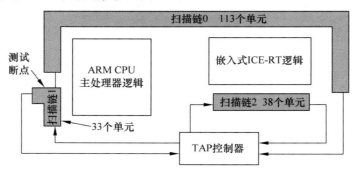

图 4-6   ARM7TDMI 核的 JTAG 扫描链

JTAG 的串行循环移位可以输出数据，也可以输入数据。输入数据的实质就是把测试用例数据通过移位寄存器送到被测电路的各个输入/输出引脚，代替被测电路系统的真实输入/输出，以判断在人工加载测试用例条件下，系统能否正确运行。

内嵌有 JTAG 扫描链的芯片、印制电路板或者系统能在现场条件下进行测试。因此，当这些器件、电路板和系统需要排错、维护和例行保养时，对于现场维护人员来说，JTAG 的优势就十分明显。

4. JTAG 扫描单元和外部引脚

被测试电路芯片的内部含有若干个组件（模块或者子模块），其内部逻辑多种多样；JTAG 扫描链需要在多个组件中绕行前进，实施信号收集和测试数据的加载；此外引脚的外部特征也各不相同，因此实际使用的扫描单元的种类多达数种。参见图 4-5 和图 4-7。

在图 4-7 有 8 个基本扫描单元，它们为 5 个外部引脚提供调试信息。这 5 个引脚中，有两个是输入引脚，一个是 2 态输出引脚，一个是 3 态输出引脚，还有一个双向引脚。基本扫描单元方框中的四个信号 PI、PO、SI 和 SO 分别表示：来自输入引脚的信号、发至输出引脚的信号、来自扫描链上一个单元的输入信号和送往扫描链下一个单元的输出信号。

2 态输出引脚表示连接的扫描单元为该引脚提供了高逻辑电平输出和低逻辑电平输出的两种输出状态。3 态输出引脚表示连接的扫描单元（组）为该引脚提供了高逻辑电平输出、低逻辑电平输出以及高阻抗态三种输出状态。事实上，图 4-7 给出的 3 态输出引脚可以分时地输出两个测试节点之一的高逻辑电平或者低逻辑电平，外加高阻抗态。双向引脚表示连接的扫描单元（组）既可以输出驱动外部组件的信号，也可以接收来自外部组件的输入信号。

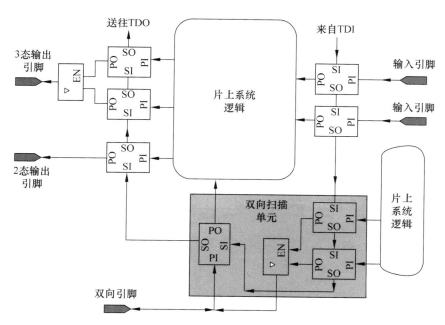

图 4-7 JTAG 扫描链的典型扫描单元视图

对于图 4-7 中的单引脚双向扫描单元，在 IEEE 1149 标准文本里给出了具体的实现电路，参见下面的图 4-8。从图中可见，在芯片正常工作情况下，该双向引脚能够执行输入和输出操作。如果 JTAG 控制指令和测试时钟脉冲到达，则不论引脚工作在输入状态还是输出状态，都能够把当前信号移到下一个单元，也可以用测试位数据取代实际位数据在引脚表现出来。

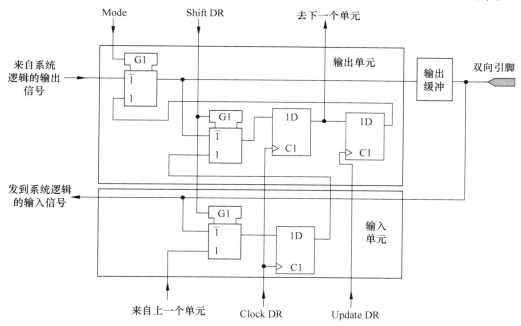

图 4-8 具有双向引脚功能的 JTAG 扫描单元

在图 4-8 中，Mode 信号是测试模式控制信号，Shift DR 信号是扫描链移位信号，Clock DR

是数据寄存器的时钟信号，Update DR 是数据寄存器的更新信号。

4.3.3 ARM7TDMI 核中的 JTAG 扫描链

图 4-9 给出了 ARM7TDMI 核的 JTAG 扫描链示意图。在该图中，扫描链 0 是主扫描链，对整个 ARM7TDMI 核外围（包括数据总线）进行扫描访问。该扫描链输出数据的顺序是：数据总线（D31～D0）、内核控制信号、地址总线（A31～A0）、嵌入式 ICE-RT 控制信号。扫描链 1 是扫描链 0 和断点的子集。包括 ARM 核的数据总线和一个断点控制信号。这是一条很有用的链，通过控制这条链，可以控制 ARM 核执行指定的指令，从而实现对 ARM 的内部寄存器、协处理器以及外部存储器的读写操作。扫描链 2 对嵌入式 ICE-RT 逻辑寄存器进行扫描访问。

1. TAP 控制器

TAP（Test Access Port，测试访问端口）控制器是 JTAG 扫描链与芯片外部的接口控制器，其内部有多个寄存器。包括测试数据寄存器、JTAG 控制指令寄存器、旁路寄存器、ARM7TDMI 器件识别码（ID）寄存器、扫描路径选择寄存器。

在 TDI 和 TDO 之间可以连接的测试数据寄存器有如下 8 个：指令寄存器、旁路寄存器、ARM7TDMI 的器件识别（ID）码寄存器、扫描路径选择寄存器、扫描链 0、1、2 和 3。其中，扫描链 3 是外部边界扫描，由 ASIC 设计者实现，不再详述。

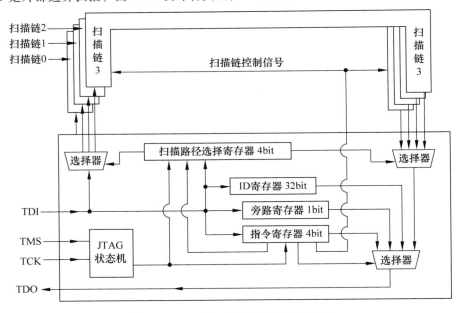

图 4-9　JTAG 接口的 TAP 控制器结构图

2. JTAG 状态机

JTAG 扫描链的动作受 JTAG 状态机控制。JTAG 状态机共有 15 个状态，每一个状态都有规定的操作。不管 JTAG 状态机处于那个状态，当 TMS 信号等于逻辑 1 的时候，连续 5 个时钟信号以后，JTAG 状态机必然回到 Test-logic Reset 状态。这也是 JTAG 状态机复位时的状态，如图 4-10 所示。

接收到来自 JTAG 协议转换器的操作模式 TMS 信号之后，每经过一个时钟脉冲，状态机的内部状态按照图 4-10 规定的时序逻辑发生一次转变，同时给出当前状态的 JTAG 扫描链控制指令，送往 TAP 的指令寄存器。

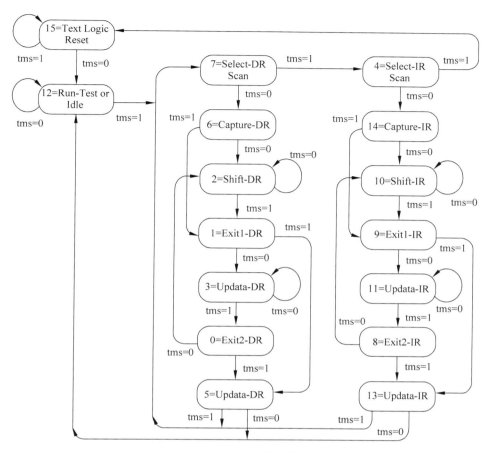

图 4-10　JTAG 状态机

　　JTAG 接口中指令寄存器的长度为 4 位，共安排了 10 条控制指令。这些指令的编码和操作描述如表 4-2 所示。

表 4-2　JTAG 测试访问端口中定义的扫描链控制指令

JTAG 扫描链指令	二进制	JTAG 扫描链操作描述
EXTEST	0000	将选择的扫描链置为测试模式，在 TDI 和 TDO 之间连接所选择的扫描链
SCAN_N	0010	在 TDI 和 TDO 之间连接扫描路径选择寄存器
SAMPLE/PRELOAD	0011	仅用于产品测试，用于用户附加的扫描链上
RESTART	0100	在 TDI 和 TDO 之间连接旁路寄存器，退出调试态
CLAMP	0101	所有扫描单元输出信号的状态由以前加载到当前扫描链的值来定义
HIGHZ	0111	地址总线、数据总线和若干控制信号被驱动成高阻抗态
CLAMPZ	1001	所有三态输出进入不活动状态。但是供扫描单元输出的数据从扫描单元得到
INTEST	1100	让所选择的扫描链进入测试模式
IDCODE	1110	在 TDI 和 TDO 之间连接器件识别码（ID）寄存器
BYPASS	1111	在 TDI 和 TDO 之间连接一个 1 位移位寄存器和旁路寄存器。对系统引脚无影响

4.3.4　嵌入式 ICE-RT 模块

　　ARM7TDMI 处理器核中的嵌入式 ICE-RT 模块（参见图 4-6 和图 4-11，这是 ARM 公司的实时片内调试模块的名称，简称为嵌入式 ICE-RT 或 ICE-RT）是集成在片内的仿真器，其主要作用是：①存储调试断点的预设地址，②预设数据和部分预定控制信号，③获得 JTAG 调试时的内核状态，④控制调试时的断点产生，⑤读取 Debug 通信通道。

如图 4-11 所示，嵌入式 ICE-RT 接收扫描链 2 的数据输入，接收到的输入数据序列一共有 38 位，分别是 32 位数据，5 位访问嵌入式 ICE-RT 寄存器的寻址地址以及 1 位读写控制位。

嵌入式 ICE-RT 模块的一个主要作用就是可以让程序员在 ARM 的程序中设置软件或者硬件的断点。在嵌入式 ICE-RT 中有一个比较器，该比较器负责把 ARM 处理器当前取指的地址 A [31:0]、当前操作数据 D [31:0] 以及一些控制信号与嵌入式 ICE-RT 中 Watchpoint 寄存器中预先设置的数值相比较，也就是说，应该是进行逻辑运算。比较的结果用来确定输出一个 ARM 处理器执行断点。具体的运算关系如下：

$$(\{Av [31:0], Cv [4:0]\} \text{ XNOR } \{A [31:0], C [4:0]\}) \text{ OR } \{Am [31:0], Cm [4:0]\}$$
$$= 0x1FFFFFFFFF \qquad (4\text{-}1)$$

其逻辑意义是：32 位预设定地址加上 5 位预设定控制信号与 32 位当前获得的地址和 5 位当前控制信号，在必须进行位比较的二进制位序列中（由 32 位 Am[31:0] 和 5 位 Cm[4:0] 掩码规定）如果相同，则公式 4-1 的逻辑表达式为真。此时，断点信号有效，ARM 内核进入了 Debug 模式。注意，公式 4-1 中的 XNOR 运算符是同或运算符。

在 Debug 模式下，ARM 内核的时钟从系统的主时钟 MCLK 被替换成跟踪时钟 DCLK。跟踪时钟 DCLK 是通过 JTAG 状态机的 Run-test/Idle 状态下的 TCK 控制的。

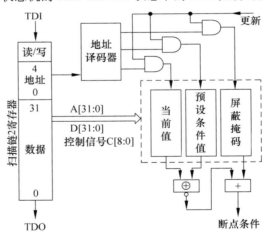

图 4-11 嵌入式 ICE-RT 的断点计算示意图

4.3.5 JTAG 的断点设置原理

在 ARM7TDMI 处理器的内核中，有两种设置断点的方式，即硬件断点和软件断点。

（1）硬件断点

通过设置嵌入式 ICE-RT 中的 Watchpoint 寄存器中的地址相关的寄存器来实现断点。通过这种方式设置断点，断点数目受嵌入式 ICE-RT 中的 Watchpoint 数目的限制（在 ARM7TDMI 处理器的内核中，只有两组 Watchpoint 寄存器，最多只能设置两个硬件断点）。但是，硬件断点可以在任何地方设置，不受存储器类型的限制。

（2）软件断点

软件断点的实现比较复杂，需要如下几个步骤。

1）设置嵌入式 ICE-RT 中的 Watchpoint 寄存器中相关的数据（data value 和 data mask value）为一个特殊的 32 位数字，这就是 ARM 的未定义指令，比如：0x60000310。

2）替换 RAM 中的指令为上面所设置的那个未定指令（即 0x60000310），作为一个标志。

这样，当系统运行到 RAM 中所设定的存储字时候，那个事先设置的标志数字将作为一个指令被读入处理器的内核。这时，系统所读入的指令的数据刚好和 data value 寄存器中的数字相吻合，系统就进入了 Debug 模式。这就是软件断点的产生机制。

由此可见，软件断点的数目不受 ARM 内核的 Watchpoint 数目的限制，不管系统设置多少个软件断点，都仅使用了 ARM 内核的一个 Watchpoint 资源。但是，软件断点是通过替换系统的断点地址的指令实现的，所以软件断点只能在可写入存储器的地址中设置（比如 RAM），而不能在 ROM（比如 Flash）中设置。

总之，在有两个 Watchpoint 资源的 ARM7TDMI 的内核中，断点可以有如下情况：

- 两个硬件断点，没有软件断点。
- 1 个硬件断点，任意多个软件断点。
- 任意多个软件断点。

4.3.6 Nexus 调试标准

Infineon（英飞凌）公司、福特汽车公司和风河公司等世界领先的嵌入式系统开发厂商于 1998 年成立了 Nexus 5001 论坛，其网址是：http://www.nexus5001.org。Nexus 5001 论坛的正式名称是：全球嵌入式处理器调试接口标准联盟（Global Embedded Processor Debug Interface Standard Consortium）。它是 IEEE 工业标准和技术组织（IEEE-ISTO）的一个项目，目前已经有 15 个团体会员。Nexus 5001 论坛追求提高实时可视性和多嵌入式处理器内核的可控性，致力于提出一个在 JTAG 之上的全球范围适用的开放性嵌入式处理器调试标准。该技术标准被称为 Nexus 5001 标准，简称 Nexus 标准。

1. Nexus 标准的产生背景

自从 JTAG IEEE 1149.1 标准被提出后，许多半导体公司采用了这个标准。但是 IEEE 1149.1 标准只能提供一种静态的调试方式，例如处理器的启动和停止、软件断点、单步执行、修改寄存器等，不能提供处理器实时运行时的信息。于是各个厂家在自己的芯片上对原有的 JTAG 基本功能进行了加强和扩展，做到在处理器不停止运行的前提下，进行实时的调试。由于各个厂商自主对 JTAG 进行改进，导致这些增强的 JTAG 版本用途各异结构各异，不利于推广和交流。为了实现一个嵌入式实时调试技术的统一标准，Nexus 标准应运而生。

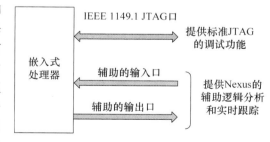

图 4-12 Nexus 标准使用的辅助接口

2. Nexus 标准接口

Nexus 将调试开发分成四级。从第一级开始，每级的复杂度都在增加，并且上级功能覆盖下一级。第一级使用 JTAG 的简单静态调试；第二级支持编程跟踪和实时多任务的跟踪；第三级是处理器运行时的数据写入跟踪和存储器读写跟踪；第四级增加了存储替换并触发复杂的硬件断点。从第二级开始，Nexus 规定了可变的辅助口。辅助口引脚数为 3 ~ 16 个，用来帮助其他仿真器和分析仪之类的辅助调试工具。如图 4-12 所示。

3. Nexus 的特点

Nexus 能够解决以下嵌入式调试技术难点：

- 调试内部总线没有引出的处理器，如含有片内存储器的芯片。
- 深度流水线和有片上 Cache 的芯片，能够探测具体哪一条指令被取指和最终执行。
- 传统在线仿真器无法实现的高速调试。
- 可以稳定地进行多内核处理器的调试。

4.4 嵌入追踪宏单元 ETM

嵌入追踪宏单元（Embedded Trace Macro，ETM，也称为嵌入跟踪宏）是与 ARM 高级实时软件开发调试工具（RealView Trace）相配套的硬件组件。它是镶嵌在 ARM 内核芯片中的一个硬件逻辑电路块，与处理器的地址线、数据线和状态信号线相连接。它通过跟踪接口以压缩协议的方式向外传播转移地址、数据和状态信息，包含触发和过滤跟踪输出的源信息。ARMv4 版以上的大部分处理器芯片都带有 ETM，但并非全部。它在 ARM 调试结构中的位置如图 4-13 所示。

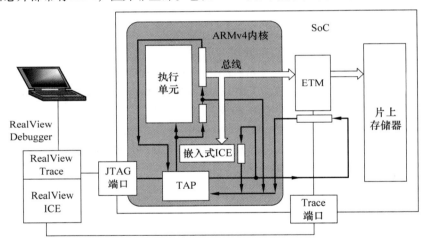

图 4-13 嵌入跟踪宏单元 ETM 在 ARM 调试结构中的位置示意图

本质上，ETM 相当于一个嵌入式芯片内部的逻辑分析仪。ETM 通过专门的端口从芯片输出，并需要专门的 Trace 工具与 PC 连接进行数据传输。在 ARM 公司的调试工具中，JTAG 接口的 ICE 工具是 Multi-ICE 和 RealView-ICE，Trace 工具是 Multi-Trace 和 RealView-Trace。

ETM 能够在 CPU 运行过程中把现场信息捕捉压缩后输出，然后在 PC 端就可以对这些数据进行解压分析。用户还可以对 ETM 设置很多触发条件和过滤条件，对一些随机出现的异常进行捕捉，还能得到异常前后一段时间内的系统信息。ETM 的过滤条件包括指令地址和数据地址，但是不包括数据取值。

基于 ETM 的跟踪调试优于 JTAG 调试。在只有 JTAG 扫描链的 ARM 体系调试结构中，只能利用芯片内部的 Embedded ICE 模块来控制内核，实现单步调试或者断点调试等调试目的，这种方法的特点是需要把目标板上的 CPU 停住后才能观察现场情况。然而在实际运行的实时系统中，停止 CPU 运行往往会导致现场失真。

4.5 基于 Angel 的调试方案

Angel 是一种调试监控程序，也称为安琪儿调试代理（Angel debug agent），由多个程序部件组成。与传统调试监控程序相类似，Angel 驻留在目标机上。Angel 接收主机上发送过来的调试命令，执行指定的调试操作，并将调试结果反馈回主机。Angel 调试代理属于传统调试技术，也是 ARM 公司特有的调试技术，适用于各种 ARM 硬件平台。它与基于 JTAG 的调试代理不同，需要占用一定的系统资源，例如内存空间和串口等。开发人员通过对 Angel 监控程序的设计能够监控和调试应用程序的运行。

4.5.1 Angel 调试系统的组成

基于 Angel 的调试系统包含两个关键部分，分别是位于主机上的调试软件（称为调试器）和驻留在目标机上的 Angel 调试监控程序。从逻辑上看，基于 Angel 的调试系统主要分成以下3层：

1）应用层。这一层位于 Angel 调试系统的最上层，主机上的应用层是主机的调试软件，如 ADS（ARM 开发套件，详见 7.4 节）的 AXD debugger 等，而目标机的应用层则是被调试的应用程序。

2）功能支持层。位于系统的中间部分，这一层由较多的功能部件组成，衔接着应用层和通道管理层，是整个 Angel 调试系统的核心部分。

主机的功能支持层包括：C 语言库、ADP（Angel Debug Protocol，安琪儿调试协议）部件、Boot 支持部件和调试工具包等。这些功能模块负责处理目标机的半主机（Semihosting，一种 ARM 公司开发工具提供的调试方法，详见 4.6 节）请求，对远程调试接口（Remote Debug Interface，RDI）和 ADP 消息进行协议转换，向应用层提供调试软件和 RDI 之间的接口。

目标机的功能支持层包括：

- Angel 的 C 语言库中的 SWI（SoftWare Interrupt，软件中断）支持部件，它向主机发出 Semihosting 请求。
- ARM 异常处理支持部件，负责处理 ARM 的异常情况。
- 目标机调试部件，负责执行断点设置、读写内存等目标机上的调试操作。
- 通用调试支持部件，负责处理与 ADP 相关的操作。
- 引导和初始化部件，负责执行目标机的启动检测，初始化内存、堆栈和外部设备。

3）通道管理层。它是 Angel 调试系统的最底层。主机的通道管理层由主机通道管理器及其设备驱动程序构成；目标机的通道管理层由目标机通道管理器及其设备驱动程序构成。它们分别负责管理主机和目标机之间的 ADP 通信通道管理和实现特定的驱动功能。

4.5.2 Angel 的两种版本

Angel 有两种版本，即完整版本和最小版本。在移植过程中根据需要选用一个版本。

完整版本的 Angel 独立地存在于目标系统中，它支持所有调试功能。用户可以用它完成以下工作：

- 将应用程序相关文件下载到目标系统中。
- 调试目标代码。
- 开发应用程序。

最小版本的 Angel 是由完整版本的 Angel 裁剪得到的，其功能包括：

- 目标板的启动操作。
- 应用程序的加载。
- 设备驱动程序。

最小版本的 Angel 不是独立存在的，它是和用户应用程序连接在一起的。

目标机的 Angel 实现下列功能：

- 基本调试功能：报告存储器和处理器状态，将应用程序下载到目标系统中，设置断点。
- C 语言库支持：在目标系统上运行的应用程序可以与 C 语言库连接。其中有些 C 语言库需要 Semihosting 支持。Angel 使用 SWI 机制完成这些 Semihosting 请求。在 ARM 程序中，Angel 使用的 SWI 号为 0x123456；在 Thumb 程序中，Angel 使用的 SWI 号为 0xAB。
- 通信支持：Angel 使用 ADP 通信协议，支持串行端口、并行端口和以太网接口的三种通信管道。
- 任务管理功能：保证任何时候只有一个操作在执行；为任务分配优先级，并根据优先级调度各个任务；控制 Angel 运行环境的处理器模式。

4.5.3　Angel 的调试处理流程和调试操作步骤

调试器和 Angel 之间的通信根据 ADP（Angel Debug Protocol）协议进行。该协议是一个数据包通信协议，具有纠错功能，为两者之间提供了点对点链接通道。基本的 Angel 调试处理流程如下：

1）开发者通过调试器向 Angel 发送调试命令。

2）Angel 接收并解释执行调试器发来的调试命令。

3）Angel 将对应的调试结果传送给主机上的调试器。

4）调试器解释 Angel 返回的调试结果并将其显示给用户。

ARM 公司提供的各种调试器都支持 Angel。对于其他调试器，如果调试器支持 Angel 所使用的调试协议 ADP，则也支持 Angel。使用 Angel 开发和调试应用程序一般按照以下步骤进行：

1）在主机上的 ADS 集成开发环境中开发应用程序，并在 ARMulator 模拟器上调试通过。

2）向应用程序移植完整版的 Angel 调试程序，在目标机上调试移植后的应用程序直至成功，这个阶段的调试几乎完全依赖于 Angel。

3）修改应用程序，减少调试对 Angel 的依赖性，在目标机上调试修改后的应用程序直至成功。

4）生成最终的应用程序版本。

在上述过程中，向应用程序移植 Angel 调试程序是最关键的步骤。

4.6　半主机调试方式

半主机，有时也称为半主机机制、半主机方式、半主机调试或者半主机调试方式。目前的几种 ARM 调试器都支持半主机调试功能。半主机的实质是让不支持 ANSI C 函数库功能的目标系统使用调试主机提供的 C 函数库功能。换言之，半主机是一种调试机制，目标机可借助该机制将应用程序发出的 I/O 请求转发给主机处理，而不是由目标机本身处理 I/O 请求。这种调试方式非常有用，因为目标开发系统往往不具备最终系统所有的输入输出设备。

最简单的半主机例子就是允许 C 函数库中的函数（诸如 printf() 和 scanf()）使用主机的屏

幕和键盘，而不使用目标开发板上的屏幕和键盘。Angel 调试代理支持半主机方式。它使用一组 ARM C 函数库的 SWI 函数调用来解释执行半主机处理请求。这些函数调用使用基于目标机和主机之间 CLIB 通道上传输的消息，并且使用主机函数库（在 Windows 环境下是 Remote_A. dll）上的相应代码。ARM 公司的 SDT 和 ADS 集成开发环境都具备半主机调试功能。

半主机由一组定义好的软件中断（SWI）子功能函数实现。应用程序先调用合适的 SWI，然后调试代理处理该 SWI 异常并且提供与主机的通信联系。多数情况下，半主机 SWI 由库函数内的代码调用，但是应用程序也可以直接调用半主机 SWI。半主机 SWI 的接口函数是通用的，当半主机操作在硬件仿真器、指令集仿真器、RealMonitor 或 Angel 下执行时，不需要进行移植处理。半主机的逻辑概念请参考图 4-14。

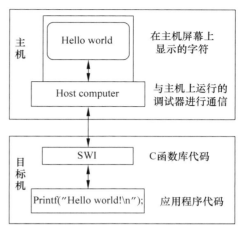

众所周知，SWI 是 ARM 处理器的软中断指令。它带有一个参数，以区别软中断的各个不同的子功能。SWI 使用唯一的子功能编号来表示半主机操作软中断。SWI 的其他子功能编号可供各种应用程序或操作系统使用。

图 4-14 半主机的逻辑概念示意图

用于半主机操作的 SWI 子功能号是：0x123456（ARM 状态）、0xAB（Thumb 状态）。由于半主机操作的函数种类很多，因此在执行 SWI 0x123456 之前，需要在 R0 寄存器中存放一个数值，表示具体的半主机操作函数是哪一个，供调试器进行正确的函数调用。R0 寄存器中半主机操作编号分配如表 4-3 所示。

表 4-3 半主机操作编号分配

分类	半主机操作编号	说明
第 1 类	0x00 ~ 0x31	共 32 个编号，由 ARM 公司使用，分别对应 32 个具体的执行函数
第 2 类	0x32 ~ 0xFF	共 224 个编号，被 ARM 公司保留，用于将来的执行函数分配
第 3 类	0x100 ~ 0x1FF	共 256 个编号，为应用程序所保留使用。但是，如果用户编写自己的 SWI 操作，建议直接使用 SWI 指令和自己定义的 SWI 子功能号，而不要使用半主机的子功能号加 0x100 ~ 0x1FF 范围的函数编号
第 4 类	0x200 ~ 0xFFFFFFFF	这些编号未定义，当前未使用并且以后也不推荐使用

最好在头文件 semihosting. h 中预先用操作名对半主机调用的函数编号进行定义，然后在调用 SWI 0x123456 指令之前，对 R0 寄存器进行赋值。例如：

```
SYS_OPEN   EQU 0x01
SYS_CLOSE EQU 0x02
```

在 ADS 1.2 的半主机调试方式下，两个代码程序之间的函数调用范例请参见 6.3.3 节的例 6-13、6.7.1 节的例 6-32 和 6.8 节的例 6-38 等。

如果采用半主机方式调试一个单独的 ARM 汇编程序，请查看 5.4.1 节的例 5-9、6.2.1 节的例 6-1，以及 6.2.7 节的例 6-5 等。

下面是一个 ADS 1.2 环境下编辑的 C 程序 book_main. c 源代码，它在 AXD 1.2 调试器环境采用了半主机方式进行调试，输出结果参看图 4-15。

```
#include <stdio.h>
int main(){
```

```
printf("\tThe book is an introduction book of C programming.\n");
printf("\tIt is useful text book for C programming education.\n");
printf("\tNow let us to study that book.\n");
}
```

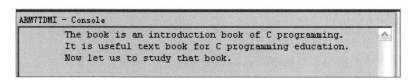

图 4-15   book_main. c 程序的半主机方式调试成功的界面

4.7   本章小结

本章对嵌入式系统调试技术做了整体阐述，介绍了三种调试技术手段，它们分别是调试信道、ROM 仿真器和实时在线仿真。同时简单论述了嵌入式开发中常用指令集模拟器的功能、用途和基本类型，介绍了两种模拟器。随后介绍了片上调试技术的基本概念，以及若干片上调试技术。它们分别是背景调试、边界扫描测试技术和 Nexus 调试标准。最后，介绍了 ARM 公司的若干调试技术，重点涉及基于 Angel 的调试方案和半主机调试方式。

本章学习时需要掌握的重要知识点是：嵌入式系统硬件调试技术的总体结构、调试信道、指令集模拟器、ARMulator、边界扫描调试技术、基于 Angel 的调试方案和半主机调试方式。

4.8   习题和思考题

4-1   为什么在凌动嵌入式处理器的开发板上可以直接进行嵌入式软件的调试？

4-2   常用的片上调试技术有哪几种？

4-3   试描述 ARM 指令集模拟器 ARMulator。

4-4   什么是半主机调试方式？

4-5   试用 C 语言和 C++语言各编写一个程序 HelloWorld，在 ADS 1.2 环境下编译链接通过，并且在调试器 AXD 1.2 环境下用半主机调试方式进行调试。

第 5 章 ARM 处理器指令集

理解 ARM 处理器内部结构和计算功能的重要途径之一是学习和掌握 ARM 处理器指令集。本章将首先介绍 ARM 处理器的指令系统、ARM 指令集编码格式、ARM 指令语法以及 ARM 处理器的寻址方式。随后对 ARM 机器指令进行分类说明，并列举一些简单的指令序列来辅助说明部分指令的用法。

5.1 ARM 处理器的指令系统

ARM 处理器有三个指令集：32 位的 ARM 指令集、16 位的 Thumb 指令集和 8 位的 Jazelle。其中，ARM 指令集是主要指令集，程序启动时总是从 32 位 ARM 指令集开始，并且所有的异常中断都自动转换为 ARM 指令状态。Thumb 指令是压缩的指令，读取指令后先动态解压缩，然后作为标准的 ARM 指令执行。Jazelle 是 Java 的字节码指令集，它能加快 Java 代码的执行速度。

5.1.1 ARM 处理器指令系统的主要特征

ARM 指令集和 Thumb 指令集具有两个共同点：一是它们都有较多的寄存器，可以用于多种用途；二是对存储器的访问只能通过 Load/Store 指令。两种指令集的差异在表 5-1 中给出。

表 5-1　ARM 指令和 Thumb 指令的差异

项目	ARM 指令	Thumb 指令
指令工作标志	CPSR 的 T 位 = 0	CPSR 的 T 位 = 1
操作数寻址方式	大多数指令为 3 地址	大多数指令为 2 地址
指令长度	32 位	16 位
内核指令	58 条	30 条
条件执行	大多数指令	只有分支指令
数据处理指令	访问桶形移位器和 ALU	独立的桶形移位器和 ALU 指令
寄存器使用	15 个通用寄存器 + PC	8 个通用低寄存器 + 7 个高寄存器 + PC
程序状态寄存器	特权模式下可读可写	不能直接访问
异常处理	能够全盘处理	不能处理

表 5-1 中的低寄存器指的是 R0 ~ R7 寄存器，高寄存器指的是 R8 ~ R15 寄存器，其中 R8 ~ R12 寄存器在 Thumb 工作状态下访问受限。

Jazelle 是一个软件和硬件的混合体，它执行 8 位指令，能够加速 Java 字节码（bytecode）的执行。Jazelle 指令集是一个封闭的指令集，没有公开。表 5-2 给出了 Jazelle 指令集的一些特征。

表 5-2　Jazelle 指令集的特征

项目	Jazelle 指令
指令长度	8 位
指令工作标志	CPSR 的 T 位 = 0，J 位 = 1
内核指令	硬件完成超过 60% 的 Java 字节代码，其余代码由软件完成

5.1.2 ARM 与 x86 指令系统的比较

PC 的 x86 处理器（现在也常称为 IA32 处理器）是主流处理器架构之一，其指令系统和汇编语言程序设计是许多读者所熟悉的。表 5-3 给出了 32 位 ARM 处理器指令集与 32 位 x86 处理器指令集的主要区别。

表 5-3　ARM 处理器指令集与 x86 处理器指令集的主要区别

项目	ARM 处理器指令集	x86 处理器指令集
指令格式	定长，4 字节	不定长，1～15 字节
程序读写指令计数器	可以	不可以
状态标志位更新	由指令的附加位决定	指令隐含决定
按照边界对齐取指	必须在 4 字节边界取指	可在任意字节处取指
操作数寻址方式	3 地址	2 地址
状态位个数	4	6
高密度指令	有	无
条件判断，分支执行	大多数指令都可以	只用条件判断指令
栈数据传送指令	没有，用 LDM/STM 实现	有专用指令 PUSH/POP
DSP 处理的乘加指令	有	无
访存体系结构	Load/Store 指令	算术逻辑指令也能访问内存

5.2 ARM 指令集的编码格式和语法

5.2.1 ARM 指令集的编码格式

图 5-1 给出了 32 位 ARM 指令集的二进制编码格式。未定义指令格式在图 5-1 中被忽略。从图 5-1 中我们可以观察到，ARM 指令编码格式中的主要字段有：操作码（opcode）、条件码（cond）、第 1 操作数（Rn）、目标寄存器（Rd）、标志位更新码（S）、第 2 操作数（位移数寄存器 Rm、位移量寄存器 Rs、位移方式 shift、循环位移量 rotate、位移量立即数 shift amount 和立即数 immediate）等。

5.2.2 ARM 指令的一般语法格式

一条典型的 ARM 指令语法如下所示：

< opcode > ｛< cond >｝｛S｝< Rd >，< Rn >｛，< Operand2 >｝

其中：

- < opcode > 是指令助记符，决定了指令的操作。例如，ADD 表示算术加操作指令。
- ｛< cond >｝是指令执行的条件，可选项。
- ｛S｝决定指令的操作是否影响 CPSR 的值，可选项。
- < Rd > 表示目标寄存器，必有项。
- < Rn > 表示包含第 1 个操作数的寄存器。
- < Operand2 > 表示第 2 个操作数，可选项。当仅需要一个源操作数时可省略。

5.2.3 ARM 指令的执行条件

大多数 ARM 指令均可包含一个可选的条件码，在指令语法说明中以 ｛< cond >｝表示。

	31 30 29 28	27 26 25	24 23 22 21	20	19 18 17 16	15 14 13 12	11 10 9 8	7 6 5	4	3 2 1 0
数据处理立即数移位	cond	0 0 0	opcode	S	Rn	Rd	shift amount	shift	0	Rm
杂项指令	cond	0 0 0	1 0 × ×	0	× × × ×	× × × ×	× × × ×	× × ×	0	× × × ×
数据处理寄存器移位	cond	0 0 0	opcode	S	Rn	Rd	Rs	0 shift	1	Rm
杂项指令	cond	0 0 0	1 0 × ×	0	× × × ×	× × × ×	× × × ×	× × ×	0 × 1	× × × ×
乘法和加载/存储指令	cond	0 0 0	× × × ×	×	× × × ×	× × × ×	× × × ×	1 × ×	1	× × × ×
数据处理立即数	cond	0 0 1	opcode	S	Rn	Rd	rotate	immediate		
传送立即数到状态寄存器	cond	0 0 1	1 0 R 1	0	Mask	SBO	rotate	immediate		
加载/存储立即数偏移	cond	0 1 0	P U B W	L	Rn	Rd	immediate			
加载/存储寄存器偏移	cond	0 1 1	P U B W	L	Rn	Rd	shift amount	shift	0	Rm
加载/存储多个寄存器	cond	1 0 0	P U B W	L	Rn	register list				
分支和带链接分支	cond	1 0 1	L		24位偏移量					
分支和带链接分支及切换到Thumb	1 1 1 1	1 0 1	H		24位偏移量					
协处理器加载/存储和双寄存器传送	cond	1 1 0	P U N W	L	Rn	CRd	cp_num	8-bit offset		
协处理器数据处理	cond	1 1 1 0	opcodel		CRn	CRd	cp_num	opcode2	0	CRm
协处理器寄存器传送	cond	1 1 1 0	opcodel	L	CRn	Rd	cp_num	opcode2	1	CRm
软件中断	cond	1 1 1 1			软件中断子功能号					

图 5-1 ARM 指令集编码结构图

只有在 CPSR 中的条件码标志满足指定的条件时，带条件码的指令才能执行。可以使用的条件码如表 5-4 所示。此外，大多数 ARM 数据处理指令均可以根据执行结果来选择是否更新条件码标志。若要更新条件码标志，则指令中必须包含后缀"S"，指令语法格式说明中已经提到了这一点。

一些指令（如 CMP、CMN、TST 和 TEQ）不需要后缀"S"。它们唯一的功能就是更新条件码标志，且始终更新条件码标志。一些指令只更新部分标志，而不影响其他标志。

CPSR 中的条件码标志在被更新之前将一直保留。只有新的带"S"辅助操作码的指令执行后，条件码标志才会被更新。此外，含条件码的指令如果不执行将不会影响条件标志位。有关条件码的指令用法举例请参考例 5-1。

表 5-4 ARM 的条件码

操作码 [31:28]	助记符后缀	标志	含义
0000	EQ	Z 置位	相等
0001	NE	Z 清零	不等

（续）

操作码［31:28］	助记符后缀	标志	含义
0010	CS/HS	C 置位	大于或等于（无符号数 > =）
0011	CC/LO	C 清零	小于（无符号数 <）
0100	MI	N 置位	负
0101	PL	N 清零	正或零
0110	VS	V 置位	溢出
0111	VC	V 清零	未溢出
1000	HI	C 置位且 Z 清零	大于（无符号数 >）
1001	LS	C 清零或 Z 置位	小于或等于（无符号数 <=）
1010	GE	N 和 V 相同	带符号数 >=
1011	LT	N 和 V 不同	带符号数 <
1100	GT	Z 清零且 N 和 V 相同	带符号数 >
1110	LE	Z 置位或 N 和 V 不同	带符号数 <=
1111	AL	任何	总是执行（通常省略）
0000	EQ	Z 置位	相等

【例 5-1】

```
SUBS   R1,R3,R5   ; 这条指令无条件码必定执行,R1←R3-R5,运算结果影响条件位
ADDCS  R2,R1,R4   ; CS 条件码是 C 位 =1,表示上一条带"S"辅助操作码的减法指令计算时,
                  ; 如果无符号数的 R3 大于等于 R5,则执行本指令,R2←R1 + R4;
                  ; 否则不执行本指令
```

5.2.4　第 2 操作数 < Operand2 > 说明

　　ARM 指令格式中的第 2 操作数是该处理器架构的一个重要特点。正是由于 ARM 指令中具有寄存器型移位的第 2 操作数功能，使得 ARM 指令集中取消了专门的移位指令。图 5-2 是图 5-1 的局部详解图，它给出了 ARM 数据处理指令中第 2 操作数的编码格式图解。如图中所示，第 2 操作数有两种形式。

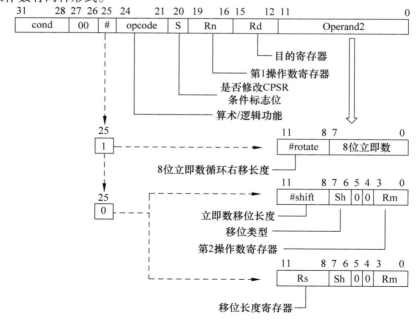

图 5-2　ARM 数据处理指令中第 2 操作数编码结构

（1）立即数型

格式：# < 32 位立即数 >

< 32 位立即数 > 是取值为数字常量的表达式，并不是所有的 32 位立即数都是有效的。有效的立即数很少，也不能任意指定。它必须由一个 8 位的立即数循环右移偶数位得到，因为在 32 位 ARM 指令中，条件码和操作码等占用了一些必要的指令码位，32 位立即数无法编码在指令中。数据处理指令中留给第 2 操作数的编码空间只有 12 位，需要利用这 12 位产生 32 位的立即数。其方法是：把指令最低 8 位（bit[7:0]）立即数循环右移偶数次，循环右移次数由 2 * bit[11:8]（bit[11:8] 是第 2 操作数的高 4 位）指定。

【例 5-2】

```
MOV  R5,#0x8000000A   ; 其中立即数#0x8000000A 是第 2 操作数,由 8 位的 0xA8 循环右移 2 次 4 位得到
MOV  R3,#704512       ; 十进制立即数 704512 是第 2 操作数,转换成十六进制数是 0xAC000
```

（2）寄存器型

格式：Rm，{ < shift > }

Rm 是第 2 操作数寄存器，可对它进行移位或循环移位。< shift > 用来指定移位类型（LSL、LSR、ASR、ROR 或 RRX，参见 5.3 节 ARM 处理器的寻址方式）和移位位数。其中，移位位数有两种表示方式，一种是 5 位立即数（#shift），另外一种是位移量寄存器 Rs 的值。下面给出一个例子。

【例 5-3】

```
ADD  R0,R0,R0,LSL #2   ; 第 2 操作数字段是 <R0,LSL #2 >,执行结果 R0 = R0 + 4×R0
ADD  R6,R3,R1,LSL #3   ; 第 2 操作数字段是 <R1,LSL #3 >,R6←R3 + R1×8
ADD  R5,R1,R3,LSL R4   ; 第 2 操作数字段是 <R3,LSL R4 >,R5←R1 + R3×2^{R4}
```

5.3 ARM 处理器的寻址方式

寻址方式是根据指令中给出的地址码字段来寻找实际操作数地址的方式。ARM 处理器支持的基本寻址方式一共有 9 种，它们是：寄存器寻址、立即数寻址、寄存器移位寻址、寄存器间接寻址、基址寻址、多寄存器寻址、栈寻址、块拷贝寻址和相对寻址。以下对每一种寻址方式进行简明介绍。

1. 寄存器寻址

在这种方式下，指令中地址码给出的是寄存器编号，在该寄存器中存放的是操作数，可以直接用于运算。由于寄存器寻址执行效率高，因此 ARM 指令普遍采用此种寻址方式。例如：

```
ADD  R0,R3,R4          ; R0←R3 + R4
```

这条加法指令中有 3 个寄存器，分别是目标寄存器、第 1 操作数寄存器和第 2 操作数寄存器。指令的功能是将两个操作数寄存器 R3 和 R4 的内容相加，结果放入第 3 个寄存器 R0 中。

2. 立即数寻址

在这种方式下，指令的地址码字段存放的不是操作数地址，而是操作数本身。立即数寻址的特点是速度快，但缺点是取值受到限制。通常使用的立即数是 12 位或者 8 位的。例如：

```
AND  R3,R7,#&ff        ; R3←R7[7:0]∧0xFF
```

在该指令中，第 2 个操作数是一个立即数，以 "#" 为前缀。如果在 "#" 后加 "&" 表示

十六进制数，这条 AND 操作指令的功能是先将 R7 中的 32 位数与 0xFF 进行与运算，结果将 R7 的低 8 位内容送到 R3 寄存器。

3. 寄存器移位寻址

这种寻址方式是 ARM 指令集特有的。在参与第 1 操作数运算之前，第 2 个寄存器操作数可以有选择地进行移位操作。移位操作如图 5-3 所示。例如：

```
ADD   R3,R2,R1,LSL #3   ;完成 R3←R2 + R1×8。第 2 操作数是 <R1,LSL#3>，即 R1 左移 3 位
```

这条指令表示寄存器 R1 的内容逻辑左移 3 位，再与寄存器 R2 内容相加，结果放入 R3 中。

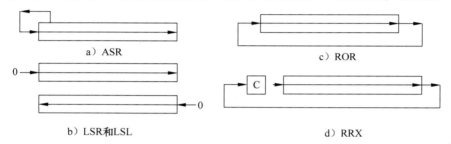

图 5-3 ARM 的移位操作指令

ARM 处理器没有专用的移位指令。移位操作是指令中的特定字段可选择项，在主操作之前进行。具体地讲，如果数据处理指令的第 2 操作数或者单一数据传送指令中的变址是寄存器，则可以对它进行移位操作。ARM 指令集中共有 5 种移位操作。

- LSL（逻辑左移，Logical Shift Left）：寄存器中字的低端空出的位补 0。

语法：

```
<Rm>,LSL #<shift_imm>或者<Rm>,LSL <Rs>
```

其中，Rm 为进行移位的寄存器，shift_ imm 为移位立即数，Rs 为含有移位数的寄存器。下面几条移位指令中的 Rm 和 Rs 意义相同。例如：

```
MOV   R1,R2,LSL R4                ; R1 = R2 × 2^{R4}
```

- LSR（逻辑右移，Logical Shift Right）：寄存器中字的高端空出的位补 0。

语法：

```
<Rm>,LSR #<shift_imm>或者<Rm>,LSR <Rs>
```

例如：

```
SUB R7,R9,R3,LSR #5               ; R7←R9-R3÷32
```

- ASR（算术右移，Arithmetic Shift Right）：算术移位的对象是带符号数。在移位过程中必须保持操作数的符号不变。若源操作数为正数，则字的高端空出的位补 0。若源操作数为负数，则字的高端空出的位补 1。

语法：

```
<Rm>,ASR #<shift_imm>或者<Rm>,ASR <Rs>
```

例如：

```
ADD R1,R2,R3,ASR  #4              ; R1←R2-R3÷16
```

- **ROR**（循环右移，Rotate Right）。从字的最低端移出的位填入字的高端空出的位。

语法：

```
<Rm>,ROR #<shift_imm> 或者 <Rm>,ROR <Rs>
```

例如：

```
ADD R4,R6,R3,ROR  #6         ; R4←R6 + R3(循环右移 6 位)
```

- **RRX**（扩展为 1 的循环右移，Rotate Right extended by 1 place）：操作数右移 1 位，空位（位 [31]）用原 C 标志值填充，CPSR 中的 C 条件标志位用移出位代替。

语法：

```
<Rm>,RRX
```

例如：

```
EOR R2,R4,R5,RRX           ; R5 寄存器值做 RRX 操作,之后同 R4 寄存器值做逻辑异或后存入 R2
```

4. 寄存器间接寻址

在这种方式下，指令的地址码字段给出某一通用寄存器编号。在该寄存器中存放操作数的有效地址，而操作数则存放在存储单元中，即寄存器为操作数的地址指针。

【例 5-4】

```
LDR  R0,[R1]              ; R0←[R1]
STR  R0,[R2]              ; R0→[R2]
```

5. 基址寻址

在这种方式下，将基址寄存器的值与指令中给出的位移量相加，形成操作数有效地址。基址寻址用于访问基址附近的存储单元，包括基址加偏移和基址加索引寻址。寄存器间接寻址是偏移量为 0 的基址加偏移寻址。

（1）基址加偏移的寻址方式

基址加偏移寻址中的基址寄存器包含的不是确切的地址。基址必须通过加（或减）偏移来计算访问的地址。偏移的最大值是 4KB。例如：

```
LDR  R2,[R1,#4]           ; R2←[R1 + 4],前变址,基址寄存器不变
```

这是前索引寻址（前变址）方式，参看表 5-6。这条指令把基址 R1 的内容加上位移量 4 后所指向的存储单元的内容送到寄存器 R2。指令执行完毕，基址寄存器的值不变。

如果使用基址寄存器值加偏移量完成寻址和数据访问之后，再自动地修改基址寄存器的值，这种基址寻址方式称为回写前变址。下面是回写前变址的寻址例子：

```
LDR  R2,[R1,#4]!          ; R2←[R1 + 4],地址在数据传送之前改变
                         ; R1←R1 + 4,数据传送后修改基址寄存器的值,回写前变址
```

符号"！"表示指令完成数据传送后更新基址寄存器的值。这种自动更新基址寄存器的操作不消耗额外时间。

另一种基址加偏移寻址方式称为后索引寻址（后变址）。此时，基址不带偏移作为传送的地址，传送后自动更新基址寄存器的值（也叫做自动索引）。例如：

```
LDR  R0,[R1],#4           ; R0←[R1] 数据传送完成之后将基址寄存器的值增加,后变址
```

注意 在执行数据块传送时，应该采用回写前变址或者后变址的方式，以便让基址寄存器

自动指向下一个传送地址。这种指令用法效率较高,是 ARM 指令集的特色之一。

(2) 基址加索引的寻址方式

在基址加索引寻址下,指令指定一个基址寄存器,再指定另一个索引寄存器,其索引寄存器的值作为位移加到基址寄存器上形成存储器地址。例如:

```
        LDR  R0,[R3,R4]              ; R0←[R3＋R4],前变址(即不变址)
```

这条指令将 R3 和 R4 的内容相加得到操作数的地址,再将此地址单元的内容送到 R0。指令执行完毕,寻址用的基址寄存器 R3 和变址寄存器 R4 的数值保持不变。

6. 多寄存器寻址

多寄存器寻址采用多寄存器访问内存指令,其指令助记符共有两个:STM 和 LDM,即多寄存器存储(Store)和多寄存器加载(Load)。

多寄存器访问指令的语法:

LDM{cond}address-mode Rn{!},reg-list 或者 STM{cond}address-mode Rn{!},reg-list

在上面的语法格式中,address-mode 是表示多寄存器寻址模式的辅助操作码,Rn 表示基址寄存器。通常在基址寄存器后面紧跟一个"!",表示自动变址。reg-list 是不可缺少的寄存器子集字段,该字段采用一对花括号表示。在这对花括号里,可以单独列出各个寄存器名,或者用寄存器的起止名称表示若干个寄存器。

STM 指令的功能是将寄存器集合字段中的两个以上寄存器值,按照寄存器编号顺序,存入基址寄存器指定的内存起始地址(字对齐)的数量相等的一组字单元里。

注意 这里所谓的寄存器编号顺序是指 R0,R1,R2,…,R15 的升序次序,而不是寄存器子集字段中寄存器的名称顺序。例如,寄存器子集字段 {R5-R9,R3,R1} 中共有 7 个寄存器,它们的寄存器编号顺序是 R1,R3,R5,R6,R7,R8,R9。

LDM 指令的功能是从基址寄存器指定的内存起始地址(字对齐)取出两个以上的字,按照寄存器编号顺序,存入指定的寄存器集合。

address-mode 辅助操作码共有四种:

- IA:基址寄存器增量(Increment)变址并且在访问内存之后(After)变址。
- IB:基址寄存器增量(Increment)变址并且在访问内存之前(Before)变址。
- DA:基址寄存器减量(Decrement)变址并且在访问内存之后(After)变址。
- DB:基址寄存器减量(Decrement)变址并且在访问内存之前(Before)变址。

【例 5-5】

```
        LDMIA  R3!,{R0,R2,R6}     ; R0←[R3],R2←[R3＋4],R6←[R3＋8]
                                  ; 由于传送的数据项总是 32 位的字,基址寄存器 R3 的初始取值应当字对准。
                                  ; 这条指令将 R3 指向的连续存储单元的内容装载到寄存器 R0、R2 和 R6
        STMDB  R0!,{R4,R5,R6}     ; R4→[R0-4],R5→[R0-8],R6→[R0-12]
```

7. 栈寻址

栈是一种按"后进先出"(LIFO)或"先进后出"(FILO)顺序进行存取的存储区。栈寻址是隐含的,它使用一个专门的寄存器(栈指针)指向一块栈存储区域。栈指针所指定的存储单元就是栈的栈顶。

按照栈指针移动方向,可将栈分为递增栈和递减栈。

- 递增栈(ascending stack):也称为向上生长栈,压栈操作时栈指针向高地址方向移动。
- 递减栈(descending stack):也称为向下生长栈,压栈操作时栈指针向低地址方向移动。

按照栈指针的指向元素，还可将栈分为满栈和空栈。如果栈指针总是指向最后压入栈的有效数据项，则这种栈称为满栈（full stack）；如果栈指针总是指向栈顶的下个数据项放入的空元素位置，则这种栈称为空栈（empty stack）。

综合上述两种分类方法，可得到 4 种类型的栈。ARM 处理器支持所有这 4 种类型的栈寻址，即递增满（FA）、递增空（EA）、递减满（FD）、递减空（ED）。按照 ARM 开发工具 ADS1.2 中 ATPCS 的规定，递减满（FD）为默认栈类型。

ARM 的栈访问指令是在多寄存器访问指令的助记符 LDM/STM 上附加栈类型属性构成的。例如，递减满栈的压栈指令助记符是 STMFD，递减满栈的出栈指令助记符是 LDMFD。

【例 5-6】

```
STMFD   SP!,{R2,R4,R6-R8}   ; 压栈操作,栈顶指针是 R13(即 SP),
                            ; 本指令将 R2、R4、R6、R7、R8 寄存器的值顺次压入栈区。
                            ; 每完成一个字的压栈操作,栈指针自动减 4
LDMFD   SP!,{R2,R4,R6-R8}   ; 出栈操作,栈指针是 R13(即 SP),
                            ; 本指令将栈顶的 5 个字顺次取出,加载到 R2、R4、R6、R7、R8 寄存器。
                            ; 每完成一个字的出栈操作,栈指针自动加 4
```

8. 块拷贝寻址

一种多寄存器寻址的简称，它是指把一块数据从存储器的某一位置拷贝到另一位置的寻址方式。由于块拷贝操作借助多寄存器传送指令 LDM/STM 完成，因此从本质上讲，块拷贝寻址就是多寄存器寻址。显然，前面讲到的栈寻址也属于多寄存器寻址。

【例 5-7】

```
LDMIA R0!,{R4-R11}   ; 以 R0 寄存器值为字指针,从内存读入 8 个字到 R4～R11
STMIA R1!,{R4-R11}   ; 将 R4～R11 寄存器里的 8 个字存入 R1 寄存器值为起始地址的 8 个字单元
```

9. 相对寻址

相对寻址是基址寻址的一种特殊形态，它把程序计数器 PC 当作基址寄存器。指令中的地址码字段作为位移量，两者相加后得到操作数的有效地址。位移量指出的是操作数与现行指令之间的相对位置。子程序调用指令就是相对寻址指令。在子程序汇编语句中，地址偏移量通常用标号表示。

【例 5-8】 下面是一个修改 PC 完成相对寻址的 ARM 汇编程序的例子。

```
        AREA   Examp_5_8,CODE,READONLY
        ENTRY
go      MOV R2,#2
        ADD PC,PC,#8        ; 直接修改 PC,完成相对寻址
        ADD R2,R2,R2
        ADD R2,R2,R2
        ADD R2,R2,R2
        ADD R2,R2,R2        ; 在 ARM 处理器是三级流水线的情况下,跳转到这里执行指令
        NOP
STOP    MOV R0,#0x18
        LDR R1,=0x20026
        SWI 0x123456
        END
```

5.4 ARM 指令的分类说明

ARM 指令集中的指令大致分为 9 类：分支指令、Load/Store 指令、数据处理指令、乘法指令、前导零计数指令、程序状态寄存器指令、协处理器指令、异常中断指令和 ARM 伪指令。

下面分别介绍其中的主要指令。

5.4.1　分支指令

在 ARM 中，有两种方法可以实现程序分支转移。一种是使用跳转指令，另外一种是所谓的长跳转，即直接向 PC 寄存器（R15）中写入目标地址。

ARM 中的分支跳转指令有以下 4 种：

1）B（分支指令）：语法为 B｛cond｝label。例如：

```
BGE    R2        ; 如果满足 GE 条件(无符号数大于等于),则跳转到 R2 寄存器指示的地址单元
```

2）BL（带链接分支指令）：语法为 BL｛cond｝label。

其中，label 是地址标号。B 和 BL 指令跳转限制在当前指令的 ± 32MB 范围内。

【例 5-9】　本例展示如何调用子程序。

```
        AREA    Exp5-9, CODE, READONLY
        ENTRY
go      BL      MyProg              ; 跳转到子程序
        SUB     R1, R3, #5
        MOVEQ   R1, #0
MyProg
        ADD     R1, R2, #100
        MOV     PC, LR              ; 返回
STOP    MOV     R0, #0x18           ; 由于 SWI 原因,安琪儿调试代理报告发生异常
        LDR     R1, =0x20026        ; 安琪儿调试协议停止,应用程序退出
        SWI     0x123456            ; ARM 半主机调试,软件中断
        END
```

3）BX（分支并可选地交换指令集）：语法为 BX｛cond｝Rm。

其中，Rm 是含有转移地址的寄存器。当 RM 寄存器的 bit[0] 为 0 时，目标地址处的指令为 ARM 指令；当 RM 寄存器的 bit[0] 为 1 时，目标地址处的指令为 Thumb 指令。

【例 5-10】　下面是 ARM 子程序与 Thumb 子程序切换语句范例。

```
        AREA  ArmPro5-10, CODE, READONLY
        ENTRY
go      MOV  R2, #2
AProg   ADD  R2, R2, R2
        ADR  R1, TProg +1
        ADD  R2, R2, R2
        BX   R1

        CODE16
TProg   MOV  R5, #3
        ADD  R5, R5, R5
        ADR  R0, out
        BX   R0

        CODE32
out     MUL  R6, R2, R5
        NOP
        B STOP
```

```
STOP        MOV  R0, #0x18
            LDR  R1, =0x20026
            SWI  0x123456
            END
```

4）**BLX**（带链接分支并可选择地交换指令集）：这条指令有如下两种形式：

- 带链接无条件转移到程序相对偏移地址。
- 带链接有条件转移到寄存器中的绝对地址。

语法：

```
BLX{cond} label |Rm
```

5.4.2　Load/Store 指令

Load/Store 指令用于在存储器和处理器之间传输数据。Load 指令用于把内存中的数据装载到寄存器，而 Store 指令用于把寄存器中的数据存入内存。ARM 共有 3 种类型的 Load/Store 指令：单寄存器传输指令、多寄存器传输指令和交换指令。

1. 单寄存器传输指令

利用该指令可在 ARM 寄存器和存储器之间传送 32 位字、16 位半字和 8 位字节。其语法如下：

< LDR |STR > { < cond > }{B}Rd, addressing1

这里的 addressing1 有三种变体：

- Rn, # + / - offset_12
- Rn, + / - Rm
- Rn, + / - Rm, #shift_imm

LDR{ < cond > }SB |H |SH Rd, addressing2
STR{ < cond > } H　Rd, addressing2

这里的 addressing2 有两种变体：

- Rn, # + / - offset_8
- Rn, + / - Rm

< LDR |STR > { < cond > }{B}Rd, LABEL

这是相对 PC 的寻址形式。汇编器将在汇编时把标号 LABEL 汇编成 PC 的偏移量存入该指令的立即数字段。

【例 5-11】　LDR 和 STR 指令的使用片段

```
LDR  R3, [R0], #4   ;后变址,R0 存放的是源数据字指针,加载后 R0 被更新
STR  R3, [R1], #4   ;后变址,R1 存放的是目的数据字指针,存入后 R1 被更新
```

表 5-5 给出了单寄存器传输指令助记码及解释。

表 5-5　单寄存器传输指令助记码

助记码	操作	指令描述
LDR	把一个字装入一个寄存器	Rd←mem32[address]
STR	从一个寄存器保存一个字	Rd→mem32[address]

（续）

助记码	操作	指令描述
LDRB	把一个字节装入一个寄存器	Rd←mem8[address]
STRB	从一个寄存器保存一个字节	Rd→mem8[address]
LDRH	把一个半字装入一个寄存器	Rd←mem16[address]
STRH	从一个寄存器保存一个半字	Rd→mem16[address]
LDRSB	把一个有符号字节装入寄存器	Rd←符号扩展（mem8[address]）
LDRSH	把一个有符号半字装入寄存器	Rd←符号扩展（mem16[address]）

【例 5-12】

```
LDRB  R0,[R1,R3]      ; 将 R1 + R3 单元中的有符号字节(补码)读取到 R0 中,
                      ; R0 的高 24 位设置为该字节的符号位
```

单寄存器传输指令的变址模式有三种：前变址、后变址、回写前变址，如表 5-6 所示。

表 5-6 LDR/STR 指令的变址模式

变址模式	数据	基址寄存器	指令举例
回写前变址	mem[base + offset]	基址寄存器加偏移量	LDR r0, [r1, #4]!
前变址	mem[base + offset]	不变	LDR r0, [r1, #4]
后变址	mem[base]	基址寄存器加偏移量	LDR r0, [r1], #4

【例 5-13】

```
LDR  R3,data[R2 +28]  ; 前变址方式,基址寄存器是 R2。
                      ; 此语句将段地址 data 加 R2 寄存器值,再加 28 得到的单元作为访问地址,
                      ; 取出一个 32 位字加载到 R3 寄存器,完成之后 R2 的值不变
```

2. 多寄存器传输指令

多次装载/存储的 Load/Store 指令可以用一条指令传送多个寄存器的值到内存，或者从内存取数据到多个寄存器。传输从基地址寄存器 Rn 指向的内存地址开始，加载或者存储 N 个寄存器。多寄存器传送指令的优点是在数据块操作、上下文切换、栈操作方面比单寄存器传送指令效率更高，但缺点是增加了中断延迟。

这种指令的语法如下：

< LDM |STM > { < cond > } < 寻址模式 >Rn{!}, < Register > {^}

说明：

- LDM：表示装载多个寄存器，< Rn > * N←mem32[start address + 4 * N]，optional Rn updated。
- STM：表示保存多个寄存器，< Rn > * N→mem32[start address + 4 * N]，optional Rn updated。

表 5-7 列出了多寄存器数据传输指令的不同模式，其中 N 是操作寄存器的个数。

表 5-7 多寄存器传送 LDM/STM 指令的寻址模式

寻址模式	变址描述	起始地址	结束地址	选择 {!} 时 Rn 值改变方式
IA	执行后增加	Rn	Rn + 4 * N-4	Rn + 4 * N
IB	执行前增加	Rn + 4	Rn + 4 * N	Rn + 4 * N
DA	执行后减少	Rn-4 * N + 4	Rn	Rn-4 * N
DB	执行前减少	Rn-4 * N	Rn-4	Rn-4 * N

ARM 处理器的 LDM/STM 指令通常称为数据块拷贝指令。

下面给出了多寄存器传送指令 STM 的 4 种数据块拷贝用法举例。

【例 5-14】

```
STMIA R0!,{R1-R7}      ; 以 R0 为地址指针,将 R1 ~ R7 保存到内存,然后指针增量移动
STMIB R0!,{R1-R12}     ; 以 R0 为地址指针,指针增量移动,再将 R1 ~ R12 保存到内存
STMDA R3!,{LR,PC}      ; 以 R3 为地址指针,将 R14 ~ R15 保存到内存,然后指针减量移动
STMDB R7!,{R1-R4}      ; 以 R7 为基地址指针,指针先减量移动,再将 R1 ~ R7 保存到内存
```

此外,ARM 体系结构没有专门的栈指令,只能借助 LDM/STM 指令完成栈操作。POP 操作使用一条 LDM 指令,PUSH 操作使用一条 STM 指令。

栈类型取决于两个因素:①栈顶指针向上生长(向高地址方向移动,Ascending)还是向下生长(向低地址方向移动,Dscending)。②满栈(栈顶指针指向栈顶元素,Full Stack)还是空栈(栈顶指针指向栈顶的下一个存储元素位置,Empty Stack)。因此 ARM 处理器栈有 4 种寻址模式,分别用 FA、FD、EA 和 ED 表示。

对于每一种操作模式的栈指令,都有一个等价的块拷贝指令相对应。表 5-8 给出了从栈操作和块拷贝角度出发使用的多寄存器加载和存储指令。

表 5-8　栈操作寻址方式

| 栈类型 | | 内存数据传送到寄存器 | | 寄存器数据传送到内存 | |
寻址方式	说明	栈操作:弹出	块操作:加载	栈操作:压入	块操作:保存
FA	递增满	LDMFA	LDMDA	STMFA	STMIB
FD	递减满	LDMFD	LDMIA	STMFD	STMDB
EA	递增空	LDMEA	LDMDB	STMEA	STMIA
ED	递减空	LDMED	LDMIB	STMED	STMDA

按照 ARM 公司的技术规范(ATPCS),栈被定义为递减式满栈。因此通常在 ARM 软件开发时,栈的 POP 操作使用 LDMFD 指令,栈的 PUSH 操作使用 STMFD 指令(在表 5-8 中用加粗字体印出)。

下面给出了单个寄存器的栈操作举例。

【例 5-15】

```
        AREA  ArmPro15, CODE, READONLY
        ENTRY

StackOP MOV   R2, #18       ; 18 = 0x12
        MOV   R3, #36       ; 36 = 0x24
        MOV   R8, #4
        LDR   R5, =StpPoint  ; 栈指针存入 R5
        STMFD R5!,{R3}      ; 将 R3 压入栈区
        ADD   R4, R2, R3    ; 通用寄存器的计算
        MOV   R3, R4
        LDMFD R5!,{R8}      ; 出栈到 R8,R8 保存了 R3 的原先值
        MOV   R0, #0x18
        LDR   R1, =0x20026
        SWI   0x123456

        AREA  BlockData, DATA, READWRITE
StkBase SPACE 255
StpPoint DCD   1,2,3,4,5,6,7,8,9,10
        END
```

3. 交换指令

交换指令（SWP）是 Load/Store 指令的特例。它用于将存储单元和寄存器中的字或者无符号字节相交换，即交换数据的读取和存入组合在一条指令中，通常把这两个数据传输结合成一个不能够被外部存储器访问分隔开的基本操作，因此 SWP 指令操作的是一个原子操作。SWP 指令也称为信号量指令。

语法：

SWP {B}{ < cond > }Rd, Rm,[Rn]

指令说明：

- SWP（字交换）：temp = mem32[Rn]；mem32[Rn] = Rm；Rd = temp。SWP 操作的三个步骤如图 5-4 所示。
- SWPB（字节交换）：temp = mem8[Rn]；mem8[Rn] = Rm；Rd = temp。

交换指令在操作期间不能被其他任何指令或其他任何总线访问打断，直至交换完成为止。

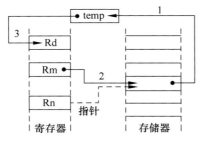
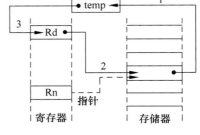

a）SWP指令的一般性操作 　　　　　b）当Rm等同Rd时SWP指令的操作

图 5-4　ARM 处理器 SWP 指令的图解

【例 5-16】　本例是可用 AXD 调试器做单步调试的 SWP 指令验证汇编程序。

```
;SWP 指令的编程举例
          AREA Example_5_16,CODE,READONLY   ; 代码段
          ENTRY
go
          MOV  R0,#0x14              ; SWP 指令的 Rd,赋值为 0x14
          MOV  R1,#0xA1              ; SWP 指令的 Rm,赋值为 0xA1
          LDR  R3, = src             ; SWP 指令的 Rn,赋值为标号 src 所在数据段的第一个字地址
          SWP  R0,R1,[R3]            ; 执行 SWP 指令
          NOP                        ; 空操作指令,让调试者观察 SWP 指令执行的结果
STOP      MOV  R0,#0x18              ; angel_SWIreason_ReportException
          LDR  R1, =0x20026          ; ADP_Stopped_ApplicationExit
          SWI  0x123456              ; ARM semihosting SWI

          AREA data,DATA,READWRITE   ; 数据段
src       DCD  0x98                  ; R3 寄存器的值是指向 src 的地址指针
          END
```

在 ADS 环境下对 Example_5_16.s 汇编程序进行编译链接，生成.AXF 格式的映像。之后，可以直接关联调用 AXD 调试器进行单步调试。调试结果：执行了 SWP　R0, R1,［R3］指令之后，R0 寄存器的值变为 0x98，参见图 5-5。而 R1 寄存器的值不变，仍然是 0xA1，src 标号所在的字变成 0xA1，即 R0 寄存器与内存单元做了字交换操作。参见图 5-6。

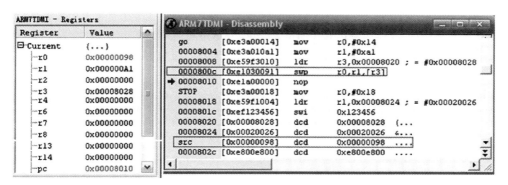

图 5-5   在 AXD 调试器环境下 SWP 指令执行后的寄存器取值

图 5-6   SWP 指令执行后内存单元［R3］取值为 R1 值，R0 值为［R3］值

5.4.3   数据处理指令

ARM 数据处理指令大致分为 5 种类型。

表 5-9 给出了 16 个数据处理指令。

表 5-9   数据处理指令清单

操作码	助记符	操作描述	动作
0000	AND	逻辑与	Rd←Rn AND 第 2 操作数
0001	EOR	逻辑异或	Rd←Rn EOR 第 2 操作数
0010	SUB	基本减法	Rd←Rn – 第 2 操作数
0011	RSB	反向减法	Rd←第 2 操作数 – Rn
0100	ADD	基本加法	Rd←Rn + 第 2 操作数
0101	ADC	带进位加法	Rd←Rn + 第 2 操作数 + 进位标志
0110	SBC	带借位减法	Rd←Rn – 第 2 操作数 – 进位标志的非
0111	RSC	带借位反减法	Rd←第 2 操作数 – Rn – 进位标志的非
1000	TST	测试	Rn AND 第 2 操作数后更新标志
1001	TEQ	测试相等	Rn EOR 第 2 操作数后更新标志
1010	CMP	比较	Rn – 第 2 操作数后更新标志
1011	CMN	负值比较	Rn + 第 2 操作数后更新标志
1100	ORR	逻辑或	Rd←Rn OR 第 2 操作数
1101	MOV	传送	Rd←第 2 操作数
1110	BIC	位清零	Rd←Rn AND NOT 第 2 操作数
1111	MVN	传送非数据	Rd←NOT 第 2 操作数

1. 数据传送指令

MOV 将第 2 操作数的值拷贝到结果寄存器中。例如：

```
MOV R8,R1    ; R8←R1
```

MVN 将第 2 操作数的每一位取反，然后赋值给结果寄存器。例如：

```
MVN R2,#0X0
```

2. 算术运算指令

ADD 和 SUB 表示基本加减运算；ADC 和 SBC 表示带进位和借位标志的加减运算；RSB 表示反减运算，即用第 2 个操作数减去源操作数；RSC 表示带进位标志的反减运算，若进位标志为 0，则结果减 1。

注意 若设置 S 位，则这些指令根据结果更新标志位 N、Z、C 和 V。

ADC、SBC 和 RSC 用于多个字的算术运算。

【例 5-17】

```
ADDS  R5,R0,R2     ;加数的低 32 位相加,R0 和 R2 存放两加数的低 32 位
ADC   R6,R1,R3     ;加数的高 32 位带进位相加,R1 和 R3 存放两加数的高 32 位
```

3. 逻辑运算指令

逻辑运算指令 AND、ORR 和 EOR 分别完成"与"、"或"、"异或"的按位操作。

BIC 用于清除寄存器 Rn 中的某些位，并把结果存放到目的寄存器 Rd 中，即 Rd = Rn AND（!mask）。mask 是 32 位掩码，如果掩码中的某一位被置位，则执行 BIC 指令后清除 Rn 中的对应位。

【例 5-18】

```
BIC R1,R1 #0xC8      ;R1 中的第 7、6、3 位被清 0,其余位不变
```

4. 比较指令

CMP 是比较指令，用于比较两个数的大小。其方法是目的操作数减去源操作数，再根据结果更新条件码标志。例如指令 CMP r0，r1 将根据 r0 - r1 的结果更新标志位。

CMN 是反值比较指令，功能与 CMP 相同，区别在于目的操作数减去源操作数的反码，再根据结果更新条件码标志。

5. 测试指令

TST 是位测试指令。先对两个操作数进行按位"与"操作，再根据结果更新标志位，不保存运算结果。

TEQ 也是位测试指令。先对两个操作数进行按位"异或"操作，再根据结果更新标志位，不保存运算结果。

5.4.4 乘法指令

有两类乘法指令：一类为 32 位的乘法指令，即只保存乘法结果的低 32 位；另一类为 64 位的乘法指令，即保存完整的 64 位乘法结果。

（1）32 位的乘法指令

MUL 指令用于将两个 32 位的数（可以为无符号数，也可以为有符号数）相乘，并且将结果存放到一个 32 位的寄存器中。同时可以根据运算结果设置 CPRS 寄存器中相应的条件标志位。其语法为：

```
MUL {<cond>}{s} <Rd>,<Rm>,<Rs>
```

MLA 指令用于将两个 32 位的数（可以为无符号数，也可以为有符号数）相乘，再将乘积加上第 3 个操作数，并将结果存放到一个 32 位的寄存器 Rn 中。同时可以根据运算结果设置 CPRS 寄存器中相应的条件标志位。其语法为：

```
MLA {<cond>}{s} <Rd>,<Rm>,<Rs>,<Rn>
```

注意 MUL 和 MLA 指令中 R15 不能做 Rd、Rm、Rs 或者 Rn。Rd 不能与 Rm 相同。

（2）64 位的乘法指令

64 位的乘法指令共有 4 条，它们是 UMULL、UMLAL、SMULL 和 SMLAL。

其语法如下：

`< opcode > { < cond >}{S} < RdLo >, < RdHi >, < Rm >, < Rs >`

其中，opcode 的取值包括：

- **UMULL** 无符号数长乘，RdHi:RdLo←Rm * Rs（将无符号数 Rm * Rs 乘积的高 32 位存入 RdHi 寄存器，乘积的低 32 位存入 RdLo 寄存器）
- **UMLAL** 无符号数长乘并累加，RdHi:RdLo + = Rm * Rs
- **SMULL** 有符号数长乘，RdHi:RdLo←Rm * Rs
- **SMLAL** 有符号数长乘并累加，RdHi:RdLo + = Rm * Rs

【例 5-19】

```
MUL      R4,R1,R5    ; R4 = R1 * R5
MULS     R6,R1,R5    ; R6 = R1 * R5 , 运算完毕后,CPSR 中的 N 位和 Z 位被刷新
```

5.4.5 前导零计数指令

在 ARMv5 及以上版本中含有一条特别的算术指令 CLZ，用于计算操作数中前导零的个数。下面给出 CLZ 的语法为：

```
CLZ{ < cond >}  Rd,Rm
```

说明：CLZ（Count Leading Zeros）指令对 Rm 中值的前导零个数进行计数，结果放到 Rd 中。若源寄存器全为 0，则结果为 32。若位［31］为 1，则结果为 0。

前导零计数指令 CLZ 的用途主要有两个：

1）操作数需要规范化时计算需要左移的位数。

2）确定一个掩码中的最高优先级。

【例 5-20】下面的两条指令可以实现将寄存器 R5 中的数规范化。

```
CLZ      R1, R5              ; 需要将处理器的 IP 核选择在 ARMv5 以上
MOVS     R5, R5, LSL, R1
```

5.4.6 程序状态寄存器指令

程序状态寄存器指令有两条：MRS 和 MSR。两者在通用寄存器和状态寄存器之间进行数据传送，但是数据传送方向相反。

这两条指令的语法如下：

```
MRS { < cond >} Rd, < CPSR |SPSR >
MSR { < cond >} < CPSR |SPSR >_< fields >,Rm
MSR { < cond >} < CPSR |SPSR >_< fields >,#< immediate32 >
```

这里 < field > 表示下列情况之一：

c—控制域，即 PSR［7:0］。

x—扩展域，即 PSR［15:8］。

s—状态域，即 PSR［23:16］。

f—标志域，即 PSR［31:24］。

PSR 是程序状态寄存器的缩略语，泛指 CPSR 和 SPSR。

MRS 指令用于将状态寄存器的内容传到通用寄存器中，主要在以下 3 种场合使用。

- 状态寄存器的内容不能直接访问，要通过"读取 – 修改 – 写回"的操作序列进行修改。
- 当异常中断允许嵌入时，需要在进入异常中断之后嵌套中断发生之前保存当前处理器模式对应的 SPSR。
- 当进程切换时也需要保存当前寄存器值。

【例 5-21】

```
MRS    R3,CPSR                          ; 将 CPSR 的内容传送到 R3
MRS    R2,SPSR                          ; 将 SPSR 的内容传送到 R2
```

MSR 指令用于将通用寄存器的内容传到状态寄存器中。MRS 和 MSR 配合使用，可作为更新 PSR 的"读取 – 修改 – 写回"序列的一部分。例如：

```
MSR    CPSR_F,#&F0000000                ; 设置所有标志位
```

【例 5-22】 从当前异常模式切换到 IRQ 模式（例如，启动时初始化 IRQ 堆栈指针）。

```
         AREA    ArmPro5-22, CODE, READONLY
         ENTRY
Change
         MRS R0, SPSR                    ; 将 CPSR 传送到 R0
         BIC R0, R0, #0x1F               ; 修改 R0,将 R0 的低 5 位清 0
         ORR R0, R0, #0x12               ; 修改 R0,设置模式位为 IRQ 模式
         MSR CPSR_c, R0                  ; 将 R0 的最低字节拷贝送到 CPSR 的最低字节

         MOV R0, #0x18
         LDR R1, =0x20026
         SWI 0x123456

         AREA  BlockData, DATA, READWRITE
MyData   DCD   1,2,3,4,5,6
         END
```

5.4.7 协处理器指令

ARM 处理器的协处理器操作指令会为 **CDP**。该指令的语法为：

```
CDP { <cond> } <CP#>, <Cop1>,CRd,CRn,CRm{, <Cop2> }
```

通常，与协处理器编号 CP#一致的协处理器将接受此指令，并执行操作。具体操作由 Cop1 和 Cop2 字段定义，使用 CRn 和 CRm 作为源操作数，并将结果放到 CRd。

【例 5-23】

```
CDP  P6,2,C5,C10,C3,16   ; 激活协处理器 P6 的操作,其中,操作码 1 的值为 2,
                         ; 操作码 2 的值为 16,目标寄存器为 C5,源操作数寄存器为 C10 和 C3
```

MRC 和 **MCR** 指令用于在 ARM 处理器寄存器和协处理器寄存器之间传送数据。MRC 指令从协处理器传送数据到 ARM 寄存器，MCR 指令从 ARM 寄存器传送数据到协处理器。这两条指令的语法为：

```
MRC |MCR{ <cond> } <CP#>, <Cop1>,Rd,CRn,CRm{, <Cop2> }
```

【例 5-24】

```
MRCCS P2,2,R6,C8,C2,4        ; 协处理器 P2 寄存器的数据传送到 ARM 寄存器中。
                             ; 其中,R6 是 ARM 处理器,也是目标寄存器。
                             ; C8 和 C2 为协处理器寄存器,存放源操作数。
                             ; 操作码 1 的值为 2,操作码 2 的值为 4。
```

LDC 和 STC 指令用于在协处理器寄存器与存储器之间传送数据。LDC 指令从存储器传送数据到协处理器,STC 指令从协处理器传送数据到存储器。这两条指令的语法如下:

- 前变址格式

```
LDC |STC{ < cond >}{L} < CP# >,CRd,[Rn, < offset >]{!}
```

- 后变址格式

```
LDC |STC{ < cond >}{L} < CP# >,CRd,[Rn], < offset >
```

注意 前变址和后变址的意义和区别请参阅表 5-6。

5.4.8 异常中断指令

SWI 是软件中断指令,用于产生 SWI 异常中断,以实现在用户模式下调用操作系统的监控功能程序(Supervisor Function)。它将处理器置于管理(SVC)模式,从地址 0x08 开始执行指令。

该指令的语法为:

```
SWI { < cond >} <24 位立即数 >
```

说明:24 位立即数并不影响指令的操作,它被操作系统用来判断用户程序调用系统例程的类型,而相关参数通过通用寄存器来传递。如果条件通过,则指令使用标准的 ARM 异常入口程序进入管理(SVC)模式。处理器的操作如下:

1)将 SWI 后面指令的地址保存到 R14_SVC。

2)将 CPSR 保存到 SPSR_SVC。

3)进入管理模式,将 CPSR[4:0] 设置为 0b10011,并将 CPSR[7] 设置为 1,以便禁止 IRQ。

4)将 PC 设置为 0x08,并开始执行那里的指令。

为了返回 SWI 后面的指令,系统程序不但要将 R14_SVC 拷贝到 PC,而且必须由 SPSR_SVC 恢复 CPSR。

BKPT 是断点中断指令,用于产生软件断点,在 ARMv5 及以上版本中引入,供调试程序使用。

5.4.9 ARM 伪指令

ARM 中有 4 条伪指令,包括 ADR、ADRL、LDR 和 NOP。这些伪指令在汇编编译器对源程序进行汇编处理时被替换成对应的 ARM 或者 Thumb 指令序列。

1. ADR

ADR 是小范围的地址读取伪指令,该指令将基于 PC 的地址值或者基于寄存器的地址值读取到寄存器中。其语法为:

```
ADR { < cond >} register,expr
```

其中，register 为目标寄存器，expr 为基于 PC 或者基于寄存器的地址表达式，其取值范围如下：

- 当地址值不是字对齐时，其取值范围为 – 255 ~ 255。
- 当地址值是字对齐时，其取值范围为 – 1020 ~ 1020。
- 当地址值是 16 字节对齐时，其取值范围将更大。

【例 5-25】 下面的汇编代码片段示出了 ADR 伪指令的使用例子

```
            AREA    ArmPro25, CODE, READONLY
            ENTRY
go          MOV     R2, #80
            LDR     R1, =StpBse
            LDR     R3, [R1, #4]!
            ADD     R5, R2, R3
            STR     R5, [R1, #4]!

start       MOV     R0, #10        ; 因为 PC 值为当前指令地址值加 8 字节
            ADR     R4, start      ; 本 ADR 伪指令将被编译器替换成 SUB R4, PC, #0xC

            MOV     R0, #0x18
            LDR     R1, =0x20026
            SWI     0x123456

            AREA    BlockData, DATA, READWRITE
StpBse      DCD     1,2,3,4,5,6,7,8,9,10
            END
```

2. ADRL

ADRL 是中等范围的地址读取伪指令。该指令将基于 PC 或基于寄存器的地址值读取到寄存器中。ADRL 伪指令可以比 ADR 伪指令读取更大范围的地址。ADRL 伪指令在汇编时被编译器替换成两条指令。其语法为：

```
ADRL {<cond>} register,expr
```

其中，register 为目标寄存器，expr 为基于 PC 或者基于寄存器的地址表达式，其取值范围如下：

- 当地址值不是字对齐时，其取值范围为 – 64 ~ 64KB。
- 当地址值是字对齐时，其取值范围为 – 256 ~ 256KB。
- 当地址值是 16 字节对齐时，其取值范围将更大。

【例 5-26】 下面的汇编代码片段示出了 ADRL 伪指令的使用例子

```
; ASM_Prog5-26    中等范围地址读取伪指令
        AREA    adrlabel, CODE,READONLY
        ENTRY   ; 标识第一条执行的指令
Start
        BL      Myfunc              ; 跳转到子程序入口地址
stop    MOV     r0, #0x18           ; 安琪儿代理报告因为 SWI,发生异常
        LDR     r1, =0x20026        ; 安琪儿调试协议停止,应用程序退出
        SWI     0x123456            ; 进入 ARM 半主机方式的软件中断
        LTORG                       ; 创建一个文字池

Myfunc ADR     r0, Start           ; 伪指令被汇编成:SUB r0, PC, #offset to Start
        ADR     r1, DataA           ; 伪指令被汇编成:ADD r1, PC, #offset to DataArea
        ; 右边的伪指令是错误的:ADR r2, DataArea +5700
        ; 因为这个偏移量不能够表示成 ADD 指令的第 2 操作数
```

```
        ADRL     r2, DataA +5700        ; 伪指令被汇编成两条指令:
                                        ; ADD r2, PC, #offset1
                                        ; ADD r2, r2, #offset2
        MOV      pc, lr                 ; 返回主程序

DataA   SPACE 8000                      ; 从当前位置起保存 8000 个字节单元,并将其清零。
        END
```

3. LDR

LDR 是大范围的地址读取伪指令，可以将一个 32 位的常数或者一个地址值读取到寄存器。其语法为:

```
LDR{ <cond> }register, ={expr |label-expr}
```

其中，如果 expr 表示的地址值可用 MOV 或者 MVN 指令的地址字段表示，则用合适的 MOV 或者 MVN 指令代替该 LDR 指令。如果 label- expr 表示的地址值超过了 MOV 或者 MVN 指令的地址表达范围，则编译器将该常数放在数据缓冲区中，同时用一条基于 PC 的 LDR 指令读取该常数。

LDR 伪指令主要用于以下两种用途:

- 当需要读取到寄存器中的数据超过了 MOV 及 MVN 指令可以操作的范围，也就是需要存入的数值太大或者较为特殊，无法用第 2 操作数表示时，可以使用 LDR 伪指令将该数据读取到寄存器中。
- 将一个基于 PC 的地址值或者外部的地址值读取到寄存器中。由于这种地址值是在连接时确定的，所以这种代码不是位置无关的。同时，LDR 伪指令处的 PC 值到数据缓冲区中的目标数据所在的地址的偏移量要小于 4KB。

【例 5-27】

1）将 0xff0 读取到 R1 中。

```
LDR R1, =0xFF0
```

汇编结果如下:

```
MOV R1,0xFF0
```

2）将外部地址 ADDR_PRO 读取到 R1 中。

```
LDR R1, =ADDR_PRO
```

汇编结果如下:

```
LDR R1,[PC_OFFSET_TO_LPOOL]
...
LPOOL DCD ADDR_PRO
```

4. NOP

NOP 是空操作伪指令，汇编时将被替换成 ARM 中的空操作。

例如可能为 MOV R0, R0 或者 ADD R0, R0, #0。

5.5 本章小结

本章首先讲解了 ARM 处理器指令系统的基本特点，随后介绍了 ARM 指令集的编码格式和基本语法，以及 ARM 处理器的寻址方式。最后按照功能分类，分别介绍了 ARM 处理器 9 类指

令。包括分支指令、Load/Store 指令、数据处理指令、协处理器指令、异常中断指令和伪指令等。为了方便读者理解 ARM 寻址方法和指令用法，在本书的配套光盘里给出了与本章内容相配套的若干 ARM 汇编程序工程文件。读者可以在 ADS 或者 RVDS 环境下进行编译链接，生成映像文件；然后用调试器 AXD 的模拟器进行单步执行，考察各个 ARM 汇编程序的真实运行，包括寄存器变化、内存单元的数据值和数据变化、反汇编窗口的指令和标号的存放位置和数据内容等；实际体验常用 ARM 指令的功能和用法。

5.6 习题和思考题

5-1 ARM 指令如果带有 CC 指令辅助操作码，如 ADDCC R0，R3，R4，则该指令在何种条件位状态下执行？

5-2 ARM 的 4 个分支指令 B、BL、BX、BLX 的功能有何区别？

5-3 试说明多寄存器传送指令与栈操作指令和数据块操作指令的关系。

5-4 SWP 指令的功能是什么？

5-5 ARM 处理器软件中断指令 SWI 的功能是什么？

5-6 ARM 有哪几条伪指令？它们的功能是什么？

5-7 ARM 处理器如何完成寄存器的移位操作？

5-8 CPSR 寄存器的值如何传送到通用寄存器？

5-9 举例说明什么是 LDR 和 STR 指令的回写前变址、前变址和后变址？三者有什么区别？

第 6 章　ARM 汇编语言程序设计

在嵌入式系统开发过程中，经常会涉及硬件相关的编程任务。硬件编程可以使用 C 语言实现，也可以使用汇编语言实现。与 C 语言程序设计相比较，用汇编语言程序设计更加贴近嵌入式处理器的硬件特性。此外，汇编语言编程还有另外两个重要优势。一个是嵌入式操作系统移植。任何一个嵌入式操作系统都有几百行底层硬件汇编语言代码，为了正确地移植操作系统，必须结合硬件数据手册，弄懂这些底层汇编级代码，并且在需要时加以改写。另外一个优势是有助于优化算法时空效率。通常，嵌入式应用程序使用 C 语言编程，C 语言的执行效率高，能够满足大部分需求。可是为了获得更快的速度和更高的效率，部分子程序还是用汇编语言程序编写为好。汇编代码能够做到充分利用硬件特性，使执行流程更加精巧。

本章将全面地讲解 ARM 处理器汇编语言程序的格式、汇编语言的指示符和伪指令、ARM 过程调用标准 ATPCS 和 AAPCS、GNU 格式的 ARM 汇编程序设计。在讲述过程中将给出典型的 ARM 汇编语言程序范例。

6.1　概述

ARM 汇编语言程序主要有两种格式：基于 ADS（包括 SDT 和 RVDS 在内，统称为 ADS）集成开发环境汇编器格式和基于 Linux 的 GNU 汇编器格式。在本章的大部分节中，我们将主要介绍基于 ARM 公司 ADS 集成开发环境汇编器格式的汇编语言程序设计的规则和方法。这些规则和方法对于 RVDS 集成开发套件也是适用的。在 6.9 节，我们将介绍基于 GNU 汇编器的 ARM 汇编语言程序编写方法。

6.1.1　预定义寄存器名及内部变量名

在 ARM 汇编器中，有几十个寄存器名称作为保留字预先给予了定义，这些预定义寄存器名都是大小写敏感的，它们与具体的寄存器一一对应。参见表 6-1。

表 6-1　ARM 公司 ADS 汇编语言程序预定义的寄存器名

预定义寄存器名	描述
r0 ~ r15 和 R0 ~ R15	ARM 处理器的通用寄存器
a1 ~ a4	入口参数、处理结果、暂存寄存器，是 r0 ~ r3 的同义词
v1 ~ v8	变量寄存器，r4 ~ r11
sb 和 SB	静态基址寄存器，r9
sl 和 SL	栈界限寄存器，r10
fp 和 FP	帧指针寄存器，r11
Ip 和 IP	内部过程调用暂存寄存器，r12
Sp 和 SP	栈指针寄存器，r13
lr 和 LR	连接寄存器，r14
pc 和 PC	程序寄存器，r15
cpsr 和 CPSR	当前程序状态寄存器

（续）

预定义寄存器名	描述
spsr 和 SPSR	保存的程序状态寄存器
f0 ~ f7 和 F0 ~ F7	浮点数运算加速寄存器
s0 ~ s31 和 S0 ~ S31	单精度向量浮点数运算寄存器
d0 ~ d15 和 D0 ~ D15	双精度向量浮点数运算寄存器
p0 ~ p15	协处理器 0 ~ 15
c0 ~ c15	协处理器寄存器 0 ~ 15

表 6-2 给出了 ARM 汇编器内部使用的部分变量名。这些变量可以用在表达式或者条件中。例如：

```
IF {ENDIAN} = "little"
IF {ARCHITECTURE} = "5T"
```

表 6-2　ARM 汇编语言程序的部分内部变量名

内部变量	描述
{PC} 或	当前指令地址
{VAR} 或@	内存区定位计数器的当前值
{TRUE}	逻辑值真
{FALSE}	逻辑值假
{CONFIG}	汇编器如果在汇编 ARM 指令，取值为 32；如果在汇编 Thumb 指令，取值为 16
{ENDIAN}	如果汇编器是大端序，则取值 big；如果是小端序，则取值 little
{CPU}	被选择的 CPU 名称，默认值是 ARM7TDMI
{ARCHITECTURE}	该变量内容是被选择的 ARM 体系结构的名称，如 3、3M、4T
{CODESIZE}	{CONFIG} 的同义词

6.1.2　ARM 汇编语言程序的语句格式

ARM 处理器汇编语言程序的英文语句格式描述是：

{ symbol } { instruction | directive | pseudo - instruction } { ;comment }

对应的中文语句格式描述是：

{ 符号 } { 指令 | 指示符 | 伪指令 } { ;注释 }

语句格式中，花括号括起来的部分表示可以省略，竖线分隔的字段表示可以替换。

1. 符号命名规则

ARM 汇编语句中的符号可以是指令地址或标号、变量、常量和局部标号，符号属性可以是程序相关的、寄存器相关的或者是绝对地址。

在符号中，程序相关的指示符有 DCB、DCD 等；寄存器相关的指示符有 MAP、SPACE、DCDO 等；绝对地址是范围在 $2^{32} - 1$ 的整数，可直接用来表示地址。

符号的命名和书写有以下规则：

1）符号命名可以使用大小写字母、数字和下划线。

2）符号是大小写字母敏感的。

3）除本地行号外，名称不能以数字开头。

4）一个程序段中的符号不能重名。

5）符号在其作用范围内必须唯一。

6）符号不能与系统内部变量或者系统预定义的符号同名。例如：a1 或 R0、sp、cpsr、｜PC｜或 .、｜VAR｜或@、｜CONFIG｜、｜CPU｜等。

7）当程序中的符号与指令助记符或者指示符同名时，用双竖线将符号括起来。例如‖buffe_a‖，这时双竖线并不是符号的组成部分。

8）在 ARM 汇编语言程序中，所有符号必从一行的最左边位置开始书写，即所谓的顶格书写，不允许包含空格或者制表符。

9）符号的字符序列中不能大小写字母混杂。

10）如果符号使用了更大范围的字符集，则需要用单竖线将符号括起来，以便编译器处理。例如，｜.text｜和‖Image$$ZI$$Limit｜。

11）单竖线不属于符号，在两个竖线之间不能再有单竖线或者分号。

2. 常量

ARM 汇编语言中用到的常量有数字常量、字符常量、字符串常量和布尔常量。

数字常量有以下 3 种表示方式：

1）十进制数，如 535、246。

2）十六进制数，如 0x645、0xff00。

3）n_XXX，n 表示 n 进制，范围从 2～9，XXX 是具体的数字。例如 8_3777。

字符常量由一对单引号引起来，包括一个单字符或者标准 C 中的转义字符。例如：'A'、' \ n'。

字符串常量由一对双引号以及由它引起来的一组字符串组成，包括标准 C 中的转义字符。如果需要使用双引号或字符 $，则必须用""和 $$ 代替。

例如，执行语句：

```
strtwo SETS "This is character of """
```

编译结果是字符串 "This is character of ""被赋值给 strtwo 变量。

布尔常量 TRUE 和 FALSE 在表达式中写为：｜TRUE｜、｜FALSE｜。

3. 表达式

ARM 汇编语言中的表达式由符号、数值、单目操作符、双目操作符以及括号组成。操作符的运算的优先级次序与标准 C 一样。

（1）字符串表达式

字符串由字符串常量、字符串变量、操作符以及括号组成。字符串的最大长度为 512 字节，最短为 0 字节。字符串表达式的组成元素有：字符串常量、字符串变量、操作符等。字符串常量由包含在双引号内的一系列字符组成。当在字符串中包含符号 $ 或者引号 " 时，用 $$ 表示一个 $，用""表示一个"。字符串变量用指示符 GBLS 或者 LCLS 声明，用 SETS 赋值。取值范围与字符表达式相同。字符串操作符如表 6-3 所示。

表 6-3　ARM 汇编语言中的字符串操作符

操作符	功能	操作符	功能
LEN	返回字符串的长度	CHR	将 0～255 之间的整数变为单个字符
STR	将一个数字量变为串	LEFT	返回字符串的左子串
RIGHT	返回字符串的右子串	CC	连接两个字符串

（2）数字表达式

数字表达式由数字常量、数字变量、操作符和括号组成。数字表达式表示的是一个 32 位数的整数，其取值范围为 $0 \sim 2^{32} - 1$；当作为有符号数时，其取值范围为 $-2^{31} \sim 2^{31} - 1$。汇编器对 $-n$ 和 $2^{32} - n$ 不做区别，汇编时对关系操作符采用无符号数方式处理，这就意味着 $0 > -1$ 是 {FALSE}。

（3）逻辑表达式

逻辑表达式由逻辑常量、逻辑操作符、关系操作符以及括号组成。表达式的取值为 {FALSE} 和 {TRUE}。

4. 地址标号

当符号代表地址时称为标号（Label）。对于以数字开头的标号，其作用范围是当前段（没有使用 ROUT 指示符时），这种标号又称为局部标号（Local Label）。

标号可分为三种类型：

1）PC 相关标号：PC 相关标号表示程序计数器加减一个数值常数后得到的地址值，常用来指明一个分支指令的目标地址，或者访问嵌入到代码段中的一个数据项。具体标记方法是：在汇编语言程序指令的前面写入标号，或者在一个数据指示符前面写入标号。通常用 DCB 或者 DCD 等指示符定义。

2）寄存器相关标号：寄存器相关标号表示指定寄存器的值加减一个数值常数后得到的地址值，常用于访问位于数据段中的数据。通常用 MAP 或者 FIELD 等指示符定义。

3）绝对地址：绝对地址是一个 32 位的无符号数字常量，可寻址范围是 $0 \sim 2^{31} - 1$。使用它可以直接寻址整个地址空间。

5. 段内标号和段外标号

ARM 处理器的地址标号分为段内标号和段外标号。段内标号的地址值在汇编时确定，段外标号的地址值在连接时确定。

需要区别程序相对寻址和寄存器相对寻址。在程序段中标号代表其所在位置与段首地址的偏移量，根据程序计数器和偏移量计算地址称为程序相对寻址。在映像文件中定义的标号代表标号到映像首地址的偏移量。映像的首地址通常被赋予一个寄存器，根据该寄存器值与偏移量计算地址称为寄存器相对寻址。

6. 局部标号

ARM 汇编语言的宏常常使用局部标号。局部标号提供分支指令在汇编程序的局部范围内进行跳转，主要用途是汇编子程序中的循环和条件编码。它是一个 $0 \sim 99$ 之间的数字，后面可以有选择地附带一个符号名称。局部标号特别适用于宏。

使用 ROUT 指示符可以限制局部标号的范围，从而做到只能在该范围内引用局部标号。如果在该范围的上下两个方向都没有匹配的标号，汇编器将给出一个错误信号并停止汇编。

局部标号的语法格式如下：

```
n{routname}
```

被引用的局部标号语法规则是：

```
%{F|B} {A|T} n {routname}
```

其中：

- n 是局部标号的数字号。
- routname 是当前局部范围的名称。
- % 表示引用操作。

- F 指示汇编器只向前搜索。
- B 指示汇编器只向后搜索。
- A 指示汇编器搜索宏的所有嵌套层次。
- T 指示汇编器搜索宏的当前层次。

如果 F 和 B 都没有指定，则汇编器首先向前搜索，再向后搜索。如果 A 和 T 都没有指定，汇编器从宏的当前层次到宏的最高层次搜索，比当前层次低的宏不再搜索。

6.1.3 ARM 汇编语言程序编写规范

ARM 汇编语言程序源代码中允许有空行，因此可以在汇编程序中加上一个空白行，来增加程序的可读性。此外需要注意的是，指令、指示符、伪指令前必须加空格或者 Tab 制表符。也就是说，指令、指示符、伪指令不可以从行的最左边开始书写，即不能顶格书写。

在 ARM 汇编语言程序中，所有标号必须在一行的最左边的位置开始书写，标号的后面不要加 "："。指令、指示符、寄存器名既可以用小写字母也可以用大写字母来表示，但不能大小写字母相杂。

当一行写不下时，可以用反斜线 " \ " 作为这一行最后的符号，然后另起一行接下去写，这样汇编器会将这两行代码看作一行代码。需要注意的是，如果在被引号引起来的字符串中使用反斜线 " \ "，则反斜线 " \ " 不能起到续行的作用。每行的长度限制一般在 128 ~ 255 个字符串之间。

分号 "；" 除非在字符串常量中出现，否则它的出现就表示着注释的开始，此注释直至行尾结束。可以将注释单独列为一行。所有注释被汇编器忽略。

下面给出一些正确和错误的 ARM 汇编语句的例子。

正确的 ARM 汇编语句

```
        AREA   Startup, Code, READONLY     ; 代码段首条指令
STR1    SETS   "This is an ARM processor"  ; 设置字符串变量
SENTB                                       ; 标号

        LDR    R3, = BLKADDRESS             ; 地址赋值给 R3
        ANDS   R2,R2,#0x40                  ; 逻辑运算指令
        FIELD  4                            ; FIELD 指示符操作
```

错误的 ARM 汇编语句

```
AREA   RoutineA, Code, READONLY      ; AREA 指示符不允许从行的最左边开始书写
MOV    R10, #0xFF00                  ; 指令不允许从行的最左边开始书写
       SUB1  MOV  R6, #100           ; 标号 SUB1 必须从行的最左边开始书写
SEC:   MOV  R8, #0x200F              ; 标号 SEC 不允许用符号 "："修饰
loop   Mov    R2,#3                  ; 指令中标号 Loop 大小写混合
       B      Loop                   ; 无法跳转到 loop 标号,因为大小写不一致
```

6.2 ARM 汇编语言指示符

ARM 汇编语言程序指示符的英文原文是 directive，它相当于 x86 处理器汇编语言程序中的伪指令。ARM 指示符语句与 ARM 机器指令不存在一一对应的关系，它指示汇编器在汇编目标代码时进行变量定义、存储单元分配等操作。ARM 指示符大致可以分成 6 种类型，分别是：符号定义、数据定义、汇编控制、框架控制、信息报告和杂项。下面我们按照使用频度大小顺

序和代码中使用的先后次序详细地介绍主要的 ARM 指示符。剩余的指示符将给出一个列表清单，如果读者在使用过程中需要了解这些指示符的详细描述，请自行查阅相关文献。

6.2.1 AREA

AREA 指示符的作用是向 ARM 汇编器发出汇编一个新代码段或者新数据段的操作指令。换言之，就是定义一个代码段或者数据段。

语法格式：

`AREA sectionname {, attr} {, attr}…`

格式说明：sectionname 为所定义的代码段或者数据段的名称。attr 是该代码段（或者程序段）的属性。ARM 汇编器的汇编处理输出结果是 ELF（Executable and Linking Format，可执行可连接格式）文件。在 AREA 指示符中，各属性间用逗号隔开。下面给出一些常用属性，更多的属性信息请有兴趣的读者参阅有关文献。

- ALIGN = expression。默认情况下，ELF 的代码段和数据段是 4 字节对齐的。Expression 可以取 $0 \sim 31$ 的数值，相应的对齐方式为（$2^{expression}$）字节对齐。例如，expression = 4 时为 16 字节对齐。
- CODE 定义代码段，默认的访问属性为只读。
- DATA 定义数据段，默认的访问属性为可读可写。
- READONLY 指定本段为只读，代码段的默认属性为 READONLY。
- READWRITE 指定本段为可读可写，数据段的默认属性为 READWRITE。

使用说明：通常可以用 AREA 指示符将程序分为多个 ELF 格式的段，段名称可以相同，这种场合下，这些同名的段被放在同一个 ELF 段中。一个大的程序可以包括多个代码段和数据段。一个汇编程序至少包含一个段。

【例 6-1】 可以单步调试的 ARM 汇编代码段示例

使用 AXD1.2 的模拟器调试方式，可以单步调试一个 ARM 汇编代码段。下面我们给出一个单独的 ARM 汇编程序代码。开发这个 ARM 汇编程序应该在 ADS 1.2 集成开发环境下建立一个名为 AsmProg6-01 的可执行工程。然后，在该工程之上创建一个名为 My6-01.s 的汇编文件，按照代码清单添加指令，进行编辑。之后用 ADS 进行编译链接，生成映像文件。测试该映像文件的运行可以使用 AXD 1.2 调试器。实验者可在 AXD 的模拟器方式下打开 AsmProg6-01 的映像文件，进行单步调试或者连续执行，观察寄存器数据、内存单元数据和变量数据的变化，判断程序编写的质量。

```
; My6 - 01.s
          AREA      asmPro, CODE, READONLY, AGLIN = 3
                               ; 只读汇编代码段,名称是 asmPro,边界按照 8 字节对齐
          ENTRY                ; 指令执行的入口
          CODE32               ; 通知汇编器下面是 32 位的 ARM 指令序列
  start                        ; 标号地址 start
          MOV       r2, #&A2   ; 将十六进制数 0xA2(立即型第 2 操作数)拷贝到 R2
          MOV       r3, #0x3   ; 将十六进制数 0x3(立即型第 2 操作数)拷贝到 R3
          ADD       r4, r2, r3 ; r4 = r2 + r3
  STOP    MOV       r0, #0x18  ; angel_SWIreason_ReportException
          LDR       r1, =0x20026 ; ADP_Stopped_ApplicationExit
          SWI       0x123456   ; ARM semihosting SWI
          END                  ; Mark end of file
```

6.2.2 ENTRY

在 ARM 汇编语言程序中，ENTRY 指示符指定程序的入口点。

语法格式：

ENTRY

使用说明：一个汇编语言程序（可以包含多个源文件）中至少要有一个 ENTRY 语句，如果没有 ENTRY 语句，汇编时会出现一个警告。此外，在一个源代码文件中不能使用一个以上的 ENTRY 语句，而且并非每一个源代码都需要 ENTRY 语句。如果在一个源代码中使用的 ENTRY语句超过一条，则汇编时会出现错误提示。

6.2.3 CODE16、CODE32、THUMB 和 ARM

CODE16 指示符通知汇编器本语句后面的指令序列为 16 位的 Thumb 指令。CODE32 指示符通知汇编器本语句后面的指令序列为 32 位的 ARM 指令。在 RVDS 集成开发环境下，THUMB 指示符与 CODE16 指示符等效，ARM 指示符与 CODE32 指示符等效。

语法格式：

CODE16,CODE32,THUMB 或 ARM

使用说明：当汇编源程序中同时存在 ARM 指令和 Thumb 指令时，可使用 CODE16 指示符或者 THUMB 指示符（RVDS）通知汇编器后面的指令序列是 16 位的 Thumb 指令；使用 CODE32 指示符或者 ARM 指示符（RVDS）通知汇编器后面的指令序列是 32 位的 ARM 指令。

【例6-2】 ARM 状态与 Thumb 状态的互换示例程序片段

BX 指令用来实现程序的跳转，同时也用于实现 ARM 到 Thumb 状态的跳转。当 BX 指令后面跟的寄存器所指向的地址的最后一位为 1 时，将程序由 ARM 状态转到 Thumb 状态，否则将由 Thumb 状态转到 ARM 状态。

```
          AREA   ARM - and - Thumb - Exchange, CODE, READONLY
          ENTRY
          CODE32                     ; 指示下面的指令为 ARM 指令
          LDR    r0,   = t_start +1
          MOV    lr,   pc
          BX     r0                  ; 切换到 Thumb 状态,并跳转到 t_start 处执行

STOP      MOV    R0, #0x18           ; angel_SWIreason_ReportException
          LDR    R1, =0x20026        ; ADP_Stopped_ApplicationExit
          SWI    0x123456            ; ARM semihosting SWI

          CODE16                     ; 指示下面的指令为 Thumb 指令
t_start   MOV    r1,  #92
          SUB    r2, r1,  #0x41
          BX     lr
          END
```

在本例的代码中，第一次调用 BX 时，其 r0 寄存器的尾数被设置为 1（Thumb 程序地址是双字节对齐的，其尾位为 0，所以加上 1 后，其尾位为 1）；第二次调用 BX 时，其 lr 保存的是 ARM 状态下的返回地址。ARM 状态下程序地址是 4 字节对齐，其末尾两位为 0，这样就返回到了 ARM 状态。

6.2.4　EQU

EQU 指示符为数字常量、寄存器数值和源程序标号（基于 PC 的值）给出一个字符名称。
* 是 EQU 指示符的同义词。

语法格式：

```
name EQU expr{, type}
```

格式说明： name 是 EQU 指示符指定的数值的符号名，expr 为基于寄存器的地址值、程序
中的标号、32 位绝对地址或者 32 位整数常量。type 是可选项，有 3 种取值，分别是 CODE16、
CODE32 和 DATA。只有当 expr 为 32 位地址常量时，才可以使用 type 字段。如果 name 被外部
程序文件引用，则在目标文件符号表中的 name 项将按照 type 字段的值被标记为 CODE16、
CODE32 和 DATA。

使用说明： EQU 指示符用于定义常量，它的作用类似于 C 语言中的#define。

【例6-3】 使用 EQU 指示符的程序片段

SUM1	EQU	55	; 定义 SUM1 符号的值为 55
AVEBEGIN	EQU	ARC +16	; 定义 AVEBEGIN 符号的值为 ARC +16
MANM	EQU	0x3FB0, CODE32	; 定义 MANM 符号值为绝对地址值 0x3FB0,且标记为 ARM 指令

6.2.5　END

END 指示符通知汇编器已经到达源程序结束的位置。

语法格式：

```
END
```

使用说明： 每一个汇编源程序的最后都必须以 END 指示符结束，以通知汇编器该源程序结束。

6.2.6　ALIGN

ALIGN 指示符通过填补全零字节的方式使当前存储位置到特定边界，以满足某种对齐条件。

语法格式：

```
ALIGN {expr{, offset}}
```

格式说明： expr 为数字表达式，规定了对齐方式。其取值为 2 的整数次幂，如 2^0，
2^1，…，2^{31} 等。offset 为任意数字表达式。

当前位置到下一个地址之间按照 offset + n * expr 的方式对齐。

如果指示符中没有指定 expr，则当前位置对齐到下一个字的边界处。

使用说明： 使用 ALIGN 语句可以保证代码和数据对齐到指定边界。下面是几种典型的需
要应用地址对齐的情况：

- 使用 ALIGN 语句以发挥某些 ARM 处理器 Cache 的优势。例如，ARM940T 核具有一个
  高速缓存，Cache 行大小为 16 字节。使用 ALIGN 16 语句，按照 16 字节边界对齐进行
  填充，可以最大程度地优化 Cache 效率。
- LDRD 及 STRD 指令要求内存单元双字（8 字节）对齐。这样，在为 LDRD/STRD 指令
  分配的内存单元前，应当使用 ALIGN 8 语句实现 8 字节对齐。
- 地址标号自身通常没有对齐要求。而在 ARM 代码中要求地址标号是字对齐的，在

Thumb 代码中要求地址标号字节对齐，这样就需要在地址标号前使用 ALIGN 4 指示符（ARM 指令）或者 ALIGN 2 指示符（Thumb 指令）来调整对齐。

6.2.7 DCB

DCB 用于在内存中分配一个字节单元或者一组字节单元，并用指示符中的 expr 对其进行初始化。= 是 DCB 的同义词。

语法格式：

`{ label } DCB{U} expr { , expr }`

格式说明： ｛label｝是可选项。expr 可以为 -128 ~ 255 的数值或者为字符串，内存分配的字节数由 expr 数值决定。

【例6-4】 分配字节单元之一

将两个字节数据放在同一个字的第一个字节和第三个字节中。

```
AREA    DCB_Example, CODE
DCB     1
ALIGN   4, 2
DCB     1
```

【例6-5】 单独的 ARM 汇编程序。使用 DCB 指示符定义字符串

```
            AREA DCB_Test, CODE, READONLY
            ENTRY
SYS_WRITEC  EQU 0x3                  ; 给 SYS_WRITEC 赋值 3
START       MOV     SP, #0xD000
            MOV     R1, #0xB000
            ADR     R2, TEXT         ; 将指向输出字符串 TEXT 的指针存入 R2
            BL      STROUT           ; 转向 STROUT 标号,执行那个位置的子程序,并将当前 PC 值存入 LR

Stop        MOV     R0, #0x18        ; #0x18 对应于宏 angel_SWIreason_ReportException,
                                     ; 表示 r1 中存放的执行状态
            LDR     R1 , =0x20026    ; 将 r1 的值设置为 ADP_Stopped_ApplicationExit,
                                     ; 该宏表示程序正常退出
            SWI     0x123456         ; 半主机软终端调用,将 CPU 的控制权返回给 AXD 调试器

STROUT
            STMFD   SP!,{R0-R8, LR}  ; 保存寄存器和返回地址
CHROUT      LDRB    R3,[R2],#1       ; 取输出字符串的第 1 个字符,之后继续取后面的第 n 个字符
            CMP     R3,#0            ; 检查字符串结束标志
            STR     R3,[R1]          ; 将 R3 的值存入以 R1 的值为地址的内存单元中
            MOV     R0,#SYS_WRITEC   ; 将软中断参数 3 写入 R0,该宏将调用系统写入功能函数
                                     ; 并输出字符
            SWINE   0x123456         ; 如果 Z<>0,执行软中断
            BNE     CHROUT
            LDMFD   SP!,{R0-R8, PC}  ; 恢复寄存器返回

            LTORG                    ; 建立文字池

TEXT        DCB     "Hello World!", 0x0a,0x0d,0x0
            END
```

6.2.8 MAP

MAP 指示符用于将一个内存区（表）的首地址映射到一个指定地址。此时，内存表映射位置计数器 {VAR} 设置成该地址值。符号^是 MAP 的同义词。

语法格式：

```
MAP   expr { , base-register }
```

格式说明：expr 为数字表达式或者是程序中的标号。当指令中没有 base-register 项时，expr 即为结构化内存表的首地址。此时，内存表映射位置计数器 {VAR} 被设置成该地址值。当 expr 为程序中的标号时，该标号必须是已经定义过的。

base-register 为一个寄存器。如果指令中包含这一项，结构化内存表的首地址为 expr 和 base-register 寄存器值的和。

6.2.9 FIELD

FIELD 用于定义一个结构化内存表中的数据域。符号#是 FIELD 的同义词。

语法格式：

```
{ label } FIELD expr
```

格式说明：{ label } 是可选项。当指令中包含这一项时，label 的值为当前内存表的位置计数器 {VAR} 的值。汇编器处理了这条 FIELD 指示符后，内存表计数器的值将加上 expr。

expr 表示本数据域在内存表中所占的字节数。

【例6-6】 MAP 和 FIELD 指示符的使用

```
        AREA    EM, CODE, READONLY          ; 定义代码段
        ENTRY

        MOV     R0, #200
tmp1    FIELD   4                            ; 定义变量 tmp1 的长度为 4 个字节,位置为内存表的首地址
tmp2    FIELD   4                            ; 定义变量 tmp2 的长度为 4 个字节,位置为内存表首地址 +4
        LDR     R1,tmp1                      ; 将内存中地址为 tmp1 的数据存入 R1
        LDR     R2,tmp2
        STR     R1,tmp2
        STR     R2,tmp1
        LDR     R9, =dat01
        LDMIA   R9,{R1,R2}
stop    MOV     r0, #0x18                    ; angel_SWIreason_ReportException
        LDR     r1, =0x20026                 ; ADP_Stopped_ApplicationExit
        SWI     0x123456                     ; ARM semihosting SWI

        AREA    MyData, DATA, READWRITE      ; 定义数据段
        MAP     0, R0                        ; 将内存表的首地址设为 0 + "R0 中的值",
                                             ; 即将内存表的首地址映射到寄存器 R0 存放的地址
dat01   DCD     18,22,13,24,15,26
dat02   DCD     17,18,16,23,11,12
        END
```

6.2.10 SPACE

SPACE 用于分配一块全 0 值内存区域。符号%是 SPACE 的同义词。

语法格式:

`{ label } SPACE expr`

格式说明:｜label｜是可选项。expr 表示本指示符分配的内存字节数。

使用说明:请在 SPACE 语句后面用 ALIGN 语句,以实现指令对齐。

【例 6-7】 分配 36KB 的全 0 值内存工作区

下面给出了使用 SPACE 指示符清理一块 36KB 内存缓冲区的 ARM 汇编程序。同时,还使用 LDR 伪指令将该内存区指定偏移量的字单元地址存入寄存器,并使用 STR 和 LDR 指令读写该内存区的指定字单元。

```
            AREA LDR_usage, CODE, READONLY
            ENTRY
go
            BL      func1
            BL      func2

stop
            MOV     r0, #0x18               ; angel_SWIreason_ReportException
            LDR     r1, =0x20026            ; ADP_Stopped_ApplicationExit
            SWI     0x123456                ; ARM semihosting SWI
func1
            LDR     r2, =go                 ; 实际执行 LDR R2,[PC, #offset to Litpool 1]
            LDR     r3, =Buffer +12         ; 实际执行 LDR R3,[PC, #offset to Litpool 1]
            LDR     r4, =0xF0F0F0F0         ; 把立即数 0xF0F0F0F0 存入 R4
            STR     r4, [r3]
            LDR     r5, [r3]
            LDR     r7, =Buffer + 6000      ; 实际执行 LDR R7,[PC, #offset to Litpool 1]
            LDR     r8, =0x80808080
            STR     r8, [r7]
            LDR     r9, [r7]
            MOV     pc, lr                  ; 子程序返回
            LTORG                           ; 建立文字池 1
func2
            LDR     r6, =Buffer +6000       ; 实际执行 LDR r6,[PC, #offset to Litpool 1]
            LDR     r10, =Buffer +6004      ; 如果不再用 LTORG 指示符设立文字池 2,则提示错误
            MOV     pc, lr                  ; 子程序返回
            LTORG                           ; 建立文字池 2
Buffer      SPACE   1024*36                 ; 从当前地址开始用清零方式清除一块 36KB 的内存区
            ALIGN
            END
```

6.2.11 DCD 和 DCDU

DCD 用于在内存中分配一块字对齐的字单元区域,并用指示符中的 expr 对其进行初始化。& 是 DCD 的同义词。DCDU 与 DCD 的不同之处在于 DCDU 分配的内存单元并不严格字对齐。

语法格式:

`{ label } DCD expr { , expr }...`

格式说明:｜label｜是可选项。expr 可以是数字表达式或者是程序中的标号。

使用说明:DCD 指示符可能在分配的第一个字单元前插入 1~3 个填充字节以保证分配的

内存是字对齐的。DCDU 分配的内存单元则不需要字对齐。

【例 6-8】 分配字单元区域

```
data_x1    DCD  36, 82, 200            ; 定义三个字,数值分别是 36、82 和 200
data_x2    DCD  num_1 + 16             ; 定义一个字,数值是标号 num_1 的地址加 16

           AREA  ProgDATA, DATA, READWRITE
           DCDU  255                   ; 注意:定义 255 个字节的存储区,不要求严格字对齐
           ALIGN                       ; 以下数据做到字对齐
data_x3    DCD  22, 15, 96             ; 定义三个字,数值分别是 22、15 和 96
                                       ; 做到了边界对齐
```

6.2.12 GBLA、GBLL 及 GBLS

GBLA 指示符声明一个全局的算术变量,并将其初始化成 0。GBLL 指示符声明一个全局的逻辑变量,并将其初始化成 {FALSE}。GBLS 指示符声明一个全局的串变量,并将其初始化成空串 " "。

语法格式:

< gblx > variable

格式说明: < gblx > 是后面 3 种指示符之一:GBLA、GBLL 或者 GBLS。variable 是所说明的全局变量的名称,在其作用范围内必须唯一。

【例 6-9】 声明全局算术变量

```
           AREA Demo, CODE, READONLY
           ENTRY

           GBLA   ATE                  ; 声明一个全局的算术变量
ATE        SETA 10*20                  ; 向该变量赋值
           GBLA   value
value      SETA  28
           GBLL DebugTool
DebugTool  SETL {TRUE}
           GBLS stringA
stringA    SETS "first one"

           MOV R4,  #(ATE)
           MOV R5,  #(value)
           ADD R3, R4, R5
           ADRL R6,  Buffer
           STR  R3, [R0]
           LDR  R7, [R0]

Buffer     SPACE  ATE

stop
           MOV   r0, #0x18             ; angel_SWIreason_ReportException
           LDR   r1, =0x20026          ; ADP_Stopped_ApplicationExit
           SWI   0x123456              ; ARM semihosting SWI

           END
```

6.2.13 LCLA、LCLL 及 LCLS

LCLA 指示符声明一个局部的算术变量，并将其初始化成0。LCLL 指示符声明一个局部的逻辑变量，并将其初始化成 {FALSE}。LCLS 指示符声明一个局部的串变量，并将其初始化成空串""。

语法格式：

`<lclx> variable`

格式说明： < lclx >是后面 3 种指示符之一：LCLA、LCLL 或者 LCLS。variable 是所说明的局部变量的名称，在其作用范围内必须唯一。

【例6-10】 LCLA 指令在宏定义中的使用

```
; 本代码片段展示了宏定义和宏调用,对两个加数求和,可单步调试
        AREA example, CODE, READONLY
        ENTRY

        MACRO                       ; 宏定义语句
$M1     docalcul    $addend1, $addend2, $midreg, $sum
        LCLA        vari
vari    SETA        4
buffer  SPACE 100*vari              ; addend1 和 addend2 是两个加数,
                                    ; midreg 是中间变量,sum 是总和
        ADD         $midreg, $addend1, $addend2
        MOV         $sum, $midreg
        MEND                        ; 宏定义结束语句

Go      MOV         R4, #130
        MOV         R5, #73
M1      docalcul    R4, R5, R6, R7  ; 宏调用语句
        STMIA       R1!, {R7}
        NOP

stop    MOV         r0, #0x18       ; angel_SWIreason_ReportException
        LDR         r1, =0x20026    ; ADP_Stopped_ApplicationExit
        SWI         0x123456        ; ARM semihosting SWI

        END
```

6.2.14 SETA、SETL 及 SETS

SETA 指示符给一个算术变量赋值。SETL 指示符给一个逻辑变量赋值。SETS 指示符给一个串变量赋值。

语法格式：

`variable <setx> expr`

格式说明： < setx >是后面 3 种指示符之一：SETA、SETL 或者 SETS。variable 是使用 GBLA、GBLL、GBLS、LCLA、LCLL 或 LCLS 说明的变量的名称，在其作用范围内必须唯一。expr 为表达式，即赋予变量的值。

6.2.15 其他指示符的简单功能描述

限于篇幅关系，下面对 ARM 汇编语言中其他常用指示符的功能加以简单描述，参见表6-4。如果读者需要了解详细的语法规则和使用方法，请阅读相关参考文献。

表 6-4　ARM 汇编语言指示符的简单描述

分类	指示符	描述
符号定义	RLIST	为一个通用寄存器列表定义名称
	CN	为一个协处理器的寄存器定义名称
	CP	为一个协处理器定义名称
	DN	为一个双精度的 VFP 寄存器定义名称
	SN	为一个单精度的 VFP 寄存器定义名称
	FN	为一个 FPA 浮点寄存器定义名称
数据定义	LTORG	通知汇编器立即汇编当前的文字池（literal pool）
	DCDO	用于分配一个字或者多个字存储区，从 4 字节边界开始做到字对齐
	DCDU	用于分配一段字内存单元（不严格要求分配的内存都是字对齐的）
	DCFD	用于为双精度的浮点数分配字对齐的内存单元
	DCFDU	与 DCFD 的不同之处在于 DCFDU 分配的内存单元并不严格字对齐
	DCFS	用于为单精度的浮点数分配字对齐的内存单元
	DCFSU	与 DCFS 的不同之处在于 DCFSU 分配的内存单元并不严格字对齐
	DCI	分配一段以字边界开始的存储区，并赋予初值。定义该存储区为执行代码而不是数据
	DCQ	分配一个或多个双字节单位的内存块（分配的内存都是字对齐的）
	DCQU	与 DCQ 类似，不同之处在于 DCQU 分配的内存单元并不严格字对齐
	DCW	分配一段半字内存单元区域（分配的内存都是半字对齐的）
	DCWU	与 DCW 的不同之处在于 DCWU 分配的内存单元并不严格半字对齐
	DATA	此指示符不再需要，被汇编器忽略
汇编控制	IF 或 [	条件汇编代码文件内的一段源代码，或者将其忽略
	ELSE 或		
	ENDIF 或]	
	WHILE	根据条件重复汇编
	WEND	
	MACRO	标识宏定义的开始，以及标识宏定义的结束
	MEND	
	MEXIT	从宏中途跳转出去
信息报告	ASSERT	第二遍扫描中，如果声明条件不成立，则报错
	INFO 或 !	支持在汇编处理的第一趟扫描或者第二趟扫描时报告诊断信息
	OPT	在源程序中设置列表选项
	TTL	在列表文件的每一页的开头插入一个标题
	SUBT	在列表文件的每一页的开头插入一个子标题
杂项	EXPORT	声明一个符号可以被其他文件引用，相当于声明了一个全局变量
	GLOBAL	EXPORT 的同义词
	EXTERN	通知编译器当前的符号不是在本源文件中定义的，而是在其他源文件中定义的。该符号将被加入到本源文件的符号表中
	IMPORT	通知编译器当前的符号不是在本源文件中定义的，而是在其他源文件中定义的，在本源文件中可以引用该符号。如果本源文件没有实际引用该符号，该符号将不会被加入到本源文件的符号表中
	GET	将一个源文件包含到当前源文件中，并将被包含的文件在其当前位置进行汇编处理
	INCLUDE	GET 的同义词
	INCBIN	将一个文件包含到（INCLUDE）当前源文件中，被包含文件不进行汇编处理
	KEEP	指示编译器将局部符号保留在目标文件的符号表中
	NOFP	禁止源程序中包含浮点运算指令
	REQUIRE	指定段之间的相互依赖关系
	REQUIRE8	指示当前代码中要求数据栈 8 字节对齐
	PRESERVE8	指示当前代码中数据栈是 8 字节对齐的
	RN	给特定的寄存器命名

6.3 ARM 汇编语言指示符的编程举例

下面给出两个单独 .s 文件构成的实验程序，它们是 ARM 指示符的编程范例，在 AXD 调试器下单步执行，可以体会到这些指示符的作用，从而加深对 ARM 汇编语言程序的运行机制的理解。

6.3.1 条件分支指示符

ARM 汇编程序中可以使用条件分支指示符 IF- ELSE- ENDIF 进行处理流程的分支判断，例 6-11 是条件分支指示符的使用举例。

【例 6-11】 IF-ELSE-ENDIF 指示符的使用举例

```
            AREA Prog, CODE, READONLY
            ENTRY

go
            GBLL NEWVERSION
NEWVERSION  SETL {TRUE}
            GBLA    aa1
aa1         SETA    100
            MOV     R3,#(aa1)
            MOV     R5, #2
judge1
            IF NEWVERSION = {TRUE}
            ADD     R4, R3, #20
            ELSE
            SUB     R4, R3, #20
            ENDIF
judge2
            IF :DEF:SubRoutain
            MUL     R5, R3, R5
            ELSE
            MOV     R5, R3, LSL #2
            ENDIF
stop
            MOV     r0, #0x18          ; angel_SWIreason_ReportException
            LDR     r1, =0x20026       ; ADP_Stopped_ApplicationExit
            SWI     0x123456           ; ARM semihosting SWI

            END
```

6.3.2 ASCII 字符串比较

在下面给出的 .s 文件范例中，主要展现了 DCB 指示符的用法。其功能是比较两个 DCB 定义的字符串，比较之后给出"相等"或"不相等"的文字串显示。参与比较的字符串和比较结果字符串都在 AXD 调试器的控制台窗口显示。本范例还给出了 EQU、LTORG 和 RLIST 指示符的用法。图 6-1 表示这个 ARM 汇编程序通过编译。

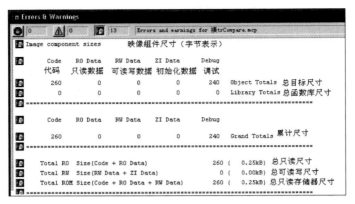

图 6-1 两个字符串比较的 ARM 汇编子程序编译后的结果

【例 6-12】 用汇编代码实现两个字符串比较

名称为"Copm_2_Str.s"的 ARM 汇编子程序的源代码清单如下:

```
                AREA STR_OUT , CODE, READONLY
                ENTRY

SYS_WRITEC      EQU         3                        ; 系统调用 SYS_WRITEC 来输出字符,
                                                     ; 使用方法是 MOV R0, #SYS_WRITEC

REGTB           RLIST       {R0 - R8, LR}

START           MOV         SP, #0xD000
                MOV         R1, #0xB000
                ADR         R2, TEXT                 ; 将指向 TEXT 的指针存入 R2
                BL          STROUT                   ; 转向 STROUT 标号,并将当前 PC 的值存入 LR

STROUT
                STMFD       SP!, REGTB               ; 保存寄存器和返回地址
CHROUT          LDRB        R3, [R2], #1             ; 取比较字符串的源串的第 1 个字符
                CMP         R3, #0                   ; 检查字符串结束标志
                STR         R3, [R1]                 ; 将 R3 存入以 R1 的值为地址的内存单元中
                MOV         R0, #SYS_WRITEC          ; 输出字符
                SWINE       0x123456
                BNE         CHROUT

S_TEXT2                                              ; 将 TEXT2 保存到内存中
                ADR  R4,    TEXT2
CHROUT2         LDRB        R5, [R4], #1             ; 取字符
                CMP         R5, #0                   ; 检查字符串结束标志
                STR         R5, [R1]
                MOV         R0, #SYS_WRITEC
                SWINE       0x123456                 ; 如果 R5 中的值不为 0,则将控制权交回调试器手中
                BNE         CHROUT2

CMP_STR                                              ; 下面语句比较两字符串是否相同
                ADR         R2, TEXT
                ADR         R4, TEXT2
STR             LDRB        R3, [R2], #1             ; 从 mem([R2])从取一个字节放入 R3,并将 R2 的值加 1,
                                                     ; 相当于 LDRB  R3,[R2] ; ADD R2,R2,#1
```

```
              LDRB        R5,[R4],#1
              CMP         R3,R5
              BNE         DIF
              CMP         R3,#0
              BNE         STR
SAME          MOV         R6,#1               ;1表示两字符串相等,0表示不相等
              B           S_RESULT
DIF           MOV         R6,#0

S_RESULT                                      ;将比较结果保存到内存中
              CMP         R6,#1
              ADREQ       R7,CMP_Result2      ;若R6中的值为1,则执行该语句
              ADRNE       R7,CMP_Result       ;若R6中的值不为1,则执行该语句
CHROUT3       LDRB        R8,[R7],#1          ;取字符
              CMP         R8,#0               ;检查字符串结束标志
              STR         R8,[R1]
              MOV         R0,#SYS_WRITEC
              SWINE       0x123456
              BNE         CHROUT3
              B           RESTOR

              LTORG

RESTOR        LDMFD       SP!,REGTB           ;恢复寄存器返回

stop          MOV         R0, #0x18
              LDR         R1, =0x20026        ;该宏表示程序正常退出
              SWI         0x123456            ;半主机软终端调用,将cpu的控制权交回调试器手中
;; TEXT和TEXT2是进行比较的字符串,可以改变它们的值获得不同的比较结果
TEXT          DCB         "Good luck with you", 0x0a,0x0d,0x0      ;DCB指示符用法
TEXT2         DCB         "Good lock with you", 0x0a,0x0d,0x0
CMP_Result    DCB         "They are different",0x0a,0x0d,0x0
CMP_Result2   DCB         "They are the same",0x0a,0x0d,0x0
;; CMP_Result和CMP_Result2是比较结果分别表示两个字符串相同或者不相同
              END
```

6.3.3 宏定义指示符

本范例程序包括两个代码文件,一个是 .s 代码文件,另一个是 .c 代码文件。其功能是让 C 语言程序接收控制台上的两个正整数（a1 和 a2）的输入,然后调用 ARM 汇编子程序,完成这两个正整数之间所有整数之和的计算。当 ARM 汇编子程序完成比较运算之后,将返回值送给 C 语言主程序。C 语言主程序调用 printf 函数在 AXD 控制台上输出起始整数、结束整数以及它们之间所有整数之和。

本 ARM 汇编语言程序范例主要使用了带单个参数的宏指令来完成求两个整数之间所有整数之和的计算。

【例 6-13】 宏定义和宏调用的 ARM 应用程序举例

(1) C 语言程序 ADS_MicroSum_Exp6-13.c 的语句清单

```
/* 计算正整数 A1 和 A2 之间所有整数之和。例如:计算 0 到 999 之间所有整数之和 */
/* 教学重点:单个参数宏定义语句段和宏调用范例 */
```

```c
#include<stdio.h>

extern  int  dosum(int arg1, int arg2);   /* 声明求两个整数之间所有整数之和的汇编函数 */

int inputInt(int x, int y, int z){
     printf("请输入第%d个正整数( x >=%d && x<999 ):",y,z);
     scanf("%d",&x);
     while(1)
     {
          if( x < z ){
               printf("您输入的数小于%d,不合法,请重新输入:",z);
               }
          else if( x > 999 ){
               printf("您输入的数大于999,不合法,请重新输入:");
               }
          else   {
               break;
               }
          scanf("%d",&x);
     }
          return x;
}

int main(void)
{
     int i, j, a1, a2;
     printf("现在使用 ARM 汇编子程序计算两个整数的之间所有整数之和\n");
          a1 = inputInt(i, 1, 0);
          a2 = inputInt(i, 2, a1 +1);
     printf("The input number is a1 = %d, and a2 = %d \n",a1, a2);
          j = dosum(a1,a2);
     printf("The sum of integer number between %d and %d = %d \n",  a1,  a2,  j );
     return 0;
}
```

(2) ARM 汇编子程序 doSum.s 文件的语句清单

```
        AREA   Exp 510, CODE, READONLY
        EXPORT  dosum

        MACRO                            ; 宏定义语句开始
$aa     mypro    $midval                 ; 宏语句声明,只带单个参数
$aa
        STMFD    SP!, {R2, R12}          ; 将寄存器 R2 - R12 的值压入堆栈
        MOV      $midval, R0             ; 第 1 个加数 a1 送入 R8,R8 用于累加器
go      ADD      R0, R0, #1              ; 第 2 个数 =第 1 加数 +1;第 3 个数 =第 2 加数 +1;类推
        ADD      $midval, $midval, R0    ; 把当前的加数累计到 R8
        CMP      R1, R0                  ; 比较 a1 与 a2 的值是否相等
        BNE      go                      ; 如果不相等,则继续执行下一个加数的累计
        MOV      R0, $midval             ; 如果 a1 等于 a2,则将 R8 值送到 R0 寄存器

        LDMFD    SP!, {R2, R12}          ; 从堆栈中还原 R2 - R12 寄存器的值
        MOV      PC, LR                  ; 返回 C 语言主程序

        MEND

dosum
aa      mypro    R8                      ; 宏调用语句
        END
```

6.4 ARM 过程调用标准 ATPCS 和 AAPCS

ATPCS（ARM-Thumb Procedure Call Standard）规定了一些子程序间调用的基本规则，这些规则包括子程序调用过程中寄存器的使用规则、数据栈的使用规则以及参数的传递规则。有了这些规则之后，单独编译的 C 语言程序就可以和汇编程序相互调用。

使用 ADS 的 C 语言编译器编译的 C 语言子程序满足用户指定的 ATPCS 类型。而对于汇编语言来说，则需要用户来保证各个子程序满足 ATPCS 的要求。

2007 年，ARM 公司正式推出了 AAPCS（ARM Architecture Procedure Call Standard），它是 ATPCS 的改进版。实际上，关于程序设计中的过程调用，ARM 公司为 ARM 处理器先后建立了 4 个标准，参见表6-5。

表6-5   ARM 过程调用标准 ATPCS 和 AAPCS

缩略语	全称	使用状况
AAPCS	Procedure Call Standard for the ARM Architecture	正在使用
ATPCS	ARM-Thumb Procedure Call Standard	被更新，在用
APCS	ARM Procedure Call Standard	停止使用
TPCS	Thumb Procedure Call Standard	停止使用

AAPCS 和 ATPCS 之间的差别很小，AAPCS 的主要改进之处是将 ATPCS 的二进制代码的不兼容性缩小到最低限度。因此本节描述的内容对于 AAPCS 和 ATPCS 都是适用的。

6.4.1 寄存器的使用规则

寄存器有以下使用规则：

- 子程序间通过寄存器 R0 ~ R3 来传递参数。这时，寄存器 R0 ~ R3 可记作 a0 ~ a3。被调用的子程序在返回前无须恢复寄存器 R0 ~ R3 的内容。
- 在子程序中使用寄存器 R4 ~ R11 来保存局部变量。这时，寄存器 R4 ~ R11 可以记作 v1 ~ v8。如果在子程序中使用了寄存器 v1 ~ v8 中的某些寄存器，则子程序进入时必须保存这些寄存器的值，在返回前必须恢复这些寄存器的值。在 Thumb 程序中，通常只能使用寄存器 R4 ~ R7 来保存局部变量。
- 寄存器 R12 用作过程调用中间临时寄存器，记作 IP。在子程序之间的连接代码段中常常有这种使用规则。
- 寄存器 R13 用作堆栈指针，记作 SP。在子程序中，寄存器 R13 不能用作其他用途。寄存器 SP 在进入子程序时的值和退出子程序时的值必须相等。
- 寄存器 R14 称为连接寄存器，记作 LR。它用于保存子程序的返回地址。如果在子程序中保存了返回地址，则寄存器 R14 可以用作其他用途。
- 寄存器 R15 是程序计数器，记作 PC。它不能用作其他用途。

6.4.2 堆栈使用规则

ATPCS 规定堆栈为 FD 类型，即满递减堆栈，并且对堆栈的操作是 8 字节对齐。

使用 ADS 中的编译器产生的目标代码中包含了 DWAR V2.0 格式的数据帧。在调试过程中，调试器可以使用这些数据帧来查看堆栈中的相关信息。对于汇编语言来说，用户必须使用

FRAME 伪指令来描述堆栈的数据帧（堆栈中的数据帧是指在堆栈中，为子程序分配的用来保存寄存器和局部变量的区域）。ARM 汇编器根据这些伪指令在目标文件中产生相应的 DWARF V2.0 格式的数据帧。

对于汇编程序来说，如果目标文件中包含了外部调用，则必须满足下列条件：

- 外部接口的堆栈必须是 8 字节对齐的。
- 在汇编程序中使用 PRESERVE8 伪指令告诉连接器，本汇编程序数据是 8 字节对齐的。

6.4.3 参数传递规则

根据参数个数是否固定，可以将子程序分为参数个数固定的子程序和参数个数可变化的子程序。这两种子程序的参数传递规则是不一样的。

1. 参数个数可变的子程序参数传递规则

对于参数个数可变的子程序，当参数个数不超过 4 个时，可以使用寄存器 R0 ~ R3 来传递参数；当参数超过 4 个时，还可以使用堆栈来传递参数。

在传递参数时，将所有参数看作是存放在连续的内存字单元的字数据。然后，依次将各字数据传递到寄存器 R0、R1、R2 和 R3 中。如果参数多于 4 个，则将剩余的字数据传递到堆栈中。入栈的顺序与参数传递顺序相反，即最后一个字数据先入栈。

按照上面的规则，一个浮点数参数可以通过寄存器传递，也可以通过堆栈传递；也可以一半通过寄存器传递，另一半通过堆栈传递。

2. 参数个数固定的子程序参数传递规则

如果系统不包含浮点运算的硬件部件，那么浮点参数会通过相应的规则转换成整数参数（若没有浮点参数，此步省略），然后依次将各字数据传送到寄存器 R0 ~ R3 中。如果参数多于 4 个，将剩余的字数据传送堆栈中，入栈的顺序与参数顺序相反，即最后一个字数据先入栈。在参数传递时，将所有参数看作是存放在连续的内存字单元的字数据。

3. 子程序结果返回规则

在子程序中，结果返回的规则如下：

- 结果为一个 32 位整数时，可以通过寄存器 R0 返回。
- 结果为一个 64 位整数时，可以通过寄存器 R0 和 R1 返回。
- 结果为一个浮点数时，可以通过浮点运算部件的寄存器 f0、d0 或 s0（参见表 6-1）返回。
- 结果为复合型浮点数（如复数）时，可以通过寄存器 f0 ~ fn 或 d0 ~ dn（参见表 6-1）返回。
- 对于位数更多的结果，需要通过内存来传递。

6.5　典型 ARM 汇编语言程序举例

6.5.1　入门范例

【例 6-14】　求整数 m 和 n 之间所有整数之和

在下例中，输入参数为 R0、R1，分别用来存放起始数和终结数，返回值存放在 R0 中。

```
Int funcsum ( int start, int end )        ;调用求和汇编子程序的 C 函数原型
```

以下是求和的汇编程序源代码。

```
        AREA    Mypro, CODE, READONLY
        ENTRY
funcsum
        MOV             R4,     #0
        MOV             R0,     #1          ; 第 2 操作数是开始求和的整数,例如:1
        MOV             R1,     #100        ; 第 2 操作数结束求和计算的整数,例如:100
LOOP
        ADD             R4,     R4, R0      ; R4 为累加器
        ADD             R0,     R0, #1      ; R0 增量操作
        CMP             R0,     R1
        BLE             LOOP                ; 循环执行
        MOV             R0,     R4          ; 总和传送到 R0

stop    MOV             r0, #0x18           ; angel_SWIreason_ReportException
        LDR             r1, =0x20026        ; ADP_Stopped_ApplicationExit
        SWI             0x123456            ; ARM semihosting SWI
        END
```

【例 6-15】 把 32 位数据和 32 位标号地址送到一个通用寄存器中

LDR 伪指令通常把 ARM 函数的绝对地址（常常表现为标号地址）存入 ARM 通用寄存器中。由于使用了 32 位的绝对地址，LDR 伪指令会被解释成以下操作：将函数的绝对地址放入一个文字池（Literal pool，嵌入在代码中的用以存放常数的区域），产生一条形如：LDR rn [pc, #offset to literal pool] 的指令来将这个绝对地址读入指定的寄存器中。类似的 LDR 指令也通过上述方法读入一个 32 位的绝对数。

注意：此种情况下一般在 LDR 伪指令的下面使用 LTORG 指示符。参看表 6-4 的解释。

此汇编案例的 ARM 代码清单如下。

```
        AREA    MyLoad, CODE, READONLY
        EXPORT  load
        ENTRY
load
        LDR     R0, = 0x11111111    ; 送一个 32 位数据到 R0,函数的第 1 个整型参数
                                    ; 十进制整数值 =286331153
        LDR     R8, = datX          ; 送一个 32 位标号地址到 R8 寄存器
        BL      src                 ; 转而执行首地址为 src 标号的子程序
        LTORG
stop
        MOV     r0, #0x18           ; angel_SWIreason_ReportException
        LDR     r1, =0x20026        ; ADP_Stopped_ApplicationExit
        SWI     0x123456            ; ARM semihosting SWI
src     MOV     R5, #800
        MOV     R6, #900
        MOV     R0, R0, LSR #10     ; R0 右移 10 位, =0x44444, =279620
        MUL     R7, R5, R6
        SUB     R5, R7, R0
        MOV     PC, LR
datX    SPACE   20
        DCD     12, 16, 20, 80
        END
```

【例6-16】 特殊寄存器定义与赋值

在2.2.6节和表2-1中我们介绍了S3C44B0X看门狗定时器的三个特殊寄存器,它们的具体位定义需要参考有关资料。现在我们给出这三个特殊功能寄存器的定义和操作示例。

```
; #define MCLK  64000000      /*  主频为64MHz */
                AREA  AsmProgSix,  code,  READONLY
                ENTRY
AsmProg
RWTCON          EQU   0x01D30000         ; S3C44B0X的看门狗的控制寄存器地址
RWTDAT          EQU   0x01D30004         ; S3C44B0X的看门狗的数据寄存器地址
RWTCNT          EQU   0x01D30008         ; S3C44B0X的看门狗的计数寄存器地址
                LDR   R0, = RWTCON
                LDR   R8, = dat1
                LDR   R1, [R8], #4        ; 预分频值=63,禁能看门狗,除法因子=64
                                         ; 禁止中断,禁止看门狗发出复位信号
                                         ; T_watchdog =1/64/64 =244.140625 微秒
                STR   R1, [R0]
                LDR   R0, = RWTDAT
                LDR   R1, [R8], #4        ; 用于重载的计数初值
                STR   R1, [R0]
                LDR   R0, = RWTCNT
                STR   R1, [R0]            ; 定时周期为 RWTCNT* T_watchdog,大约为16秒
                LDR   R0, = RWTCON
                LDR   R1, [R8], #4        ; 与上一次设置类似,使能看门狗,使能复位信号
                STR   R1, [R0]
stop            MOV   r0,  #0x18          ; angel_SWIreason_ReportException
                LDR   r1, =0x20026        ; ADP_Stopped_ApplicationExit
                SWI   0x123456            ; ARM semihosting SWI
dat1            DCD   0x3F10, 0xFFFF, 0x3F31
                END
```

6.5.2 基本结构

【例6-17】 条件执行

ARM汇编通过条件码和条件标志这两个部分来实现条件执行,条件码位于指令中,条件标志位于CPSR中。被条件码指定的指令只有当条件代码标志与给定的条件匹配时才执行。条件码是跟在指令助记符后面的2个字母,默认条件是AL(Always Execute),即无条件执行。条件执行减少了分支指令的数目,相应地减少了指令流水线的排空次数,从而改善了执行代码的性能。下面给出一个C代码片段的例子。

```
while(a! =b)
{
   if(a >b) a -=b;
   else b -=a;
}
```

这个C程序用来求两个整数a和b的最大公约数。如果用汇编子程序来实现,就是求r1和r2寄存器中两个整数的最大公约数。使用条件执行指令表示只有以下4句代码:

```
gcd
    cmp    r1, r2
    subgt  r1, r1, r2
    sublt  r2, r2, r1
    bne    gcd
```

注意　函数结束时 r1 = r2，它们都可以用作返回值。

【例 6-18】　循环结构

在 ARM 汇编程序中，没有专门的指令用来实现循环，一般通过跳转指令加条件码的形式来实现。可以采用比较指令 CMP 或者减法指令 SUB 等实现。例如在例 6-14 中，有下列指令段：

```
LOOP
        ADD   R4, R4, R0
        ADD   R0, R0, #1
        CMP   R0, R1
        BLE   LOOP
```

该程序在做完了两次加法操作后，比较 R0 和 R1 的值，影响条件标志。最后的条件跳转语句根据 CMP 指令执行的结果来决定是否进行循环。

下面是减计数循环的指令段：

```
        MOV R5, #20              ;将 R5 的初值置为 20,用作计数器。也可用 LDR 置初值
LOOP
        ...
        ; 循环体
        ...
        SUB R5, R5, #1
        BGT LOOP
```

【例 6-19】　从 IRQ 和 FIQ 异常处理程序返回

从 IRQ 和 FIQ 异常处理程序返回时，返回地址应该是 LR－4。有三种不同的编程方法可实现从 IRQ 和 FIQ 异常处理程序返回。

返回方式 1

```
INT_HANDLER
        <异常处理代码 >
        ...
        SUBS PC, LR, #4       ; PC = R14－4
```

返回方式 2

```
INT_HANDLER
        SUB   R14, R14, #4    ; R14 －= 4
        ...
        <异常处理代码 >
        ...
        MOVS PC, LR
```

返回方式 3

```
INT_HANDLER
        SUB   R14, R14, #4    ; R14 －= 4
        STMFD R13!, {R0－R3, R14}
        ...
        <异常处理代码 >
        ...
        LDMFD R13!, {R0－R3, PC}^
```

【例 6-20】　信号量操作

ARM 汇编指令中的 SWP 指令可以在内存与寄存器之间交换数据，适用于信号量操作，从而实现系统任务之间的同步与互斥。举例如下：

```
SEM_D1      EQU     0x300FF02
...
WAIT_SEM
            MOV     R1,   #0
            LDR     R0,  = SEM_D1
            SWP     R1,   R1, [R0]          ; 取出信号量,并设置为 0,即[R0]的内容与 R1 的内容交换
            CMP     R1,   #0               ; 判断是否有信号
            BEQ     WAIT_SEM               ; 如果没有信号,则等待
```

【例 6-21】 查表操作

查表操作是 ARM 汇编程序常用的一种操作,下面是一个查找字模表的指令段示例。

```
LOOKUP
            LDR     R4,  = CHAR_TAB
            LDR     R6,  [R4, R7, LSL #2 ]  ; 根据 R7 的值查 0 ~ F 的字模表,
...                                          ; 取出表中元素值送到 R6
CHAR_TAB
            DCD     0xC0, 0xF9, 0xA4, 0x99, 0x92, 0x82, 0xF8, 0x80   ; 字模表
            DCD     0x90, 0x88, 0x83, 0xC6, 0xA1, 0x86, 0x8E, 0xFF
```

【例 6-22】 双精度乘法计算(长整型乘法指令)

ARM 汇编指令中,UMULL 或者 SMULL 可以实现 64 位宽度的整数的乘法运算。而对于 C 语言中的 long long 数据类型$^{\ominus}$,则没有直接的机器指令来支持。下面程序实现了两个无符号 64 位数相乘得到 128 位结果的运算。其核心思想就是将一个无符号的 64 位整数分解为两个 32 位的无符号数,然后将它们相乘,最后将相乘得到的结果进行相应的处理得到一个 128 位的结果。

```
; __value_in_regs struct{unsigned r0,r1,r2,r3}
; uml_64to128(unsigned long long i,unsigned long long j)
umul_64to128
        STMFD     sp!,{r4,r5,lr}
        UMULL     r4,r5,r0,r2          ; i 低位×j 低位,结果存入 r5,r4 中
        UMULL     r12,lr,r0,r3         ; i 低位×j 高位,结果存入 lr,r12 中
        UMULL     r3,r0,r1,r3          ; i 高位×j 高位,结果存入 r0,r3 中
        ADDS      r5,r5,r12            ; 调整结果的 63 ~ 32 位
        ADCS      r12,lr,r3            ; 调整结果的 95 ~ 64 位
        ADC       lr,r0,#0             ; 调整结果的 127 ~ 96 位
        UMULL     r2,r0,r1,r2          ; i 高位×j 低位,结果存入 r0,r2 中
        ADDS      r5,r5,r2             ; 调整结果的 63 ~ 32 位
        ADCS      r12,r12,r0           ; 调整结果的 95 ~ 64 位
        ADC       lr,lr,#0             ; 调整结果的 127 ~ 96 位
        MOV       r0,r4
        MOV       r1,r5
        MOV       r2,r12
        MOV       r3,lr
        LDMFD     sp!,{r4,r5,pc}
```

在上面的程序中,r0 ~ r4 作为输入寄存器使用。其中,r0 存放的是 i 的低 32 位,r1 存放的是 i 的高 32 位,r2 寄存器存放的是 j 的低 32 位,r3 寄存器存放的是 j 的高 32 位。结果是通过返回一个结构对象来完成的。程序返回前,128 位结果由高到低依次存放在 r3 ~ r0 寄存器中。

【例 6-23】 高效率程序分支

在 C 语言中,switch 语句常被用于程序分支。它的一般格式如下:

$\ominus$ long long int 型数据类型的长度通常规定为 long int 型数据的两倍,本例中为 8 个字节。

```
int c_switch(int i)
  {
     switch(i)
     {
        case0:
                return method0();
        case1:
                return method1();
        case2:
                return method2();
        case3:
                return method3();
        case4:
                return method4();
        default:
                return methodD();
     }
}
```

可以使用下面的 ARM 汇编代码表示上述 C 结构：

```
arm_swith
        CMP      r0, #5              ; r0 中存放了分支程序的识别号(选项参数)
        ADDLT    pc,pc,r0,LSL#2      ; 左移两位是因为地址都是字对齐的
        B        methoD             ; 跳转到相对 PC 的地址
        B        method0
        B        method1
        B        method2
        B        method3
        B        method4
```

在上述汇编程序中，通过将输入参数 r0 与 5 来影响标志位，如果 r0 > 5，则不会执行 ADD 指令，程序接下来就会跳转到 methodD 中，否则 ADD 指令被执行，它会将 pc += 4r0。由于流水线的原因，pc = 当前指令地址 + 8，所以 pc += 4r0 就会将 pc 指向与 r0 相对应的跳转指令，从而可以完成相应的跳转。

6.5.3 典型的 ARM 汇编程序范例

【例6-24】 ARM 汇编语言整数除法子程序

ARM 处理器不提供整数除法指令，因此涉及整数除法运算时，或者让 ADS 开发环境在编译 C 程序时调用函数库中的除法子程序，或者调用用户自行编写的 ARM 汇编整数除法子程序。下面给出一个 ARM 汇编整数除法子程序，本该子程序算法的基本思想是：采用试探减法，即用除数逐位测试被除数的每一位，看是否够减，如果够减，则在商的相应位置1。

我们给出的汇编整数除法子程序 divide.s 有两个输入参数，r0 中存放的是除数，r1 中存放的是被除数，运算结果商存放在 r0，输出传递给调用程序。r2 中存放运算过程的临时结果，r12 是中间变量，该寄存器中存放的是扩大的除数，使它的位数与被除数或者余数的有效位相等，以便试商。子程序将计算 r1/r0 的商，并将这个结果存放在 r0，作为函数的唯一的返回值。以下是含有详细注释的该子程序源代码。

```
        AREA DIVIDE, CODE, READONLY
        EXPORT divide
divide
; 程序首先将除数与被除数间的差距尽量缩小在 8 位以内，
```

; 在这个过程中可能要扩大除数,其扩大除数的程度保留在 r2 寄存器中

```
        mov r2,#0                           ; r2 在计算过程中保留商的临时计算结果
        rsbs r12,r0,r1,lsr #3               ; 被除数逻辑右移 3 位后的数减去除数,结果存放在 r12 中

        bcc banch1                          ; 实际上是一个测试,结果如果小于零,则跳转到 banch1
        rsbs r12,r0,r1,lsr #8               ; 被除数逻辑右移 8 位后的数减去除数,结果存放在 r12 中
        bcc banch2                          ; 实际上是一个测试,结果如果小于零,则跳转到 banch2
        mov r0,r0,lsl #8                    ; 将除数左移 8 位
        orr r2,r2,#0xff000000               ; 在 r2 中做标记
        rsbs r12,r0,r1,lsr #4               ; 被除数逻辑右移 4 位后的数减去除数,结果存放在 r12 中
        bcc banch3                          ; 结果如果小于零,则跳转到 banch3
        rsbs r12, r0, r1, lsr #8            ; 被除数逻辑右移 8 位后的数减去除数,结果存放在 r12 中
        bcc banch2                          ; 结果如果小于零,则跳转到 banch2
        mov r0,r0,lsl #8                    ; 将除数左移 8 位
        orr r2,r2,#0xff0000                 ; 在 r2 中做标记
        rsbs r12, r0, r1, lsr #8            ; 被除数逻辑右移 8 位后的数减去除数,结果存放在 r12 中
        movcs r0, r0, lsl #8               ; 如果结果大于等于 0,则将除数左移 8 位
        orrcs r2, r2, #0xff00             ; 如果结果大于等于 0,在 r2 中做标记
        rsbs r12, r0, r1, lsr #4           ; 被除数逻辑右移 4 位后的数减去除数,结果存放在 r12 中
        bcc banch3                          ; 如果结果小于零,则跳转到 banch3
        b banch2                            ; 无条件转向 banch2
banch4
        movcs r0,r0,lsr #8                 ; 这一步主要用于将前面左移的行为恢复过来,
                                            ; 逐步将除数右移 8 位

banch2                                      ; 到这里就说明经过调整后,除数和被除数之间的差距仅在
                                            ; 8 位之内,下面将除数与被除数逐位比较,如果在某一
                                            ; 位上被除数大于除数,则在 r2 的相应位上置 1,否则置 0
        rsbs r12,r0,r1,lsr #7               ; 被除数逻辑右移 7 位后的数减去除数,结果存放在 r12 中
        subcs r1,r1,r0,lsl #7               ; 如果被除数逻辑右移 7 位后的数够减去除数,则将被除数
                                            ; 减去除数左移 7 位后的数
        adc r2,r2,r2                        ; r2 左移一位,并且根据 rsbs 结果分别将末位置 1 或者置
                                            ; 0。如果够减,则置 1,否则置 0
        rsbs r12,r0,r1,lsr #6
        subcs r1,r1,r0,lsl #6
        adc r2,r2,r2
        rsbs r12,r0,r1,lsr #5
        subcs r1,r1,r0,lsl #5
        adc r2,r2,r2
        rsbs r12,r0,r1,lsr #4
        subcs r1,r1,r0,lsl #4
        adc r2,r2,r2
banch3                                      ; 到这里就说明经过调整后,除数和被除数之间的差距仅在
                                            ; 4 位之内
        rsbs r12,r0,r1,lsr #3
        subcs r1,r1,r0,lsl #3
        adc r2,r2,r2
banch1                                      ; 到这里就说明经过调整后,除数和被除数之间的差距仅在
                                            ; 3 位之内。下面就将除数与被除数逐位比较,如果在某一
                                            ; 位上被除数大于除数,则在 r2 的相应位上置 1,否则置 0
        rsbs r12,r0,r1,lsr #2
        subcs r1,r1,r0,lsl #2
        adc r2,r2,r2
        rsbs r12,r0,r1,lsr #1
        subcs r1,r1,r0,lsl #1
        adc r2,r2,r2
```

```
        rsbs r12,r0,r1
        subcs r1,r1,r0
        adcs r2,r2,r2              ; 这一步的加法指令是 adcs,即这个加法会影响标志位
        bcs banch4                 ; 如果有进位,则说明 r2 的高位是被置 1 的,
                                   ; 即是在比较与调整除数与被除数之间关系的时候置的 1,
                                   ; 表示除数已经被左移了 8 位,这时需要将除数恢复过来,
                                   ; 即跳转到 banch4 处,将除数右移 8 位
        mov r0,r2                  ; 到这里就说明计算结束了,将结果传递给 r0,
                                   ; 用作返回结果
        mov pc,r14                 ; 程序返回
```

【例 6-25】 字节序反转

当程序需要在大端存储系统和小端存储系统间工作时,常要进行字节序的反转。也就是说,如果原先一个 32 位字中存放的是 $\boxed{0x0000ABCD}$,经过反转变为 $\boxed{0xCDAB0000}$。在 AXD 调试器环境下能够用半主机方式调试的汇编程序片段如下:

```
; AsmProg6 -25_new.s
        AREA  MyAsmProg,  CODE, READONLY
        ENTRY
go
        GBLA  AA
AA      SETA  0x5678ABCD
        BL  byte_reverse

stop    MOV    r0, #0x18          ; angel_SWIreason_ReportException
        LDR    r1, =0x20026       ; ADP_Stopped_ApplicationExit
        SWI    0x123456           ; ARM semihosting SWI
byte_reverse
        LDR    r11, =AA
        MOV    r0, r11
        MVN    r2, #0x0000ff00
        MOV    r1, #0x0           ; r1 清零( r1 的初值)
        EOR    r1, r0, r0, ROR #16 ; 操作后 r1 中存放为:A^C,B^D,C^A,D^B
        AND    r1, r2, r1, LSR #8 ; 操作后 r1 中存放为:0,A^C,0,A^C
        EOR    r0, r1, r0, ROR #8 ; 操作后 r0 中存放为:D,C,B,A
        NOP
        MOV    pc, lr

        END                       ; 本汇编程序结束
```

在上述程序代码中,r0 作为输入和输出寄存器,r1 和 r2 是临时寄存器。运算符^表示异或运算。

【例 6-26】 汇编点乘

点乘操作就是将向量 1 的每个分量和向量 2 的每个分量相乘,然后将相乘的结果相加。在下面的例子代码中,汇编程序充分利用了 ARM 处理器中有较多的通用寄存器和 LDM 多寄存器装载指令。

```
;int dot_16_mul(int *x1, int *x2, unsigned N)
; 输入参数:x1 是指向第 1 个向量的指针,x2 是指向第 2 个向量的指针
; 输入参数:N 是向量中的元素个数
dot_16_mul
    STMFD    sp!,{r4 - r12,lr}          ; 备份寄存器进栈
    MOV      r3,#0                      ; 累加器清零
loop
```

```
LDMIA      r0!,{r4,r5,r6,r7,r8}            ; 装载第 1 个向量
LDMIA      r1!,{r9,r10,r11,r12,r14}        ; 装载第 2 个向量
MLA        r3,r4,r9,r3                     ; r3←r4*r9 + r3
MLA        r3,r5,r10,r3                    ; r3←r5*r10 + r3
MLA        r3,r6,r11,r3                    ; r3←r6*r11 + r3
MLA        r3,r7,r12,r3                    ; r3←r7*r12 + r3
MLA        r3,r8,r14,r3                    ; r3←r8*r14 + r3
SUBS       r2,r2,#5                        ; 向量的元素个数减 5
BGT        loop                           ; 元素相乘没有完成
MOV        r0,r3                           ; 元素相乘完成,累计和送 r0
LDMFD      sp!,{r4 - r12,pc}               ; 备份寄存器出栈,子程序返回
END                                        ; 标志本子程序结束
```

【例 6-27】 ARM 汇编语言整数平方根程序

计算一个 32 位的无符号整数 d 的平方根,结果是 16 位无符号整数 q 和一个 17 位的无符号余数 r。开始时,设置 $q = 0$ 和 $r = d$。接下来从最高可能位开始,依次向下试探性地设置 q 的各个位。如果新的余数是正的,则设置该位。当计算到第 n 位时,新的余数可以由下式算出:

$$r_{new} = d - (q + 2^n)^2 = (d - q^2) - 2^{n+1}q - 2^{2n} = r_{old} - 2^n(2q + 2^n)$$

这样,就可以递推地计算 r,直到 q 的每位都测试到为止。

下面给出求整数平方根的 ARM 汇编子程序源代码。该程序的流程如图 6-2 所示,它可以对 32 位无符号数求平方根。程序调用时,r0 作为输入参数(即 d),存放被开根的数。在计算

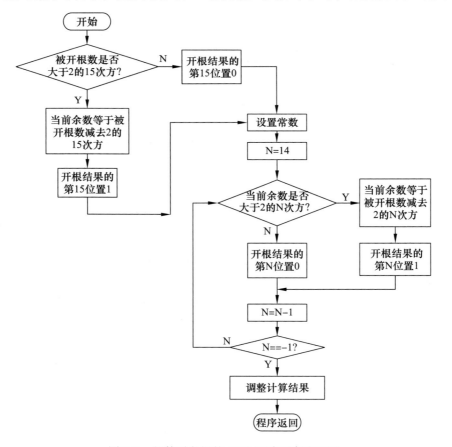

图 6-2   整数平方根的 ARM 汇编程序流程图

过程中，r0 存放当前的根的估计值。程序返回时，r0 作为输出参数存放结果。r1 存放的是试探中的余数，r2 存放的是一个常数，用以简化计算。该程序用到一个技巧：在计算结果的 N 位之前，寄存器 q 保存了值 $(1 << 30)\,|\,(q >> (N+1))$，这样对 q 循环右移 $(30-2N)$ 位，就等同于对这个值循环左移 $(2N+2)$ 位，这样就等同 $(1 << 2N)\,|\,(q << (N+1))$，这就等同于上式的 $2^n(2q+2^n)$。

例 6-27 的求整数平方根的汇编程序 squareCal.s 的代码如下：

```
; squareCal.s
      AREA   SQUARE, CODE, READONLY
      IMPORT __use_no_semihosting_swi
      EXPORT square
square
      ; 首先测试第 15 位
      SUBS     r1, r0,#1 <<30        ; q是否大于2¹⁵
      ADDCC    r1, r1,#1 <<30        ; 如果不是则恢复 r1 的值
      MOV      r2, #3 <<30           ; 设置常数
      ADC      r0, r2,#1 <<31        ; 设置 q 的第 15 位
                                     ; 测试第 14~0 位
      GBLA     N                     ; 声明全局算术变量 N
N     SETA     14                    ; 为算术变量 N 赋值
      WHILE    N <> -1               ; 条件循环指示符
      CMP      r1, r0,ROR #(30-2*N)  ; 逐个测试各位,如果够减,则计算新的余数
      SUBCS    r1, r1,r0,ROR #(30-2*N) ; 并对 q 置位
      ADC      r0, r2,r0,LSL #1
N     SETA     (N-1)                 ; 对算术变量 N 再次赋值
      WEND                           ; 条件循环结束指示符
      BIC      r0,r0,#3 <<30         ; 调整 q 为正确的计算根值
      MOV      pc,  lr               ; 返回主程序
```

【例 6-28】 递归子程序

本递归子程序的功能是提供一个递归计算框架。运行时，该程序在嵌入式开发板上的外在表现是显示递归层数的变化。开始时，从 n 逐个递减到 0，到 0 时刻表示达到递归的最底层。此后从 0 逐个递增到 n。这里的 n 是一个大于 0 的自然数。

程序根据输入参数 n 决定递归次数，并且在递归调用前和递归返回前，调用函数在液晶屏幕上打印出相应信息。图 6-3 给出了该子程序的处理流程图。

递归子程序 recursion.s 的代码如下：

```
; recursion.s(输入参数:r0,为一个整数,表示递归的次数,无输出参数)
      AREA EXAMPLE15, CODE, READONLY
      IMPORT __use_no_semihosting_swi   ; 通知编译器不使用半主机函数
      IMPORT LCD_printf                 ; 引用外部程序
      EXPORT recursion
str1 DCB "going down %d\n",0
str2 DCB "going up %d\n",0
recursion
      stmfd    r13!,{r4,r14}
      mov      r4,r0                    ; 将 r0 的值保存在 r4 中
      mov      r1,r4                    ; 为调用 LCD_printf 准备参数
      LDR      r0, =str1
      bl       LCD_printf               ; 调用 LCD_printf
      cmp      r4,#0                    ; 判断递归结束条件
      bne      call_down
```

```
back
        ldmfd       r13!,{r4,r14}
        bx          r14                         ; 程序退出
call_down
        sub         r0,r4,#1                    ; 为递归调用准备参数
        bl          recursion                   ; 递归调用
        mov         r1,r4                       ; 为调用 LCD_printf 准备参数
        LDR         r0, = str2
        bl          LCD_printf
        b           back                        ; 递归返回
```

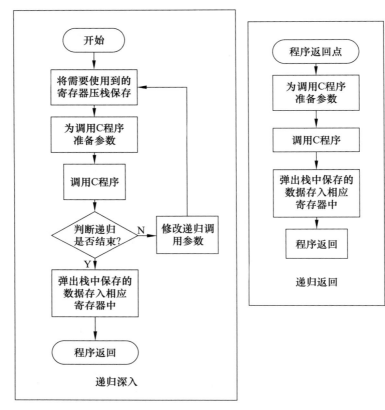

图 6-3   ARM 汇编递归子程序处理流程图

【例 6-29】   自修改指令的汇编程序，修改一条指令实现调用不同的子程序

```
; AsmProg6 - 29_new.s
                AREA  MyProg6_29, CODE, READWRITE
                ENTRY

prim            LDR   R0,  = src
                LDMIA R0,  {R9 - R12}
                MOV   R0,  #2        ; R0 是计数器,控制程序的执行流程

begin           BL    g1
dojob           SUB   R0, R0, #1     ; 第 1 次执行 R0 = 0x1,第 2 次执行 R0 = 0x0
                MOV   LR, PC         ; save ret address to LR register
                BX    R10            ; R10 内容被修改两次,导致执行两次不同的转移
                ADD   R11, R1, R3    ; 本指令用于核查汇编序执行流程是否正确
```

```
            CMP     R0, #0x0
            BEQ     aga2
            B       dojob
aga2        NOP
            B       stop
g5                                      ; 子程序 5
            LDR     R10, =g3
            MOV     R3, #16
            MOV     R4, #18
            MUL     R5, R3, R4
            BX      LR

stop        MOV     r0, #0x18           ; angel_SWIreason_ReportException
            LDR     r1, =0x20026        ; ADP_Stopped_ApplicationExit
            SWI     0x123456            ; ARM semihosting SW

g1                                      ; 子程序 1
            LDR     R10, =g5
            MOV     R3, #6
            MOV     R4, #20
            ADD     R5, R3, R4
            MOV     PC, LR

g3          LDR     R1, w1              ; 子程序 3
            LDR     R2, w2
            AND     R9, R1, R2
            ORR     R10, R1, R2
            EORS    R11, R1, R2
            BX      LR

src         DCD     0x102C, 0x102C, 0x102C, 0x102C
w1          DCD     0x253A              ; 任意 32 位字数值
w2          DCD     0xF3C2              ; 任意 32 位字数值

            END
```

6.5.4　5 级流水线的互锁问题

ARM9 指令流水线有 5 级。以 ARM9TDMI 为例，该处理器的流水线 5 个阶段分别是：

- 取指，根据 PC 给出的地址从存储器中取出指令。指令被装载到内核中，然后进入指令流水线。
- 译码，对前一个周期中取出的指令进行译码。如果操作数还没有准备好，那么处理器可以通过前向通道之一从寄存器堆中读入操作数。
- ALU，执行前一个周期译码的指令。注意这条指令是从地址 PC − 8（ARM 状态）或者 PC − 4（Thumb 状态）取到的。通常，这一步包括了计算数据操作的结果，或计算装载、存储、跳转操作的地址。在这一步，一些指令会花几个周期。例如，乘法和寄存器控制的移位操作会占用几个 ALU 周期。
- LS1，通过装载/存储指令来装载/存储特定的数据。如果不是装载或者存储指令，那么这个步骤没有任何作用。
- LS2，对通过字节或者半字装载指令装载的数据进行截取和左端补 0，或符号位扩展。如果指令不是装载一个 8 位字节或 16 位半字的，那么该步骤没有任何作用。

流水线增加了系统的吞吐量，但也容易引起流水线互锁（pipeline interlock）问题，即一条指令需要前一条指令的执行结果，而此时还没有得出结果，那么处理器就会等待。

互锁会使得指令的执行周期增加，下面以三条汇编代码为例进行说明。它们是：

```
LDR    r1,[r2,#8]
ADD    r0,r0,r1
MOV    r2,#0
```

参看表6-6，假定第 1 条 LDR 指令从时钟周期 X 开始执行，由于 ADD 指令使用到 r1 寄存器，而 r1 寄存器的值是由上一条指令 LDR 确定的，因此当 ADD 指令执行到流水线的 ALU 阶段时，LDR 指令在其 LS1 阶段，即 r1 寄存器还没有装载内存中地址为 r2 + 8 的数据，ADD 指令只得等待 LDR 指令一个周期，如表6-6 中的阴影色块所示。这样上述三条指令从头到尾的执行全过程需要 6 个时钟周期。

表6-6   ARM9TDMI 的五级流水线指令执行周期示意图

流水线	取值	译码	ALU	LS1	LS2
时钟周期 X	LDR	…	…	…	…
时钟周期 X + 1	ADD	LDR	…	…	…
时钟周期 X + 2	MOV	ADD	LDR	…	…
时钟周期 X + 3		MOV	**ADD**	**LDR**	…
时钟周期 X + 4		MOV	**ADD**	—	—
时钟周期 X + 5			**MOV**	—	—

现在优化前面的原始汇编代码，将指令顺序改变为：

```
LDR    r1,[r2,#8]
MOV    r2,#0
ADD    r0,r0,r1
```

参看表6-7，由于没有流水线互锁，同样执行这三条指令总共需要 5 个时钟周期，节省了 1 个时钟周期。

表6-7   无互锁的五级流水线指令执行周期示意图

流水线	取值	译码	ALU	LS1	LS2
时钟周期 X	LDR	…	…	…	…
时钟周期 X + 1	MOV	LDR	…	…	…
时钟周期 X + 2	ADD	MOV	LDR	…	…
时钟周期 X + 3		ADD	**MOV**	**LDR**	…
时钟周期 X + 4			**ADD**	—	—

6.6 ARM 内嵌汇编

在 C 和 C++ 源程序中，可以根据需要嵌入一段 ARM 汇编代码，让这段内嵌的 ARM 汇编程序来完成特定的工作。

ARM 内嵌汇编程序的语法如下：

```
__asm
{
    指令[;指令]   /* 注释 */
    …
    [指令]
}
```

6.6.1 内嵌汇编的指令用法

内嵌在 C 或者 C++ 程序中的 ARM 汇编指令与普通（ADS）格式的 ARM 汇编指令有所不同。其主要原因在于 C/C++ 编译器在编译 C/C++ 源代码的同时要兼顾处理内嵌汇编程序，因此 CPU 的内部寄存器资源使用有额外约束。以下讲解内嵌 ARM 汇编指令的用法。

1）**操作数**：内嵌汇编指令中作为操作数的寄存器和常量可以是表达式。这些表达式可以是 char，short 或 int 类型，而且这些表达式都是作为无符号数进行操作。若需要带符号，用户就要自己处理与符号有关的操作。编译器将会计算这些表达式的值，并为其分配寄存器。

2）**物理寄存器**：在内嵌汇编中使用物理寄存器时有以下限制：

- 不能直接向 PC 寄存器赋值，程序跳转只能使用 B 或 BL 指令实现。
- 不要使用过于复杂的 C 表达式，因为表达式过于复杂时，将会需要较多的物理寄存器，这将导致它与其他指令中用到的物理寄存器产生使用冲突。
- 编译器可能会使用 R12 或 R13 存放编译的中间结果，在计算表达式的值时可能会将寄存器 R0～R3、R12 和 R14 用于子程序调用。因此在内嵌的汇编指令中，不要将这些寄存器同时指定为指令中的物理寄存器。
- 通常内嵌的汇编指令中不要指定物理寄存器，因为这可能会影响编译器分配寄存器，进而影响代码的效率。

3）**常量**：在内嵌汇编指令中，常量前面的"#"可以省略。

4）**指令展开**：内嵌汇编指令中，如果包含常量操作数，该指令可能被内嵌汇编器展开成几条指令。

5）**标号**：C 程序中的标号可以被内嵌的汇编指令使用，但是只有指令 B 可以使用 C 程序中的标号，而指令 BL 则不能使用。

6）**内存单元的分配**：所有的内存分配均由 C 编译器完成，分配的内存单元通过变量供内嵌汇编器使用。内嵌汇编器不支持内嵌程序中用于内存分配的伪指令。

7）**SWI 和 BL 指令**：将这两个指令使用到内嵌汇编时，除了正常的操作数域外，还必须增加以下 3 个可选的寄存器列表：

- 用于输入参数的寄存器列表。
- 用于存储返回结果的寄存器列表。
- 用于表示那些寄存器将有可能会被修改的寄存器列表。

6.6.2 内嵌汇编器与 armasm 汇编器的区别

内嵌汇编器不支持通过"."指示符或 PC 获取当前指令地址；不支持"LDR Rn，= expr"伪指令，而使用"MOV Rn，expr"指令向寄存器赋值；不支持标号表达式；不支持 ADR 和 ADRL 伪指令；不支持 BX 指令；不能向 PC 赋值；十六进制数前要使用前缀 0x，不能使用 &；使用 8 位移位常数导致 CPSR 的标志更新时，N、Z、C 和 V 标志中的 C 不具有真实意义。

【例 6-30】 内嵌汇编指令的应用之一：字符串复制

```
#include <stdio.h>
void ex_strcpy(char *src, const char *dst)
{
    int ch;
    __arm
    {
```

```
    Loop;
    LDRB ch, [src], #1
    STRB ch, [dst], #1
    CMP ch, #0
    BNE loop
    }
}
int main(void)
{
    const char * a = "this is a C program";
    char b[30];
    __arm
    {
    MOV R0, a
    MOV R1, b
    BL ex_strcpy, {R0, R1}
    }
    printf("Original string: %s\n",a);
    printf("Copied string: %s\n",b);
    return 0;
}
```

【例6-31】 内嵌汇编指令的应用之二：FIQ 功能的关闭和打开

```
__inline void enable_FIQ(void)
{
    int temp;
    __asm;
    {
    MRS temp, CPSR
    BIC temp, temp, #0x40
    MSR CPSR_C, temp
    }
}
__inline void disable_FIQ(void)
{
    int temp;
    __asm;
    {
    MRS temp, CPSR
    ORR temp, temp, #0x40
    MSR CPSR_C, temp
    }
}

int main()
{
    disable_FIQ();
    enable_FIQ();
}
```

6.7   C/C++ 与汇编程序的相互调用

C/C++ 程序与汇编程序相互调用时，应遵守相应的 ATPCS。下面就对每种具体情况逐一说明如何相互调用。

6.7.1 C/C++程序调用汇编程序

前面说过，设计汇编程序必须遵守 ATPCS，以保证程序调用时参数的正确传递。在汇编程序中使用 EXPORT 指示符声明本程序可以被别的程序调用。在 C 语言程序中使用 extern 关键词声明该汇编程序可以被调用，C++语言程序使用 extern "C" 来声明该汇编程序可以被调用。

【例 6-32】 C 语句调用 ARM 汇编子程序举例，计算两个因子的乘积

```c
/* C程序代码片段,半主机方式调试成功。*/
#include <stdio.h>

extern int asmprog(int arg1, int arg2);

int  a1, a2, p1;
int main(){
    printf("Input a1 and a2 one by one : \n");
    scanf("%d",&a1);
    scanf("%d",&a2);
    p1 = asmprog(a1,a2);   /* 调用 ARM 汇编函数 asmprog */
    printf("The product of a1*a2 is %d", p1);
    printf("\nend this program.");
    return(0);
}
```

```
;;;  Example 6-32    ARM 汇编语言程序片段  Asmprog.s
            AREA c_call_asm, CODE, READONLY
            EXPORT      asmprog

asmprog     MUL         R4, R0, R1
            MOV         R0, R4
            MOV         PC, LR
            END
```

6.7.2 汇编程序调用 C 程序

在汇编程序中使用 IMPORT 指示符声明将要调用 C 程序。下面我们给出一个 C 指令调用 ARM 汇编语言函数，该函数用指令设置两个 IP 地址数据，然后在 ARM 汇编函数中再用一条 ARM 汇编指令调用 C 语言子程序 compare_ip，完成两个 IP 地址的比较。输出两个 IP 地址在第几个字段数值不同。参看例 6-33 的两段程序指令。

【例 6-33】 使用 ARM 汇编指令调用 C 函数，比较两个预定的 IP 地址

```c
/* C语言程序 Exp6-33_main.c 源代码,半主机调试获得成功 */
#include <stdio.h>
extern int function(void);       /* 声明 ARM 汇编子程序 */

int compare_ip(int a1, int a2, int a3, int a4, int b1, int b2, int b3, int b4){
    if(a1!=b1)
        printf("两个 IP 地址不同,因为 a1!=b1. \n");
        printf("代码编号:\n");
        return a1 >b1? 11: -11;
    if(a2!=b2)
```

```
            printf("两个 IP 地址不同,因为 a2!=b2. \n");
            printf("代码编号:\n");
            return a2 >b2? 12: -12;
        if(a3!=b3)
            printf("两个 IP 地址不同,因为 a3!=b3. \n");
            printf("代码编号:\n");
            return a3 >b3? 13: -13;
        if(a4!=b4)
            printf("两个 IP 地址不同,因为 a4!=b4. \n");
            printf("代码编号:\n");
            return a4 >b4? 14: -14;
    return 0;
}


int main(){
    printf("%d\n",function());
}
```

```
;   ARM 汇编程序 asm_IPaddr_Compare.s 源代码
        AREA   FUNCTION, CODE, READONLY
        IMPORT compare_ip
        EXPORT function

function
        STMFD   r13!, {r0 - r3, r14}
        MOV     r3, #0x97
        MOV     r2, #0
        MOV     r1, #0
        MOV     r0, #0xac
        STMIA   r13, {r0 - r3}        ; R13 是 SP 寄存器
        MOV     r3, #0x98
        MOV     r2, #1
        MOV     r1, #0xa8
        MOV     r0, #0xc0
        BL      compare_ip           ; ARM 汇编指令调用 C 子程序函数
        ADD     r13, r13, #0x10
        LDR     pc, [r13],  #4

        END
```

6.7.3 汇编程序调用 C++ 程序

ARM 汇编程序调用 C++ 程序时,在 C++ 程序中使用关键词 extern 声明被调用的 C++ 程序。对于 C++ 中的类或者结构,如果它没有基类和虚函数,则相应的对象的存储结构和 ARM 硬件平台的 C 语言程序的数据相同。在汇编程序中使用指示符 IMPORT 声明被调用的 C++ 程序。在汇编程序中将参数存放在数据栈中,而存放参数的数据栈的单元地址放在 R0 寄存器中,这样被调用的 C++ 程序就能访问相应的参数。

【例 6-34】 汇编程序调用 C++ 程序:两维空间三个点的定义和计算

本范例程序在 ADS 1.2 环境下半主机方式调试成功。

后端处理在 point.cpp 程序中执行。在 point.cpp 文件中有一个点(point)类声明语句,用于保存二维空间中一个坐标点。类中包含两个数据成员:浮点型的坐标值 x 和 y。还定义了关

于点坐标值的成员函数，包括 point 构造函数、获得 point 的 x 坐标值函数、获得 point 的 y 坐标值函数、移动 point 函数，旋转 point 函数、计算两个点为对角线点的矩形面积函数。

　　应用函数是 point.cpp 文件中的 cppfunc 函数。cppfunc 函数定义了二维空间的三个点，做了部分移动处理和逆时针旋转处理等。

　　以下是涉及该范例的全部三个程序文件的代码清单。

入口 C 代码清单

```
/* main.cpp 文件中的代码清单 */
extern "C" void asmfunc(void);
int main(void)
{
    asmfunc();                      /* C 语句调用 ARM 汇编函数 */
}
```

ARM 汇编代码清单

```
; asm.s 汇编程序文件中的代码
        AREA    Asmfunc, CODE, READONLY
        IMPORT  cppfunc
        EXPORT  asmfunc
asmfunc
        STMFD   sp!,{lr}
        BL      cppfunc             ; ARM 汇编指令调用 C++ 语言函数
        LDMFD   sp!,{pc}
        END
```

完成两维空间三个坐标点定义和计算的 CPP 代码清单

```
/* point.cpp 文件中的代码清单 */
#include <iostream>
#include <cmath>
using namespace std;

const double PI = 3.1415926;
class point
{
public:
    point(){x=0; y=0;};
    point(double a, double b) {x=a; y=b;};
    point(point &a) {x=a.x; y=a.y;};
    ~point(){};

    double GetX() {return x;};
    double GetY() {return y;};

    /* 移动当前点函数,参数为移动范围 */
    point &Move(const point &a) {this->x +=a.x; this->y +=a.y; return *this;};
    /* 计算当前点与参数点组成的矩形的面积 */
    double GetArea(point &a) {return abs((this->x - a.x))*abs((a.y - this->y));};
    /* 逆时针旋转当前点,参数为旋转度数 */
    point &Rotate(const int degree)
    {
        double tempX = this->x, tempY = this->y, length, a;  /* 取得当前点坐标 */
        a = atan(tempY/tempX);                               /* 取得当前点余弦 */
        length = sqrt(tempX*tempX + tempY*tempY);            /* 计算当前点到原点长度 */
        this->x = length * cos(a + degree*PI/180);
```

```
            this -> y = length * sin(a + degree*PI/180);
            return *this;
        };

    private:
        double x, y;                    /* 保存 x 和 y 坐标值 */
    };

    extern "C" int cppfunc()
    {
        point a(1.5, 1.9);
        point b(2.0, 0.0);
        point c(1.0, 1.0);

        a.Move(b);                      /* 根据 b 点相对原点位置,移动 a 点 */
        c.Rotate(90);                   /* c 点逆时针旋转 90 度 */

        cout << endl;
        cout << "Point a is at (" << a.GetX() << "," << a.GetY() << ")" << endl;
        cout << "Point b is at (" << b.GetX() << "," << b.GetY() << ")" << endl;
        cout << "Point c is at (" << c.GetX() << "," << c.GetY() << ")" << endl;
        cout << "Rectangle area of diagonal points a and b is " << a.GetArea(b) << endl;
        cout << "Rectangle area of diagonal points b and c is " << b.GetArea(c) << endl;
        cout << "Rectangle area of diagonal points a and c is " << a.GetArea(c) << endl;
    }
```

6.7.4　C 程序调用 C++ 程序

　　C 程序调用 C++ 程序时,在 C 程序中使用关键词 extern 声明要调用的 C++ 函数,在 C++ 程序中使用关键词 extern "C" 声明被调用的 C++ 函数。

　　【例 6-35】　C 程序调用 C++ 程序,输出拼接的串——"Hello World!"
本范例程序无须操作系统支持,可以半主机方式调试。

main. c 文件的代码清单

```
#include <stdio.h>
struct S { char ca[14];
};
extern void cppfunc(struct S *p);       /* 声明将要调用 C++ 函数 cppfunc */
void f(struct S * s) {
    char *tmp = "Hello";
    char * source = s -> ca;
    while(*source ++ = *tmp ++);        /* 将子串"Hello"写入 ca 数组的前半部 */
    cppfunc(s);                         /* 调用 cppfunc 函数,初始化 's' */
}
int main(){
    struct S s;
    f(&s);
    printf("%s\n",s.ca);                /* 输出结果:Hello world! */
    return 0;
}
```

CPP. cpp 文件的代码清单

```
class S {   // 无基类和虚函数
public:
```

```
    char ca[14];
        S()  {ca[0] = '\0'; }
};

extern "C" void cppfunc(S *p) {        // 定义这个 C++ 程序可以被 C 程序调用
    char * tmp = "world!";
    char * source = p -> ca;
    while(*source ! = '\0')             // 扫描过原先在 C 程序中的赋值
        source ++;
    *source ++  = ' ';                  // 将结束符改为空格
    while(*source ++  = *tmp ++);       // 将子串"world!"添加到 ca 数组的后半部
}
```

6.8   软中断和半主机方式 ARM 汇编程序设计

在这一节，我们通过三个例子学习 ARM 的软中断编程方法和半主机编程。图 6-4 给出了软中断指令执行过程中的中断向量表查表和中断服务子程序（ISR）调用流程。

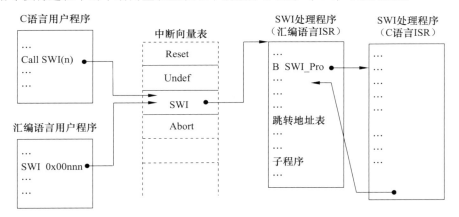

图 6-4   中断向量表结构与 SWI 处理流程图

在 ARM 应用程序编程中，程序设计者可以在汇编语言程序中调用软中断——SWI，也可以从 C/C++ 程序中调用 SWI。

在汇编语言程序中，可以将参数存入寄存器，然后发出相应的 SWI 指令。汇编程序调用举例：

```
    MOV   R0, #55      ; R0 中存入了立即数 55
    SWI   0x20         ; 调用 20 号子功能的软中断指令 SWI 0x20,带一个 R0 中的参数
```

如果从 C/C++ 程序中调用 SWI，则要先声明 SWI 为一个__SWI 函数，然后再调用。例如：

```
    __SWI(4) void mypro_swi(int)
    ...
    mypro_swi(29)
```

【例 6-36】   软中断 SWI 指令的使用

软件中断指令产生一个软件中断异常，这为应用程序调用系统程序提供了一种机制。

其语法为：

```
SWI { < cond > } SWI_number
```

处理器执行 SWI 指令时，会产生以下动作：

1）将 SWI 后面的指令的地址存入 lr_svc 寄存器中。

2）将 cpsr 存入 spsr_svc 寄存器中。

3）将 pc 设为从中断向量表起始地址加 8 个字节的位置。

4）将 cpsr 改为 SVC 模式。

5）屏蔽 IRQ 中断。

软中断指令的低 24 位用来保存中断号。下面给出一个软中断处理程序的框架：

```
SWI_handler
    STMFD          sp!, {r0 - r12, lr}
    LDR            r10, [lr, #-4]
    BIC            r10, r10, #0xff000000
    BL             service_routine
    LDMFD          sp!, {r0 - r12, pc}^
```

首先是保存寄存器 r0 ~ r12 和 lr，因为 lr 记录返回地址，也就是 SWI 的下一条指令，所以 lr - 4 就是 SWI 指令的地址，通过 LDR 将 SWI 指令读入寄存器 r10，然后通过 BIC 指令将 r10 的高 8 位清零，这样就得到了软件中断号。接着，程序调用中断服务子程序，并通过 r10 寄存器将中断号传递给子程序，最后中断服务子程序处理结束返回，程序调用 LDMFD 恢复保存的寄存器，由于最后有 "^" 标记，因此程序将保存在 spsr_svc 的状态字恢复到 cpsr（用户态）中。

【例 6-37】 软中断服务子程序

本范例程序编译时没有使用嵌入式操作系统。这个软中断服务子程序基于的中断向量表的结构如图 6-4 所示。

存储的 0 地址开始存放一组跳转指令，它跳向一组同样位于低地址的中断处理函数，这组中断处理函数进行一些初步的中断处理（如保存寄存器、提取软中断号等），然后从位于高地址的跳转地址表中获取具体的中断处理函数的地址，并跳转到具体的中断处理函数，完成相应的中断处理操作。

基于这样的中断向量表结构，在跳转地址表中找到软中断处理函数的地址，然后在这个地址上写入软中断服务子程序的地址，就可以在发生软中断时调用软中断服务子程序。

下面先给出 main.c 的源代码，然后再给出汇编子程序代码。

```
// main.c
unsigned *swi_vec = (unsigned *)0x0c7fff08;   // 高位的中断向量,第 3 个向量
extern void SWI_HANDLER(int number);          // 外部的汇编 ISR 首地址

__swi(0) void swi0();                          // 当调用此函数时,相当于执行汇编的 SWI 0x0
__swi(1) void swi1();                          // 当调用此函数时,相当于执行汇编的 SWI 0x1

unsigned install_swi_handler(unsigned *handlerloc,unsigned *vector)
{
    *vector = (unsigned)handlerloc;
// 把以 SWI_HANDLER 为标号的程序首地址赋值给 *vector
}

void SWI_HANDLER_D(int number)                 // 默认的处理函数实现
{
    LCD_printf("invalid swi number:%d\n",number);
```

```
}

void SWI_HANDLER_0(int number)
{
    LCD_printf("in swi_%d\n",number);
}

void SWI_HANDLER_1(int number)
{
    LCD_printf("in swi_%d\n",number);
}

void call_swi(int number)
{
    switch(number){
        case 0:
            swi0();
            break;
        case 1:
            swi1();
            break;
        default:
            LCD_printf("invalid swi number:%d\n",number);
    }
}

int main(void)
{
    ARMTargetInit();                                // 开发版初始化
    LCD_Init();                                     // 液晶屏初始化
    LCD_ChangeMode(DspTxtMode);                     // 转换 LCD 显示模式为文本显示模式
    LCD_Cls();                                      // 文本模式下清屏命令
    install_swi_handler((unsigned *)SWI_HANDLER, swi_vec);
    call_swi(1);                                    // 调用外部软中断函数
    call_swi(0);
    while(1);
}
```

以下是 SWIHANDLER.S 的语句:

```
    AREA    SWI_HANDLER, CODE, READONLY
    EXPORT  SWI_HANDLER            ; 本汇编程序文件可以被外部 C 文件使用
    IMPORT  SWI_HANDLER_D          ; 引入外部 C 函数文件中的函数名
    IMPORT  SWI_HANDLER_0          ; 引入外部 C 函数文件中的 0 号软中断 ISR
    IMPORT  SWI_HANDLER_1          ; 引入外部 C 函数文件中的 1 号软中断 ISR
SWI_HANDLER
    CMP     r0, #1                 ; 程序中使用的最大中断向量号为 1,实际上只有 0 和 1
                                   ; R0 值是从一级 SWI 异常中断处理程序传递的
                                   ; 它是软中断的子功能号
    LDRLS   pc,[pc,r0,LSL #2]      ; 如果子功能号不超过最大中断向量号,
                                   ; 执行 LDRLS 指令,计算出 PC 指向 DCD SWInum0
    B       SWI_HANDLER_D          ; 默认的处理跳转地址
SWIJUMPTABLE
    DCD     SWInum0                ; 软中断号为 0 的跳转地址。因为 ARM7 的流水线为 3 级,
                                   ; 所以转到此语句处
    DCD     SWInum1
```

```
SWInum0
    B              SWI_HANDLER_0
SWInum1
    B              SWI_HANDLER_1
    END                              ; 运行结果正常
```

程序由 C 语言的 main.c 和汇编语言的 SWIHANDLER.S 两个文件构成，其中 C 语言的部分实现是开发板的初始化，实现每个具体软中断号的处理函数，将软中断的处理程序地址写入跳转地址表中，并调用软中断。汇编语言的部分主要完成跳转到与软中断号对应的具体的软中断处理程序。

【例 6-38】 半主机方式汇编代码举例：比较输入的两个字串是否相等

本应用程序包括一个 C 程序和一个 ARM 汇编语言程序，在 ADS 1.2 环境的模拟器方式下测试运行。C 语言程序接收用户从 AXD 控制台上输入的两个字符串，然后调用 ARM 汇编子程序，完成两个字符串的比较。当 ARM 汇编子程序完成比较运算之后，将返回值送给 C 语言主程序的整型变量 result。如果 result 值是 1，表示两个串相同，如果 result 值是 0 则表示两个字符串不相同。

C 语言程序代码清单

```c
#include <stdio.h>
extern  int  CMPStrings(char *s, char *d);
int main()
{
    int result = 0;
    char *s_str ;
    char *d_str ;
    printf("Input two string :\n");        /* 接收两个字串的键盘输入 */
    s_str = gets(s_str);
    d_str = gets(d_str);
    printf("The two strings are :\n");
    printf(" %s\n %s\n",s_str,d_str);
    result = CMPStrings(s_str, d_str);
    if (result)
        printf("Two strings are the same.\n");
    else
        printf("Two strings are different.\n");
}
```

ARM 汇编语言程序语句清单

```
        AREA      CMPStrings,  CODE,  READONLY
        EXPORT    CMPStrings
go      LDRB      R3, [R0], #1      ; 源串的首地址送 R3，之后基地址寄存器加 1
        LDRB      R4, [R1], #1      ; 目的串的首地址送 R4，地址指针增 1 字节
        CMP       R3, R4            ; 判断被比较的这一字符是否相等
        BNE       DIF               ; 被比较的字符不相等，跳 DIF
        CMP       R3, #0            ; 判断源串是否结束
        BNE       go                ; 如果源字符串还没有结束，跳至标号 STR
SAME    MOV       R0, #1            ; 源串结束，无不相等字符，R0 = 返回值 =1
        B         ECMP              ; 跳标号 ENDCMP 处
DIF     MOV       R0, #0            ; 两串不等,R0 = 返回值 =01
ECMP    MOV       PC, LR            ; 返回主程序
        END
```

6.9 GNU 格式的 ARM 汇编语言程序设计

GNU 格式 ARM 汇编语言程序主要用于基于 ARM 硬件平台和 Linux 操作系统的嵌入式开发。GNU 提供的相关汇编器是 arm-elf-as（简称为 as），连接器是 arm-elf-ld（简称为 ld）。GNU 格式的 ARM 汇编程序与 ADS 格式的 ARM 汇编程序有较大的区别。下面将做简单讲解。

6.9.1 GNU 格式 ARM 汇编语言程序的设计要点

基于 ARM 处理器的 GNU 汇编语句格式如下：

[< label > :] [< instruction or dircetive >] @ 注释

其中的第 1 个字段 label 是标号，第 2 个字段 instruction or dircetive 是指令或者 GNU 的汇编指示符。与 ADS 格式的汇编语言程序不同，在 GNU 格式的汇编语言程序的源代码行里不需要缩进指令和指示符。

- **标号** 只能由 "a ~ z"、"A ~ Z"、"0 ~ 9" 等字符组成。标号识别的根据是后续冒号，而不是位于行的起始位置。
- **段名**（section_ name） 属于指示符。每一个段以段名开始，以下一个段名或者文件结尾结束。例如，.text 表示代码段的开始，.data 表示数据段的开始，.bss 表示未初始化数据段的开始。
- **专用符号** "@" 表示从当前位置注释到行尾；"#" 位于行首表示一整行为注释内容；";" 表示新一行分隔符。
- **GNU 汇编指示符** 限于篇幅，我们在表 6-8 给出了主要的 GNU 指示符，需要查阅完整的 ARM 平台 GNU 汇编指示符的读者可以到相关网站上检索并下载。

表 6-8 主要 GNU 指示符

ARM 处理器 GNU 汇编指示符	描述
.ascii " < string > "	在汇编中定义字符串并为之分配存储空间（与 armasm 中的 DCB 功能类似）
.section < section_name > {," < flags > "}	开始一个新的代码或数据段。section_name 可以是：.text，代码段；.data，初始化数据段；.bss，未初始化数据段。这些段名都有缺省的标志（flags），连接器可以识别这些标志（与 armasm 中的 AREA 相同）。ELF 格式允许的段标志 flags 有：a 允许段；w 可写段；x 执行段
.global < symbol >	全局声明标志，这样声明的标号将可以被外部使用。（与 armasm 中的 EXPORT 相同）
.balign < power_of_2 > {, < fill_value > {, < max_padding > } }	以某种排列方式在内存中填充数值。（该指令与 armasm 中的 ALIGN类似）。power_of_2 表示排列方式，其值可为 4，8，16 或 32，单位是 byte；fill_value 是要填充的值；max_padding 是最大的填充界限，如果请求填充的 bytes 数超过该值，将被忽略
.rept < number_of_times >	循环执行 .endr 前的代码段 number_of_times 次
.byte < byte1 >{, < byte2 > }…	定义字节数据序列，并为之分配空间
.irp < param > {, < val_1 >} {, < val_2 > } …	循环执行 .endr 前的代码段，param 依次取后面给出的值。在循环执行的代码段中必须以 " \ < param > " 表示参数。.endr 表示结束循环（与 armasm 中的循环结束指令 WEND 相似）
.include " < filename > "	包含文件。与 armasm 中的 INCLUDE 或者 C 中的#include 一样
.code32 或者 .code16	以 ARM 格式编译，或者以 thumb 格式编译

【例6-39】 简单的 ARM 处理器 GNU 汇编程序

```
#   ARM 平台 GNU 格式汇编程序
#   本程序含有一个可以被外部程序调用的函数 AND
.section .text, "x"
.global    AND
AND:
AND R0, R0, R1        @ 输入参数与操作
MOV PC, LR            @ 从子程序返回主程序
#   本程序段结束
```

6.9.2   GNU 格式 ARM 汇编语言程序举例

以下是一个 GNU 格式的 ARM 汇编子程序的例子。该子程序完成 ARM 处理器的无符号整数除法。参阅例 6-24 的 ARM 汇编语言整数除法程序清单。

【例6-40】 基于 ARM 处理器的 C 语言主程序调用 GNU 格式汇编子程序

```
/* main.c */
#include <stdio.h>

#define MASK 0x7fff
#define ERROR 0x7fff
extern   int newdivide(unsigned i, unsigned j);
int main(){
   unsigned i,j,ret;

   printf("please input m\n");
   scanf("%d",&i);
   printf("please input n\n");
   scanf("%d",&j);

   ret = newdivide(j,i);

   if(i&&j&&(ret! = ERROR)){
      printf("the result of m/n is %d, remainder is %d\n",ret&MASK , ret >>15);
   }else{
      printf("Input is invalid!\n");
   }
}
```

GNU ARM 汇编语言除法子程序清单：

```
# newdivid.s
    .section .text, "x"
    .global newdivide
#unsigned newdivide(unsigned r0, unsigned r1) 函数原型说明
#r0 是除数,它必须是一个 15 位无符号数;r1 是被除数,它必须是一个 30 位的无符号数
#返回结果 r0 的低 15 位是商,高 17 位是余数
newdivide:
    rsbs   r0, r0, r1, lsr #15     @  r0 = r1 >>15 - r0
    bcs  overflow_15               @ 如果没有借位,
#则这两个数的除法不被该算法所支持,跳转到溢出
    sub   r0, r0, r1, lsr #15     @ r0 = r0 - r1 >>15,与第一步相结合产生的效果就是 r0 = - r0
    mov  r0, r0, lsl #14          @ r0 <<14
```

```
        adds   r1, r0, r1              @ r1 = r0 + r1,
#由于 r0 所代表的是一个负数,所以这一步的结果等价于:被除数 –(除数 ×2 的 14 次方)
        subcc  r1, r1, r0              @ 如果不够减,则还原被除数
        .rept  14                      @ 循环执行 14 次
        adcs   r1, r0, r1, lsl #1      @ 逐位测试被除数和除数之间的关系
        subcc  r1, r1, r0              @ 并在被除数的低位置商,高位保留余数
#由于除数是 15 位的,所以共需要比较 15 次
        .endr                          @ 结束循环
        adc   r0, r1, r1               @ 置最后一位的商
        mov   pc, lr
overflow_15:
        ldr   r0, =0x7fff              @ 溢出,返回给结果一个最大的可能商
#让调用程序知道溢出情况的发生
        mov   pc,lr                    @ 返回调用程序
```

6.10　本章小结

　　本章讲解了 ARM 汇编语言程序格式,半主机调试方法,ARM 过程调用标准 ATPCS 和 AAPCS,以及典型 ARM 汇编语言程序范例;描述了 ARM 汇编与 C/C++ 语言的混合编程以及基于 GNU 汇编器的 ARM 汇编语言程序设计。为了帮助读者快速掌握 ARM 汇编语言程序设计,本章中给出了大量汇编代码示例,希望读者结合示例多加练习,以便加深理解。

6.11　习题和思考题

6-1　编写一个 ARM 数据块拷贝汇编子程序。假设 R0 存放的是源数据的首地址,R1 存放的是目标数据地址,R2 存放数据块的总长度。

6-2　编写 ARM 汇编程序,求出双字长无符号整数的最大的 10 个素数。

6-3　在 ARM 教学实验平台上编写一个汇编程序,求 1000 以内的斐波那契(Fibonacci)数列中最大的 20 个,存放在一个数组内,然后在 LCD 上显示出来。

6-4　编写一个求阶乘 N! 的 ARM 递归汇编子程序,要求 N 值不大于 12。

6-5　编写一个求模运算的汇编子程序函数 mode.s。求出 f = a mode b,其中 a 存放在 r0 中,b 存放在 r1 中,mode 值存放在 r2 中。

6-6　下面是一段完整的自修改程序代码,在 ADS 1.2 集成开发环境运行通过。试指出:①哪一条指令是被修改的指令?②哪一条指令是修改指令的指令?③整个程序运行结束后的数值是多少?④画出程序流程图,说明程序执行到什么地方指令被修改了。要求在 ADS 1.2 集成开发环境或者 GNU 环境下调试通过这段代码,并且尝试用单步执行的方式观察程序运行时刻的寄存器和相关内存单元值的变化。

```c
/* C 语言代码 main.c 函数 */
#include <stdio.h>
int main(){
extern int self_modify_pro(int m);
int i;
i = self_modify_pro(4);
printf("%d\n",i);          /* 半主机方式输出运算结果 */
return 0;
}
```

```
; ARM 汇编语言代码 change.s 函数
    AREA SELF_MODIFY_PRO,CODE,READWRITE
    EXPORT self_modify_pro
self_modify_pro
    stmfd   r13!,{r5,r6,r7,r14}
    MOV R5, r0              ; 计数器
    MOV R6, #0              ; 累加器
SL1
    MOV R0,#10
    MOV R1,#26
    MUL R2,R0,R1
    ADD R6, R6, R2
    SUBS R5, R5, #1
    BNE SL2
    B   SL3
SL2
    SUB R1, R1, #3
    MOV R0, #90
    MUL R2, R0, R1
    NOP
    LDR r7, SL4
    STR r7, SL2
    ADD R6, R6, R2
    SUBS R5, R5, #1
    BNE SL1
    B   SL3
SL3
    ADD R6, R6, R6,LSL #1 ;R6 <- R6*3
    B   SL6
SL4
    ADD R1, R1, #3
SL6
    MOV R0, R6
    ldmfd   r13!,{r5,r6,r7,r14}
    NOP
    BX      R14
    END                     ; 程序结束
```

第7章 嵌入式系统开发工具

本章我们将介绍 ARM 开发工具。首先概述嵌入式软件开发工具、ARM 开发工具和 ARM 映像文件格式。然后，重点讲解 ARM 公司的 ARM Developer Suite（ADS），包括 ADS 的基本工具与用法、用 ADS 生成应用程序及调试的实例等，最后介绍 ARM 公司的开发套件 RealView Development Suite（RVDS）和 Linux 环境下的 GNU 工具链。

7.1 概述

开发嵌入式软件涉及多种软硬件开发工具。利用合适的开发工具可以加快开发进度、降低开发成本，因此选用高质高效的开发工具非常重要。

7.1.1 开发 ARM 嵌入式系统的硬件结构

大多数中端和高端 ARM 开发环境（包括实验环境）都采用本地方式，即本机（host）开发、本地调试和本机运行方式。基于这种开发模式的宿主机可以是一台 PC 或工作站，对应的目标机则为开发板或实验板。在这种模式下，ARM 的交叉编译和调试环境都建立在本机上。

图 7-1 给出了这种开发模式的一般性硬件架构示意图。如图所示，嵌入式电路板分为**底板**和**核心板**。核心板上安装有 ARM 处理器、FLASH 芯片、DRAM 芯片和复位 reset 电路等，它可以插入底板的插座上。嵌入式底板电路则集中了 ARM 控制器的所有电子装置，它以标准装置形式安装在嵌入式产品内，调试完成后，可以完全地控制嵌入式产品的动作。

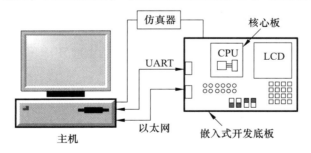

图 7-1　本地开发模式的一般性硬件架构示意图

7.1.2 开发工具的基本分类和主要品种

一般来说，可以按照嵌入式处理器体系结构的不同对嵌入式软件开发工具进行划分和命名。例如，基于 ARM 体系结构处理器的软件开发工具称为 ARM 开发工具，基于 PowerPC 体系结构处理器的软件开发工具称为 PowerPC 开发工具。

此外，还可以把嵌入式软件开发工具按照人机交互的方式划分为**命令行界面**（Command Line Interface，CLI）和**图形用户界面**（Graphic User Interface，GUI）两种。

早期嵌入式软件开发工具由于当时软硬件技术条件的限制，无一例外地都采用了行命令界面。随着硬件技术的发展（主要指显示器分辨率提高、显示器彩色显示功能出现、鼠标技术出现等），以及软件技术的发展（主要指窗口操作系统、窗口应用程序函数库技术的日趋成熟等），越来越多的嵌入式开发工具采用了图形用户界面。虽然大多数嵌入式软件开发者青睐图形用户界面的开发工具，但是传统行命令工具仍然被广泛地使用。例如，嵌入式 Linux 操作系统的软件开发者常常使用行命令工具 vi 编辑源代码。

一般而言，无论采用行命令界面还是图形用户界面，嵌入式软件开发工具有以下几个主要品种：

1) 源代码编辑器

这种工具用于对 ASCII 码格式的源代码文件以及各种文本文件进行编辑、修改和存储。行命令界面的编辑器只能够对一个文本文件格式的源代码进行编辑，而一个图形用户界面编辑器往往能同时对多个源代码文件进行编辑。例如，Linux 环境下的软件开发者常常使用的图形用户界面文本编辑器 gedit，该编辑器可以同时编辑多个 .c 或者 .h 源代码文件。

2) 编译器或交叉编译器

编译器或交叉编译器是嵌入式软件核心开发工具。它们读入源代码文件，对其进行多次扫描和处理。经过词法分析、语法分析、中间代码生成、目标代码生成以及优化处理等若干编译阶段，最终生成符合特定体系结构处理器的机器指令语法以及特定操作系统二进制程序规范的具有较高运行效率的目标文件。

3) 汇编器

能够对机器指令、宏指令和伪指令混合编程的汇编语言程序进行编译，生成目标文件。

4) 链接器

把一组由编译器产生的目标文件与函数库中相关的目标函数代码文件集链接成一个能够下载到特定目标机电路板上的可执行可链接映像文件（Executable and Linking Format file，ELF）。

一个映像文件的内部包含若干个执行域，而每一个执行域包含自己的代码段和数据段。段的内部存储排列方式符合国际或行业的技术标准以及操作系统的内存管理要求，能够按照操作系统指定的浮动地址装入目标机存储器，之后由操作系统调度执行。

5) 下载器

它能够把存放在主机硬盘上的映像文件下载到开发板上的 ROM 和 RAM 中。

6) 调试器

在宿主机上运行，实现符号表管理并提供调试代理。完成断点设置、调试操作命令设置和参数的输入。完成宿主机与目标机之间的通信，包括在调试信道上向目标机的调试代理发送调试指令和调试断点；从目标机采集特定寄存器信息、特定内存单元信息、指令运行统计信息等，这些采集到的信息送往主机的人机交互界面显示。

7) 联机文档

联机文档的全称是联机帮助文档，是指开发人员在使用软件工具时不脱离主机，直接在开发工具上参考或者查阅的电子版操作手册。

图形用户界面中联机文档的进入按钮一般安排在主菜单最右侧的"帮助"栏。鼠标点击"帮助"栏后会弹出一个对话框，该对话框含若干选项卡，开发者可以在该对话框选择合适的选项卡寻求帮助信息。例如，进入"索引"选项卡，用命令字作为关键字进行操作信息检索；此外，还可以选择"目录"选项卡，从命令字排序的联机文档中搜索需要查询的帮助信息。

行命令界面中的联机文档常常以行命令字加命令选项的形式出现，供用户查阅。

　　图 7-2 给出了 ARM 公司研发的 ADS 或 RVDS 开发套件中 C 编译器中 armcc 命令的联机帮助文档。读者可以注意到，在 Windows 操作系统的 DOS 界面下，输入 ADS 或 RVDS 的行命令字，再加上 "-h" 或 "––help" 选项就可以获得该命令的使用方法联机帮助文档。这种获得联机文档的方法与嵌入式 Linux 操作系统下行命令工具获得联机帮助文档的方法基本相同。

```
C:\Documents and Settings\Administrator>armcc -h
ARM/Thumb C/C++ Compiler, RVCT2.2 [Build 349]

Usage:            armcc [options] file1 file2 ... filen
Main options:

--arm             Generate ARM code
--thumb           Generate Thumb code
--c90             Switch to C mode <default for .c files>
--cpp             Switch to C++ mode <default for .cpp files>
-O0               Minimum optimization
-O1               Restricted optimization for debugging
-O2               High optimization
-O3               Maximum optimization
--interleave      Interleave source with disassembly (use with --asm or -S)
-E                Preprocess the C source code only
-D<symbol>        Define <symbol> on entry to the compiler
-g                Generate tables for high-level debugging
-I<directory>     Include <directory> on the #include search path
Software supplied by: mammoth//ZWTiSO 2005
C:\Documents and Settings\Administrator>
```

图 7-2　RVCT2.2 编译器的 armcc 命令帮助文档

7.1.3　集成开发环境

　　一般认为，集成开发环境（Integrated Development Environment，IDE）是一组相对独立软件工具（主要指行命令工具）的整合，它以图形用户界面的软件工具套件的形式出现，具有嵌入式软件开发的一体化功能。对于某一种具体的体系结构处理器而言，集成开发环境往往是该处理器软件开发工具的一个最大化集合。图 7-3 给出了一般集成开发环境的概略性内部结构图解。

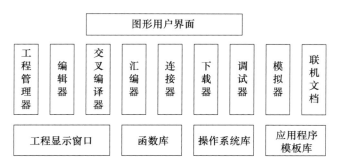

图 7-3　集成开发环境的内部结构概略图

　　如图 7-3 所示，集成开发环境在功能上不仅无缝整合了从源代码编辑器到调试器、模拟器的开发工具，而且还增加了工程管理器、函数库、操作系统库以及应用程序模板库等工具。

　　（1）工程管理器

　　具有工程创建向导功能。一旦程序员需要创建一个新的程序，它会显示工程类型清单，供程序员选择，引导程序员建立正确的程序类别，以及创建存放这个程序所有相关文件的工程文件夹。

　　此外，在工程管理器的控制下，程序员能够方便地按照树形目录组织和管理程序源代码文件，例如，从开发项目中添加或删除源代码文件。

（2）操作系统库

主要指操作系统的模块级源代码文件库，包括.c、.cpp、.s、.h、.a、.lib 等后缀的文件。操作系统库里面的源代码文件将被包含到应用模块开发或内核模块开发的源代码中，由编译器执行编译，然后由链接器链接，生成映像文件。

（3）高级语言程序标准函数库

高级语言主要指 C 语言。一般而言，集成开发环境会提供一个 C 语言的标准数据结构和函数库，简称 C 库，它是开发嵌入式应用程序所不可缺少的。C 库代码文件主要由符合标准的头文件（.h 后缀文件，如 stdio.h、math.h）以及常用功能子程序（如 fopen、strlen 等）组成。需要开发者留意的是，除了 ANSI C 库的 C 语句语法规则之外，多数 C 库还提供了扩展语法规则，即扩展功能的 C 语句规则（增加了新的关键字），不同 C 库增加了不同的扩展关键字，开发者实际能够使用哪些扩展 C 语言关键字由 C 库的具体种类决定。

（4）函数库

函数库（Library）在有的开发套件（如 ADS 和 RVDS）中称为目标库（Object Library），函数库里的文件是由一组功能函数编译实现的目标文件或者目标文件的集合，通常以动态链接库的形式出现，因此常常也称为**运行库**。接纳并整合在函数库文件里的函数常常称为库函数。

库函数具有如下几个特点：①它是封装的函数，即编译之后的目标函数映像，做到函数的源代码不公开；②是可被应用程序调用的 API 函数，所有库函数的调用接口经过精心设计并且编制成标准使用手册对外公开，可以在各种场合下被应用程序调用；③是用户自主开发的函数或者外购的第三方函数。

如果库函数可以在编译阶段被调用，与其他目标文件一起生成映像文件，则这种库函数称为静态库函数；如果库函数能在程序运行时被加载到内存调用，则这种库函数称为动态库函数。动态链接库函数可以在调用程序不再使用之后从内存释放掉。

（5）程序模板库

按照功能分类（如打印程序、数据采集程序等）或者按照人机交互方法分类（如对话框、单选框等），可以把嵌入式应用程序或者内核程序分成若干个集合，每一个集合内的程序具有相似的语句顺序和执行序列。在一个集合内选取某一个具有代表性的程序，称它为该集合的模板程序。全部集合的模板程序就构成了集成开发环境的程序模板库。

每当创建一个功能类似或者人机交互方式类似的程序时，就复制一个满足该特性的模板程序。基于模板程序框架进行程序设计，就能够快速和高质量地完成编程任务。

7.1.4　CodeWarrior 集成开发环境

目前主流的软件集成开发环境有 CodeWarrior、Eclipse、Visual Studio 等，这里我们主要介绍 CodeWarrior。

CodeWarrior IDE 是美国 Metrowerks 公司研发的，1994 年首次在苹果公司全球开发者大会上发布。当时 CodeWarrior 只是一个 Mac OS 平台上的 IDE，首次发布之后即获得了积极和肯定的用户评价。后继版本的 CodeWarrior 陆续移植到通用 MIPS 平台、PowerPC 嵌入式平台、摩托罗拉 68K 嵌入式平台、摩托罗拉 Coldfire 平台以及 ARM 嵌入式平台，成为最重要的嵌入式软件 IDE 之一。本节介绍的 ADS 1.2 和 RVDS 集成开发环境就是以 CodeWarrior IDE 为依托构造的。

CodeWarrior 包括了构建应用平台和应用程序所必需的所有主要工具：集成开发环境、编辑器、编译器、汇编器、调试器、链接器等。另外，CodeWarrior IDE 具备插件支持功能，使用 CodeWarrior 的开发人员可以在环境中插入他们常用的工具。

除了在 7.1.3 节指出的 IDE 的一般性功能之外，CodeWarrior 还具备搜索引擎功能和源浏览器功能：

- 搜索引擎　可以在若干个指定的工程文件夹的范围内或者当前代码文件内，查找特定的文字串，以替代文字替换找到的文字；支持常规表达的使用；提供源码文件比较以及对源码差别考察的功能。
- 源浏览器　保存程序使用的符号数据库（symbolics database），被采样的符号包括函数名称、变量名称和变量的当前取值，开发者可以借助符号数据库加速代码浏览；在链接处理阶段，可将每个符号与该符号相关代码的其他位置链接。

Metrowerks 公司在 2005 年被飞思卡尔（Freescale）公司收购，现在，飞思卡尔公司继续从事 CodeWarrior IDE 的维护、升级和销售业务。

7.2　ARM 开发工具概述

ARM 开发工具主要由 ARM 公司研发和提供，当然，也有一些研发实力雄厚的软件公司参与。目前世界上约有四十多家公司提供不同类别的 ARM 开发工具产品。根据功能的不同，ARM 工具可分为编译器、汇编器、链接器、主机调试服务器、目标机调试代理程序、嵌入式实时操作系统、函数库、评估板、JTAG 仿真器、在线仿真器等。其中，一套含有编辑器、编译器、汇编器、连接器、调试器和工程管理工具及函数库的开发套件对于 ARM 软件开发是必不可少的。

ARM 公司推出的开发工具具有两个特点：①与 ARM 处理器核的技术升级在时间方面衔接较为密切；②能够及时地跟进和利用 ARM 处理器的新硬件技术。

运行在主机 Windows 操作系统环境中的 ARM 开发套件有 ARM 公司的 SDT（Software Development Toolkit）、ADS 和 RVDS，以及 IAR 公司的 EWARM，它们都是 ARM 软件的集成开发环境。如果目标板操作系统选择的是某种嵌入式 Linux，则开发工具主要是 ARM-GNU 开发套件。以 uCLinux 的开发套件为例，主要包含：GCC、Binutils、GDB、uCLinux 打印终端和交叉编译调试终端。由于上述这些工具互相兼容、前后贯穿、彼此配合，通常又称作 GNU/Linux ARM 工具链或者 GNU/Linux ARM 交叉工具链。

ARM 应用程序的开发过程中，包括编辑、编译、汇编、链接等工作在主机上即可全部完成，但调试则需要其他的模块或工具配合。目前常见的调试方法和工具有指令集模拟器、驻留监控软件、JTAG 仿真器、在线仿真器和调试器等。

1）指令集模拟器：是完全基于主机的软件，在主机上模拟了目标机中处理器的功能和指令。指令集模拟器可以方便用户在主机上调试应用程序和代码，但因指令集模拟器与真实的硬件环境有相当的差异，只能用来进行简单初步的调试。ARMulator 就是该类软件，在 Windows 和 Linux 中都可实现。

2）驻留监控软件：是一段运行在目标板上的程序。主机上的调试器通过以太网口、并行端口或串行端口等通信端口与驻留监控软件交互，调试器发送命令给驻留监控软件，由驻留监控软件控制程序执行、读写寄存器和内存、设置断点等，从而实现调试功能。ARM 公司的 Angel 就是这一类软件。

3）JTAG 仿真器：又称 JTAG 调试器，通过 ARM 芯片的 JTAG 边界扫描接口与 CPU 核通信进行调试，开发套件配合 JTAG 仿真器是目前使用最多的调试方式。EPI 公司的 JEENI 和 ARM 公司的 Multi-ICE 是两款主流的 JTAG 仿真器。

4）在线仿真器：使用仿真头完全取代目标板上的 CPU，可以完全仿真 ARM 芯片的行为，提供更加深入的调试能力。但在线仿真器设计和工艺都很复杂，价格昂贵，通常用在硬件开发中，在软件开发中较少使用。

5）调试器：是 ARM 嵌入式开发套件全部工具集合之中的一种，但也有第三方公司独立为 ARM 体系结构研发的调试器。因此，ARM 调试器可以在三种情况下使用：①作为独立软件在 PC 上运行，打开指定的 ARM 目标映像文件，完成开发者的调试操作。②作为插件整合到 ARM 集成开发环境中，开发者可以在图形用户界面下调用调试器。③在集成开发环境中的操作菜单或者操作选项卡里预先做好关联配置，然后通过菜单或者按钮调用调试器。

7.3 ARM 映像文件格式

在进一步学习 ARM 开发工具之前，我们有必要先了解一下 ARM 映像文件格式。

映像文件（image）是计算机上的一个可执行文件，在执行之前被加载到计算机的存储器中。通常，一个映像文件中包含多个线程。

ARM 集成开发环境中的各种源文件（包括汇编程序、C 程序以及 C++ 程序）经过 ARM 编译器编译之后，生成 ELF 格式的目标文件。这些目标文件和相应的 C/C++ 运行库经过 ARM 链接器链接后，生成 .axf 映像文件。.axf 映像文件也是 ELF 格式的，只是包含特定格式的调试信息，可在开发板上调试运行。映像文件调试结束之后，可以使用 fromelf 工具将映像文件中的调试信息和注释过滤掉，生成二进制的可加载映像文件（通常带后缀 .bin，也可以无后缀）。可加载映像文件可写入嵌入式设备的 ROM 中，在加电启动过程执行。

7.3.1 ELF 文件格式

ELF（Executable and Linking Format）格式是可执行链接文件格式，是 Unix 系统实验室（USL）作为一种应用程序二进制（文件）接口（Application Binary Interface，ABI）而开发和发布的。工具接口标准委员会（TIS）选择了正在发展中的 ELF 标准作为工作在 32 位 Intel 体系结构上不同操作系统之间可移植的二进制文件格式。

目前，ELF 文件是 x86 Linux 下的一种常用目标文件格式，也是 ARM 处理器的常用目标文件格式。它有三种主要类型：

1）适于连接的可重定位文件（relocatable file），通常后缀为 .o。可与其他目标文件一起创建可执行文件和共享目标文件。

2）适于执行的可执行文件（execuable file），规定了如何创建一个程序的进程映像，加载到内存执行。

3）共享目标文件（shared object file），UNIX/Linux 环境下的后缀为 .so，ADS 环境下的后缀为 .a。链接器可以将它与其他可重定位文件和目标文件链接成其他的目标文件。动态链接器又可将它与可执行文件及其他共享目标文件结合起来创建一个进程映像。

ELF 文件具有双重特性。ARM 链接器把 ELF 文件当作由节头部表（section header table）描述的一组逻辑节（section），而系统加载器则把 ELF 文件当作由程序头部表（program header table）描述的一组代码段（segment）。一个代码段通常由几个节组成。

由于 ELF 文件既可以是可重定位的目标文件，又可以是可执行文件，因此我们可以从两个视图来观察 ELF 文件的主体数据结构。如图 7-4 所示。图 7-4a 给出的视图是链接视图，图 7-4b 给出的视图是执行视图。

从图 7-4a 可见，每一个 ELF 文件都是以一个 ELF header 结构字段开始的。ELF header 结构字段的定义在图 7-5a 中给出，该结构为 52 个字节长，由 14 个字段组成。这 14 个字段描述如下：

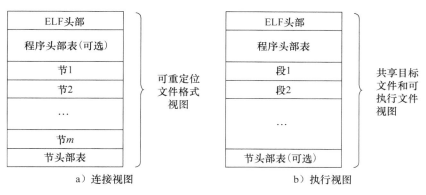

图 7-4　ELF 文件格式的两种视图

```
typedef struct{
unsigned char e_ident[16];
Elf32_Half e_type;
Elf32_Half e_machine;
Elf32_Word e_version;
Elf32_Addr e_entry;
Elf32_Off e_phoff;
Elf32_Off e_shoff;
Elf32_Word e_flags;
Elf32_Haff e_ehsize;
Elf32_Haff e_phentsize;
Elf32_Haff e_phnum;
Elf32_Haff e_shentsize;
Elf32_Haff e_shnum;
Elf32_Haff e_shstrndx;
}Elf32_Ehdr;
```
a）ELF头部的数据结构

```
typedef struct
{
Elf32_Word sh_name;
Elf32_Word sh_type;
Elf32_Word sh_flags;
Elf32_Addr sh_addr;
Elf32_Off sh_offset;
Elf32_Word sh_size;
Elf32_Word sh_link;
Elf32_Word sh_info;
Elf32_Word sh_addralign;
Elf32_Word sh_entsize;
}Elf32_shdr;
```
b）节头部表的数据结构

```
typedef struct
{
Elf32_Word p_type;
Elf32_Off p_offset;
Elf32_Addr p_vaddr;
Elf32_Addr p_paddr;
Elf32_Word p_filesz;
Elf32_Word p_memsz;
Elf32_Word p_flags;
Elf32_Word p_align;
}Elf32_phdr;
```
c）程序头部表的数据结构

图 7-5　ELF 文件格式中的数据结构

- e_ident 字段是 ELF 文件的标识信息，占 16 个字节，位于 ELF header 结构的最前面。该字段的前 4 个字节用来标识 ELF 文件的幻数（magic number），其内容是 0x7F454C46，也就是 0x7F + 'E' + 'L' + 'F'。接下来的字节是 class + data + version + pad。如果是 ARM 的 ELF 文件，设定 e_ident[EI_CLASS] 为 ELFCLASS32，并且设定 e_ident[EI_DATA] 为 ELFCLASS2LSB（小端序）或者 ELFCLASS2MSB（大端序）。注意：由目标文件决定的目标端序将提交给链接器，如果端序提交不正确将会导致链接器报错。
- e_type 字段（2 字节）标识目标文件的类型，包括可重定位文件、可执行文件、共享文件等。
- e_machine 字段（2 字节）标识目标文件的目标主机体系结构。例如，3 标识 Intel 80386 处理器；8 标识 MIPS RS3000 处理器；如果是 ARM 的 ELF 文件，则设定为 EM_ARM，取值为 40。
- e_version 字段（4 字节）标识目标文件版本号。取值为 1 表示当前版本，取值 0 表示非法版本。
- e_entry 字段（4 字节）标识可执行文件执行时的入口地址（不可执行文件的入口地址为 0）。
- e_phoff 字段（4 字节）标识程序头部表在文件中的字节偏移量（无程序头部表时为 0）。
- e_shoff 字段（4 字节）标识节头部表在文件中的位置（无节头部表时为 0）。
- e_flags 字段（4 字节）保存了与特定处理器有关的标志位。

- e_ehsize 字段（2 字节）保存了 ELF 头部的字节数大小。
- e_phentsize 字段（2 字节）保存了程序头部表表项字节数。
- e_phnum 字段（2 字节）保存了程序头部表包含的表项数目。
- e_shentsize 字段（2 字节）保存了节头部表表项字节数。
- e_shnum 字段（2 字节）保存了节头部表包含的表项数目。
- e_shstmdx 字段（2 字节）保存了节名称字符串表表项在节头部表中的索引。

ELF 文件的节头部表和程序头部表的数据结构也在图 7-5 中给出。图 7-5b 给出了链接视图的节头部表的数据结构，图 7-5c 给出了执行视图的程序头部表的数据结构。限于篇幅，对于节头部表的各个字段详细定义和程序头部表的各个字段详细定义不再赘述。

7.3.2　ARM 映像文件的组成

ARM 处理器的映像文件是 .axf 文件或者 .bin 文件。.axf 文件和 .bin 文件的区别在于，前者包含有调试信息和注释信息，后者没有。编译器输出的 ARM 映像文件以 .axf 文件为主。通过 fromelf 工具，可以把 .axf 文件转换成 .bin 文件。实际下载到系统板的映像文件多数是 .bin 格式文件。

.axf 文件是一种满足 DWARF（Debug With Arbitrary Record Format，带任意记录格式的调试）V2.0 调试文件格式的 ELF 文件，而 DWARF 调试文件格式又是 UNIX 操作系统的调试文件格式。目前，DWARF 的最高版本是 V3.0。

Linux 编译器 GCC 输出文件格式就是符合 DWARF V2.0 调试规范的 ELF 映像格式，Windows 平台集成开发环境 ADS1.2 输出的也是符合 DWARF V2.0 调试规范的 ELF 映像格式，即 .axf 格式文件。如图 7-6 所示。

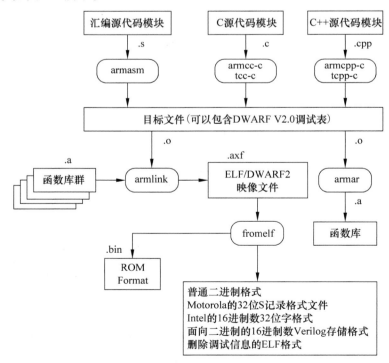

图 7-6　ADS 1.2 集成开发环境的文件处理流程

在 Windows 环境下，有三种方式完成图 7-6 中的文件处理：①行命令方式；②类似 Make-file 性质的批命令程序，例如 make.bat。批命令实质是一系列单步行命令的顺序集中执行。该程序是文本文件，它是由行命令方式下所有命令按照执行顺序排列而得到的；③ADS 开发套件。

ARM 可执行 ELF 文件的内部结构简单描述如表 7-1 所示。注意，只有 ELF 头信息是固定的，其余部分的实际顺序可能有所不同。ELF 文件其余部分的位置由 ELF 头信息、程序程序头部表和节头部表定义。

下面是 ADS 1.2 集成开发环境输出的 .axf 文件实例的前面部分。

表 7-1 ARM 处理器的可执行 ELF 文件的概念结构

ELF 头信息
程序头部表
代码段
数据段
未初始化全局变量段
".Symtab" 节
".Strtab" 节
".shstrtab" 节
调试节
节头部表

```
ELF Header:
Magic:    7f 45 4c 46 01 01 01 00 00 00 00 00 00 00 00 00
Class:                    ELF32
Data:                     2's complement,little endian
Version:                  1(current)
OS/ABI:                   UNIX-System V
ABI Version:              0
Type:                     EXEC(Executable file)
Machine:                  ARM
Version:                  0x1
Entry point address:      0xc080000
Start of program headers: 79896(bytes into file)
Start of section headers: 79928(bytes into file)
Flags:                    0x2000016,has entry point,Version2 EABI,sorted
                          symbol tables,mapping symbols precede others
Size of this header:      52(bytes)
Size of program headers:  32(bytes)
Number of program headers: 1
Size of section headers:  40(bytes)
Number of section headers: 19
Section header string table index: 18

Section Headers:
[Nr] Name              Type      Addr     Off    Size   ES Flg Lk Inf Al
[ 0]                   NULL      00000000 000000 000000 00      0   0  0
[ 1] RAM_EXEC          PROGBITS  0c080000 000034 0051c0 00  AX  0   0  4
[ 2] RAM               PROGBITS  0c200000 0051f4 000004 00  WA  0   0  4
[ 3] RAM               NOBITS    0c200004 0051f8 0027fc 00  WA  0   0  4
[ 4] HEAP              NOBITS    0c202800 0051f8 000004 00  WA  0   0  4
[ 5] STACKS            NOBITS    0c7ff000 0051f8 000700 00  WA  0   0  4
[ 6] ISR_STARTADDRESS  NOBITS    0c7fff00 0051f8 000088 00  WA  0   0  4
[ 7] .debug_abbrev     PROGBITS  00000000 0051f8 00040c 00      0   0  0
[ 8] .debug_frame      PROGBITS  00000000 005604 001ab4 00      0   0  0
[ 9] .debug_info       PROGBITS  00000000 0070b8 001e20 00      0   0  0
[10] .debug_line       PROGBITS  00000000 008ed8 001150 00      0   0  0
[11] .debug_loc        PROGBITS  00000000 00a028 000c38 00      0   0  0
[12] .debug_macinfo    PROGBITS  00000000 00ac60 000ec4 00      0   0  0
[13] .debug_pubnames   PROGBITS  00000000 00bb24 000630 00      0   0  0
[14] .symtab           SYMTAB    00000000 00c154 0045d0 10     15 854  4
[15] .strtab           STRTAB    00000000 010724 00213c 00      0   0  0
[16] .note             NOTE      00000000 012860 000028 00      0   0  4
```

[17] .comment	PROGBITS	00000000 012888 000ed4 00	0	0	0
[18] .shstrtab	STRTAB	00000000 01375c 0000bc 00	0	0	0

```
Key to Flags:
W(write),A(alloc),X(execute),M(merge),S(strings)
I(info),L(link order),G(group),x(unknown)
O(extra OS processing required)o(OS specific),p(processor specific)
```

1. ARM 的 ELF 文件的段结构

ARM 的 ELF 文件有三种段结构：Text、Data 和 BSS。

- **Text 段**包含了可执行的代码。
- **Data 段**包含了经过初始化的可读可写的可执行数据。
- **BSS（Block Started by Symbol）段**通常是指用来存放程序中未初始化的全局变量的一块内存区域。BSS 段属于静态内存分配，存放了未初始化的全局 C 变量。

2. ARM 的 ELF 文件的节结构

在 ELF 文件规范中，一个可执行目标文件能够包含一个节头表，由节头表对文件中的节进行定义。在 ARM 的 ELF 文件中，所有的可执行代码至少具有两个节，除非激活链接器时附带了"-nodebug"参数。这两个节分别是：

1）符号表节（symbol table section）

符号表节具有以下属性：

- sh_name：".symtab"
- sh_type：SHT_SYMTAB
- sh_addr：0（指示这不是本映像文件的部分）

说明：.symtab 是 sh_name 的属性值，它表示此节包含了一个符号表。

2）字符串表节（string table section）

字符串表节具有以下属性：

- sh_name：".strtab"
- sh_type：SHT_STRTAB
- sh_addr：0（指示这不是本映像文件的部分）

说明：.strtab 是 sh_name 的属性值，它表示此节包含了字符串。

此外，还有节名称字符串表和若干调试节。如果一个可执行代码包含了源代码级别的调试信息，则它还会拥有几个调试节。

3）节名称字符串表（section name string table）

节名称字符串表保存了所有节的文字名称，它具有以下属性：

- sh_name：".shstrtab"
- sh_type：SHT_STRTAB
- sh_addr：0（指示这不是本映像文件的部分）

4）调试节（debugging section）

ARM 的可执行 ELF 文件支持三种类型的调试信息，这三种调试信息存放在调试节里。可执行 ELF 文件的链接器通过检查该目标代码的节表就能够分辨出这三种调试信息。

- ASD 调试表组。它向后兼容 ARM 的符号调试器。ASD 调试信息存储在可执行目标代码的名为 .asd 的节内。
- DWARF V1.0 版本。如表 7-2 所示，当 DWARF V1.0 版本的调试信息被链接器包含在 ELF 的可执行代码之内时，该文件将含有下面的 ELF 节。每一个节都有一个节头部表的表项（入口）。

表 7-2　具有 DWARF V1.0 版本映像结构的 ELF 文件节

节名称	内容	节名称	内容
.debug	调试入口	.debug_pubnames	对调试项目的加速访问表
.line	文件信息入口	.debug_aranges	编辑单元的地址范围

- DWARF V2.0 版本。参见表7-3，当 DWARF V2.0 版本的调试信息被链接器包含在 ELF 的可执行代码之内时，该文件将含有下面的 ELF 节。每一个节都有一个节头部表的表项（入口）。

表 7-3　具有 DWARF V2.0 版本映像结构的 ELF 文件节

节名称	内容	节名称	内容
.debug_info	调试入口	.debug_macinfo	宏信息（#define，#undef）
.debug_line	文件信息描述程序	.debug_frame	调用帧信息
.debug_pubnames	对调试项目的加速访问表	.debug_abbrev	缩写词表
.debug_aranges	编辑单元的地址范围	.debug_str	调试字符串表

如果需要，一个可执行代码可以剥离它的所有节信息，只保留 Text 段、Data 段和 BSS 段信息。一旦确实进行了节剥离，ELF 文件中也不再含有节头部表信息。

3. 目标文件和映像文件的内部结构块

作为可执行文件，ARM 映像文件内部组织具有层次结构的性质，含三种成分：域（region）、输出段（output section）和输入段（input section）[○]。各输入段包含了目标文件中的代码和数据。链接器读入并处理若干个由程序员指定的输入段，而后输出一个映像文件。一个映像文件由一个或多个域组成，每个域包含 1 ~ 3 个输出段，每个输出段包含一个或多个输入段。图 7-7 给出了映像文件的生成过程。

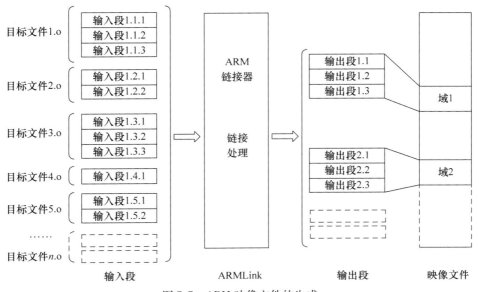

图 7-7　ARM 映像文件的生成

[○] 以下讲解 ARM 映像文件内部成分时，不光考虑了链接视图，还考虑了加载视图和执行视图的描述，所以对英文术语"section"统称为"段"。

输入段中包含了以下内容：代码、已经初始化的数据、未经过初始化的存储区域以及内容初始化成 0 的存储区域。每个输入段有相应的属性，可以是只读（RO）、可读写（RW）以及初始化成 0（Zero-Initialized，ZI）。其中，目标文件的 RODATA 段会产生映像文件的 RO 输入段，目标文件的 BSS 段会产生 ZI 段。ARM 链接器根据各输入段的属性将这些输入段分组，再组成不同的输出段以及域。

每个输出段是由具有相同属性（RO、RW 或者 ZI）的若干个输入段组成。也就是说，输出段的属性与其中包含的输入段属性相同。在一个输出段内部，各输入段是按照一定的规则排序的。

一个域中包含 1~3 个输出段，其中各输出段的属性各不相同。各输出段的排列顺序是由其属性决定的。其中，RO 属性的输出段排在最前面，其次是 RW 属性的输出段，最后是 ZI 属性的输出段。一个域通常映射到一个物理存储器上，如 ROM、RAM 和外部设备等。

4. 映像文件的加载视图和执行视图

映像文件域在加载时被映射存放到系统存储区。在执行映像时，往往需要移动一些域到执行地址并且产生 ZI 输出段。例如，初始化的 RW 数据也许要被迫从 ROM 区的加载地址拷贝到 RAM 区的执行地址。

- 加载视图：根据映像文件装载到存储器时的地址描述每一个域和段，该视图是映像文件开始执行前它的域和段的位置视图。
- 执行视图：该视图根据映像文件在执行时每一个域和段的地址描述映像的各个组成部分。

图 7-8 给出了这两种视图的比较。在图 7-8 中引用了一些带有 "＄＄" 的字符串，这些字符是 ARM 链接器定义的，代表映像文件中的各输出段的起始地址以及存储区域界限、各输入段的起始地址以及存储区域界限。这些符号可以被汇编程序引用，用于地址重定位，也可以被 C 程序作为外部符号引用。其说明如下：

Image＄＄RO＄＄base   RO 输出段运行时的起始地址

Image＄＄RO＄＄limit   RO 输出段运行时的存储区界限

Image＄＄RW＄＄base   RW 输出段运行时的起始地址

Image＄＄RW＄＄limit   RW 输出段运行时的存储区界限

Image＄＄ZI＄＄base   ZI 输出段运行时的起始地址

Image＄＄ZI＄＄limit   ZI 输出段运行时的存储区界限

于是，我们得出以下三个段空间计算公式：

Image＄＄RO＄＄limit-Image＄＄RO＄＄base = RO 段大小

Image＄＄RW＄＄limit-Image＄＄RW＄＄base = RW 段大小

Image＄＄ZI＄＄limit-Image＄＄ZI＄＄base = ZI 段大小

由图 7-8 可见，加载时，RO 段 + RW 段 = 整个程序大小。运行时，RO 段 + RW 段 ≥ 整个程序大小（注意，ZI 段被包含在 RW 段中间）。这些符号的具体取值可以在 ADS 或者 SDT 中设置。-ro-base 选项对应设置 Image＄＄RO＄＄base，-rw-base 选项对应设置 Image＄＄RW＄＄base。

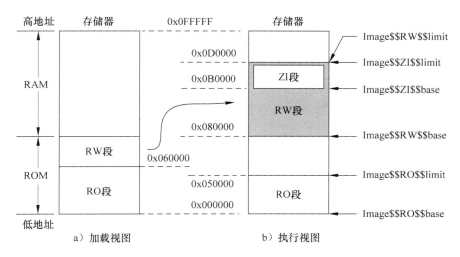

图 7-8　加载时的地址映射和执行时的地址映射

5. 使用配置文件定义映像文件的地址映像

由上所述，ARM 映像文件的各组成部分在存储系统中的地址有两种：加载时地址和运行时地址。前者表示映像文件位于存储器中时（也就是该映像文件开始运行之前）的地址；后者表示映像文件运行时的地址。

在生成映像文件时，ARM 链接器需要知道下列信息：

- 分组信息　决定如何将各个输入段组织成相应的输出段和域。
- 定位信息　决定各个域在存储空间中的起始地址。

根据映像文件中地址映射的复杂程度不同，采取不同的方式通知 ARM 链接器如何生成映像文件。在地址映射关系比较简单的情况下，使用命令行选项；在地址映射关系比较复杂的情况下，使用**配置文件**（即 **scatter** 文件，后缀为 **.scf**，有的资料将它译为散落文件）。配置文件是 ASC 码的文本文件，可以用文本编辑工具编辑。

当映像文件中包含最多两个域，每一个域最多有 3 个输出段时，可以使用选项**-ropi**、**-rwpi**、**-ro-base**、**-rw-base**、**-split** 来通知 ARM 链接器相关的地址映射关系。具体解释参考 7.4.1 节。

当映像文件中地址映射关系比上述情况更复杂时，就应使用一个配置文件通知 ARM 链接器如何进行地址映射。此时，在链接命令后面需要增加一个与配置文件相关的选项，即

```
-scatter filename
```

图 7-9 给出了案例映像文件的地址映射的一个例子。该映像文件是一个简单的按照配置文件（.SCF 格式文件）生成的映像文件，它有 1 个加载时域和 6 个运行时域。随后我们将给出该配置文件（Example_A.scf）的全部代码。

从图 7-9 可以看出：

1）ROM 地址固定不变，没有地址重映射。

2）RAM 起始地址是 0x8000000，用于存放数据、栈和堆。

3）用于 UART 的 I/O 地址映射是 0x1600000。

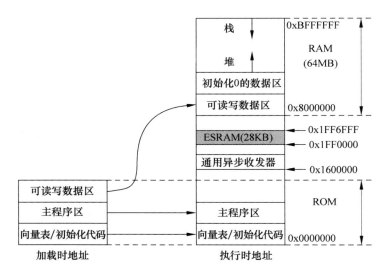

图 7-9   一个简单的按配置文件进行地址映射的映像文件内部地址分布

程序清单 7-1 给出了与图 7-9 所示的地址映射模式相对应的配置文件 Example_A.scf 的
代码。

程序清单 7-1   Example_A.scf 文件

```
ROM_DOWNLOAD 0x0
{
    ROM_EXEC 0x0
    {
        Vector.o(Vect, +First)
        * (+RO)
    }
    RAM 0x8000000
    {
        * (+RW, +ZI)
    }
    MP3 0x1FF0000
    {
        mp3.o(+RO, +RW, +ZI)
    }
    HEAP +0 UNINIT
    {
        heap.o(+ZI)
    }
    STACKS 0xBFFFFFF UNINIT
    {
        stack.o(+ZI)
    }
    UART 0x1600000 UNINIT
    {
        uart.o(+ZI)
    }
}
```

Example_A.SCF 文件的说明：

1）含有 1 个加载时域，域名为 ROM_DOWNLOAD，加载位置在 0 号单元

2）6 个执行时域：

- ROM_EXEC，执行位置从 0x0 开始，包含了所有的只读代码以及代码库。vector.o 中的异常向量表首先存放在这个域。其他的只读代码存放在 vector.o 的后面。
- RAM 的起始位置在 0x8000000，它包含了来源于应用程序的 RW 数据域和 ZI 数据域。
- 紧跟在 ZI 数据段后面的是堆，heap.o 目标文件含有用于建立堆底的符号。堆从这个地址开始向上增长。
- 栈底位于地址 0xBFFFFFF，stack.o 目标文件含有用于建立堆顶的符号，栈从这个地址向下生长。
- 图 7-9 中的 UART0 工作区起始地址为 0x1600000。uart.o 目标文件含有用于保存内存映射 I/O 的符号。
- ESRAM 意为内嵌式静态存储器，它是集成在嵌入式 CPU 芯片内部的一块高速的 SRAM。尽管位于片内，但 ESRAM 的地址空间映射在 RAM 区。例如，SEP3203（ARM7TDMI 核）处理器就内嵌了这样的 ESRAM。ESRAM 速度快，而且片内访问，适合让频繁运行且执行时间长的代码（如流媒体播放程序）常驻在这个内存空间。

  本例假定 ESRAM 容量为 28KB，起始地址为 0x1FF0000。因此在 SCF 文件中将 mp3.o 文件的属性为 RO、RW 和 ZI 的相关代码和数据映射在这个地址空间。
- 含有 UNINIT 标记的域表示未经过清零初始化，通常这个操作由 C 库初始化代码完成。

在 ADS 集成开发环境下，对工程文件进行编译之后，会输出一个映像文件的统计报告。该报告中会分别给出目标文件（.o）文件和库（.a）文件中 5 种组成成分所占空间的大小。这 5 种组成成分是：代码、RO 数据、RW 数据、ZI 数据和 Debug 数据。此外，还会给出总 RO 空间（代码 + RO 数据）、总 RW 空间（RW 数据 + ZI 数据）和总 ROM 空间（代码 + RO 数据 + RW 数据）的大小，如图 7-10 所示。

```
Image component sizes

     Code    RO Data    RW Data    ZI Data    Debug

     3216        96          0      10140      20796    Object Totals
    88144      1603       2235    3831740      19552    Library Totals
===============================================================================

     Code    RO Data    RW Data    ZI Data    Debug

    91360      1699       2235    3841880      40348    Grand Totals
===============================================================================

    Total RO   Size(Code + RO Data)              93059 (  90.88kB)
    Total RW   Size(RW Data + ZI Data)         3844115 (3754.02kB)
    Total ROM  Size(Code + RO Data + RW Data)    95294 (  93.06kB)
===============================================================================

Translation to Plain binary format successful.
```

图 7-10 ADS 编译成功后输出的映像文件内部成分统计表

7.4 ADS 的组成与使用

ADS（ARM Developer Suite，ARM 开发套件）是 ARM 公司推出的 ARM 开发工具包。ADS 的最新版本是 1.2，它取代了早期的 ADS1.0 版和 1.1 版和 SDT。它不仅可以安装在 Windows 系列操作系统下，还可以安装在某些 UNIX 系统下。

ADS 由一系列应用程序及相关的文档、范例组成，主要包括命令行开发工具、GUI 开发工具、实用工具和支持软件。有了这些部件，用户就可以为 ARM 系列的 RISC 处理器编写和调试自己的应用程序。

下面就详细介绍 ADS 的各个组成部分及其基本用法。

7.4.1 命令行开发工具

ADS 的命令行开发工具如表 7-4 所示。

表 7-4 ADS 命令行开发工具清单

名称	描述
armcc	ARM C 编译器。它将 ANSI C 程序编译成 32 位 ARM 指令代码
armcpp	ARM C++ 编译器。它将 ISO C++ 或 EC++ 程序编译成 32 位 ARM 指令代码
tcc	Thumb C 编译器。它将 ANSI C 程序编译成 16 位 Thumb 指令代码
tcpp	Thumb C++ 编译器。它将 ISO C++ 或 EC++ 程序编译成 16 位 Thumb 指令代码
armasm	ARM 和 Thumb 汇编器。它对 ARM 汇编语言和 Thumb 汇编语言的源代码进行汇编
armlink	ARM 链接器。它既可以将编译得到的一个或多个目标文件和相关的一个或多个库文件进行链接，生成一个可执行文件，也可以将多个目标文件部分链接成一个目标文件，以供进一步的链接。ARM 链接器生成的是 ELF 格式的可执行映像文件
armsd	ARM 和 Thumb 符号调试器。它能够进行源代码级的程序调试。用户可以对用 C 或汇编语言写的代码进行单步调试、设置断点、查看变量值和内存单元的内容
armar	ARM 函数库管理程序。它可以用于在标准 ARM 库中收集和维护 ELF 对象文件集
fromelf	ARM 映像转换实用程序。它可以处理 ARM 编译器、ARM 汇编器和 ARM 链接器生成的可执行和链接的对象文件和映像文件

这些工具可用于对源代码进行编译、链接，产生可执行代码并调试。此外，它们还有相应的支持库。所有的工具均可以在命令行或控制台环境下使用，同时由于它们被集成到 ADS 的 GUI 开发工具中，也可以在图形界面中使用。

假定源代码文件名为 project_arm，与这些工具相关的文件类型以及命名格式如表 7-5 所示。

表 7-5 ARM 编译器和链接器相关的文件类型

文件名称	文件描述
project_arm.c	ARM C 编译器将 ∗.C 格式的文件作为源文件。ARM C++ 编译器将 ∗.C、∗.CPP、∗.CP、∗.C++、∗.CC 格式的文件都作为源文件
project_arm.h	头文件
project_arm.o	ARM 编译器输出的 ELF 格式的目标文件
project_arm.axf	ARM 链接器 armlink 输出的 ARM 可执行映像文件
project_arm.bin	由命令行工具 fromelf 生成的下载到 ROM 中执行的 ARM 映像文件。也可以是 armlink 输出的映像文件

（续）

文件名称	文件描述
project_arm.s	ARM 或者 Thumb 指令格式的汇编源代码文件
project_arm.lst	ARM 编译器与链接器给出的错误与警告信息的列表文件
project_arm.a	ADS 静态链接库
project_arm.aif	ARM 映像文件，SDT V2.50 输出的映像文件
project_arm.aof	ARM 目标文件，SDT V2.50 输出的目标文件。现在不用
project_arm.alf	ARM 目标库文件，SDT V2.50 输出的目标文件
project_arm.scf	ARM 链接器的配置文件

下面我们就来分别介绍 ARM 编译器、汇编器、链接器及 ARM 运行时库的使用。

1. ARM 编译器

ADS 提供四种编译器，如表 7-6 所示。

表 7-6　ADS 提供的 4 种 ARM 编译器

编译器名字	编译器类型	源代码编程语言	编译输出
armcc	C 编译器	C	32 位 ARM 代码
tcc	C 编译器	C	16 位 Thumb 代码
armcpp	C++ 编译器	C 或 C++	32 位 ARM 代码
tcpp	C++ 编译器	C 或 C++	16 位 Thumb 代码

ARM 编译器是优化编译器，用户可以通过命令行选项来控制优化级别。编译器产生 ELF 格式的目标文件、DWARF2 调试信息以及程序的汇编代码。这 4 种编译器的用法基本相同，其命令行格式大致如下：

```
compiler[source-language][search-paths][output-format][target-options][debug-options][code-generation-options][warning-options][source-files]
```

下面仅以 armcc 为例，不加分类地介绍一些命令行选项：

- **-c**：表示只进行编译不链接文件。
- **-C**：（注意：这是大写的 C）禁止预编译器将注释行移走。
- **-D < symbol >**：定义预处理宏，相当于在源程序开头使用了宏定义语句#define symbol，这里 symbol 默认为 1。
- **-E**：仅仅对 C 源代码进行预处理，然后就停止。
- **-g < options >**：指定是否在生成的目标文件中包含调试信息表。
- **-I < directory >**：将 directory 所指的路径添加到#include 的搜索路径列表中去。
- **-J < directory >**：用 directory 所指的路径代替默认的对#include 的搜索路径。
- **-o < file >**：指定编译器最终生成的输出文件名。
- **-On**：这是控制代码优化的编译选项，大写字母 O 后面跟的数字不同，表示的优化级别就不同。$n=0$ 表示不优化；$n=1$ 表示关闭影响调试结果的优化功能；$n=2$ 表示提供了最大的优化功能。
- **-S**：对源程序进行预处理和编译，自动生成汇编文件而不是目标文件。
- **-U < symbol >**：取消预处理宏名，相当于在源文件开头使用语句#undef symbol。
- **-W < options >**：关闭所有的或被选择的警告信息。

以上是对编译器选项的一个简单概述，如果想了解更多选项，读者可阅读 ADS 在线文档。

2. ARM 汇编器

ADS 包含一个独立的 ARM 汇编器 armasm 和一个内置在 C/C++ 编译器中的内联汇编器（inline assembler），这两个汇编器能够处理基本相同的汇编代码。内敛汇编器是 C/C++ 编译器的一部分，下面主要介绍 armasm 的使用。典型的命令行格式如下：

```
armasm[ -apcs[none ｜[ /qualifier[ /qualifier[ /qualifier[...]]]]]][ -checkreglist][ -cpu cpu][ -depend
dependfile ｜-m ｜-md]
```

该命令行中的一些重要选项说明如下：

- **-cpu cpu**：告诉 armasm 目标 CPU 的类型，该类型是 ARM 体系结构的名称（如 3、4T、5TE）或者 CPU 的类型编号（如 ARM7TDMI）。
- **-depend dependfile**：告诉 armasm 将源程序的依赖列表保存到文件 dependfile 里。
- **-m**：告诉 armasm 将源程序的依赖列表输出到标准输出。
- **-md**：告诉 armasm 将源程序的依赖列表输出到文件 inputfile.d。
- **-g**：指示 armasm 产生 DRAWF2 格式的调试信息表。
- **-i dir** ［，**dir**］...：添加搜索路径，与伪操作 GET/INCLUDE 有关。
- **-o filename**：指定输出的目标文件名。

下面举一个汇编程序的例子，说明如何使用汇编器、链接器和 ARM 符号调试工具。

1）编辑汇编程序 js_pro.s。其源程序在程序清单 7-2 中列出。

程序清单 7-2

```
;;;  js_pro.s 文件内容
    AREA  AddReg,CODE,READONLY
    ENTRY
main
    ADR r0,ThumbProg +1   ; 生成转移地址,转向 Thumb 子程序
    BX r0                 ; 转移地址存在 R0
    CODE16                ; 下面的代码是 Thumb 指令
ThumbProg
    MOV r6,#2
    MOV r7,#3
    ADD r6,r6,r7
    ADR r0,ARMProg
    BX r0
    CODE32
ARMProg
    MOV r4,#4
    MOV r5,#5
    ADD r4,r4,r5
stop
    MOV r0,#0x18          ; 软件中断原因,angel 报告异常
    LDR r1, =0x20026      ; ADP 协议停止,应用程序退出
    SWI 0x0123456         ; ARM 半主机软中断
    END                   ; 程序结束
```

2）汇编 js_pro.s。

```
armasm js_pro.s
```

产生目标文件 addreg.o，可以添加一些汇编选项，如 "armasm -list js_pro.lst js_pro.s"，不仅

产生目标文件 js_pro.o，还产生一个列表文件 myfile.lst。

3）链接。

```
armlink js_pro.o - o js_pro.axf
```

产生映像文件 js_pro.axf，可以将产生的映像文件装入 AXD 或 armsd 调试器运行并调试。

3. ARM 链接器

ARM 链接器 armlink 有如下功能：

1）将一组目标文件或库链接产生一个可执行的 ELF 映像文件。

2）将一组目标文件部分链接产生一个新的目标文件，用于以后的链接。

3）指定代码和数据在内存中的位置。

4）为链接产生的文件产生调试和引用信息。

在前面已经说过，目标文件由输入段组成，输入段可以是 RO（只读段）、RW（读写段）、ZI（零初始化段）。armlink 可以利用这些属性把输入段分组归并为更大的生成块，分别是输出段、域和映像。输出段大致相当于 ELF 的段。

默认情况下，链接器的输出是非可重定位映像，代码从内存地址 0x8000 开始，数据段紧随其后。可以通过链接器选项或一个配置文件来指定代码段和数据段存放的内存地址。

链接器的输入是：一个或多个 ELF 目标格式的目标文件，或（可选的）一个或多个由 armar 工具产生的库。

如果链接正确，输出是一个 ELF 可执行格式的可执行映像，或一个 ELF 目标格式的部分链接的目标文件。

通过 fromELF 工具，一个 ELF 的可执行格式的可执行映像也可以转化为其他的文件格式。

armlink 的命令行格式大致如下：

```
armlink[ -image_content_options][ -image_info_options][ -output_options][ -diagnostic_
options][ -memory_map_options][ -help_options][ -via_options]
```

下面是一些重要的 ARM 链接器选项说明：

- **-help**：列出在命令行中常用的一些选项。
- **-partial**：用这个选项创建的是部分链接的目标文件而不是可执行映像文件。
- **-output file**：这个选项指定了输出文件名，该文件可能是部分链接的目标文件，也可能是可执行映像文件。如果输出文件名没有特别指定，armlink 将使用下面的默认设置：如果输出是一个可执行映像文件，则生成的输出文件名为_image.axf；如果输出是一个部分链接的目标文件，在生成的文件名为_object.o。

  如果没有指定输出文件的路径信息，则输出文件就在当前目录下生成。如果指定了路径信息，则所指定的路径成为输出文件的当前路径。
- **-elf**：这个选项生成 ELF 格式的映像文件，这也是 armlink 支持的唯一一种输出格式，它是默认选项。
- **-ropi**：这个选项使得包含有 RO 输出段的加载域和运行域是位置无关的。让编译器寻址只读代码和 PC 相关数据。
- **-rwpi**：这个选项使得包含有 RW 和 ZI 属性的输出段的加载和运行时域是位置无关的。
- **-ro-base address**：这个选项将包含有 RO 输出段的域的加载地址和运行地址设置为 address 字段值指定的地址，该地址必须是字对齐的，如果没有指定这个选项，则默认的 RO 基地址值为 0x8000。

- **-rw-base address**：这个选项设置包含 RW 输出段的域的运行时地址，该地址必须是字对齐的。如果这个选项和-split 选项一起使用，将把包含 RW 输出段的域的加载和运行时地址都设置在 address 处。
- **-split**：这个选项将包含 RO 和 RW 属性的输出段的加载域分割成 2 个加载域。一个包含有 RO 段，默认加载地址是 0x8000；另一个包含有 RW 段，根据-rw-base 选项决定加载地址。这个选项应该指定-rw-base 的值，如果没有指定则假定-rw-base 的值为 0。

4. ARM 运行时库

ADS 提供的运行时库包括 ANSI C 运行时库和 C++ 运行时库，用以支持被编译的 C 和 C++ 代码。

ANSI C 运行时库包括：

1）ISO C 标准中定义的函数。

2）运行在半主机（semihost）环境中且与目标系统相关的函数。用户可以重新定义这部分内容，以适应特定的运行环境。

3）C/C++ 编译器需要的支持函数（helper function）。

前面说过，所谓半主机环境是利用主机资源，实现在目标机上运行的程序所需要的输入输出功能的调试技术环境。ARM 提供的 ANSI C 运行时库就是利用半主机环境实现输入/输出功能的，它包括一些必须在半主机环境中运行的函数。ARM 公司提供的开发工具 ARMulator、Angel、Multi-ICE 和 EmbeddedICE 都支持半主机技术。随后将介绍的 AxD 也支持半主机技术。

C++ 运行时库包括了 ISO C++ 标准定义的函数。它本身不包含与特定目标相关的部分，而是依赖相应的 C 运行时库来实现与特定目标相关的部分。它由以下几部分组成：

1）版本为 2.01.01 的 Rogue Wave 标准 C++ 库。

2）C++ 编译器使用的支持函数。

3）Rogue Wave 标准 C++ 库所不支持的其他的 C++ 函数。

用户可以把 C 库中的与目标相关的函数作为自己应用程序中的一部分，根据自己的执行环境，适当的裁剪 C 库函数。除此之外，用户还可以针对应用程序的要求，对与目标无关的库函数进行适当的裁剪。在 C 库中有很多函数是独立于其他函数的，并且与目标硬件没有任何依赖关系。对于这类函数，用户可以很容易地在汇编代码中使用它们。

ARM 公司提供了多种类型的 C/C++ 运行时库，可以根据编译时的选项使用合适类型的 C/C++ 运行时库。这些选项包括内存模式（大端/小端）、支持的浮点运算类型、是否进行数据栈溢出检查、代码是否位置无关等。

假设 ADS 的安装路径为 install_directory，则 ANSI C 运行时库和 C++ 运行时库的存放位置分别为：intall_directory \ lib \ armlib 和 intall_directory \ lib \ cpplib，对应的头文件存放路径是：intall_directory \ include。

可以用下面两种方法指定 ARM 中 C/C++ 库的存放/搜索路径：

1）设置环境变量 ARMLIB。

2）在链接时使用选项-libpath。

7.4.2　GUI 开发工具

ADS 的 GUI 开发工具主要包括两个独立的工具：CodeWarrior IDE（CodeWarrior 集成开发环境）和 AXD（ARM eXecutor Debugger，ARM 扩展调试器）。下面分别对它们加以介绍。

1. CodeWarrior 集成开发环境

CodeWarrior 集成开发环境为管理和开发工程项目提供了简单一致的图形用户界面，可以加速并简化嵌入式开发过程中的每个环节，缩短用户项目周期。可以在 CodeWarrior 中为 ARM 配置前面介绍的各种命令行工具，实现对项目代码的编译、汇编和链接。

CodeWarrior 以工程项目的方式组织源代码文件、库文件和其他文件，让用户将这些文件及配置设置放在一个工程项目中。每个工程项目可以创建和管理多个生成选项的配置。

CodeWarrior IDE 主要提供以下功能：

1）按照工程项目（project）的方式来组织源代码文件、库文件和其他文件。

2）设置各种生成选项（build options），以生成不同配置的映像文件。

3）一个源代码编辑器。

4）一个文件浏览器。

5）在文本文件中进行字符串搜索和替换。

6）文本文件比较功能。

7）用户自定义界面。

下面介绍在 CodeWarrior 中常用的两个术语：

1）目标系统（target system）：目标系统是指应用程序运行的环境，可以是基于 ARM 的硬件系统，也可以是 ARM 仿真运行环境。比如，当应用程序运行在 ARM 评估板上时，目标系统就是该评估板。

2）生成目标（build target）：生成目标是指生成特定目标文件的选项设置（包括汇编选项、编译选项、链接选项以及链接后的处理选项等）和所用的所有文件的集合。通常，一个生成目标对应一个目标映像文件。当使用 ADS 的工程项目模板生成新工程项目时，新工程项目通常包括 3 个生成目标。

- Debug：该生成目标对应的映像文件包含所有调试信息。在开发过程中使用。
- Release：该生成目标对应的映像文件不包含调试信息。用于生成实际发行的软件版本。
- DebugRel：该生成目标对应的映像文件包含基本的调试信息。

如果当前生成目标是 Debug，CodeWarrior 会有 Debug Settings 的菜单项或工具栏按钮，通过它可以设置该生成目标对应的选项，这些选项对其他的生成目标（Release 或 DebugRel）是无效的，反之亦然。

用户可以通过以 ARM 为目标平台的工程创建向导，快速创建 ARM 和 Thumb 工程。ADS 提供了 7 种可选的工程项目模板。

- ARM Executabl Image：ARM 可执行映像文件模板，用于由 ARM 指令的代码生成一个 ELF 格式的可执行映像文件。
- ARM Object Library：ARM 目标文件库模板，用于由 ARM 指令的代码生成一个 armar 格式的目标文件库。
- Empty Project：空工程模板，用于创建一个不包含任何库或源文件的工程。
- Makefile Importer Wizard：Makefile 导入向导模板，用于将 Visual C 的 nmake 或 GNU make 文件转入 CodeWarrior IDE 工程文件。
- Thumb ARM Interworking Image：ARM/Thumb 混合使用的映像文件模板，用于由 ARM 指令和 Thumb 指令的混和代码生成一个可执行的 ELF 格式的映像文件。
- Thumb Executable Image：Thumb 可执行映像文件模板，用于由 Thumb 指令创建一个可执行的 ELF 格式的映像文件。
- Thumb Object Library：Thumb 目标文件库模板，用于由 Thumb 指令的代码生成一个 armar格式的目标文件库。

尽管大多数的 ARM 工具链已经集成在 CodeWarrior 中，但是仍有许多功能在该集成环境中没有实现，这些功能大多数是和调试相关的，例如，调试器 AXD 就没有集成在 CodeWarrior 中，这就意味着用户不能在 CodeWarrior 中进行断点调试和查看变量。

2. AXD

AXD（ARM 扩展调试器，ARM eXtended Debugger）是 ADS 的图形化调试工具，它是一个功能强大的调试工具，提供了多种辅助调试手段用来对用户程序进行调试，包括断点、观测点和观测项等。ADS 中还包含其他两个调试器：armsd（ARM 符号调试器，ARM Symbolic Debugger）和 ADW/ADU（Application Debugger Windows/UNIX），前者在命令行工具里已简单介绍，后者是 ADS 老版本的图形化调试工具，这里不再赘述。

先介绍两个基本概念：调试目标（debug target）和调试代理（debug agent）。

1）调试目标：被调试程序运行所在的目标设备或仿真软件。

2）调试代理：运行在调试目标上，接受并执行主机上调试器发来的命令。例如，用于在目标程序中设置断点、单步执行、读内存、写内存等。在 ARM 体系中，有以下三种调试代理：

- ARMulator，打开 AXD 软件时默认打开的目标是 ARMulator。
- 基于 JTAG 的 ICE 类型的调试代理。
- Angel 调试监控程序。

调试代理与调试器的关系是前者执行后者请求的操作。调试代理既不是被调试的程序，也不是调试器本身。用户可以通过 AXD 使用调试代理，对运行在调试目标上的包含调试信息的程序进行变量查看、断点控制等操作。

我们将在 7.5 节详细介绍怎样用 AXD 加载并调试一个映像文件。

7.4.3 ADS 实用工具

ADS 提供以下的实用工具以便配合前面介绍的主要开发工具。

1. fromelf

fromelf 是 ARM 映像文件转换工具，它用于将 ELF 格式的文件作为输入文件，将该格式转换为各种输出格式的文件，包括 plain binary（BIN 格式映像文件），Motorola 32-bit S-record format（Motorola 公司 32 位 S 格式映像文件），Intel Hex 32 format（Intel 公司 32 位格式映像文件），和 Verilog-like hex format（Verilog 类型 16 进制文件）。fromelf 命令也能够为输入映像文件产生文本信息，例如代码和数据长度。

2. armar

armar 是 ARM 库管理工具，它可以将一系列 ELF 格式的目标文件集合在一起，组成一个库。这样的库可以传递给链接器 armlink 以代替多个目标文件。不过，链接一个库文件并不意味着库中的所有目标文件都被链接。Armlink 链接目标文件和链接库有如下不同：

1）作为输入的每个目标文件都无条件地被链接在输出文件中，尽管如果 armlink 带-remove 选项，未用到的区段会被剪裁掉。

2）库文件中的成员仅当它被一个目标文件或其他已被包含的库文件引用时才被包含在输出文件中。

要创建一个名为 my_lib.a 的新库，并将当前目录下的所有目标文件加入其中，可使用如下命令：

```
armar - create my_lib.a *.o
```

要删除库中所有以 sys_开头的目标文件，可使用命令：

```
armar - d my_lib.a sys_*
```

要替换或增加三个名为 obj1.o、obj2.o、obj3.o 的目标文件（在当前目录下），可使用命令：

```
armar - r my_lib.a obj1.o obj2.o obj3.o
```

注意，不要修改 ARM 库（参见 7.4 节）。如果你想创建一个库函数的新实现版本，可以把这个新函数放在一个目标文件或你自己的库中，链接时将这个目标文件或库包含到应用程序中。这样，你的函数版本会替代标准库函数。

7.5 用 ADS 生成应用程序

本节通过几个具体实例来介绍如何用 ADS 生成应用程序的映像文件。每个例子都既可以用 GUI 的 CodeWarrior 集成开发环境，也可以用命令行工具实现，最后生成 .axf 格式的映像文件和可直接烧写到 Flash 中运行的 .bin 格式的映像文件。两种方法完全一致且相互独立。每个例子是用 CodeWarrior 和命令行工具两种方法实现的。

7.5.1 生成简单应用程序 hello

1. 使用 CodeWarrior 实现

使用 CodeWarrior 生成应用程序包括以下几个阶段：创建工程项目、向工程项目添加文件、配置生成目标以及编译链接生成映像文件。

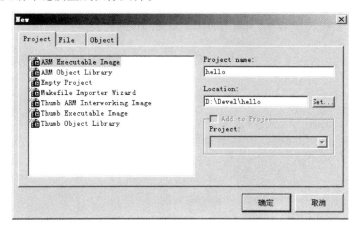

图 7-11　CodeWarrior 中 New 对话框的 Project 选项卡

（1）创建一个新的工程项目

打开 CodeWarrior，选择 File→New 菜单项，打开 New 对话框，界面如图 7-11 所示。对话框中包含 3 个选项卡。在 Project 选项卡中列出可供选择的工程项目模板（7.4.2 节已对每种模板进行了介绍）。

这里选择 ARM Executable Image 模板，用于产生一个 ARM 可执行映像文件。在 "Project name" 文本框中输入项目名 hello，在 Location 文本框中显示默认的项目路径 "D：\Devel \hello"。

单击 "确定" 后，CodeWarrior IDE 根据项目工程模板生成一个新的项目工程文件 hello.mcp，在 CodeWarrior IDE 中打开一个窗口，显示该（当前）工程项目文件。默认的生成目标（Build Target）是 DebugRel（参见 7.4.2 节）。

（2）向工程项目添加源文件

单击 File→New 菜单项，打开 New 对话框，在 File 选项卡中输入要新建并添加的源文件名 hello.c（添加到 hello.mcp 工程项目中，并且在 Debug、DebugRel、Release 每个生成目标的复选框上打钩），如图 7-12 所示。

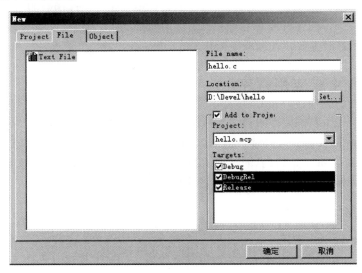

图 7-12   CodeWarrior 中 New 对话框的 File 选项卡

单击"确定"按钮。然后在编辑窗口中输入 hello.c 的源代码：

```
#include <stdio.h>
extern int add(int,int);

int main()
{
    int  a,b;
    printf("Hello! Please input two intergers(a,b):\n");  /* 半主机方式输出*/
    scanf("% d % d",&a,&b);
    printf("a +b = % d\n",add(a,b));
    return 0;
}
```

同样的方法，再向 hello.mcp 工程项目添加源文件 add.c：

```
int add( int a,int b)
{
    return a +b;
}
```

也可以在 hello.mcp 的窗口中单击鼠标右键，在弹出菜单中选择"Add File…"将现成文件添加到该工程项目中。

（3）配置生成目标

hello.mcp 默认的当前生成目标是 DebugRel。单击 Edit→DebugRel Setting 菜单项，或单击 hello.mcp 窗口工具栏的 DebugRel Settings 按钮，弹出 DebugRel Setting 对话框。可以在该对话框设置工程项目的编译、链接、链接后处理（post-linker）、调试等的选项。图 7-13 显示的是 ARM Linker 链接的一些选项，其中的 RO Base 是 0x8000，对应的命令行选项是"-robase 0x8000"。

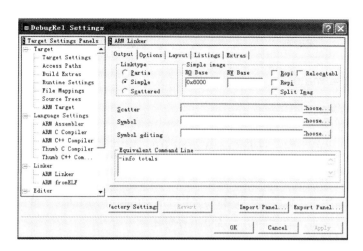

图 7-13   DebugRel Settings 对话框 ARM Linker 选项卡

以上说明的是当前生成目标是 DebugRel 时的情况。如果当前生成目标是其他的生成目标（如 Debug 或 Release），操作是类似的，只是相应菜单项、按钮和对话框的名字略有不同。

（4）编译链接，生成映像文件

单击 hello.mcp 窗口的 Make 按钮（或 Project→Make 菜单项），编译、链接整个项目，生成目标文件（hello.o、add.o）和映像文件（hello.axf）。也可以分别编译单个文件。

（5）调试或运行映像文件

单击 Debug 或 Run 按钮（或 Project→Debug、Project→Run 菜单项），启动 AXD 调试器，在模拟器（ARMulator）中加载并运行 ARM 可执行映像文件 hello.axf。

AXD 采用半主机技术支持用户输入输出。在 AXD 界面 console（控制台）栏显示提示信息后，用户输入两个整数，程序就计算出它们相加的结果，在 console 栏输出。

2. 使用命令行工具

首先编辑源程序 hello.c 和 add.c。在命令行窗口输入命令：

```
armcc hello.c add.c
```

这一条命令完成了编译和链接的工作，生成两个目标文件 hello.o、add.o 和一个映像文件，默认的文件名是_image.axf。如果要指定映像文件的名字，可使用以下命令：

```
armcc hello.c add.c -o hello.axf
```

命令行中使用-o 选项表示指定映像文件为 hello.axf。

通过命令"axd -debug hello.axf"或"axd -exec hello.axf"启动 AXD 调试器，在模拟器中加载并运行映像文件 hello.axf。也可以通过命令"armsd -exec hello.axf"启动 ARM 符号调试器 ARMSD 进行调试。

如果要分别编译和链接，命令如下：

```
armcc -c hello.c                     ; 生成目标文件 hello.o
armcc -c add.c                       ; 生成目标文件 add.o
armlink hello.o add.o -o hello.axf   ; 生成映像文件 hello.axf
```

要想查看 hello.c 或 hello.o 对应的汇编语言代码，可以用如下命令：

```
armcc -S hello.c                     ; 仅编译产生对应的汇编语言代码 hello.s(不进一步汇编)
```

或

```
fromelf - c hello.o > hello.dec          ; 反汇编 hello.o,并将结果重定向到 hello.dec 文件
```

7.5.2　生成函数库 mathlib

1. 使用 CodeWarrior

（1）创建一个新的工程项目

按照 7.5.1 节给出的步骤，打开 CodeWarrior IDE，按工程项目模板 ARM Object Library 创建一个新的工程项目 mathlib，文件名是 mathlib.mcp。

（2）向工程项目添加源文件

向该工程项目添加四个源文件：add.c、sub.c、multiple.c、divide.c。这四段源代码分别实现算术加、减、乘、除功能，非常简单，这里不再赘述。

（3）配置生成目标

mathlib.mcp 有三个生成目标：Debug、DebugRel、Release，当前生成目标是 DebugRel。单击 DebugRel Setting 工具栏按钮对当前生成目进行设置，设置编译、链接等选项。如图 7-14 所示。

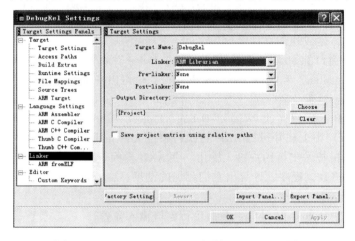

图 7-14　DebugRel Settings 对话框 Linker 选项卡

这里都采用默认值。特别要注意，上图中 Linker 栏的值是 ARM Librarian，即 armar 工具。

（4）编译、打包，生成库文件

单击 Make 按钮，对工程项目进行编译、打包（用 armar 工具），生成库文件 mathlib.a。

（5）测试、使用 mathlib.a 库文件

重新打开 7.5.1 节的例子，将 mathlib.a 加入 hello.mcp 工程项目文件中。hello.c 源程序就可以使用库中的 add 等函数了。

2. 使用命令行工具

首先编辑源程序 add.c、sub.c、multiple.c、divide.c，用如下命令完成编译、打包的工作：

```
armcc - c add.c              ; 生成目标文件 add.o
armcc - c sub.c              ; 生成目标文件 sub.o
armcc - c multiple.c         ; 生成目标文件 multiple.o
armcc - c divide.c           ; 生成目标文件 divide.o
armar - create mathlib.a add.o sub.o multiple.o divide.o
; armar - r mathlib.a add.o sub.o multiple.o divide.o 亦可;将目标文件打包生成库文件 mathlib.a
```

要查看生成的库文件 mathlib.a，可输入如下命令：

```
armar - tv mathlib.a
```

7.5.3 生成一个在目标板上运行的定时器程序

下面我们举一个实际例子。这是一个在 UP-NETARM300-S 嵌入式开发板上实现的定时器应用程序，它不用操作系统支持。其功能是让 S3C44B0X 处理器的硬件定时器每秒产生一个中断，程序记录下当前中断次数，并且在 LED 上显示出来，显示的最大中断数不超过 9999。定时中断产生时蜂鸣器发出一个蜂鸣声，程序循环执行直到关闭电源。在 ADS 环境下，用这个程序示例可以生成一个映像文件，下载到 UP-NETARM300-S 嵌入式开发板上调试运行。

1. 使用 CodeWarrior

（1）创建一个新的工程项目

按照 7.5.1 节所给出的步骤打开 CodeWarrior IDE，按工程项目模板 ARM Executable Image 创建一个新的工程项目 timer，其工程文件名是 timer.mcp。

（2）向工程项目添加文件

首先将源代码复制到工程目录 D：\Devel\timer。在 CodeWarrior IDE 的 timer.mcp 窗口中，单击右键，在弹出菜单中选"Create Group"，分别创建两个文件组 Startup 和 init；然后分别把 D：\Devel\timer\Startup 和 D：\Devel\timer\Init 目录下的源文件添加到两个文件组中（在文件组上单击右键，在弹出菜单中选"Add Files"）。

（3）配置生成目标

按照 7.5.1 节和 7.5.2 节所示的方法，配置 timer 工程项目的生成目标 Debug。注意，该工程项目采用 scat_ram. scf 作为配置文件。Debug Settings 对话框中 ARM Linker 部分的 Output 选项卡如图 7-15 所示。

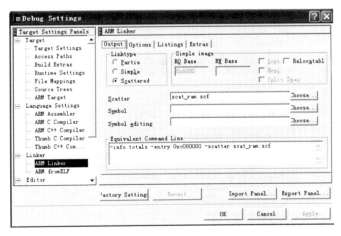

图 7-15 Debug Settings 对话框 ARM Linker 选项卡

与 scatter 文件相适应，Options 选项卡中 Image entry point 的值为 0xc080000，对应的命令行选项是"-entry 0xc080000"。

为了生成在目标板上运行的二进制映像文件 system.bin，还需要将 Target Settings 选项卡的 Post-linker 选为"ARM fromELF"。此外，ARM fromELF 选项卡的选择如图 7-16 所示。

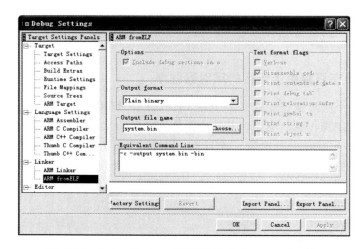

图 7-16   Debug Settings 对话框 ARM fromELF 选项卡

（4）编译链接，生成映像文件

单击 Make 按钮，编译、链接整个项目，生成目标文件及二进制映像文件 timer.axf 和 system.bin。

（5）调试或运行映像文件

将 system.bin 下载到目标板上调试、运行。

2. 使用命令行工具

进入命令行界面，切换到应用程序的工作文件夹，使用单步行命令或者批处理程序（compilelink.bat），即可以完成该集成环境下应用程序的全套编译链接操作，直到生成二进制的可执行程序。

关于 compilelink.bat 批处理程序的源代码，请参看程序清单 7-3。该批处理涉及多个 .S 代码和 .C 代码的汇编、编译、链接和最终执行文件生成。单步执行此批命令程序中的行指令也能够得出同样结果。

程序清单 7-3

```
@ DOS 批处理命令 compilelink.bat
@ rem S3C44B0X 开发板上的定时中断应用程序
@ rem 对汇编程序代码进行汇编
armasm - g - cpu ARM7TDMI - md 44BINIT.S
armasm - g - cpu ARM7TDMI - md heap.S
armasm - g - cpu ARM7TDMI - md Isr_a.S
armasm - g - cpu ARM7TDMI - md isr_address.s
armasm - g - cpu ARM7TDMI - md MEMCFG.S
armasm - g - cpu ARM7TDMI - md OPTION.S
armasm - g - cpu ARM7TDMI - md stack.s

@ rem 对 c 代码进行编译,共 8 个 .c 文件
armcc - g - O2 - I./Include - apcs /interwork - c retarget.c
armcc - g - O2 - I./Include - apcs /interwork - c EXIO.C
armcc - g - O2 - I./Include - apcs /interwork - c ISR.C
armcc - g - O2 - I./Include - apcs /interwork - c Main.c
armcc - g - O2 - I./Include - apcs /interwork - c MyUart.c
armcc - g - O2 - I./Include - apcs /interwork - c Timer.c
```

```
armcc - g - O2 - I./Include - apcs /interwork - c UHAL.c
armcc - g - O2 - I./Include - apcs /interwork - c zlg7286.c

@ rem 链接程序采用名为 scat_ram 的配置(scatter)文件
@ rem 链接程序输出的结果是名为 timer.axf 的映像文件
armlink MEMCFG.o OPTION.o stack.o Isr_a.o isr_address.o 44BINIT.o heap.o retarget.o
EXIO.o ISR.o Main.o MyUart.o Timer.o UHAL.o zlg7286.o - info totals - o timer.axf - entry
0xc080000 - scatter scat_ram.scf

@ rem 二进制执行文件生成器生成名为 system.bin 的可执行文件
fromelf timer.axf - c - output system.bin - bin
```

行命令的选项/参数注释（按照出现的前后次序）：

1）选项-g 表示 ARMASM 程序将产生 DRAWF2 格式的调式信息表。

2）选项-cpu ARM7TDMI 告诉 ARMASM 汇编器，目标 CPU 核的类型是 ARM7TDMI。该选项的语法格式是：

```
- cpu cpu
```

其作用是通知 ARMASM 汇编器目标 CPU 的类型。其类型应该是 ARM 体系结构的名称，如 3、4T、5TE，或者是 CPU 的类型编号。

3）选项-md 输出汇编代码 .s 文件的依赖关系到相应文件名加后缀为 .d 的文件中。

4）选项-g 表示 ARMCC 程序将产生高层次调试信息表。

5）选项-O2 通知编译器以所有功能对代码进行优化，即最大级别优化。

6）选项-I. /Include 指定 ./Include 文件夹被添加到搜索路径中。有关-I 命令行选项的意义，请参见 7.4.1 节。

7）选项-apcs/interwork 表示使编译器产生的目标文件支持 ARM 和 Thumb 代码的混合使用。该选项确定过程调用标准，其语法格式如下：

```
- apcs[none |[/qualifier[/qualifier[...]]]]
```

其中 qualifier 指定使用何种 ATPCS/AAPCS（参看第 6.4 节中的 ARM 和 Thumb 过程调用标准）。

8）选项-c 指示参与编译的文件不参加链接。

9）选项-info totals 指示链接器显示映像文件中所有输入段或者 C/C++ 运行时库成员的代码和数据大小的总和。

10）选项-o timer.axf 指定输出的目标文件名称是 timer.axf。

11）选项-entry 0xc080000 指定映像文件中的初始入口点的地址值是 0xc080000。

12）选项-scatter scat_ram.scf 指定了 ARM 链接器使用配置文件（其文件名是 scat_ram.scf）来设定映像文件的地址映射方式。

13）选项-c 表示对代码进行分解。

14）选项-output system.bin 指定输出文件的名称为 system.bin。

15）选项-bin 表示输出普通二进制文件。

7.6 RVDS

RVDS（RealView Development Suite，RealView 开发套件）是 ARM 公司推出的新一代 ARM 开发套件，其最新版本是 4.6，目前在国内流行的是 2.2 版或者 3.0 版。RVDS 3.0 版是唯一支持所有 ARM 处理器和 ARM 调试技术的端到端的软件开发解决方案，其最主要的目标是通过软硬件的协同开发，帮助嵌入式系统开发者和硬件开发者加快产品上市时间。

RVDS 3.0 版有如下特性：

- 提供一个整合的端到端的工具链。
- 支持所有的 ARM 处理器，包括 Cortex-A8、Cortex-M3 和将来的 Cortex 处理器族。
- 支持 CoreSight 先进调试、跟踪技术。
- 包含一个真正针对 NEON SIMD 技术设计的编译器。
- 包含一个优化的编译器引擎，性能提高 10%。
- 与 GNU 工具互操作，实现嵌入式 Linux 应用程序的优化编译。
- 可与 Eclipse 集成。

RVDS 包括集成开发环境、编译工具集、调试器、指令集模拟器等。此外，RVDS 还包括丰富的示例程序和联机文档，可供初学者或者开发者学习使用。下面简单介绍 RVDS 的各个组成部分以及其使用方法。

7.6.1　RVDS 的组件

1. RealView 编译工具集

RealView 编译工具集（RealView Compilation Tools，RVCT）包括：

- 优化的 ISO C 编译器
- 优化的 ISO C++ 编译器
- 链接器
- 汇编器
- 映像文件转换工具
- ARM 目标文件库转换工具
- C 库
- RogueWave C++ 标准模板库

为了简化用户的使用，RVDS 用一个命令行工具 armcc 就可以完成 ADS 中的四个编译器 armcc、armcpp、tcc、tcpp 所做的工作。armcc 根据文件扩展名和命令选项决定要执行的动作。当然，为了和 ADS 兼容，用户仍然可以用原有的工具名和选项。

RVCT 相对 ADS 编译工具的改进主要体现在如下方面：

- RVCT 不仅能将源程序编译生成 32 位 ARM 指令集和 16 位 Thumb 指令集代码，还能生成一种称为 Thumb-2 的 16/32 位指令集代码。
- RVCT 是完全针对 ARM 体系结构的，能够对所有 ARM 体系结构的处理器进行优化，在代码尺寸和代码速度等方面有明显的提高。
- 调试和优化级别可选。
- 实现了 ARM 体系结构的 C/C++ 应用程序二进制接口（Application Binary Interface，ABI），从而实现了 ARM 工具和 GNU 工具链的互操作。
- 支持 Linux 应用程序的调试。

2. 集成开发环境

RVDS 的用户可以自行选择图形用户界面 IDE。一般而言，用户可以继续使用 CodeWarrior IDE，因为它是成熟的和广泛应用的 ARM 硬件平台上的软件集成开发环境。然而，对从事大型 ARM 项目开发以及对 Eclipse IDE 比较熟悉的用户而言，则可以使用更为先进的 Workbench IDE。Workbench IDE 以插件形式将 RVDS 高效编译和调试的技术集成到事实工业标准的 IDE 框架 Eclipse。

那些只把 CodeWarrior 用作 RVDS IDE 的软件开发人员还能够获得操作指导的帮助，方便地将已有的 ARM 项目移动到 Workbench 环境。借助于 Workbench 对大型项目的支持以及在现有 CodeWarrior 项目（直接导入 Eclipse 中的新项目）中设置适合的命令行，用户可以在新的 CodeWarrior 开发环境中完整高效地延续、掌控和运作原有的 ARM 开发项目。

3. 调试工具

RVDS 的调试工具包括 RealView 调试器（RealView Debugger，RVD）、ARM 扩展调试器 AXD 和 ARM 符号调试器 ASD。下面主要介绍 RVD。

RVD 的调试环境是一个三层结构：调试软件，调试接口层（包含调试目标访问接口）和调试目标。RVD 支持多种调试目标，包括硬件调试目标和软件调试目标（软件模拟）。通过 RealView ICE 或 Multi-ICE 与 RVD 通信的开发板是硬件调试目标的例子，RealView ARM 仿真器和指令集系统模型（Instruction Set System Model，ISSM）是软件调试目标的例子。

RVD 由三个组件组成：GUI 组件、命令行接口（Command Line Interface，CLI）组件和 RealView模拟器代理（RealView simulator broker）。GUI 组件提供 RVD 的主要功能特性、命令处理和代码窗口；CLI 组件为用户提供命令行方式来使用 RVD 的功能，用户可以创建命令脚本实现自动调试；RealView 模拟器调试代理（rvbroker2.exe）处理与模拟调试目标的链接（模拟调试目标驻留在本机或网络上的主机）。

4. 模拟器支持

RVDS 提供两种模拟器支持：RealView ARMulator 指令集模拟器（Instructino Set Simulator，ISS）和指令集系统模型（Instruction Set System Model，ISSM）。ISSM 是 RVDS 3.0 新增的功能，用来模拟 Cortex-A8、Cortex-M3 处理器族。两者均与 RVD 一起安装，可以在 RVD 调试时作为调试目标。

7.6.2 RVDS 使用概览

表 7-7 总结了使用 RVDS 生成、调试应用程序的主要流程。

表 7-7 使用 RVDS 生成、调试应用程序的流程

步骤	描述
1	选择你想使用的 RVDS 组件来管理和生成工程项目：如果使用 CodeWarrior，跳至第 3 步；如果使用 RVCT 命令行工具，继续第 2 步
2	如果直接使用 RVCT 生成工具，那么创建 makefile 或 Windows 命令行批处理文件，处理生成映像文件。然后，跳至第 8 步，在 RealView 调试器（RVD）中加载并调试映像
3	启动 CodeWarrior
4	如果 CodeWarrior 工程项目已存在，跳至第 6 步；否则，为应用程序创建一个 CodeWarrior 工程文件
5	根据需要配置生成目标（注意：非调试目标），跳至第 7 步
6	打开已有的 CodeWarrior 工程项目
7	为 CodeWarrior 工程项目生成映像文件
8	启动 RealView 调试器（RVD），准备调试映像文件
9	配置调试目标（注意：非生成目标）和链接
10	链接到调试目标
11	加载映像文件准备调试
12	运行、调试程序（可以设置断点、跟踪、单步执行、查看内存和变量等）
13	调试结果结果如何 如果有问题，继续下面的步骤；如果没有问题，重新生成最终发布的映像文件
14	定位、修改源代码文件
15	重新生成、加载、调试映像文件

7.6.3　开中断关中断的内嵌 ARM 汇编函数

下面我们给出一个使用 RVDS2.2 集成开发环境编写的可执行工程 enable_IRQ。该工程内含一个 C 代码文件 main.c 和一个头文件 irqs.h。其中，irqs.h 文件内含两个内嵌的 ARM 汇编函数，分别实现关中断和开中断。这两个程序的语句清单请参看程序清单 7-4 和程序清单 7-5。

程序清单 7-4

```
/*
 * The C experiment program demonstrates how to disable IRQ and how to enable IRQ.
 */
#include <stdio.h>
#include <irqs.h>

extern _inline void disable_IRQ(void);
extern _inline void enable_IRQ(void);

int main(void)
{
    printf("Now disables IRQ. \n");
    disable_IRQ();                          /* 调用关中断函数 */
    printf("Now enables IRQ. \n");
    enable_IRQ();                           /* 调用开中断函数 */
    printf("end of test program. \n");
}
```

程序清单 7-5

```
/*  irqs.h   */
_inline void enable_IRQ(void)
{
    int tmp;
    _asm
    {
        MRS tmp,CPSR
        BIC tmp,tmp,#0x80                   /* 将 CPSR 的 bit7 清零 */
        MSR CPSR_c,tmp
    }
}

_inline void disable_IRQ(void)
{
    int tmp;
    _asm
    {
        MRS tmp,CPSR
        ORR tmp,tmp,#0x80                   /* 将 CPSR 的 bit7 置位 */
        MSR CPSR_c,tmp
    }
}
```

1. 使用图形用户界面 IDE 的操作方法

图 7-17 给出了 RVDS2.2 的在 CodeWarrior 集成开发环境中打开 enable_IRQ 工程的画面，从该图中可以看出 RVDS2.2 可以同时打开多个工程项目。

编译链接这个开中断的 enable_IRQ 工程，随即生成 .axf 映像文件。之后可以用 RVDS2.2 配套的 AXD 1.31 调试器进行调试。

在 RVDS 2.2 的项目调试环境设置对话框里正确配置 RealView 调试器是十分重要的，图 7-18 给出了选择 AXD 调试器的界面快照。

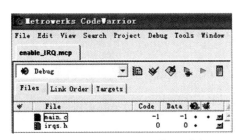

图 7-17 在 RVDS 项目管理器中打开 enable_IRQ 工程

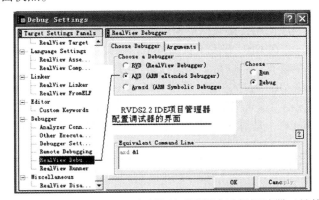

图 7-18 在 CodeWarrior IDE 项目管理对话框中选择调试器工具的界面

图 7-19 给出了 enable_IRQ 例程的 AXD 调试器的单步调试画面，该画面显示出开中断指令完成之后的寄存器列表框。如图中所示，IRQ 标志位已经被清零（I 位 = 0），这表明从下一条指令开始 ARM 处理器已经能够响应 IRQ 中断请求。

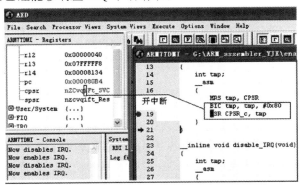

图 7-19 在 1.3 版 AXD 调试器单步调试开中断指令的画面快照

2. 使用命令行工具的操作方法

使用 RVDS2.2 的行命令工具也能够生成相同的映像文件 enable_IRQ.axf。其中的一种方法是把 main.c 和 irqs.c 文件合并成一个文件 main.c。然后，创建一个 DOS 批命令程序。如 build.bat，该文件的行命令语句只有两行，如下所示：

```
armcc - c - g - O2 main.c - o main.o
armlink main.o - o enable_IRQ.axf
```

将 main.c 和 build.bat 文件存放在同一个文件夹，在 Windows 操作系统的资源管理器窗口，打开该文件夹，用鼠标对准 build.bat 文件单击，就执行该批命令，获得 enable_IRQ.axf。之后，运行 AXD1.3.1 调试器，加载 enable_IRQ.axf，在模拟器界面进行正常的调试。

7.7　GNU 交叉工具链

GCC（gcc）的不断发展完善使许多商业编译器都相形见绌。GCC 由 GNU 创始人 Richard Stallman 首创，是 GNU 的标志性产品，由于 UNIX 平台的高度可移植性，因此 GCC 几乎在各种常见的 UNIX 平台上都有，即使是 Windows32/DOS 也有 GCC 的移植。

GNU 开发工具包括 C 编译器 GCC、C++ 编译器 G++、汇编器 AS、链接器 LD、二进制转换工具（OBJCOPY，OBJDUMP）、调试工具（GDB，GDBSERVER，KGDB）和基于不同硬件平台的开发库。这些工具顺序使用，必须保持前后一致，才能产生最终需要的二进制文件，所以称作工具链（Tool chain）。在 GNU 开发工具支持下，用户可以使用流行的 C/C++ 语言开发应用程序，满足生成高效率运行代码、易掌握编程语言的用户需求。

在 Linux 环境中开发 ARM 程序，通常采用 GNU 交叉工具链。针对 ARM 的 GNU 工具链包括 arm-elf-gcc、arm-elf-g++、arm-elf-as、arm-elf-ld、arm-elf-objcopy、arm-elf-objdump 等（arm-elf- 前缀还可换作 arm-linux-，是另外一组类似的交叉工具链），这些工具之间的关系及开发流程如图 7-20 所示。

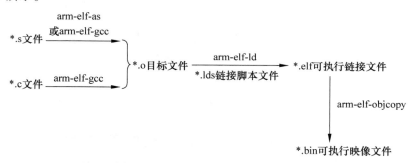

图 7-20　GNU 交叉工具链开发流程

7.8　本章小结

本章首先从整体上介绍了嵌入式系统的软件开发工具，随后概述了针对 ARM 处理器的软件开发工具，以及 ARM 开发套件。重点讲解了 ARM 的映像文件格式，以及 ARM 公司推出的 ADS 开发套件的组成和使用。为帮助读者掌握 ADS 工具的使用，本章给出了 4 个应用程序的编译链接操作流程的实例介绍。本章最后介绍了 RVDS 集成开发环境和 ARM-GNU 交叉工具链的特点和用法。

7.9　习题和思考题

7-1　ARM 公司的 RVDS 集成开发环境包括哪些工具?

7-2　如何在一个不支持汉字显示的 ARM 实验平台上为它配备汉字处理功能?

7-3　在 ARM 开发板上编写一个求素数的应用程序，要求它能够以 LCD 为人机交互界面，从键盘接收一个取值范围在 500 – 100 的整数 X，计算从 1 到 X 之间的所有素数，显示到 LCD 上。这个实验程序不使用操作系统。

7-4 外设驱动加应用程序的组合实验练习。在带有底层裸机驱动程序的 ARM 实验平台上，所有驱动程序共用一个加电时启动程序和电路板初始化程序，此外每一个外部设备对应一个独立的驱动程序。这样，可以对该实验平台的单个外设进行单独的驱动程序测试。换言之，实验平台包含了一组相互独立的驱动程序，能够对键盘、液晶屏、触摸屏、LED 灯、蜂鸣器、7 段数码管、步进电机、AD/DA 转换器等实施单独驱动。

现在要求读者建立一个 ADS 或者 RVDS 的可执行工程，该工程的 main.c 函数能够调用键盘、液晶屏、串口、7 段数码管和蜂鸣器驱动程序，并且循环执行一个算术表达式，表达式从键盘输入，人机交互的输入数据以及计算结果信息在液晶屏上显示并发往串口，做到链接 PC 串口的监视软件能够显示人机交互信息。

7-5 在 ADS 或者 RVDS 的 CodeWarrior 环境下，在无操作系统支持的情况下编写一个 C 应用程序实验工程。该汇编子程序的功能是求出 20000 ~ 30000 之间所有的斐波那契数列数，并将结果写入开发板的闪存；再编写一段 C 子程序，完成同样的计算。利用 AXD 调试器进行试运行。并且使用 ARMulator 工具，在 AXD 界面统计两种子程序的指令执行条数和周期执行数，然后给出对比，说明哪一种子程序的执行时间更短。

7-6 使用 ADS 或者 RVDS 的行命令工具完成习题 7-5 的实验题目。

7-7 编写一个 ARM 嵌入式开发板上的时钟节拍读取程序。该程序能够记录操作系统的时钟节拍（Tick）数，要求每 1 分钟输出一个计数信号，以指示当前的时钟节拍累计数。

第8章　嵌入式外设控制器

与通用计算机类似，嵌入式计算机也有一组外设控制器。外设控制器是连接处理器核心与外部设备的纽带。在嵌入式外设控制器中，最重要的控制器是中断控制器、DMA控制器和定时控制器。本章讲解嵌入式处理器中的中断控制器、DMA控制器以及与时间控制直接相关的三个控制器。与时间控制直接相关的三个控制器是时钟电源管理器、实时时钟和脉冲宽度调制器。

8.1　嵌入式中断控制器

对通用计算机而言，中断控制包括：中断请求管理、中断使能/禁能、中断优先级分配、中断优先级判定、中断屏蔽/解除屏蔽、中断响应、现场保护和恢复等。中断控制由CPU内部的中断处理逻辑和寄存器，以及外部的中断控制器接口芯片完成。以普遍使用的基于x86处理器的PC机（台式机和笔记本）为例，它们都拥有两块级联的中断控制器接口芯片Intel 8259A，这种中断控制器接口芯片早期是分立元件，安装在主板上。自从80386处理器问世之后，所有PC的这两块8259A中断接口控制器都集成在芯片组中。

嵌入式处理器的中断控制则全部由内建的控制器完成，包括8051系列、ARM系列处理器等。我们在表8-1中对几种微处理器的中断控制器做一个简单汇总比较。

表8-1　几种微处理器的中断控制器一览表

处理器型号	Pentium 4	MCS-51	S3C44B0X	S3C4510	MPC680
计算机类别	PC	单片机	嵌入式	嵌入式	嵌入式
体系结构	x86	8051	ARM 7	ARM 7	PowerPC
内置/外置芯片	外置，8259A，可以级联	内置	内置	内置	内置
中断源数	8个，最大级联方式下64个	5个	共30个，外部8个	共21个	共44个
控制寄存器	IRR、IMR、ISR、ICW1-ICW4、OCW1-OCW3	TCON、IE、SCON、IP	INTCON、INTPND、INTMOD、INTMSK、EXTINT、EXTINTPND等	INTPND、INTMOD、INTMSK、INTOFFSET、EXTPNDPRI等	两个控制器：SIU和CPM

以下我们介绍三款ARM嵌入式处理器的中断控制器，并详细介绍S3C44B0X中断控制器的工作原理与使用方法，对S3C4510B和S3C2410X的中断控制器只做简单介绍。

8.1.1　嵌入式中断控制器工作原理

ARM系列处理器有两种中断请求类型：普通中断请求（IRQ，Interrupt Request）和快速中断请求（Fast Interrupt Request，FIQ）。

（1）IRQ和FIQ

IRQ中断请求（也叫IRQ异常）属于普通中断请求，由nIRQ引脚上的低电平触发。IRQ中断请求的优先级低于FIQ，即当FIQ信号进入时，IRQ被暂停执行。FIQ中断（也叫FIQ异常）属于快速中断请求，用于高速数据传输和通道处理。在 ARM 工作模式下，FIQ 拥有充足的专用寄存器。程序员在编程时无需考虑节省寄存器的问题，从而减小了任务切换时的开销。FIQ 由外部的 nFIQ 引脚上的低电平产生，其电平输入依赖于 ISYNC（ARM7TDMI 输入信号），能够排除同步或异步的情况。当 ISYNC 信号为低电平时，IRQ 和 FIQ 被认为是异步的，在中断影响处理器流程之前，会产生一个时钟周期延时以转入同步状态。

（2）IRQ 中断和 FIQ 中断的禁能/使能方式

在特权（非用户）模式下，置位/清零 PSR（CPSR 和 SPSR 的统称）的 I 位和 F 位，能够禁止/允许 CPU 响应 IRQ 和 FIQ 中断请求。因此，为了开发 IRQ 和 FIQ 中断响应功能，I 位和 F 位必须被清零[⊖]，同时 INTMSK（中断屏蔽寄存器）的相应位也必须清零。

1. S3C44B0X 中断控制器

S3C44B0X 处理器能够处理 30 个中断源，其中内建的中断控制器可接受 26 个中断源的中断请求信号。4 个外部中断（EINT4/5/6/7）请求是通过"或"的形式合成为 1 个中断源送至中断控制器，2 个 UART 错误中断（UERROR0/1）也是如此。有关中断源的详细信息如表 8-2 所示。其中的阴影色块表示该中断请求引脚是多扇入的。

注意，EINT4、EINT5、EINT6 和 EINT7 共用同一个中断请求源。因此，ISR（中断服务子程序）要通过读取 EXTINTPND3～0 寄存器来区别这 4 个中断源，并在处理结束时通过将 EXTINTPND3～0 中对应位置 1 来清除该位。

表 8-2　S3C44B0X 的中断源清单

序号	中断源	描述	主单元	辅单元 ID	中断向量地址
1	EINT0	外部中断 0	mGA	sGA	0x0000 0020
2	EINT1	外部中断 1	mGA	sGB	0x0000 0024
3	EINT2	外部中断 2	mGA	sGC	0x0000 0028
4	EINT3	外部中断 3	mGA	sGD	0x0000 002C
5	EINT4/5/6/7	外部中断 4/5/6/7	mGA	sGKA	0x0000 0030
6	TICK	RTC 时钟节拍中断	mGA	sGKB	0x0000 0034
7	INT_ZDMA0	通用 DMA0 中断	mGB	sGA	0x0000 0040
8	INT_ZDMA1	通用 DMA1 中断	mGB	sGB	0x0000 0044
9	INT_BDMA0	桥 DMA0 中断	mGB	sGC	0x0000 0048
10	INT_BDMA1	桥 DMA1 中断	mGB	sGD	0x0000 004C
11	INT_WDT	看门狗中断	mGB	sGKA	0x0000 0050
12	INT_UERR0/1	串行口 0/1 错误中断	mGB	sGKB	0x0000 0054
13	INT_TIMER0	定时器 0 中断	mGC	sGA	0x0000 0060
14	INT_TIMER1	定时器 1 中断	mGC	sGB	0x0000 0064
15	INT_TIMER2	定时器 2 中断	mGC	sGC	0x0000 0068
16	INT_TIMER3	定时器 3 中断	mGC	sGD	0x0000 006C
17	INT_TIMER4	定时器 4 中断	mGC	sGKA	0x0000 0070
18	INT_TIMER5	定时器 5 中断	mGC	sGKB	0x0000 0074
19	INT_URXD0	串行口 0 接收中断	mGD	sGA	0x0000 0080
20	INT_URXD1	串行口 1 接收中断	mGD	sGB	0x0000 0084

⊖　ARM 处理器的开中断方式与 x86 处理器正好相反，前者通过对中断控制标志位写 0 开放 CPU 的中断响应，后者通过对中断控制标志位写 1 开放 CPU 的中断响应。

（续）

序号	中断源	描述	主单元	辅单元 ID	中断向量地址
21	INT_IIC	IIC 中断	mGD	sGC	0x0000 0088
22	INT_SIO	SIO 中断	mGD	sGD	0x0000 008C
23	INT_UTXD0	串行口 0 发送中断	mGD	sGKA	0x0000 0090
24	INT_UTXD1	串行口 1 发送中断	mGD	sGKB	0x0000 0094
25	INT_RTC	RTC 报警中断	mGKA	—	0x0000 00A0
26	INT_ADC	AD 转换结束中断	mGKB	—	0x0000 00C0

（1）中断请求（悬置）寄存器 INTPND

S3C44B0X 中的中断请求（悬置）寄存器就是指 INTPND 寄存器，其端口地址是 0x01E00004，只读属性，初值为 0x0。它记录中断请求信号的到来，相当于 PC 机 8259A 中断控制器接口中的中断请求寄存器（Interrupt Request Register，IRR）。因为 S3C44B0X 的中断控制器只处理 26 个中断源，所以 INTPND 寄存器共有 26 个位有效位。这 26 位（bit25 ~ bit0）分别对应 26 个中断源，标记该中断源的中断请求状态，称为该中断源的中断 Pending 状态位。Pending 位等于 0，说明对应的中断源没有发出中断请求；Pending 位等于 1，说明对应的中断源发出了中断请求。参见表 8-3 的左起第 3 栏。

表 8-3　主要的中断控制器功能列表

控制位	中断源	INTPND 寄存器 中断请求寄存器 只读存储器	INTMOD 中断模式 寄存器	INTMSK 中断屏蔽 寄存器	I_ISPR/F_ISPR 中断服务悬挂寄存器 I_ISPC/F_ISPC 中断服务悬挂清除寄存器
0	ADC 转换结束中断	1：中断请求发生，但并非一定得到处理 0：中断请求没有发生	1：FIQ 中断 0：IRQ 中断	1：屏蔽中断 0：开放中断	I_ISPR/F_ISPR： 0 = 未执行 ISR，1 = 正执行 ISR I_ISPC/F_ISPC： 写 "1" 清除 Pending 位 写 "0" 不改变 Pending 状态
1	RTC 报警中断	同上	同上	同上	同上
2	UART1 发送中断	同上	同上	同上	同上
3	UART0 发送中断	同上	同上	同上	同上
4	SIO 中断	同上	同上	同上	同上
5	IIC 中断	同上	同上	同上	同上
6	UART1 接收中断	同上	同上	同上	同上
7	UART0 接收中断	同上	同上	同上	同上
8	定时器 5 中断	同上	同上	同上	同上
9	定时器 4 中断	同上	同上	同上	同上
10	定时器 3 中断	同上	同上	同上	同上
11	定时器 2 中断	同上	同上	同上	同上
12	定时器 1 中断	同上	同上	同上	同上
13	定时器 0 中断	同上	同上	同上	同上
14	UART0/1 错误中断	同上	同上	同上	同上

（续）

控制位	中断源	INTPND 寄存器 中断请求寄存器 只读存储器	INTMOD 中断模式 寄存器	INTMSK 中断屏蔽 寄存器	I_ISPR/F_ISPR 中断服务悬挂寄存器 I_ISPC/F_ISPC 中断服务悬挂清除寄存器
15	看门狗中断	同上	同上	同上	同上
16	BDMA1 中断	同上	同上	同上	同上
17	BDMA0 中断	同上	同上	同上	同上
18	ZDMA1 中断	同上	同上	同上	同上
19	ZDMA0 中断	同上	同上	同上	同上
20	RTC 时间片中断	同上	同上	同上	同上
21	外部中断 4/5/6/7	同上	同上	同上	同上
22	外部中断 3	同上	同上	同上	同上
23	外部中断 2	同上	同上	同上	同上
24	外部中断 1	同上	同上	同上	同上
25	外部中断 0	同上	同上	同上	同上
26	全局屏蔽位			同上	

当一个中断源发出中断请求，INTPND 寄存器中对应的 Pending 位会被自动置 1。此时如果 S3C44B0X 对该中断源开放 IRQ 或者 FIQ，则中断服务程序（ISR）就会被启动。中断服务程序执行完毕返回主程序之前必须清除该中断源的 Pending 位。由于 INTPND 寄存器是只读寄存器，不可直接改写。因此在中断服务程序结束之前，需要对中断服务悬挂清除寄存器 I_ISPC 或 F_ISPC 的相应位写入"1"，以实现清除该中断源的 Pending 位。

程序员可以通过设置中断模式寄存器 INTMOD 将所有的中断源定义为 IRQ 中断。在这种中断的预设定工作状态下，如果在同一时刻发生了多个中断请求（如 13 个或 8 个等），中断响应例程就能够通过读取 INTPND 寄存器来了解发生了哪些中断，并对产生的中断依次进行处理。这就是通过软件查询方式来决定中断服务的优先级。

（2）中断屏蔽寄存器 INTMSK

S3C44B0X 的中断屏蔽寄存器是 INTMSK 寄存器，端口地址为 0x01E0000C，它具有可读可写属性，初值为 0x07FFFFFF。在 INTMSK 寄存器中，bit25 ~ bit0 的 26 位依次对应着 26 个中断源。若取值为 1，表示该中断源的中断请求被屏蔽，CPU 不会响应；若取值为 0，表示该中断源的中断请求被 CPU 响应。bit26 是全局（GLOBAL）屏蔽位，取值为 1 时所有的中断请求都被屏蔽，并且 INTPND 寄存器被设为 1。请参见表 8-3 的右起第 2 栏。值得注意的是，如果某个中断源在 INTMSK 寄存器中的对应屏蔽位为 1，但是这个中断源还是发出了中断请求，则它在 INTPND 寄存器的 Pending 位还是会置位，只是不会自动转入中断服务程序。如果全局屏蔽位被置 1，那么，当任一中断发生时，中断 Pending 位还是会置位，但是所有的中断都不会得到服务。

（3）中断控制器 INTCON

S3C44B0X 的中断控制器是 INTCON，其端口地址为 0x01E00000，具有 R/W 属性，共 4 位，初值是 0x7。这 4 位的定义如表 8-4 所示。

表 8-4   INTCON 寄存器的位定义

INTCON	位	描述	初始值
F	0	允许/禁止快速中断。0：允许，1：禁止 在使用 FIQ 中断之前，该位必须清零 FIQ 不支持向量中断	1
I	1	允许/禁止普通中断。0：允许，1：禁止 在使用 IRQ 中断之前，该位必须清零	1
V	2	允许/禁止向量中断模式。0：允许，1：禁止	1
保留	3	0	0

（4）中断模式寄存器 INTMOD

中断模式寄存器 INTMOD 位于端口 0x01E00008，可读可写属性，初值为 0x0，其中的 26 位（bit25 ~ bit0）分别对应 26 个中断源，标记该中断源的中断请求模式是 IRQ 还是 FIQ。这 26 位称为中断模式位（mode bit）。如表 8-3 的中间栏所示。当某中断源在 INTMOD 寄存器中的 Mode 位设置为 1，则 ARM7TDMI 内核将以 FIQ 模式响应此中断源的中断请求，否则，以 IRQ 模式响应。

（5）中断服务悬挂寄存器 I_ISPR/F_ISPR

I_ISPR 是 IRQ 模式下的中断服务悬挂寄存器，它位于端口 0x01E00020，只读属性，初值为 0x0。F_ISPR 是 FIQ 模式下的中断服务悬挂寄存器，位于端口 0x01E00038，只读属性，初值为 0x0。这两个寄存器的 26 位（bit25 ~ bit0）分别对应 26 个中断源，标记该中断源是否正处于中断服务状态，因此称为中断服务悬挂位。请参见表 8-3 的最右栏。

如果在 I_ISPR 中的对应位置 1，则表明该中断源正在执行 IRQ 型中断服务程序。如果在 F_ISPR 中的对应位置 1，则表明该中断源正在执行 FIQ 型中断服务程序。根据 INTMOD 的设置，显然上述两种情况中只能出现一种。此外，在任何情况下，I_ISPR 和 F_ISPR 寄存器中只有 1 位被置位。这就是说，I_ISPR 和 F_ISPR 分别只登记一个正在服务的中断。

（6）中断服务悬挂清除寄存器 I_ISPC/F_ISPC

I_ISPC 是 IRQ 模式下的中断服务悬挂清除寄存器，它位于端口 0x01E00024，只写属性，初值未定义。F_ISPC 是 FIQ 模式下的中断服务悬挂清除寄存器，位于端口 0x01E0003C，只写属性，初值未定义。I_ISPC 或 F_ISPC 寄存器用于清除中断悬挂位（INTPND）。这两个寄存器的 26 位（bit25 ~ bit0）分别对应 26 个中断源，只接受写入的数据，称为中断服务悬挂清除位，其作用是标记中断源的中断服务悬挂状态是否被清除。请参见表 8-3 的最右栏。

如果中断服务悬挂清除位的写入值为 0，则标记该中断源的中断服务悬挂状态没有变化。如果中断服务悬挂清除位的写入值为 1，则标记该中断源的中断服务悬挂位被清除。一旦 I_ISPC 或 F_ISPC 寄存器中有某一个位被置位（写入"1"），则在 INTPND 寄存器中的该中断源 Pending 位将会被自动清除（复位）。此外，I_ISPC 和 F_ISPC 还会通知中断控制器，该中断服务子程序已经结束。

总之，为某个中断源服务的 ISR 结束时，与该中断源相对应的 Pending 位也必须被清除。要将 INTPND 的某一个 Pending 位清零，其方法就是在 I_ISPC 或 F_ISPC 的相应位写入 1。在向 I_ISPC 或 F_ISPC 寄存器写清除位时，还必须注意，I_ISPC 或 F_ISPC 寄存器在 ISR 中只能被操作 1 次。

2. S3C44B0X 的中断优先级产生模块

（1）中断优先级产生模块

决定 S3C44B0X 中断优先级有两种方式。一种方式是通过软件查询 PEND 寄存器决定中断优先级，该方式在转跳到相应中断服务程序之前执行，因为执行的指令数目较多，有较长的时间延迟；另一种方式通过硬件接线决定中断优先级，也就是向量中断模式，它只适用于 IRQ。在多个 IRQ 中断源同时请求中断时，硬件优先级逻辑可以决定哪一个中断先得到响应。然后，这个硬件逻辑产生普通中断请求信号，跳到异常中断向量表中对应 IRQ 的地址处，再跳转到与该中断相应的中断服务程序的首地址。与前一种软件方式相比，这种方式将可以大大减少中断延迟。

对于 IRQ 中断请求，有一个中断请求优先级产生模块。如果使用中断向量模式，并且中断源被配置为 IRQ 中断，中断请求将被中断优先级产生模块进行判优处理。中断优先级产生模块包括 5 个单元：1 个主单元，4 个从单元。每个从单元管理 6 个中断源，包括 4 个可编程的优先级源（sGn）和 2 个固定优先级源（sGKn）。参见图 8-1。

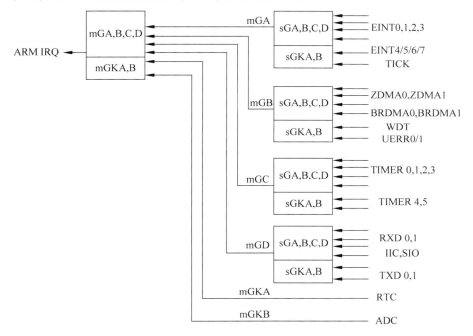

图 8-1　ARM 处理器的中断优先级产生模块

1 个主单元管理 4 个从单元 mGn 和 2 个单独中断源 mGKn，以确定 4 个从单元和 2 个单独中断源的优先级。其中，4 个从单元 mGA、mGB、mGC 及 mGD 的优先级次序可通过编程轮转 round-robin 方式来决定。在 2 个单独中断源 mGKA 和 mGKB 之间，mGKA 总是具有更高的优先级。由于实时时钟 RTC 连接在 mGKA 入口上，数模转换器 ADC 连接在 mGKB 入口上，因此实时时钟的中断请求优先级高于数模转换器的中断请求优先级。

（2）中断优先级

如果中断源 A 被设置为 FIQ 中断，而中断源 B 设置为 IRQ 中断，那么中断源 A 比中断源 B 具有更高的中断优先级，因为在任何情况下，FIQ 中断都比 IRQ 中断具有更高的优先级。

如果中断源 A 和中断源 B 在不同的从单元中，并且 A 所在的从单元的优先级比 B 所在的从单元优先级高，则中断源 A 的优先级肯定比中断源 B 的优先级高。

连接到 sGA、sGB、sGC 和 sGD 入口上的中断源的中断优先级总是高于连接到 sGKA 和 sGKB 入口上的中断源的中断优先级。在 sGA、sGB、sGC 和 sGD 入口之间，优先级的高低是可通过编程或轮转的方式来决定的。在 sGKA 和 sGKB 两个入口之间，sGKA 总是拥有更高的优先级。

3. S3C44B0X 的向量中断模式

S3C44B0X 处理器有一个向量中断新特性，它只用于 IRQ 中断，以减少中断延迟时间。如果 ARM7TDMI 收到中断控制器发来的 IRQ 中断请求，则执行 0x00000018 地址上的一条指令。在向量中断模式下，当 ARM7TDMI 在 0x00000018 地址取指令时，中断控制器会加载一条转移指令到数据总线上。这条转移指令将使程序计数器的取值为对应于各个中断源的唯一地址。

中断控制器为每一个中断源的中断向量地址生成一条转移机器指令。例如，如果 EINT0 发出 IRQ，则中断控制器产生一条转移指令，它从 0x18 转移到 0x20。这样，中断控制器就产生一条 0xEA000000 的机器指令。用户程序代码必须为转移指令确定转移地址，让每一个向量地址上的转移指令转移到所对应的中断服务子程序。与向量地址相对应的转移机器指令按照下面的方法计算：

向量中断模式的转移机器指令 $= 0xEA000000 + ((< 目标地址 > - < 向量地址 > - 0x08) >> 2)$

例如，定时器 0 中断以向量中断模式处理，跳转到它的 ISR 的转移指令位于地址 0x00000060。ISR 的起始地址是 0x10000，则存放在向量地址 0x00000060 的转移指令计算算式如下：

$0xEA000000 + ((0x10000 - 0x60 - 0x8) >> 2) = 0xEA000000 + 0x3FE6 = 0xEA003FE6$

这就是说，0xEA003FE6 的 32 位机器指令将被写入 0x00000060 地址。这个机器指令通常由汇编器自动产生，无须程序员按照上面的方法计算。

4. S3C4510B 和 S3C2410X 中断控制器 *

（1）S3C4510B 中断控制器

S3C4510B 处理器（ARM7TDMI 核）的中断控制器与 S3C44B0X 的中断控制器不同，可处理的中断源偏少，最多为 21 个。中断请求可以来自内部功能模块和外部引脚信号，并且每个中断源都可以被定义为 IRQ 或 FIQ 方式。

（2）S3C2410X 中断控制器

S3C2410X 处理器（ARM920T 核）的中断控制器总共有 56 个中断源，这些中断请求可由 S3C2410X 内部功能模块（如 DMA 控制器、UART、IIC 等）或者外部引脚信号产生。每个中断源都可以被任意定义为 IRQ 或 FIQ 方式。与 S3C44B0X 类似，S3C2410X 的中断控制寄存器共有 8 个控制寄存器组成，它们是：中断源悬挂寄存器（Source Pending Register，SRCPND）、中断模式寄存器（Interrupt Mode Register，INTMOD）、中断优先级寄存器（Interrupt Priority Register，PRIORITY）、中断屏蔽寄存器（Interrupt Mask Register，INTMSK）、中断悬挂寄存器（Interrupt Pending Register，INTPND）、中断偏移寄存器（Interrupt Offset Register，INT）、次级中断源悬挂寄存器（Sub Source Pending Register，SUBSRCPND）、次级中断屏蔽寄存器（Interrupt Sub Mask Register，INTSUBMSK）。图 8-2 给出了 S3C2410X 中断控制器的处理流程。

8.1.2 ARM Cortex-M3 嵌套向量中断控制器

ARM Cortex-M3 系列处理器核在体系结构上属于 ARMv7 版本。本节首先介绍 ARMv7 版本体系结构处理器核的技术特征，随后介绍 ARM Cortex-M3 处理器核的嵌套向量中断控制器（NVIC），前者的所有技术特征构成了后者技术特征的基础。

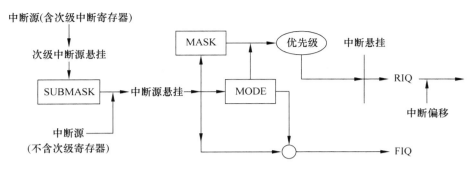

图 8-2　S3C2410X 的中断控制器处理流程

1. ARMv7 版本体系结构处理器的技术特征

ARMv7 版本处理器核具有以下特点：

· 只有两种处理器工作模式，即线程和例程。

· 所有应用程序的编程均使用 C 语言程序。

· 寄存器组和指令集结构变更，不再支持 ARM 指令集，只使用 Thumb-2 指令集。

· 只有一套寄存器，其中，低版本 ARM 核的当前程序状态寄存器被程序状态寄存器（包含 APSR、EPSR 和 IPSR 3 个子状态寄存器）取代。

程序状态寄存器 xPSR 是 32 位寄存器，它的位定义与其他 ARM 核的 CPSR 寄存器位定义明显不同，不再包含 I 位（普通中断请求）和 F 位（快速中断请求），如图 8-3 所示。程序状态寄存器由三个子寄存器组成，其中的 APSR 称为应用程序 PSR，由 5 个运算结果状态标志位构成；EPSR 称为执行 PSR；IPSR 称为中断 PSR，它用最低 9 位登记了处理的中断号（抢占中断号）。

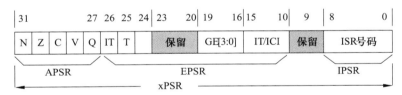

图 8-3　Cortex-M3 核的程序状态寄存器的位定义图解

● 异常发生时，自动在堆栈保存现场状态（r0 ~ r3、r12、lr、xPSR、PC）。

● 系统定时器 SysTick：配备一个倒计数的计数器，一旦计数到零，计数常数自动重新加载，并发出 SysTick 中断请求。

● 内核具有固定的内存地址映射。CP15 寄存器被取消，由控制寄存器映射来控制存储管理。

2. ARM Cortex-M3 的嵌套向量中断控制技术

（1）CM3 核的寄存器组织

图 8-4 给出了 Cortex-M3 核的寄存器组织示意图，其中 R0 ~ R12 是通用寄存器，R13 是栈指针，R14 是链接寄存器，R15 是指令计数器，xPSR 是程序状态字（不可显式访问）。每当发生异常时，处理器自动保存 xPSR 寄存器的值到堆栈。此外，xPSR 还可以按照子集名称（APSR、EPSR、IPSR）保存。

中断屏蔽寄存器有 3 个。其中 PRIMASK 寄存器只有单个比特，置 1 关闭所有的可屏蔽异常，只有不可屏蔽中断 NMI 和硬件缺陷异常可响应，默认值为 0；FAULTMASK 寄存器也是单

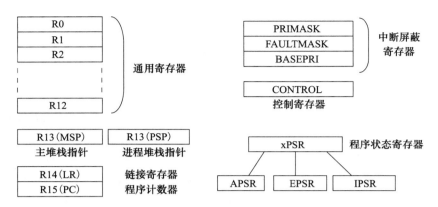

图 8-4　Cortex-M3 核的寄存器组织

比特寄存器，当它置 1 时，只有 NMI 才能响应，默认值为 0；BASEPRI 寄存器最多有 9 位，它定义了被屏蔽优先级的阈值。当它被设置为某个值之后，所有优先级大于等于此值的中断都被关闭，默认值为 0，表示不关闭任何中断；CONTROL 寄存器是控制寄存器，Bit0 用于定义线程模式的特权级别，Bit1 用于定义当前线程模式栈使用的堆栈指针。

（2）异常向量表

Cortex-M3 核的异常向量表或者中断向量表（两者意义相似，统称向量表）不存放指令，只存放异常服务例程的入口首地址。图 8-5 给出了 CM3 核的向量表图解，从图中可见，CM3 的向量表最多可以支持 240 个外中断信号，具体数量由芯片生产商决定。

向量地址	向量类型	向量号
0x3FC	外部中断239	255
0x3F8	外部中断238	254
……	………	……
0x40+4*N	外部中断N	16+N
……	………	……
0x44	外部中断1	17
0x40	外部中断0	16
0x3C	系统节拍定时器	15
0x38	超级用户挂起	14
0x34	保留	13
0x30	调试监控器	12
0x2C	超级用户调用	11
0x1C~0x28	保留	7-10
0x18	使用缺陷	6
0x14	总线缺陷	5
0x10	内存管理缺陷	4
0x0C	硬件缺陷	3
0x08	NMI	2
0x04	Reset	1
0x00	初始化主堆栈指针	N/A

图 8-5　ARM Cortex-M3 的向量表图解

CM3 处理器复位时，从 0 号地址开始存放向量表。启动之后，系统可以通过编程控制器将向量表定位在内存的其他位置。

（3）嵌套向量中断控制器

在 Cortex-M0、Cortex-M1 处理器中，NVIC 支持多达 32 个中断、一个不可屏蔽中断和各种系统异常。Cortex-M3 和 Cortex-M4 处理器扩展了 NVIC，使其支持多达 240 个中断、一个不可屏蔽中断和更多的系统异常。

在 NVIC 内部，每一个中断源都分配有一个中断优先级。类似于 NMI 的系统异常均拥有固定的优先级，而其他系统异常则拥有可编程的优先级。通过向每一个中断分配不同的优先级，NVIC 可自动支持嵌套中断，而无需任何软件干预。

如图 8-5 所示，当 CM3 内核响应了一个异常信号之后，异常服务例程（ESR）就根据异常向量号或者外部中断号到向量表中查找对应的异常或者中断服务例程的首地址，找到之后转向该地址，执行对应的服务例程。由于可以用硬件完成响应异常或中断时的工作现场压栈（中断嵌套）操作，CM3 处理器免去了开发中断服务程序时需要的设计汇编程序的工作，这使得应用程序开发变得更加简单。

NVIC 支持中断嵌套，允许通过提高中断优先级对中断进行提前响应处理。还支持中断的动态优先级重置。

8.2　向量中断与非向量中断的入口程序编程示例

1. 建立异常中断向量中断表

现在首先考察 x86 处理器的中断向量表。x86 处理器的实模式中断向量表起始地址是 0 号单元地址，每一个中断向量占 4 字节，总共占空间 1KB 字节。x86 处理器的每一个中断向量就是该中断向量号所对应的中断服务子程序首条指令的逻辑地址。

与 x86 处理器不同，ARM 处理器的异常中断向量表（简称中断向量表）内部并非单纯地存放 ISR 入口逻辑地址，该表内部存放了 8 条汇编指令，它们分别跳转到对应的异常中断处理程序总入口地址。ARM 处理器的异常中断向量表指令有两种类型，一种是数据读取型，例如，LDR PC、Reset_Addr；另一种是分支指令型，例如 BL Reset_Handler。

ARM 处理器要求异常中断向量表放在 ROM 的首地址为 0x0 的连续 32 个字节空间，有些 ARM 处理器还可以把异常中断向量表放在高位起始地址。下面来讲解 S3C44B0X 处理器中断向量表的存放形式和执行机制。

（1）PC 寄存器加载型（LDR 型）异常中断向量表

```
Vector_Init_Block
                LDR PC, Reset_Addr
                LDR PC, Undefined_addr
                LDR PC, SWI_Addr
                LDR PC, Prefetch_Addr
                LDR PC, Abortt_Addr
                NOP
                LDR PC, IRQ_Addr
                LDR PC, FIQ_Addr
Reset_Addr      DCD Start_Boot
Undefined_addr  DCD Undefined_Handler
SWI_Addr        DCD SWI_Handler
Prefetch_Addr   DCD Prefetch_Handler
Abort_Addr      DCD Abort_Handler
                DCD 0              ;保留的句柄
```

```
IRQ_Addr            DCD IRQ_Handler
FIQ_Addr            DCD FIQ_Handler
```

（2）分支指令型（BL 型）异常中断向量表

与 LDR 型类似，从 ROM 的 0x0 地址开始存放异常中断向量表，一共安排了 8 个异常中断向量，实际使用 7 个，保留 1 个，每个向量占 4 个字节，整个向量表共占 32 个字节。使用了分支指令来跳转到中断服务子程序的入口地址。

1）向量表清单如下：

```
Vector_Entry
    b    reset_handle                    ;地址=0x00000000
    b    undefined_instruction_handle    ;地址=0x00000004
    b    software_interrupt_handle       ;地址=0x00000008
    b    prefetch_abort_handle           ;地址=0x0000000C
    b    data_abort_handle               ;地址=0x00000010
    b    not_used_handle                 ;地址=0x00000014
    b    irq_handle                      ;地址=0x00000018
    b    fiq_handle                      ;地址=0x0000001C
```

需要指出的是，一旦发生普通中断请求（IRQ），ARM 处理器首先自动保存当前状态。也就是说，把 PC 值存入 R14，CPSR 值存入 SPSR。进入普通中断模式，接着执行 0x00000018 单元的指令，即 b irq_handle，跳到标号为 irq_handle 的 2 级中断向量表处起始地址执行。

2）标号 irq_handle 处的代码如下：

```
irq_handle              ;
    sub lr,lr,#4        ;LR 寄存器中保存的是中断发生时 PC 中的值,
                        ;由于 3 级流水线的原因,PC=当前指令+8,而中断返回后需要执行中断发生
                        ;时断点处的下一条指令,所以将 LR 寄存器-4,并将这个值作为返回地址。
    stmfd sp!{r0-r3, lr}
    ldr r0, =irq_servicer_vector
    ldr pc,[r0]
```

处理器将通用寄存器和返回地址压入堆栈，接着跳转到普通中断请求的中断服务程序中。irq_servicer_vector 为普通中断请求的中断向量。

3）中断向量 irq_servicer_vector 的地址位于 RAM 地址空间，这样，中断服务程序就可以存储在任意位置，只需将其地址写入中断向量中。

4）为中断向量分配地址空间的代码如下：

```
    MAP    _ISR_STARTADDRESS
reset_vector                    #    4    ;'#'是 FIELD 的同义词,'^'是 MAP 的同义词
undefined_instruction_vector    #    4
software_interrupt_vector       #    4
prefetch_abort_vector           #    4
data_abort_vector               #    4
not_used_vector                 #    4
irq_servicer_vector             #    4
fiq_servicer_vector             #    4
```

5）把中断服务程序入口地址写入中断向量的代码如下：

```
ldr  r0, =irq_servicer_vector    ;变量 irq_servicer_vector 的地址送入 R0
ldr  r1, =irqISR                 ;普通中断服务程序首地址存入 R1
str  r1,[r0]
```

2. S3C44B0X 向量中断模式的全部 ISR 入口程序范例

如表 8-3 所示，普通中断请求包括 ADC 中断请求（控制位 0）、RTC 报警中断（控制位 1）等常规外设中断请求。这些中断的 ISR 可以通过 1 级 IRQ 中断服务程序间接地进入。

（1）普通中断请求的入口查询代码

```
IRQISR
            ...
GEN         ROUT                            ; ROUT 指示符限定标号的作用范围
            ldr     r9, =I_ISPR
            ldr     r9, [r9]
            mov     r8, #0x0
12GEN
            movs    r9, r9, lsr #1
            bcs     %F13                     ; 对此引用的标号进行检查
            add     r8, r8, #4
            b       %B12
13GEN
            ldr     r9, =HandlerADC
            add     r9, r9, r8
            ldr     r9, [r9]
            str     r9, [sp, #8]
            ldmfd   sp!, [r8 - r9, pc]
OTHER       ROUT
            ...
```

（2）为普通中断请求的中断向量分配空间

```
HandlerADC      #    4          ; 分配普通中断请求第 1 个中断向量的存储空间
HandlerRTC      #    4
HandlerUTXD0    #    4
HandlerSIO      #    4
HandlerIIC      #    4
HandlerUERR01   #    4
HandlerWDT      #    4
HandlerBDMA0    #    4
    ...
```

3. S3C44B0X 非向量中断模式的中断入口程序范例

下面给出了使用 I_ISPR 寄存器来查询 IRQ 中断源的代码段例子。这段代码具有非向量中断属性，也是 CPU 执行 IRQ 中断服务程序之后的最早执行的代码段。尽管最前面的五条指令属于 CPU 响应向量中断时转向 ISR 入口的指令，其中也包括了 IRQ 类型的中断响应。但是由于发出中断请求的 IRQ 中断源可能不止一个，也许有多个，需要通过程序进一步判断具体哪一个中断源发出了请求中断并且被 CPU 响应。因此，我们说这是一个非向量中断模式的中断入口程序。

标号 ISRIRQ 之后的代码段的功能是在多个 IRQ 中断源中找到 CPU 正在响应哪一个中断请求，并进一步转入为其服务子程序。

```
            ENTRY
            ...
            b HandlerSWI        ; 转到软件中断服务程序入口
            b.                  ; 还是转到本指令，实质上预留了一个中断向量
            b IsrIRQ            ; 转到普通中断(IRQ)服务程序入口
```

```
            b HandlerFIQ                  ; 转到快速中断(FIQ)服务程序入口
            ...
ISRIRQ
            sub     sp,sp,#4             ; 在堆栈中为 pc 保留位置
            stmfd   sp!,{r8 - r9}        ; 保存 r8、r9 寄存器

            ldr     r9, = I_ISPR         ; 读取中断状态寄存器的地址到 r9 寄存器中
            ldr     r9,[r9]              ; 读取中断状态寄存器的内容
            mov     r8,#0x0              ; 将 r8 初始化为 0,
            ; r8 用来记录具体中断在中断跳转表中的偏移

0           movs    r9,r9,lsr #1         ; 逐位(从最低位开始)测试中断状态寄存器的内容,
            bcs     %F1                  ; 如该位被置1,则向下跳转到本地标号为1的地址处
            add     r8,r8,#4             ; 否则偏移地址加4
            b       %B0                  ; 向上跳转到本地标号为 0 的地址处,判断下一个中断源
1           ldr     r9, = HandleADC      ; 读取中断跳转表的初始地址
            add     r9,r9,r8             ; 被始地址 + 偏移得到存放处理该中断
                                         ; 服务子程序首地址的地址
            ldr     r9,[r9]              ; 获取该中断服务子程序的地址
            str     r9,[sp,#8]           ; 将该地址存入堆栈中
            ldmfd   sp!,{r8 - r9,pc}     ; 通过出栈操作,将上一步存入的中断服务子程序的地址传递给 pc,
                                         ; 同时恢复 r8、r9 寄存器的内容
            ...
HandleADC   #    4
HandleRTC   #    4
            ...
```

8.3 嵌入式中断应用程序举例

本范例是一个基于 μCOS-Ⅱ 操作系统的硬件中断应用程序,其运行的硬件平台是 UP-NETARM300-S嵌入式系统教学平台。本例运用 S3C44B0X 处理器的脉宽调制(PWM)定时器3,每秒产生一次硬件中断请求,并调用中断服务子程序。

硬件中断请求发生后,系统主要执行 3 个动作。

1)将当前中断次数循环(最大值9999)显示在发光数码二极管 LED 上。

2)蜂鸣器发出一声蜂鸣。

3)在液晶屏上显示一次闹钟图片。

主要的函数原型如下:

①void Main_Task(void * Id);

②void Init_Timer3(U8 prescaler1,U8 divider3,U16 countb3,U16 compb3);

③void Start_Timer3(void);

④void beepfortimer();

⑤void LED_Display(unsigned int value);

⑥void Timer3_ISR();

(1)应用程序说明

函数①是主任务函数,它完成初始化定时器、启动定时器和显示闹钟图片的功能。函数②用来初始化定时器3,它的前两个输入参数 U8 prescaler1 和 U8 divider3 的作用是指定芯片内部

硬件定时器的频率，该频率等于 MCLK/（prescaler1 + 1）/divider3。函数③用来启动定时器。函数④用来让蜂鸣器鸣叫一次。函数⑤用来在 LCD 显示器上显示一个 4 位十进制数字，表示硬件定时计数值，输入参数 value 代表这个需要显示的数字。函数⑥是定时器 3 的中断服务子程序。

（2）处理流程

1）在主程序中，初始化定时器 3 后，就进入一个循环，不断测试全局变量 show 的值，从而确定是否需要显示闹钟图片。

2）定时器 3 的中断服务程序，中断发生后，这段程序得到执行，它主要执行 3 个动作：①将当前中断次数显示在 led 上；②驱动蜂鸣器（beep）发声；③对全局变量 show 置值，从而来通知主程序显示闹钟图片。

注意，本书配套光盘上存放了这个定时器的工程文件夹，可以在 ADS 1.2 环境下打开、编译和链接，生成可执行的映像文件。

以下是可在 ARM 7 实验板上运行的定时器硬件中断应用程序的详细代码。

程序清单 8-1

```
/*  硬件中断应用程序——Main 函数清单  */
int main(void)
{
    ARMTargetInit();                              // 开发板初始化
    OSInit();                                     // 操作系统初始化
    uHALr_ResetMMU();                             // 复位 MMU，即关闭 MMU
    LCD_Init();                                   // 初始化 LCD 模块
    ...
    initOSGUI();                                  // 初始化图形界面
    LoadFont();                                   // 调 Unicode 字库
    LoadConfigSys();                              // 使用 config.sys 文件配置系统设置
    OSTaskCreate( Main_Task, (void *)0, (OS_STK *) // 本语句有续行
    &Main_Stack[STACKSIZE*8 -1],  Main_Task_Prio); // 创建系统任务
    OSAddTask_Init();                             // 创建系统附加任务
    LCD_ChangeMode(DspGraMode);                   // 变 LCD 显示模式为文本模式
    InitRtc();                                    // 初始化系统时钟
    OSStart();                                    // 操作系统任务调度开始
                                                  // 不会执行到这里

    return 0;
}
```

程序清单 8-2

```
/*  硬件中断应用程序——Main_Task 函数  */
void Main_Task(void *Id)                          // 主函数
{
    PDC p;
    char filename[]={'b','e','l','l',' ',' ',' ',' ','b','m','p',0};
    // 在 LCD 上显示的图片文件名 (bmp 格式)
    Zlg7289_Reset();
    Init_Timer3(255, 16, 65535, 0);               // 初始化 timer3
    INTS_OFF();
    SetISR_Interrupt(INT_TIMER3_OFFSET , Timer3_ISR, 0);
    INTS_ON();
    Start_Timer3();              // 定时器 3 开始工作,函数在 Timer.c 文件中定义
    ;
    while(1){
```

```
      if(show ==1){                              // 全局变量 show 表示是否需要图案,1 表示需要显示
              p = CreateDC();                     // 创建绘图设备上下文
              ShowBmp(p, filename, 100, 60); // 显示图片
              // 调用显示 bmp 文件的程序
              OSTimeDly(1000);                    // 延迟 1000 个时钟节拍
              DestoryDC(p);
              ClearScreen();                      // 一定延迟后,清除屏幕
              OSTimeDly(100);
              show = 0;                           // 将 show 置 0,表示不需要显示
      }
  }
  }
```

程序清单 8-3

```
/*  C 语言函数 Init_Timer3()的代码  */
void Init_Timer3(U8 prescaler1, U8 divider3, U16 countb3, U16 compb3)
                                             // 初始化 Timer3
{ U8 div;
switch(divider3)
{    case 2: div = 0x00; break;
     case 4: div = 0x01; break;
     case 8: div = 0x02; break;
     case 16: div = 0x03; break;
     default: div = 0x00;
}
     rTCFG0 & =~ (0xff <<8);                   // 配置 8 位的预分频器参数
     rTCFG0 |= (prescaler1 <<8);
     rTCFG1 & =~ (0x0f <<24 |0x0f <<12);
     rTCFG1 |= (div <<12);
     rTCMPB3 = compb3;
     rTCNTB3 = countb3;
     rTCON |= (0x01 <<19);
}
```

程序清单 8-4

```
void Start_Timer3(void)   /*  启动 S3C44B0X 的定时器 Timer3 工作  */
  {   rTCON |= (0x01 <<17);
      rTCON& =~ (0x01 <<18);
      rTCON |= (0x01 <<16);
      rTCON& =~ (0x01 <<17);
  }

void Stop_Timer3(void) { rTCON& =~ (0x01 <<16); }
```

程序清单 8-5

```
void beepfortimer()   /*  让蜂鸣器发声  */
  {
      BEEP_ENABLE();
      Delay(1000);
      BEEP_DISABLE();
  }
```

程序清单 8-6

```c
/*  开发板的 LED 数码管显示函数,位于 timer.c 文件  */
void LED_Display(unsigned int value)
    { unsigned char LED[4];
      int i;
      if(value > 9999)return; // MAX value 9999
      for(i = 0;i < 4;i ++){
          LED[i] = value%10;
          value = value/10;
          if(value == 0)break;
      }
      ZLG7289_ENABLE();
      Delay(10);
      WriteSDIO(ZLG7289_CMD_HIDE);
      WriteSDIO( ~ (0xff >> (i + 1)));
      Delay(10);
      for(;i > = 0;i -- ){WriteSDIO(ZLG7289_CMD_DATA0 |(7 - i));
                          WriteSDIO(LED[i]);
                          Delay(5);}
      ZLG7289_DISABLE();
    }
```

程序清单 8-7

```
    S3C44B0X 的硬件定时器 Timer3 的中断服务子程序
    AREA TIMER3ISR, CODE, READONLY
    IMPORT Timer3INTCount       ; 统计定时器中断次数变量,在 timer.c 中定义
    IMPORT LED_Display          ; LED 显示函数,在 timer.c 中定义
    IMPORT beepfortimer         ; 蜂鸣器蜂鸣函数
    IMPORT show                 ; 全局变量,在 main.c 中定义,控制是否在 LCD 上显示图片
    EXPORT Timer3_ISR           ; 使本中断服务程序能为外部模块所调用
strvar2     DCB         "qwer1234"
improb      SETS    "LITERAL":CC:(strvar2: left: 4)
Timer3_ISR
    stmfd       r13!,{r14}          ; 保存返回地址
    ldr         r2, =Timer3INTCount ; 显示的定时中断数不能超过 9999
    ldr         r0,[r2]
    add         r0,r0,#1

    mov         r1,#0x2700          ; 采用两阶段将 9999 这个数放入 r1 寄存器
    add         r1,r1,#0xf
    cmp         r0,r1               ; r0 中是当前的计数之值,r1 中是最大的可能值 9999
    movgt       r0,#0               ; 当 LED 显示数超过 9999 时,归零显示变为 0
    str         r0,[r2]
    bl          LED_Display         ; 调用 C 语言的 LED 显示程序,r0 存放的是输入值
    bl          beepfortimer        ; 调用 C 语言蜂鸣程序,控制 C 口的第 7 引脚是否用作数据口
    mov         r0,#1               ; 将全局变量 show 置 1,从而使得液晶屏显示图画
    ldr         r1, = show
    str         r0,[r1]
    ldmfd       r13!,{r14}          ; 程序返回
    END
```

8.4　嵌入式 DMA 控制器

在嵌入式系统 I/O 操作中，中断方式（包括查询方式）是广泛使用的操作方式。其特点是需要通过 CPU 执行 ISR 来控制整个数据的传送，输入输出都要以 CPU 的寄存器为中转站。以中断方式的数据传输为例，每一次响应中断，CPU 都要保护主程序断点的工作现场，而后执行 ISR。数据传输操作完毕后，还要恢复断点处的工作现场。因此在某些具有高频率 I/O 操作的嵌入式应用场合，执行中断方式的输入输出会导致系统频繁切换工作现场，降低 CPU 运行效率。

DMA 方式是高速 I/O 接口方式，其特点有两个：一是它可以不通过 CPU 直接完成输入输出设备与存储器间的数据交换，在数据传送期间不会影响 CPU 的其他工作；二是 CPU 带宽可以与总线带宽一样，延时仅依赖于硬件，从而提高系统中数据的传输速率。显然，利用这种方式不但能快速传送数据，而且 CPU 具有了同时进行多种实时处理的能力，增强了系统的实时性。

在 DMA 传输方式下，外设通过 DMA 控制器（DMAC）向 CPU 提出接管总线控制权的请求。CPU 在当前总线周期结束后，响应 DMA 请求，把总线控制权交给 DMA 控制器。于是在 DMAC 的控制下，外设和存储器挪用 CPU 的一个总线周期，直接进行数据交换，而无须 CPU 进行数据传输控制加以干预。DMA 传输结束后，再将总线使用权交还给 CPU。

在高速、大数据量传输场合，DMA 方式由于系统开销少，传输效率比中断方式高。因此，现代通用计算机都具备 DMA 传输功能。例如，PC 机的芯片组中包含有 8237A 芯片，它是 DMA 控制器，可以控制 4 个 DMA 通道。

然而，嵌入式系统并非都拥有 DMA 功能。8 位嵌入式处理器（如早期的 8051 处理器）一般不具备 DMA 数据传输功能。16 位和 32 位嵌入式处理器一般都具有 DMA 功能，例如 ARM、68K、PowerPC 和 MIPS 处理器。表 8-5 给出了几款主流嵌入式处理器的 DMA 控制器的参数。

表 8-5　几款主流嵌入式处理器的 DMA 控制器参数简表

DMA 控制器属性	80186	S3C44B0X	S3C2410X	PXA255	PXA270	BF533	MPC850
DMA 通道数	4	4	4	16	32	12	16
数据线宽	8	8/16/32	8/16/32	8/16/32	8/16/32	16	1/8/16/32
控制寄存器/通道	5/通道	7/通道	9/通道		4/通道		4/通道

DMA 控制包括 DMA 通道初始化、DMA 数据传输、DMA 结束时的中断服务例程处理。对于通用计算机而言，DMA 控制逻辑由 CPU 和 DMA 控制接口逻辑芯片共同组成。嵌入式系统的 DMA 控制器内置在处理器芯片内部。

将 DMA 方式应用于嵌入式系统时要考虑到，与一般微机系统不同，嵌入式系统对可靠性、成本、体积、功耗等有更严格的要求。因此，在进行含有高速数据处理的嵌入式开发时，需要精心地选择处理器。下面我们主要讲解 S3C44B0X 处理器的 DMA 控制器并且给出一个应用例子。

8.4.1　S3C44B0X 的 DMA 控制器

S3C44B0X 的 DMA 控制器有 4 个通道，其中有两个通道称为 ZDMA [⊖]。它们被连到 SSB

　　⊖　三星公司的数据手册上用这个称呼，实际上是通用 DMA（General DMA）。

（三星系统总线，Samsung System Bus）总线上；另外两个通道称为 BDMA（桥 DMA 或 Bridge DMA），是 SSB 和 SPB（三星外部总线，Samsung Peripheral Bus）之间的接口层，相当于一个桥，因此称为桥 DMA。ZDMA 和 BDMA 都可以由指令启动，也可以由内部外设和外部请求引脚来请求启动。

ZDMA 通道用于在存储器到存储器、存储器到 I/O 存储器（固定目的存储位置）、I/O 装置到存储器之间传输数据。BDMA 通道只能在连到 SPB 上的 I/O 外设（如 UART、IIS 和 SIO）与存储器之间传输数据。参见图 8-6 和图 8-7。

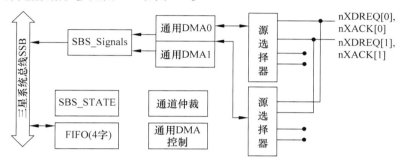

图 8-6　S3C44B0X 处理器的 ZDMA 控制器框图

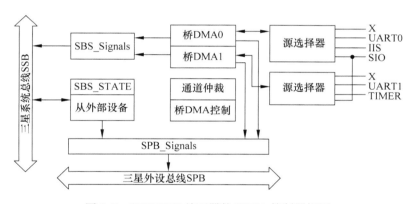

图 8-7　S3C44B0X 处理器的 BDMA 控制器框图

S3C44B0X 的 ZDMA 通道有一个 4 字的 FIFO 缓冲用于支持 4 字突发 DMA 传输，而 BDMA 不支持突发 DMA 传输，因为它没有临时缓存，而且连接在 SPB 上的外设速度较慢。因此存储器之间的传输数据时最好使用 ZDMA 通道。

1. 外部 DMA 请求/应答模式

有四类外部 DMA 请求/应答模式，它们是握手模式、单步模式、连续模式和手动模式。这些模式都定义了 DMA 请求和应答信号怎样和协议相互关联。虽然 ZDMA 和 BDMA 都可以支持外部的触发操作，但是这些模式只适用于 ZDMA，不适用于 BDMA。下面我们介绍握手模式和单步模式。

（1）握手模式

在握手模式中，DMA 控制器对一个单独的 DMA 请求产生一个单独的 DMA 应答信息。图 8-8a 给出了 DMA 操作的握手模式。在一个 DMA 操作期间，读写周期不可分割。因此，总线控制器不会向其他的总线拥有者分配总线的使用权。

由 nXDREQ 发出的 DMA 请求表示需要传输一个字节、半个字或一个字。而握手模式需要

DMA 为每一个数据传输发送请求。在激活 nXDACK 后，nXDREQ 信号就可以被释放了，在此之后 nXDACK 失活后还可以再次发送请求。

（2）单步模式

单步模式是指有两个 DMA 应答周期分别指示 DMA 的读周期和写周期。因为总线的使用权可以在读写期间转交给其他的总线拥有者，所示单步模式通常用在测试和调试的应用中。当 nXDACK 失活时（例如在读写周期的中间），总线控制器重新评估总线的优先权以确定新的总线使用权。因此，单步模式的数据传输速率是低于预期的握手模式。

当 DMA 请求信号变为低电平后，如果不存在其他更高优先级的总线请求，总线控制器以降低总线应答信号电平的方式指示为 DMA 操作分配总线。在第一个 DMA 应答信号的低电压期间应该是一个 DMA 读操作周期。在读操作周期之后，DMA 应答信号电平将重新升高，表示读操作周期结束。同时，如果此时请求信号仍然是低电压状态，就会在 DMA 应答信号上升沿触发下一个 DMA 写周期。如果当应答信号升高后，请求信号也在高电平状态，则下一个写周期就会被延迟，直到一个新的 DMA 请求信号被激活为止。如图 8-8b 所示。

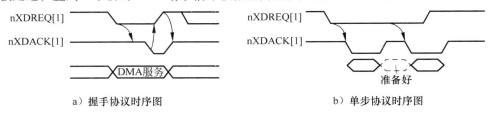

a）握手协议时序图   b）单步协议时序图

图 8-8   S3C44B0X 处理器的 DMA 请求/应答协议的模式时序图

2. DMA 传输模式

S3C44B0X 的 DMA 传输模式有三种：单元传输模式、块传输模式和飞速模式。

1）单元传输模式：单元传输模式是指对每一个 DMA 请求响应一对 DMA 读/写周期。

2）块传输模式：块传输模式是指在连续地执行 4 字节的 DMA 读周期之后再连续地进行 4 字节的 DMA 写周期。如果使用块传输模式，则传输的数据大小应该是 16 字节的倍数。换句话说，最小的传输尺寸是 16 个字节，也就是 4 个字。因为 DMA 计数器以字节作为基本单元计数，按照计数定义，16 字节 DMA 传输就是 4 个字传输。如果传输的数据大小或 DMA 计数不是 16 的倍数（比如 16、32、48、64 等），DMA 就不能够传输完整的数据。假设要传输 100 字节（DMA 计数是 100），则 $6 \times 16 = 96$ 字节可以被传输，剩下的 4 字节不能被传输。因为 DMA 操作将在 96 个字节传输完成之后停止。当程序员选用块传输 DMA 模式时应当注意到这个问题。

3）飞速模式：ZDMA 具有飞速（on-the-fly）读写模式。该模式的最大特点是读写周期并行（不可分割）。也就是说，当 DMA 读/写数据时，一个固定地址外部设备会根据 DMA 的应答信号（nXDACK0/1）写/读数据。然而在非飞速模式下，DMA 通道在写数据之前要读数据。

如果外部设备能够支持飞速模式，则数据传输速率将会提高一倍。外部设备能够支持飞速模式的标志是能够根据 DMA 应答信号读写数据。

飞速模式是 ZDMA 与普通 DMA 的最大不同点。据此，ZDMA 可以减少在外部存储器和外部可寻址的外设之间 DMA 操作的周期数。

8.4.2   S3C44B0X 的 DMAC 相关控制寄存器

由于 S3C44B0X 一共有 4 个 DMA 通道，因此有 4 个通道属性寄存器。其中，ZDCON0 和 ZDCON1 是 ZDMA 通道的两个属性控制器，BDCON0 和 BDCON1 是 BDMA 的两个属性控制器。

表 8-6 给出了 S3C44B0X 的 4 个通道属性寄存器的简单描述。

表 8-6   S3C44B0X 的 DMA 通道属性控制寄存器

类别	寄存器标识	地址	读写属性	描述	初值
ZDMA	ZDCON0	0x01E80000	R/W	ZDMA0 通道属性寄存器	0x00
	ZDCON1	0x01E80020	R/W	ZDMA1 通道属性寄存器	0x00
BDMA	BDCON0	0x01F80000	R/W	BDMA0 通道属性寄存器	0x00
	BDCON1	0x01F80020	R/W	BDMA1 通道属性寄存器	0x00

表 8-7 给出 ZDMA 通道的属性寄存器的控制位的定义。

表 8-7   ZDMA 通道属性寄存器的控制位定义

ZDCONn	位	描述	初始值
INT	[7:6]	保留	00
STE	[5:4]	DMA 通道的状态（只读） 00：就绪 01：未中止计数 10：中止计数 11：不可用 在 DMA 的传输计数开始之前，STE 处于准备好状态	00
QDS	[3:2]	忽略/允许外部 DMA 请求（nXDREQ） 00：允许 Other：禁止	00
CMD	[1:0]	软件命令 00：没有命令。在写 01，10，11 后，CMD 位被自动清除，nXDREQ 允许 01：由软件启动 DMA 操作，软件启动功能可以用在连续模式下 10：停止 DMA 操作，但 nXDREQ 仍允许 11：取消 DMA 操作	00

不论是 ZDMA 通道还是 BDMA 通道，每个通道都有 6 个传输控制寄存器。这 6 个传输控制寄存器分别是：初始源地址寄存器、初始目标地址寄存器、初始传输控制和传输字节/半字/字计数控制器、当前源地址寄存器、当前目标地址寄存器以及当前传输控制和传输字节/半字/字计数控制器。

24 个 DMA 传输控制寄存器的初值全部为 0x0。其中的 12 个初始控制寄存器具有可读可写属性，另外 12 个当前控制寄存器只有只读属性。

8.4.3   S3C44B0X 的 DMA 应用程序举例

这里给出的 DMA 传输范例程序是在 S3C44B0X 处理器开发板上实现的。它在 μCOS-Ⅱ 操作系统支持下运行，采用中断结束方式。当 S3C44B0X 处理器处于 DMA 传输时，内存读写不受 CPU 控制，此时 CPU 无法维护 Cache 的一致性，所以需要将目的地址空间设为 Cache 无效地址。在 S3C44B0X 中，最小的 Cache 无效地址为 4KB（称为块），不需要低 12 位地址，为此执行目标地址右移 12 位。Cache 无效目的地址空间确定之后，该存储区的数据不被 Cache 映射，从而满足了 Cache 数据的一致性。主体函数 dma_copy 的最初几行用于设定 Cache 无效区。

S3C44B0X 的 Cache 无效区可以有两个，分别是 Cache 无效区 0 和 Cache 无效区 1。这两个无效区的起始地址和结束地址分别由 NCACHBE0 和 NCACHBE1 寄存器加以控制。本范例程序使用 NCACHBE0 寄存器控制目标数据块的 Cache 无效区起始地址和结束地址。程序清单给出了该 DMA 应用程序的代码。

程序清单 8-8

```
/*
S3C44B0X 处理器的 DMA 传输程序实例
函数原型:void dma_copy(char *source, char *des, int count)
函数功能:将 SDRAM 中的一个 96 字节的数据块复制到指定目的起始地址的存储空间
输入参数说明:
source 被复制的数据块源地址指针
des 被复制的数据块目标地址指针
count 数据块的长度,以字节为计数单位
输出参数说明:无
*/

#include"uhal.h"
#include"myuart.h"
#include"Isr.h"
#include"44b.h"
#include"LCD320.h"
#define mask1 0x0fffffff                           // 定义 32 位二进制位图,最高 4 位为 0,其余为 1,
                                                    // 用作有效地址的掩码
char *des;                                          // 目标数据块地址指针
void dma_copy(char *source, char *des, int count){
    unsigned startaddr = (unsigned)des >>12;        // 源数据块起始地址
    unsigned endaddr;                               // 目标数据块起始地址
    endaddr = startaddr + (count >>12) +1;          // startaddr 为 cache 无效区的块起始地址,
                                                    // endaddr 为 cache 无效的块结束地址
    rNCACHBE0 = (endaddr <<16) |startaddr;          // 由于 cache 无效区的最小单位是 4KB,
                                                    // 因此以上两个地址的低 12 位都为 0
    rZDISRC0 = (u32)source&mask1 |(0x1 <<28);       // 设定源地址,并且设置传输单位为字节
    /*
S3C44B0X 的最大寻址空间为 256MB,需要 28 位地址线,因此 rZDISRC0 寄存器的低 28 位为实际的物理地址;
最高 2 位字段为传输数据大小(DST),设置为 0b00 表示传输单位为字节;次高 2 位字段为写入地址改变方向(DAL),
0b01 表示地址方式为增量方式
    */
    rZDIDES0 = (u32)des&mask1 |(0x9 <<28);          // 设定目的地址的内部选项为推荐方式(0b10)
    rZDICNT0 = (0xa5c <<20) |count;                 // 设定传送字节数,
                                                    // 中断申请方式采用计数结束引发,且采用不自动回填,
                                                    // 因为只传输一次,否则,需要多次回填
    rZDICNT0 |= (1 <<20);                           // 激活 DMA,此时还没有开始工作
    rZDCON0 = 0x05;                                 // 开始 DMA 传输
}

/*  dma 数据传输结束后执行的中断处理函数 ISR  */

void handler(void){
    char d[21];
    int i;
    LCD_printf("\n");
    for(i =0;i < strlen(des);i +=20){
        strncpy(d,des + i,20);
        d[20] = '\0';
        LCD_printf("%s\n",d);
    }
```

```
        free(des);                              // 没有必要再保留目标数据块,故释放该内存区
    }

    int main(void)
    {
        char source[96];                         // 定义源数据块的数组

        int i;
        ARMTargetInit();                         // 开发版初始化
        LCD_Init();                              // 开发板供应商提供的 LCD 初始化配套函数
        LCD_ChangeMode(DspTxtMode);              // 转换 LCD 显示模式为文本显示模式
        LCD_Cls();                               // 文本模式下清屏命令
        for(i=0;i<95;i++){
            source[i]='a';                       // 填充源数据块为全 a
        }
        source[95]='\0';                         // 最后填充的字符是串结束符
        des=(char *)malloc(96);                  // 申请一块字节数为 96 字节的存储区(数据块)

        INTS_OFF();
        SetISR_Interrupt(INT_ZDMA0_OFFSET,handler,0); // 根据中断号将中断服务函数
                                                 // 写入相应的中断向量表中
        Open_INT_GLOBAL();                       // 允许全局中断
        Open_INT(BIT_ZDMA0);                     // 允许 ZDMA 中断
        INTS_ON();
        if(des!=NULL){  dma_copy(source,des,96);      }
        while(1);
    }
```

8.5　时钟电源管理器、实时时钟和脉宽调制定时器

时钟信号发生器（简称时钟发生器）为处理器提供时钟信号。它可以是一个独立的芯片，也可以集成在处理器内部。前者的例子有 80186 处理器外接 8284 时钟发生器，后者的例子有 8051 单片机、S3C44B0X 和 S3C2410X 等。目前，绝大多数嵌入式处理器的时钟信号发生器以后一种形态存在。

因为芯片功耗同芯片上各个器件使用的时钟频率成平方关系，降低时钟频率可以有效地降低功耗。所以为了降低功耗，往往在芯片内的时钟发生器上添加电源管理功能。在这种场合下也称时钟信号发生器为时钟电源管理器。

S3C44B0X 处理器内建的时钟发生器也在其内部集成了电源管理逻辑，它的主要功能是提供主频时钟脉冲信号，并提供各个部件所需要的时钟脉冲信号。而且，为了降低功耗，它还能够根据指令改变输送给各个硬件部件的时钟信号频率。

实时时钟（Real-Time Clock，也叫做日历时钟）为嵌入式处理器提供年/月/日/时/分/秒的计时信号。除非有电池进行持续供电，否则断电之后，实时时钟信号发生器的寄存器内容被清零。因此，许多嵌入式处理器需要在加电之后写入校准的实时时间数据。

脉宽调制定时器（Pulse Width Modulation Timer，PWMT）主要用于提供各种占空比的脉冲信号，以及定时中断请求信号。脉宽调制定时器的典型应用是控制电机的运转方式。它能够改变电流开关的时间比率，从而改变电机的转速。例如，要使电机转速达到 80%，则电流脉冲的

高电平时间占 80%，低电平时间占 20%。

8.5.1 S3C44B0X 的时钟电源管理器

S3C44B0X 的时钟电源管理器为 CPU 和外部设备提供时钟信号。可以通过软件来控制该内嵌时钟电源管理器为哪些外部设备模块提供时钟信号，或者切断哪些外部设备的时钟源以减少功耗。同样，在软件的控制下，时钟电源管理器还能够为嵌入式应用提供多种功耗管理办法。

S3C44B0X 初始时钟脉冲信号可能有两种来源：用外部晶振来产生，或者直接输入外部时钟。初始时钟源选择取决于引脚 OM［3:2］的状态。具体地讲，由 nRESET 上升沿时刻的 OM3 和 OM2 引脚电平决定。OM［3:2］= 00 时选择晶体时钟，OM［3:2］= 01 时选择外部时钟。

S3C44B0X 时钟电源管理器的内部结构如图 8-9 所示。

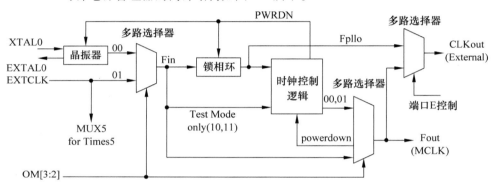

图 8-9　S3C44B0X 的时钟电源管理器内部结构

1. S3C44B0X 的功耗管理

嵌入式处理器的功耗管理与它的时钟控制关系密切。S3C44B0X 中的功耗管理提供如下 5 种模式，其中有 4 种与时钟有关。

1）正常模式：时钟电源管理器给 CPU 和各种外设提供时钟信号。当所有的外设都处于工作状态时，处理器的功耗最大。用户可以通过对 CLKCON 寄存器来控制外设的操作模式。例如，如果定时器和 DMA 不需要时钟，则用户可以断开定时器和 DMA 的时钟供给以降低功耗。

2）慢速模式：这是一种非倍频模式，它直接采用外部时钟作为 S3C44B0X 的主工作时钟，而不使用内部倍频器。在这种情况下，功耗的大小仅依赖于外部时钟的频率的大小。PLL 部件的功耗不包含在内。

3）空闲模式：在这种模式下，停止对 CPU 内核的时钟供给，保留所有对外部设备的时钟信号供给。在此模式下，总功耗不包含 CPU 内核的功耗。任何中断请求都能够把 CPU 从空闲模式中唤醒。

4）停止模式：在这种模式下，禁止锁相环电路（PLL）以冻结 CPU 内核和所有外设的时钟。这时的功耗大小仅由 S3C44B0X 内部的漏电流大小决定，这个电流一般小于 10uA。可以通过外部中断把 CPU 从停止模式中唤醒。

5）LCD 的慢空闲（SL_IDLE）模式：进入慢空闲模式将导致 LCD 控制器开始工作。在这种情况下，除了 LCD 控制器以外，CPU 内核和其他外设的时钟都停止了。因此，慢空闲模式下的功耗比空闲模式的功耗小。

表 8-8 总结了 S3C44B0X 的时钟源控制寄存器的字段定义。

表 8-8   S3C44B0X 时钟源控制寄存器的字段定义

CLKCON	位	描述	初始值
IIS	[14]	控制 IIS 模块的时钟。0 = 禁止；1 = 允许	1
IIC	[13]	控制 IIC 模块的时钟。0 = 禁止；1 = 允许	1
ADC	[12]	控制 ADC 模块的时钟。0 = 禁止；1 = 允许	1
RTC	[11]	控制 RTC 模块的时钟，即使该位为 0，RTC 定时器仍工作。0 = 禁止；1 = 允许	1
GPIO	[10]	控制 GPIO 模块的时钟，设置为 1，允许使用 EINT [4:7] 的中断。0 = 禁止；1 = 允许	1
UART1	[9]	控制 UART1 模块的时钟。0 = 禁止；1 = 允许	1
UART0	[8]	控制 UART0 模块的时钟。0 = 禁止；1 = 允许	1
BDMA0，1	[7]	控制 BDMA 模块的时钟，如果 BDMA 关断，在外设总线上的外设不能存取。0 = 禁止；1 = 允许	1
LCDC	[6]	控制 LCDC 模块的时钟。0 = 禁止；1 = 允许	1
SIO	[5]	控制 SIO 模块的时钟。0 = 禁止；1 = 允许	1
ZDMA0，1	[4]	控制 ZDMA 模块的时钟。0 = 禁止；1 = 允许	1
PWMTIMER	[3]	控制 MCLK 进入 PWMTIMER 模块。0 = 禁止；1 = 允许	1
IDLE BIT	[2]	进入 IDLE 模式，该位不能自动清除 0 = 禁止；1 = 过渡到 IDLE（SL_IDLE）模式	0
SL-IDLE	[1]	进入 SL_IDLE 模式，该位不能自动清除 0 = 禁止；1 = SL_IDLE 模式 为了进入此模式，CLKCON 寄存器必须设置为 0x46	0
STOP BIT	[0]	进入 STOP 模式，该位不能自动清除 0 = 禁止；1 = 进入 STOP 模式	0

表 8-9 给出了利用 CLKCON 寄存器关闭各个 I/O 模块可节省的功耗数据。

表 8-9   S3C44B0X 典型的关闭 I/O 模块可节省的功耗数据（66MHz 主频）

I/O 部件	IIS	IIC	ADC	RTC	UART	SIO	ZDMA0/1	Timer0-5	LCD	Total
电流节省	1.3%	1.6%	0.7%	0.8%	3.8%	0.9%	2.2%	2.2%	3.2%	16.7

2. 锁相环的时钟频率控制

S3C44B0X 的锁相环电路（PLL）的内部结构如图 8-10 所示。

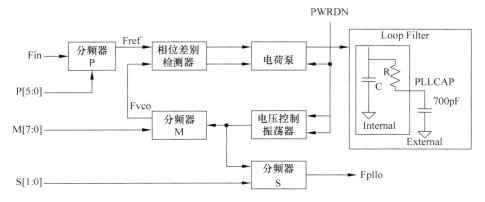

图 8-10   S3C44B0X 的锁相环内部构造图

PLLCON 是 PLL 的输出频率控制寄存器，该寄存器设置 PLL 工作参数。定义 Fin 为锁相环电路的输入信号，Fpllo 为锁相环电路的输出信号。则 PLL 输出频率 Fpllo 计算公式如下：

$$Fpllo = (m * Fin)/(p * 2^s) \tag{8-1}$$

在公式 8-1 中，m = (MDIV + 8)，p = (PDIV + 2)，s = SDIV，Fpllo 必须大于 20MHz 且少于 66MHz，$Fpllo * 2^s$ 必须小于 170MHz，Fin/p 推荐为 1MHz 或大于 1MHz，但小于 2MHz。其中 MDIV、PDIV、SDIV 在 PLLCON 寄存器中定义，如表 8-10 所示。

表 8-10　S3C44B0X 的锁相环控制器的位定义

PLLCON	位	描述	初始状态
MDIV	[19:12]	主分频值	0x38
PDIV	[9:4]	预分频值	0x08
SDIV	[1:0]	后分频值	0x0

8.5.2　S3C2410X 的实时时钟

实时时钟（Real Time Clock，RTC）给 CPU 提供精确的当前时刻，它在系统停电的情况下由后备电池供电继续工作。S3C2410X（包括 S3C44B0X）内部集成了一个实时日历时钟单元，它需要外接一个 32.768KHz 的晶振脉冲。RTC 的寄存器保存了表示时间的一个 8 位 BCD（二进制表示的十进制数）码数据，包括：秒、分、时、星期、日、月和年。图 8-11 给出了 S3C2410X 的实时时钟方框图。这幅图与 S3C44B0X 处理器的实时时钟方框图基本相同。

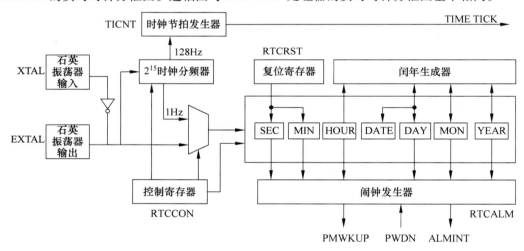

图 8-11　S3C2410X 的实时时钟方框图

节拍中断

RTC 节拍时间用于中断请求。TICNT 寄存器具有一个中断使能位，同时其中的计数值用于中断请求。当计数值不断减 1 最后到达 0 时，节拍时间中断就会触发。中断间隔时间的计算公式为：

$$中断间隔时间 = (n + 1)/128s \tag{8-2}$$

其中，n 为节拍时间计数值（1 ~ 127）。

这个 RTC 节拍时间中断可以作为 RTOS（实时操作系统）内核的时间节拍。如果节拍从 RTC 产生，则 RTOS 内部与时间相关的功能将一直与实时时钟保持同步。

RTC 节 拍 时 间 计 数 值 由 单 字 节 的 节 拍 时 间 计 数 寄 存 器 TICNT 设 置，小 端 序 地 址

0x01D7008C，大端序地址为0x01D7008F，R/W属性，初值=0x00000000。

TICNT寄存器的最高位决定节拍中断使能或者禁能，低7位决定节拍时间计数值n。

8.5.3 实时时钟应用程序概要设计案例

本节将给出一个在教学实验平台上运行的实时时钟应用程序设计实例。限于篇幅，我们只给出概要设计。实验平台的处理器是S3C2410X或者S3C44B0X处理器。如果是S3C2410X的实验平台，嵌入式操作系统采用VxWorks 5.5，开发平台是Tornado2.2。案例实验平台型号是CVT2410，它的外观如图8-12所示。在实验箱的6个LED数码管上显示计时时间或者闹钟时间。由于数码管只有六个，每两个数码管作为一个时间值显示字段，这样LED数码管共有三个字段，一次可以显示"年月日"，或者"星期几"，或者"时分秒"。例如，"2007年12月10日星期一13时20分40秒"可分三次显示为"071210""01""132040"。如图8-13a所示。

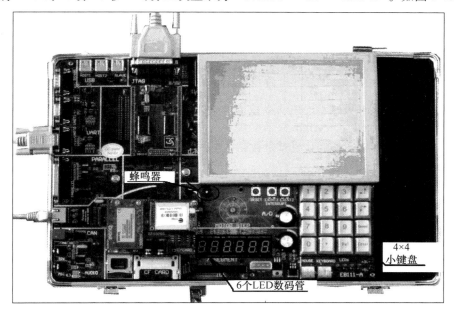

图8-12　基于S3C2410X处理器的实验平台俯视图

概要设计的RTC应用程序（以下简称RTC_PRO）有两个主要功能：①设置S3C2410X的RTC模块的初始计时值，使之与当前的北京时间对准，即所谓的对时；RTC初始化完毕后即开始显示实时时间。②提供闹钟定时设置功能，让用户预先设置闹钟时间。此后当闹钟定时时刻到达时，实验箱的蜂鸣器发出闹钟声。

执行RTC_PRO时，实验平台有两种系统工作状态和5种显示模式。

这两种系统工作状态是：①设置模式：设置RTC的计时时间和闹钟时间；②显示状态：显示RTC的计时时间。实验平台的默认状态为显示状态，按下"Del"键进入设置状态。在设置状态下，按下"Cancel"键返回显示状态。如图8-13b所示。

实验平台工作在显示状态时，可以有5种显示模式工作，分别是：①CLOCK_YMD，显示/设置年、月、日；②CLOCK_DAY，显示星期几；③CLOCK_HMS，显示/设置时、分、秒，这是实验平台在RTC_PRO运行之后的默认工作状态和显示模式；④ALARM_YMD，显示/设置闹钟年、月、日；⑤ALARM_HMS，显示/设置闹钟时、分、秒。5种显示模式通过"Enter"键循环切换，每按下一次"Enter"键更换一个显示模式。如图8-13b所示。

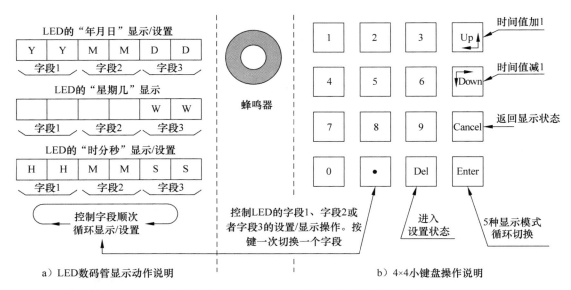

图 8-13　案例实验平台的 LED 数码管显示和小键盘键位功能定义

在设置状态的每一种模式下，按动小数点"·"键可选择改变哪一个时间变量的值。例如，在设置工作状态的 CLOCK_HMS 显示模式下，按动小数点"·"键可以在显示字段 1、显示字段 2 和显示字段 3 之间切换，也就是在显示小时、分钟和秒之间切换。被切换到的当前设置的字段将高亮度显示。

时钟值或者闹钟定时值的设置或修改可以在设置工作状态下直接用数字键输入，也可以在原值上进行加操作或者减操作。按"up"键使时间值加 1，按"down"键将时间值减 1。如图 8-13b 所示。

表 8-11 列出了 RTC_PRO 工程中的程序源代码文件一览表。RTC_PRO 工程是一个基于 Vx-Works 5.5 版操作系统的可下载工程（downloadable project，调试阶段的应用程序）。它要从主机的 Tornado2.2 集成开发环境交叉编译生成映像文件后再下载到开发板上运行。该操作系统的其他 API 程序文件和外设驱动程序没有列出，它们是 RTC_PRO 的重要组成部分，同时也是不可缺少的部分。

表 8-11　RTC_PRO 的主要程序源代码文件一览

文件名	用途说明	备注
RTC.h	主要包含 RTC 寄存器使用定义、常用设置函数声明。 涉及蜂鸣器引脚的通用 I/O 端口的寄存器地址指针宏定义	新编写
RTC.C	RTC_PRO 应用程序的主要函数定义	新编写
RTCSample.c	RTC_PRO 应用程序的主控程序、主要处理流程	新编写
usrAppInit.c	usrAppInit.c 的后部添加 ambaKbdDevCreate 语句。如果要让本应用程序 RTC_PRO 在开机加电后直接运行，则再添加执行 RTClock 函数的语句	修改

下面我们分别给出表 8-11 中新编写的三个程序文件的概要设计。

（1）RTC.h 文件的程序语句概要

```
#include "2410addr.h"
// 一系列包含语句,将 2410 所有寄存器地址定义 (包含 RTC 和 GPIO 寄存器)、
// VxWorks I/O 库函数头文件、针对不同开发板的中断向量表头文件等包含进来
```

```
struct rtc_time
```
// 定义 RTC 时间结构体变量
```
#define rS3C2410_RTCCON(*(volatile unsigned char *)S3C2410_RTCCON)
```
// 一系列宏定义,定义指向 RTC 控制寄存器以及部分通用 IO 端口寄存器的指针、
// 闹钟中断、时钟节拍中断在中断向量表中位置、闹钟使能位、加减时间值标记、
// 单字节 BCD 码和二进制码之间转换的宏定义、BCD 码与 BIN 码标记
```
void rtc__get_time(struct rtc_time *rtime, int mode);
```
// 声明一系列函数的原型

（2） RTC. c 文件中的函数清单

```
void rtc_init(void)                                    // RTC 部件初始化
void rtc_reset(void)                                   // RTC 部件重置
void rtc_rw_enable(void)                               // RTC 寄存器读写使能
void rtc_rw_disable(void)                              // 不允许读写 RTC 寄存器
void rtc_alarm_enable(char mode)                       // RTC 闹钟使能
void rtc_alarm_disable(void)                           // 关闭 RTC 闹钟中断
void rtc_tick_enable(void)                             // RTC 时钟节拍使能
void rtc_tick_disable(void)                            // 关闭 RTC 时钟节拍中断
void rtc_get_time(struct rtc_time *rtime, int mode)    // 读取 RTC 实时时间值
void rtc_set_time(struct rtc_time *rtime, int mode)    // 设置 RTC 实时时间值
void rtc_get_alarm(struct rtc_time *rtime, int mode)   // 读取闹钟定时时间值
void rtc_set_alarm(struct rtc_time *rtime, int mode)   // 设置闹钟定时时间值
void rtc_change_time(unsigned int address, int operation)
```
// 修改 RTC 中的时间字段寄存器的值,第 1 个参数制定具体的寄存器地址,
// 第 2 个参数决定加一或者减一操作

（3） RTCSample. c 文件的语句序列和处理流程

```
/*RTCSample. c 文件,应用程序主文件*/
/*包含 RTC 初始化、设置,数码管显示、键盘控制等*/
#include "taskLib. h"                                  // VxWorks 任务管理库头文件
#include "rtc. h"                                       // RTC 头文件
…
unsigned char seg7table[16] = {}                       // 7 段 LED 数码管的显示段码表
…
#define KEYBOARD_TASK_PRIO        100                  // 键盘扫描任务优先级
#define DISPLAY_TASK_PRIO        101                   // 数码管显示任务优先级
#define NORMAL_DELAY             10000                 // 普通模式数码管显示延迟
#define BLINK_DELAY              100000                // 设置模式数码管显示延迟
…
static int       iDisplayTaskId, iKeyboardTaskId;
```
// 声明静态整型数:显示任务 ID,键盘任务 ID
// 这两个变量分别是 DisplayTask 任务和 KeyboardTask 任务的识别号,
// 在正确创建这两个任务后,创建任务函数将返回值赋值给这两个变量
```
static struct    rtc_time   rtc_tm, rtc_alarm_tm;
```
// 声明两个静态 rtc_time 型结构数,rtc_tm = 存放时间,rtc_alarm_tm = 闹钟时间
```
static enum DisplayMode {CLOCK_YMD, CLOCK_DAY, CLOCK_HMS, ALARM_YMD, ALARM_HMS}dm;
```
// 用枚举方法声明了静态数组 DisplayMode,
// 含有 5 个整型数元素,它们分别表示 5 种显示模式,取值为 0、1、2、3、4
```
static enum SysMode {DISPLAY, SET} sm;
```
// 用枚举方法声明了静态数组 SysMode,含有 2 个系统工作状态整型数,
// 一个是 DISPLAY,另外一个是 SET。它们的初值分别是 0 和 1
```
static int       DelayTime[3];
```
// 数码管显示延时表

```
static int      DelayTimeIndex;
// 数码管显示延时表索引,用于记录当前正在设置哪个数据字段,
// DelayTime[3]数组元素的下标,分别是:0、1、2,代表字段 1、字段 2、字段 3
...
// 一系列函数定义,请参见表 8-12。
...
```

表 8-12   RTCSample. c 文件的主要函数一览

函数名	功能说明
void RTClock(void)	RTC_PRO 应用程序入口任务,主函数。处理流程:RTC 初始化、RTC 写使能、RTC 时钟节拍中断使能、RTC 闹钟中断使能;注册时钟中断 ISR、闹钟中断 ISR、并开中断;初始化时钟时间、初始化闹钟时间;创建键盘任务、创建显示任务
void DispTask(void)	显示任务。根据 5 种显示模式显示不同的数据
void KeybdTask( )	接收键盘的按键输入,修改实时时钟值和闹钟定时值
void Delay(int time)	延时函数,用于控制数码管闪烁间隔时间。LED 数码管的高亮度或者低亮度由这个函数决定
void buzzer( )	蜂鸣器发声函数使用 PWM(脉宽调制器)方式使蜂鸣器发声,每按下一次键盘上的按键,发出轻声的"哔"一次
void Led (int locate, int num)	LED 数码管显示函数,输入参数 1 = 6 个 LED 数码管中哪一个显示,输入参数 1 = 显示的数码值。一个显示字段由两个 LED 数码管组成
void RTC_Tick_hdl (void)	时钟节拍中断响应函数,每 1 秒触发 1 次,每次从 RTC 读取时间值并显示。该函数不断调用,因此总是在不断地改变 LED 数码管中的秒值字段显示(如果处于 CLOCK_HMS 显示模式)
void Alarm_hdl(void)	闹钟中断响应函数(ISR)。这个函数使蜂鸣器发出闹钟声音
void ChangeTime (int mode)	在设置工作状态下修改使时间字段值(供 12 种),方法:加一、减一或者直接接收二位数字键
int day_of_week(int ymd)	根据实时时钟的年月日的数值计算星期几,填入 RTC 的 DAY 字段

8.5.4   S3C44B0X 的脉宽调制定时器

S3C44B0X 有 6 个 16 位定时器,它们都可以工作在基于中断或 DMA 的操作模式。其中,定时器 0、1、2、3、4 有脉宽调制功能;定时器 5 只是一个内部定时器而无输出引脚。

每一个定时器外接存储器时钟 MCLK,S3C44B0X 的 MCLK 为 66MHZ,它先经过 8 位的预分频器,再经过 4 位的时钟除法器进行二次降频。如图 8-14 所示。

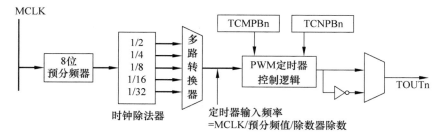

图 8-14   单个 PWM 定时器通道结构图

定时器输出频率的大致范围如表 8-13 所示。

表 8-13   S3C44B0X 的 PWM 定时器时钟输出频率范围

4 位除法器分频 MCLK = 66MHz	最小分辨率 8 位预分频值 = 1	最大分辨率 8 位预分频值 = 255	最大间隔时间 TCNTBn = 65535
1/2	0.030 微秒（37.0MHz）	7.75 微秒（117.2KHz）	0.50 秒
1/4	0.060 微秒（16.5MHz）	15.5 微秒（58.6KHz）	1.02 秒
1/8	0.121 微秒（8.25MHz）	31.0 微秒（29.3KHz）	2.03 秒
1/16	0.242 微秒（4.13MHz）	62.1 微秒（14.6KHz）	4.07 秒
1/32	0.485 微秒（2.06MHz）	125 微秒（7.32KHz）	8.13 秒

    每一个定时器都有一个计数缓冲寄存器 TCNTBn，它初始化时被赋值。当定时器被激活时，TCNTBn 的值将作为计数初值填入减法器，16 位减法器由定时器时钟驱动，每当 1 个时钟到来时减 1。当定时器计数器值达到 0 时，定时器发出中断请求，通知 CPU 定时工作已完成。

    S3C44B0X 的 PWM 定时器具有双缓冲特性，可在不停止当前定时器操作的前提下，为下一次定时器操作改变其预装载值。因此，计数值达到 0 时，相应的 TCNTBn 值将再次自动装入计数器，继续下一轮计数操作。

    每一个定时器还有一个初始化时被赋值的比较缓冲寄存器 TCMPBn，TCMPBn 的值用于脉宽调制。定时器工作时，该 TCMPBn 的值被装入比较寄存器并与减法计数器的值相比较。当该计数器值与定时器控制逻辑中的比较寄存器值相等时，定时器控制逻辑改变输出电平。

    S3C44B0X 的 PWM 定时器在任何指定的时间均可以产生一个 DMA 请求。定时器接收到应答信号 ACK 之前，PWM 一直保持 DMA 请求为 0。当定时器接收到应答信号时，产生一个停止请求信号。6 个定时器中同时只能够有一个产生 DMA 请求，这个定时器通过设置 DMA 模式位来决定。

8.6   本章小结

    本章以 PC 的中断控制器和 DMA 控制器为对比物，对三种 ARM 嵌入式处理器的中断控制器和 DMA 控制器作了详细讲解，并且分别给出了应用举例。时钟电源管理器和实时时钟是嵌入式系统的重要硬件部件，本书以 S3C44B0X 处理器的时钟电源管理器和 S3C2410X 的实时时钟为例进行了讲解，同时给出了一个基于实验平台的实时时钟应用程序概要设计。通过这个概要设计，读者能够掌握嵌入式系统的底层时间管理。本章最后讲解了脉宽调制定时器（PWM）。一个 PWM 可以为嵌入式系统提供多种定时信号，因此弄懂了 PWM 的工作原理就能够利用它来控制多个不同硬件部件的定时操作。

8.7   习题和思考题

8-1   ARM 处理器的中断控制器与 x86 处理器的中断控制器有什么异同点？

8-2   S3C44B0X 处理器能够管理多少级中断？它们的中断优先级判优机制是什么？

8-3   为外部中断源配置 ARM 中断控制器有哪些基本步骤？

8-4   试解释图 8-2 给出的 S3C2410X 处理器的中断控制器处理流程。

8-5   如何把 ARM 中断服务子程序的入口地址写入中断向量？

8-6   请概述 ARM 的异常中断向量表，给出两种指令结构的 ARM 异常中断向量表。

8-7   就 ARM 处理器而言，进入中断服务子程序入口地址的方法有两种，一种是中断向量式，
      另外一种是非中断向量式，这两种方式有何不同？

8-8   编写一段带闹钟的实时时钟 C 语言的应用程序，其功能参考 8.5.3 节的实时时钟应用程
      序概要设计案例。

8-9   S3C44B0X 处理器上运行的操作系统的时钟节拍中断来自哪一个硬件定时器？是否只有单
      一时钟节拍中断源？

8-10   如何使用 S3C44B0X 的 DMA 通道？

8-11   在现有的 ARM 嵌入式处理器实验平台上，使用 ADS 开发工具编写一个 DMA 数据传输程
       序，将 16KB 的数据从 FLASH 上的数据文件复制到 SDRAM。

第9章 嵌入式存储器和接口技术

与通用计算机相同，嵌入式系统也拥有各式各样的外围设备。本章将介绍一些常用的嵌入式系统外部设备，包括常用的嵌入式半导体存储器，然后介绍常用的嵌入式总线、常用的嵌入式接口、嵌入式外部设备以及这些外部设备的电路连接和驱动程序，最后给出它们在嵌入式系统中的应用举例。

9.1 嵌入式系统常用的半导体存储器

嵌入式系统常用的存储器有以下这几类：容量较小的用做 Bootloader 载体的 ROM、容量达几百 K 字节用做高速缓存的嵌入式静态存储器（Embedded SRAM，简称为嵌入式 SRAM 或者 SRAM）、容量在 8MB ~ 512MB 的高密度的同步动态随机访问存储器（Synchronous Dynamic Random-dom Access Memory，SDRAM）；最大容量达到 32GB 的大容量中低密度的 Flash 存储器。

对于 SoC 芯片中嵌入的存储器来说，嵌入式 SRAM 最为常用。其典型应用包括片上缓冲器、高速缓冲存储器、寄存器组等。

SDRAM 大约在 1997 年问世，它是当时 PC 机使用的主流内存，并且流行了较长一段时间。SDRAM 的优点是功耗小、噪声低容量大。随着 DDR、DDR2 内存技术的普及，现在 SDRAM 已经基本退出 PC 机领域，成为嵌入式系统的主流内存储器。

Flash 存储器是最常用的嵌入式外部存储器，它在嵌入式系统中的作用相当于硬盘在 PC 中的作用。所以，常常有人称嵌入式系统中的 Flash 存储器为固态盘。

本节将着重介绍 Flash 存储器和 SDRAM，并对 SRAM 做简单的回顾。在其他课程中学习过的半导体存储器（例如 EEPROM、DDR、DDR2 等）则不再赘述。

9.1.1 闪速存储器

闪速存储器（flash memory）是一种半导体集成电路存储器，简称闪存。闪存是嵌入式系统常用的存储器件，其特点是非易失（Non-Volatile，也叫做不挥发），也就是说闪存在供电电源关闭之后仍然能够保持芯片内信息。与传统半导体存储器相比，闪存在成本、功耗和速度等方面具有优势，如表 9-1 所示。

表 9-1　闪速与传统半导体存储器的比较

存储器类型	基本技术特点
Flash	非易失（不挥发）、成本低、密度高、访问速度高、功耗低、可靠性高
ROM	技术成熟、密度高、可靠性强、低成本、不挥发、掩模耗时长、适合稳定编码的大规模生产
SRAM	访问速度最快、功耗高、密度低、成本高
EPROM	密度高、不挥发、擦除时必须用紫外线光照射
EEPROM or E^{2}PROM	电可擦除、可进行单字节的读/擦除/写、可靠性低、不挥发、成本高、密度低、数据最少可保存 10 年
DRAM	密度高、成本低、速度高、功耗高

1. 闪存基本知识

现在，市场上销售的闪存主要有两种类型：一种是 Nor Flash（称为或非型闪存，或者 NOR 闪存），另外一种是 Nand Flash（称为与非型闪存，或者 NAND 闪存）。Nor Flash 是在 EE-PROM 基础上发明的，由 Intel 公司于 1983 年首次提出，在 1988 年商品化。一年之后，东芝公司和三星公司发明了 Nand Flash。20 世纪 90 年代以来，世界主要的闪存生产商分成 NOR 和 NAND 两大技术阵营，积极开展 Nor Flash 和 Nand Flash 的研发和生产。十多年来，闪存的应用面、产量和经济推动力都有了长足的发展。

2. 闪存记忆单元工作原理 *

目前较为通用的 Flash 存储器体系结构有三种：NOR 结构、ETOX 结构和 NAND 结构。其中，Intel 公司提出的单管叠栅位元（也就是记忆单元）结构是基于 EPROM 隧道氧化层的（EPROM Tunnel Oxide，ETOX）的位元结构，该位元结构最为简单实用。本节就以 ETOX 结构为例介绍 Flash 存储器记忆单元的结构原理。参见图 9-1。

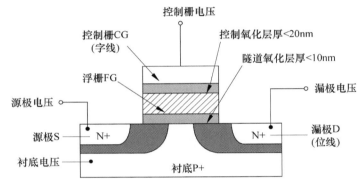

图 9-1　Flash 存储单元结构图

ETOX 位元结构是由两个相互重叠的多晶硅栅组成。浮栅（Floating Gate，FG）用来存储电荷，以电荷记录所存储的数据；控制栅（Control Gate，CG）作为字选择栅极起控制与选择的作用。通过控制栅（字线）的电压高低状态能够检测所存储的是"0"还是"1"。

1）编程（写操作）：实质上向存储单元写"0"。S 极接地，CG 极接高电压（12~20V），漏极 D 上施加电压 7V，则源区的电子在沟道电场的加速作用下向漏区运动，部分电子的动能将变得很大，成为热电子，其中一些在控制栅电压所感应的纵向电场作用下，越过氧化层势垒进入浮置栅。这种现象称为沟道热电子注入。去掉所加电压，FG 上电子仍然存在，从而产生一个附加电场，使开启阈值电压变高（7V），成为"0"位元。参见图 9-2。

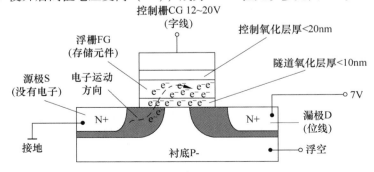

图 9-2　Flash 存储单元编程操作（成为"0"位元）

2）擦除：即写"1"。在 S 极上加正的高电压，在 CG 极接地，漏极浮空。在栅氧化层两边产生一个强电场，引起所谓的 Fowler-Nordhein 隧道效应。在 F-N 隧道效应中，电子从浮栅上被赶下来，通过栅氧化层到达源区，以实现位元的擦除操作。存入闪存电容器中的信息可以在刹那间被删除，闪存因此而得名。由于 Flash 存储器所有单元的源极是连接在一起的，因此，不能按字节擦除，只能进行全片擦除或扇区擦除，这也是 Flash 存储器的一个缺点。参见图 9-3。

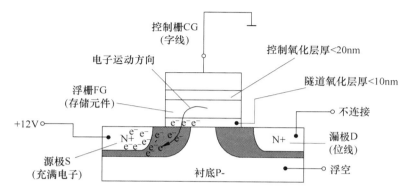

图 9-3　Flash 存储单元擦除操作（成为"1"位元）

3. NOR 闪存和 NAND 闪存的记忆单元结构

Nor Flash 存储器的每个记忆单元（位元）使用一个晶体管。如图 9-4a 所示，每个晶体管有一个字线和一个位线与之相连。在这种存储阵列布局下，对某一根位线而言，有一组字线（例如 8 根）与之相交，在交叉点上有一个晶体管与两线相连。读数据时，未被选中字线上的晶体管栅极为接地电平，致使晶体管截止，成为逻辑值"1"。选中的字线上的栅极为高电平，并且这个晶体管的漏极会和该位线连通。因此位线上的电平逻辑取决于选中晶体管的逻辑。如果为"1"，则晶体管导通，相应读出放大器 RA 输出"1"；如果为"0"，RA 输出也为"0"。Nor Flash 的逻辑功能类似于 NOR 门，由此而命名为 Nor Flash。

1989 年，Toshiba 公司提出了 Nand Flash 的概念，它的核心结构是将 8 个晶体管的漏极和源极头尾相连接成一组，最高端接位线，最低端与高电压的源极 Vs 相连接。存储阵列的行线是字线，平时保持适合的电平状态，使得这些晶体管通常是处于导通状态。读出数据时，被选中的字线加高电平，未选中字线上的存储单元不论存储的值是逻辑 0 还是逻辑 1 都是导通的。这样，被选中的存储单元如果存"1"则导通，输出"1"，位线为高电平；如果存"0"则截止，位线为低电平，输出"0"。这个逻辑功能类似于 NAND 门。参见图 9-4b。

4. Nor Flash 存储阵列分析

图 9-5 给出了 8 行 ×8 列 Nor Flash 存储器的存储矩阵示意图。位线读出时接读出放大器 RA，擦除时浮空，编程时写"0"单元的位线接高电压 12V；写"1"单元的位线浮空或者接地。

1）擦除：所有字线接地，源极线 V_s 加 12V，位线浮空，所有位元都发生 F-N 隧道效应，FG 上的电子被拉回源区，不再驻留，即都写入"1"。

2）编程：假定写入单元是字线 0 所在单元。写入信息是二进制数 10101101。V_s 接地，字线 0 加 +12V，其余字线接 0V。写"0"的位线 1、3、6 接 12V，写"1"的位线 0、2、4、5、7 浮空。存储位元 T_{01}、T_{03}、T_{06} 产生热电子注入效应，FG 充上电子，变为高开启阈值，写入"0"。存储位元 T_{00}、T_{02}、T_{04}、T_{05}、T_{07} 不发生热电子注入效应，保持擦写时写入的"1"信息。其余的字线上的存储单元因为 CG 加了 0V，处于截止状态，所以保持原存信息不变。

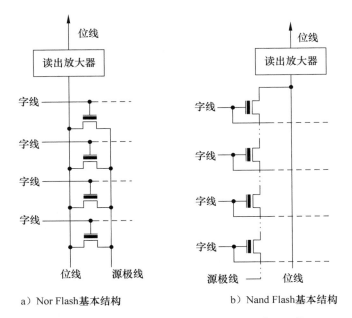

a）Nor Flash基本结构   b）Nand Flash基本结构

图 9-4　Nor Flash 和 Nand Flash 的记忆单元比较

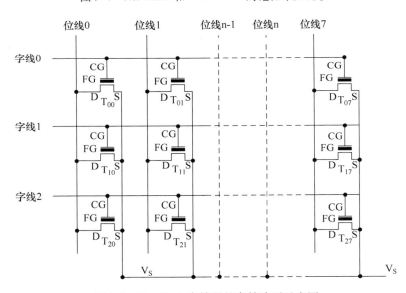

图 9-5　Nor Flash 存储器的存储阵列示意图

3）读出：此时 V_S 接地，位线 0 ~ 7 接读出放大器 RA，电压约为 2V。假定读字线 0 所在的单字节，则字线 0 被选中，接 3V，其余字线（字线 1 和字线 2）接地。字线 0 上的所有 CG 为 3V，存"1"的位元 T_{00}、T_{02}、T_{04}、T_{05}、T_{07} 导通，相应 RA 输出"1"。存"0"的位元 T_{01}、T_{03}、T_{06} 不导通，相应 RA 读出"0"。于是在字线 0 上读出的单字节数据是 10101101。

5. Nand Flash 存阵列和存储器结构分析

图 9-6 给出了 8 行 ×8 列的 Nand Flash 存储器的存储矩阵示意图。图中存储位元的漏、源串接构成存储矩阵的列。各列里处于同一行位元的控制栅极 CG 并接构成存储矩阵的行。最上面一行位元的漏极与各自的位线连接，最下面一行的源极并接到 V_S。

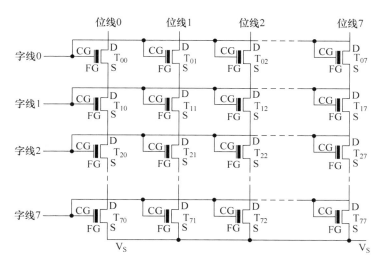

图 9-6　Nand Flash 存储器的存储阵列示意图

1）擦除：字线 0 ~ 7 接 0V，衬底加高压 20V，V_S 和位线 0 ~ 7 浮空。FG 上电子通过 F-N 隧道效应进入衬底，没有电子驻留，实现擦除，写入 "1"。

2）编程：NAND 存储矩阵不能随机编程，只能按地址顺序编程。即从字线 0 单元（第 0 行）开始，按照字线 0、1、2、3、…、7 的顺序编程。编程时，选中行字线加高电压 +20V，其他行加 +10V，衬底接地，V_S 浮空。

- 写 "0" 位元所连位线接 0V，导致写 "0" 位元的 D 极为 0V，CG 为 +20V，产生 F-N 隧道效应，使 FG 充上电子，写入 "0"。

- 写 "1" 位元所连位线接 +10V。导致写 "1" 位元的 D 极为 +10V，CG 为 +20V，不能产生 F-N 隧道效应，FG 没有充上电子，维持原来擦除时的 "1"。换言之，写 "1" 时，电压差为 10V，不足以产生 F-N 隧穿。

假如对字线 2 所在的字节单元写入二进制信息 10001110。选中的字线 2 加电压 +20V，未选中的其他 7 根字线加电压 +10V，写 "1" 的位线 0、4、5、6 加 10V，写 "0" 的位线 1、2、3、7 加 0V，衬底接地，V_S 浮空。这样，该字节的编程就可完成。

未选中字线上的存储单元因为 CG 都是 +10V，并且与选中行里面写 "0" 位元连接的位元，其 D 极接 0V 电压；与选中行里面写 "1" 位元连接的位元，其 D 极接在 +10V 电压，它们都不会发生 F-N 隧道效应，故它们的值保持不变。

3）读出：位线与 RA 连接，V_S 接地，未选中行字线加 +10V，选中行加 +3V。未选中行的存储单元的各个位元不论存 "0" 还是存 "1" 都导通，不影响被选单元的读出。被选中行存储单元的存 "1" 位元导通（因为浮栅上没有电子，阈值电压保持不变），RA 工作，输出 "1"；存 "0" 位不导通，相应地，RA 不工作，输出 "0"。读出时可以顺序进行，也可以随机实现。

图 9-7 给出了一个典型的 Nand Flash 闪存芯片的存储单元立体阵列结构示意图。每个存储页呈平面形状，含 512 个字节存储空间。此外，在一个页面上还有 16 个字节的备用字节区，用阴影线示出。备用字节区用于存放纠错码（Error Correcting Code，ECC）校验信息和其他信息，有时也被称为 OoB（Out of Bank）区。每 32 个页构成一个数据块，数据块的容量是 16KB。该闪存器件一共集成有 2048 个块，所以总容量达到 32MB，或者 256Mb。

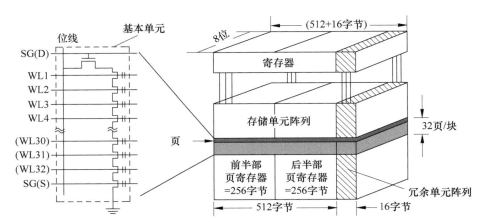

图 9-7   总容量 256Mb 典型 Nand Flash 存储器的记忆单元立体阵列图

典型 Nand Flash 的默认工作状态是读操作。读操作是通过 4 个地址周期将命令字 00H、列地址、行地址 1 和行地址 2 写入指令寄存器开始的，参见图 9-8。

图 9-8 中的 nCE 是片选信号、ALE 是地址锁存信号、CLE 是命令锁存信号、nWE 是写使能信号、nRE 为读使能信号；I/O1～I/O8 是数据输入输出口；R/nB 是就绪/忙输出信号，R/nB 处于低电平时，表示有编程、擦写或随机读操作正在进行，操作完成后 R/nB 会自动返回高电平。

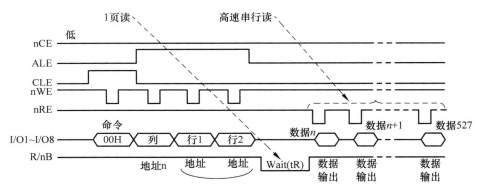

图 9-8   总容量为 256Mb 的典型的 Nand Flash 存储器的高速串行读出时序图

6. Nor Flash 和 Nand Flash 的技术特点

Nor Flash 技术具有以下特点：

1）Nor Flash 的地址线和数据线分开，可以像 SRAM 一样连接在数据线上。NOR 芯片有足够的地址引脚寻址，所以应用程序对 NOR 芯片的操作可以做到以"字节"为基本单位。为了方便管理，将 Nor Flash 的存储空间分成大小为 64KB～128KB 的逻辑块，读写时需要同时制定逻辑块号和块内偏移。

2）Nor Flash 可以做到芯片内执行（eXecute In Place，XIP），即程序代码不需要复制到 RAM 中再执行，可以直接在 Nor Flash 中执行。因此，NOR 闪存常常用作嵌入式系统的启动代码芯片。

3）Nor Flash 接口简单，数据操作少，位交换操作少，极少出现坏块。因此，Nor Flash 的可靠性高于 NAND 内存，这也是人们一直使用 Nor Flash 制作 PC 电脑主板上 BIOS 存储器的原因。

Nand Flash 具有以下技术特点：

1）Nand Flash 共用地址和数据线，需要额外连接一些控制引脚，所以不宜直接将 NAND 芯片用做启动芯片。

2）应用程序对 NAND 芯片操作以"页面"为基本单位，页面的大小一般是 512B。这一点类似硬盘的读写管理，因为硬盘数据操作单位是 512B 大小的扇区。自然地，基于 NAND 的存储器往往被称为固态盘或者电子盘，用于取代硬盘或其他块存储设备。

3）若干页面构成块，块的大小一般是 32KB 或 64KB。要修改 NAND 芯片中某一个字节，必须重写整个页面。不可对 NAND 芯片中一个字节清空，只能对一个固定大小的区域进行清零操作。

Nor Flash 和 Nand Flash 的共同特点如下：

在向 Nor Flash 和 Nand Flash 中写数据前必须先将芯片中对应的内容清空，然后再写入。闪存擦写的次数都是有限的，当快达到闪存的使用寿命时，经常会出现写操作失败。到达使用寿命时，数据可读，但是不能再写。为了延长闪存的使用寿命，不要对某个特定区域反复地进行写操作。闪存的读写操作不仅是一个物理操作，还需要算法支持。算法一般在驱动程序的内存技术设备（Memory Technology Drivers，MTD）模块中或者在闪存转换层（Flash Translation Layer，FTL）内实现，具体算法同芯片生产商以及芯片信号有关。

Nor Flash 与 Nand Flash 的区别如下：

Nor 和 Nand 两种闪存的最大区别在于总线接口不同。Nor Flash 可以像通用存储器那样接入系统，而 Nand Flash 则需要使用一个多元 I/O 接口和一些附加的引脚。Nand Flash 是串行读写设备，适合大数据量的应用。存储在 Nand Flash 里的程序不可直接执行，需要复制到 RAM 才能执行。此外，同样容量情况下，Nand Flash 占据的芯片面积大约为 Nor Flash 的 40%。因此 Nand Flash 的存储密度大于 Nor Flash。

这两种闪存其他主要区别如表9-2所示。

表9-2 Nor Flash 和 Nand Flash 性能比较

指标	Nor Flash	Nand Flash
接口	总线，与其他存储器的连接方法一样	I/O 接口
I/O 口信号	8 位/16 位	8 位
芯片密度	低	高
总存储容量	128MB	4GB 以上
存储单元数量	小	大
每一位成本	较高	较低
访问方式	随机访问	顺序访问
读操作速度	快	快
在位执行	能够	不能
写单字节速度	快（典型值：8μs/B）	—
写多字节速度	慢（典型值：4.1ms/512B）	快（典型值：200μs/512Bytes）
擦除操作速度	慢（典型值：700ms/16KB）	快（典型值：2ms/16KB 块）
编程加擦除速度	1.23 秒/64KB 块	33.6ms/64KB
扩充容量	不可	可以

（续）

指标	Nor Flash	Nand Flash
技术标准	随供应商不同而不同	单一
运行代码	不需要任何软件支持	需要驱动程序
可靠性	几乎没有坏区块，可靠性高	坏区块不可避免，可靠性低
擦写次数	10 万 ~ 100 万次	10 万 ~ 100 万次

7. 闪存驱动

由于 Nor Flash 存储器可以进行字节读写，所以在 Nor Flash 存储器上运行代码基本上不需要软件支持。但 Nand Flash 存储器由于其物理特性独特，数据读写比较复杂，对其存储的数据管理方法与其他存储设备的管理方法不同，需要软件支持。

Nand Flash 的存储单位有字节、页和块。一页大小为 512 字节，依次分成两个 256 字节主数据区（512 字节，正好等于磁盘一个扇区大小），最后是 16 字节空闲区（spare data）。若干页（通常为 32 页）组成一块。一个存储设备又由若干块组成。

Nand Flash 的主要操作有 ReadChipID、Read、Write 和 Erase 等。基于 Nand Flash 的特殊的文件系统称为 FFS（Flash File System，闪存文件系统），如图 9-9a 所示。

FFS 从功能上分为两层：

1）闪存转换层（Flash Translation Layer，FTL），也称为文件传输控制层。该层封装底层一些复杂的管理控制功能，例如，地址映射、磨损控制、坏块管理等。

2）文件管理层。该层在闪存转换层之上，类似于普通磁盘上的通用文件系统，向上提供一些标准的文件系统接口，例如格式化、打开文件、关闭文件、查找文件、读文件、删除文件等。

FFS 的设计形式与操作系统关系密切。在操作系统环境支持下，只需根据操作系统的具体接口，实现文件系统功能即可，无须关心碎片回收、磨损控制等高级算法设计和与硬件相关的细节代码。在无操作系统环境下，需要从具体底层硬件到高层管理来实现文件系统的所有机制，设计复杂，但灵活性高，可以根据不同的应用对各层次采用不同的算法。

8. 存储技术驱动和闪存传输层

嵌入式 Linux 操作系统的文件系统不能实现对物理设备（包括闪存）的直接控制。对物理设备的控制是通过存储设备驱动程序 MTD/FTL 层来实现的。前面所述的 MTD 是用于访问内存设备的 Linux 子系统，如图 9-9b 所示。基于 μcLinux、RTLinux 操作系统的嵌入式系统中包含了 MTD/FTL 程序模块。

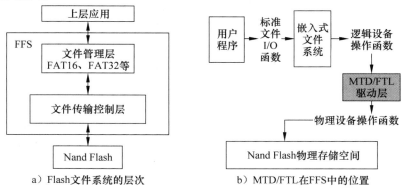

a）Flash 文件系统的层次   b）MTD/FTL 在 FFS 中的位置

图 9-9 对物理 Flash 的操作流程（层次结构）

MTD/FTL 层向上将闪存设备抽象成逻辑设备（逻辑页面和块），为文件系统提供对物理设备操作的接口；向下实现对物理闪存设备的读写、清零、ECC 校验等工作。在 NAND 闪存器件上运行代码通常需要驱动程序，即 MTD。事实上，Nand 和 Nor 闪存器件在进行写入和擦除操作时都需要 MTD，然而对 NOR 闪存器件操作时 MTD 使用率相对低一点。

9. 闪存的应用

Nor Flash 主要用于手机、掌上电脑等需要直接运行代码的场合；而 Nand Flash 广泛用于数据存储的相关领域，如移动存储产品、各种类型的闪存卡、音乐播放器等。多年来，Nor Flash 器件一直占闪存市场主要份额，导致传统意义上的 Flash 就是指 Nor Flash。因为多数情况下 Flash 只用来存储少量代码，使用 Nor Flash 就能够满足需要。但是近几年，各种手持嵌入式产品对大容量高密度的 NAND 器件需求量迅速增大，例如 U 盘、数码相机、数字音频/视频记录设备、媒体播放器（iPOD 和 iPHONE）等。另外，手机企业也纷纷开始在手机数据存储器上采用大容量 Nand Flash。据专家推测，未来 Nand Flash 市场份额将会超过 Nor Flash。

10. Nor Flash 闪存实例

海力士（Hynix）公司生产的 HY29LV160 就是一个 Nor Flash 芯片。其单个芯片的存储容量是 16Mb（2MB），采用 48 脚的 TSOP（Thin Small Outline Package，薄型小尺寸封装）或 48 脚的 FBGA（Fine-Pitch Ball Grid Array，精细倾斜球栅阵列）封装，16 位数据宽度，可以以 8 位（字节模式）或 16 位（字模式）数据宽度读写。HY29LV160 仅需要单 3V 电压即可完成系统编程和擦除操作，通过内部命令可对该 Flash 进行编程（烧写）、整片擦除、按扇区擦除等操作。表 9-3 给出了 HY29LV160 芯片的引脚定义。

表 9-3　Nor Flash 闪存 HY29LV160 的引脚信号

引脚	类型	描述
A[19:0]	I	20 位地址总线。在字节模式下，增加 DQ[15]/A[−1] 用作 21 位字节地址的最低位
DQ[15]/A[−1] DQ[14:0]	I/O 三态	数据总线。在读写操作时提供 8 位或 16 位的数据宽度。在字节模式下，DQ[15]/A[−1] 用作 21 位字节地址的最低位，而 DQ[14:8] 处于高阻状态
nBYTE	I	模式选择。低电平选择字节模式，接上拉电阻的高电平选择字模式
nCE	I	片选信号，低电平有效。在对 HY29LV160 进行读写操作时，该引脚必须为低电平。当为高电平时，芯片处于高阻旁路状态
nOE	I	输出使能，低电平有效。在读操作时有效，写操作时无效
nWE	I	写使能，低电平有效。在对 HY29LV160 进行编程和擦除操作时，控制相应的写命令
nRESET	I	硬件复位，低电平有效。对 HY29LV160 进行硬件复位。当复位时，HY29LV160 立即终止正在进行的操作
RY/nBY	O	就绪/忙状态指示，用于指示写或擦除操作是否完成。当 HY29LV160 正在进行编程或擦除操作时，该引脚位低电平。操作完成时为高电平，此时可读取内部的数据
V_{CC}	−−	3.3V 电源
V_{SS}	−−	接地

在使用 S3C44B0X 处理器的嵌入式系统里，HY29LV160 可以作为启动代码存储器。此时需要将该闪存的片选信号 nCE 与处理器的 nGCS0 引脚连接。如图 9-10 所示。这个连接实

质上是把 HY29LV160 的 2MB 地址空间映射到 S3C44B0X 处理器 Bank0 的地址空间（从地址 0x0 开始）。

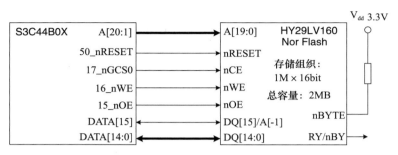

图 9-10   Nor Flash 闪存 HY29LV160 与 S3C44B0X 处理器的接线

除了地址映射之外，将 Nor Flash 用作启动代码存储器还要再进行两项设置。一是设置数据总线的宽度。Bank0 是 Booting ROM 的 Bank 空间，因此 Bank0 的数据总线宽度应当在第 1 次 ROM 读写之前决定。具体做法由操作模式引脚 OM［1:0］的接线来定义，数据总线宽度可以是 8 位、16 位或者 32 位。另外一个设置是字节序，它由处理器芯片的字节序引脚 ENDIAN 硬接线决定。

CPU 对 Nor Flash 的接口不需要其他任何软件上的设置。这样，系统加电复位时，从 Nor Flash 的 0x0 地址开始执行第 1 条指令，从而开始执行了 Nor Flash 里的启动代码。

11. Nand Flash 闪存实例

K9F2808U0A 闪存是三星公司生产的 16MB（128Mb） Nand Flash。它的页面数据写入速度为 200ms 528B（一页）；擦除操作速度达到 2ms 擦除 16KB（一个数据块）。页面的单字节数据读出周期为 50ns。该器件的功能方框图如图 9-11 所示。

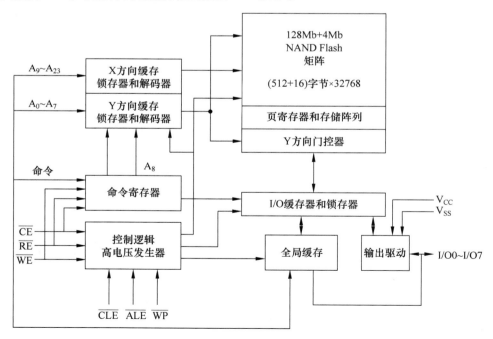

图 9-11   三星公司 K9F2808U0A 型 Nand Flash 功能模块图

从图9-11可以看出因为总容量是16MB = 2^{24}B，所以地址信号线一共有24根。其中，A0~A7为列地址，A9~A16为前一半寄存器行地址，A17~A23和外加的低电平"L"为后一半寄存器行地址。A8由00h或01h命令设置为Low或者High。00h命令定义起始地址在寄存器的前一半，01h命令定义起始地址在寄存器的后一半。

（1）Nand Flash与不带Nand Flash控制器的CPU的接线设计

以不带NAND闪存控制器的S3C44B0X为例，K9F2808U0A闪存与该处理器的连接方法如图9-12所示。由于采用了通用IO口GPC1~GPC3作为该闪存的信号线，因此需要在I/O口初始化时将这些端口信号线设定为输入输出端口线。

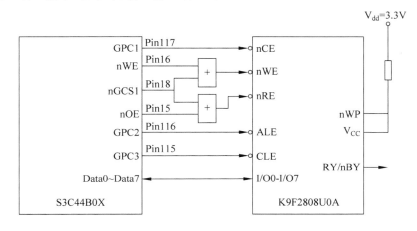

图9-12   K9F2808U0A与S3C44B0X处理器的连接方法

（2）Nand Flash与包含Nand Flash控制器的CPU的接线设计

由于NAND闪存应用广泛，已经有一些嵌入式处理器在内部集成了Nand Flash接口控制器。例如三星出品的S3C2410A片内就含有Nand Flash接口控制器。它在S3C2410A方框图中的位置请参见图9-13。

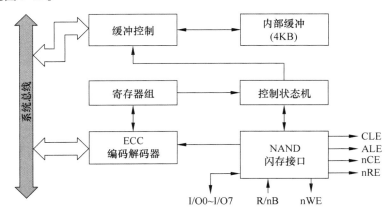

图9-13   S3C2410A处理器的NAND控制器内部结构

S3C2410A是基于ARM9核的32位RISC处理器，主频速度为200MHz或者266MHz。S3C2410A处理器的NAND控制器可以支持Nand Flash的读、擦写和编程，支持自动引导模式，通过硬件ECC对NAND闪存中的数据块进行正确性检测。

S3C2410A 处理器在片内集成了一个称为"Steppingstone（垫脚石）"的 4KB 大小的内部 SRAM。如果系统工作在自动启动模式，那么加电或者复位之后，NAND 闪存的前 4KB 代码将加载到 4KB 的内部垫脚石缓冲存储器上；接着该垫脚石存储器的地址空间被重映射到片选信号 nGCS0 上，即成为 Bank0 存储区。此后 CPU 从 0x0 开始执行 4KB 的内部缓存里的启动代码。

S3C2410A 芯片上与 NAND 闪存控制相关的寄存器有 6 个，如表 9-4 所示。

表 9-4　三星 S3C2410A 的 NAND 控制相关寄存器

寄存器	地址	读/写	描述	复位值
NFCONF	0x4E000000	R/W	Nand Flash 配置寄存器	—
NFCMD	0x4E000004	R/W	Nand Flash 命令设置寄存器 bit[7:0] = Nand Flash 命令值，初值：0x00	—
NFADDR	0x4E000008	R/W	Nand Flash 地址设置寄存器 bit[7:0] = Nand Flash 地址值，初值：0x00	—
NFDATA	0x4E00000C	R/W	Nand Flash 数据寄存器 bit[7:0] = Nand Flash 的读/编程数据值 写操作时：编程数据 读操作时：读出的数据	—
NFSTAT	0x4E000010	R	Nand Flash 操作状态 bit[0] = 1，NAND Flash 芯片忙 bit[0] = 0，NAND Flash 芯片闲	—
NFECC	0x4E000014	R	Nand Flash 纠错码寄存器。涉及 Bit[23:0]，分别存放 3 个单字节纠错码	—

有了 NAND 闪存控制器之后，Nand Flash 与 CPU 的连接就十分简单了。图 9-14 给出了 K9F2808U0A 与 S3C2410A 的硬件接线方法。

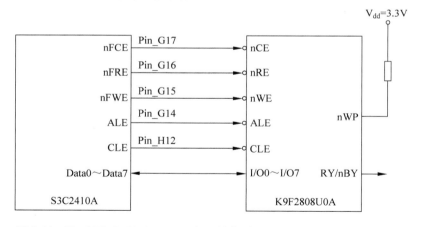

图 9-14　Nand Flash K9F2808U0A 与三星公司 S3C2410A 处理器的连接方法

9.1.2　静态存储器和同步动态存储器

本节涉及 SRAM 和 DRAM。我们首先简略地回顾一下它们的记忆单元结构。因为在 3.4.2 节（哈佛结构）和 3.4.3（主存控制器）节已经介绍过 SRAM 用法，所以对它不再赘述。本节重点讲解在 DRAM 基础上改进的 SDRAM，它常常用于嵌入式系统的内存储器。有关 SDRAM 的内容包括模组结构、信号、引脚、时序、内部操作以及与 CPU 的接线方法。

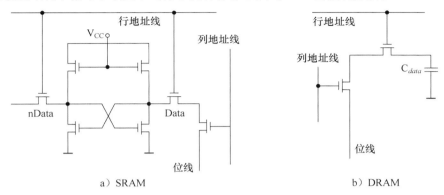

图 9-15　SRAM 和 DRAM 半导体存储器记忆单元结构

1. SRAM 和 DRAM 的记忆单元结构对比

通常，SRAM（静态存储器）的一个存储位由 6 个晶体管构成，如图 9-15a 所示，其中的 nData 表示 Data 信号的负逻辑信号。在本书中，所有负逻辑有效的信号用首写字母 n 表示。只要处于加电状态，其中的数据就能够保持不变，静态存储器由此得名。SRAM 的特点是存储密度低、读写速度快、制造成本高，一般用于系统中对性能要求高的部分，例如高速 Cache。

DRAM（动态存储器）和 SRAM 不同，存储一位信息只需要 1 只晶体管。位的逻辑信息以漏极和地之间的电容 C_{data} 有无电荷来表示，有电荷为 1，无电荷为 0。如图 9-15b 所示。DRAM 的特点与 SRAM 相反，其存储密度高、读写速度较慢、制造成本低。此外，由于读出时电容 C_{data} 上有电荷放电，原来储存的信息就会被破坏，所以需要及时补充电荷，这个操作称为刷新。使用刷新操作的另外一个原因是电容 C_{data} 的绝缘电阻并非无穷大，总会有漏电流，电容 C_{data} 上的电荷只能维持几毫秒。为此 DRAM 每 2ms 内必须进行一次刷新充电，以保持存储信息的正确性。

2. SDRAM

SDRAM（Synchronous DRAM）是同步动态存储器。从技术角度上讲是在现有的标准 DRAM 中加入同步控制逻辑（一个状态机），利用一个单一的系统时钟同步所有的地址数据和控制信号，做到 SDRAM 的时钟频率与 CPU 前端总线时钟频率相同，实现存储器读写速度与 CPU 的处理速度保持一致。

SDRAM 特点是价格低、体积小、速度快、容量大，在嵌入式系统中常常用于主存储器。系统的中断向量、堆空间、栈空间、操作系统工作区、应用程序工作区和存储池都将工作区定位在以 SDRAM 构建而成的主存储器中，因此 SDRAM 的正确配接和初始化是系统开发的重要环节。

PC 系统常见的 SDRAM 以内存模组（memory module）形式出现，俗称同步内存条。位宽一般为 64b（8 字节），时钟频率有 100MHz、125MHz 和 133MHz（对应的时钟周期为 10ns、8ns 和 7.5ns）等。而嵌入式系统通常直接使用一个 SDRAM 芯片作为主存储器。

（1）SDRAM 内存模组与 Bank

SDRAM 器件内部采用 Bank 体系结构，Bank 的中文意义是：存储体、内存体、存储区或者存储库。它有三层含义，分别用于不同场合。

1）从内存模组的角度看，Bank 表示该内存器的物理存储体，简称物理 Bank。物理 Bank

的位宽等同于 CPU 数据线的位宽。通常，内存模组的位宽组织成与物理 Bank 位宽相等或者是它的一倍，从而使 CPU 在一个传输周期内能够完成最多的传输数据。

2）表示 SDRAM 芯片内部的逻辑存储库，通常称为内部 Bank 或者逻辑 Bank。在这种情况下，一个 Bank 就是一个存储芯片中的一个存储区（存储单元矩阵）。

3）表示 DIMM（Dual- Inline- Memory- Module，双列直插式存储模块）或 SIMM（Single- Inline- Memory- Module，单列直插式存储模块）的 SDRAM 连接插槽或插槽组。它是 CPU 与内存之间以数据总线方式相连的物理接口。

（2）Bank 内部存储单元寻址

从逻辑上看，可以认为 SDRAM 存储器内部组织为一个多层存储阵列，每一个存储阵列逻辑上就是一张表，即一个内部 Bank。该表有行地址和列地址，行列交叉的位置就是存储单元，通常一个存储单元存放 1 个字节或者 2 个字节。与表格检索一样，为了对数据 Bank 中的数据进行读写，需要先指定一个存储体（bank）、一个行（row），而后再指定一个列（column），寻址到该单元之后再进行访问。参见图 9-16。

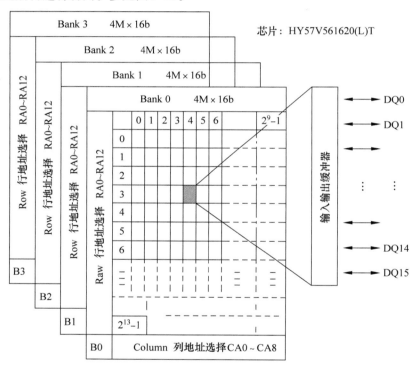

图 9-16　SDRAM 芯片中的 Bank 存储结构示意图

图 9-16 是典型的总容量为 256Mb 的 SDRAM 存储组织示意图。可以把它看成是海力士公司的 HY57V561620（L）T 芯片的存储阵列抽象模型。它有 4 个 Bank，每个 Bank 都具有一个行列数相同的二维存储阵列。Bank 内部被读写存储单元的地址由 13 位的行选择地址（row address $0 \sim 12$，简写 RA0 ~ 12）和 9 位列选择地址（column address $0 \sim 8$，简写 CA0 ~ 8）确定。

在图中使用 Bn 代表 Rank 地址编号，RAn 为行地址编号，CAn 为列地址编号。读写数据时只要指明 Bn、RAn、CAn 参数，就能够准确地寻址到要访问的存储单元。例如，若数据单元寻址参数是 B0、RA3、CA4，则能确定访问的数据位于图 9-16 中灰色方格所示的存储单元。

（3）SDRAM 芯片存储容量计算

要计算 SDRAM 芯片的存储容量，可采用以下公式：

$$总存储单元数量 = 内部\ Bank\ 存储单元数 × 内部\ Bank\ 数量$$
$$= 内部\ Bank\ 行数 × 内部\ Bank\ 列数 × 内部\ Bank\ 数量 \qquad (9\text{-}1)$$

在很多内存产品介绍文档中，都会用 M×W 的方式来表示芯片的容量（或者说是芯片的规格/组织结构）。M 是该芯片中存储单元的总数，单位是兆（英文简写 M，精确值是1048576，而不是 1000000），W 代表每个存储单元的容量，也就是 SDRAM 芯片的位宽（width），单位是 b。计算出来的芯片容量也以 b 为单位，但用户可以换算为字节（byte）。比如 8M×8b 是一个位宽为 8b 的芯片，有 8M 个存储单元，总容量是 64Mb（8MB）。

根据式（9-1），我们可得出图 9-16 所示的 SDRAM 芯片的总存储容量为 256Mb。因为每个Bank 内的存储单元数等于 $2^{13+9} = 2^{22} = 2^2 * 2^{20} = 4M$，每个存储单元存储 16 位（2 个字节），于是有：

$$总存储单元数 = 4M × 4Bank = 16M$$
$$总存储容量为 = 16M × 16b = 256Mb = 32MB$$

为了弄明白 HY57V561620（L)T 芯片的基本时序，表 9-5 给出了该芯片的主要引脚信号。

表 9-5　HY57V561620（L)T 芯片的引脚信号

引脚	引脚名称	描述
CLK	时钟	系统时钟输入端，所有其他的信号线与该 CLK 信号的上升沿同步的输入都被寄存在 SDRAM 上
CKE	设置时钟有效	控制内部时钟信号，当 CKE 信号失活时，SDRAM 会进入掉电下的挂起状态或自刷新状态
nCS	芯片选择	除了 CLK、CKE、UDQM 和 LDQM 的输入，nCS 决定所有的其他输入是否是有效的
BA0，BA1	Bank 地址	在 nRAS 活动期间选择哪一个 Bank 被激活，在 nCAS 活动期间选择哪一个 Bank 进行读写
A0 ~ A12	地址	行地址：RA0 ~ RA12，列地址：CA0 ~ CA8，自动预充电标识：A10，A10 为高电平则执行自动预充电，否则不预充电
nRAS，nCAS，nWE	行地址选通脉冲，列地址选通脉冲，使写有效	nRAS、nCAS 和 nWE 用来定义操作详细参照函数真值表
UDQM，LDQM	数据输入/输出掩码	控制 I/O 缓存的低字节和高字节，包括读模式下的输出缓存和写模式下的输入数据掩码
DQ0 ~ DQ15	数据输入/输出	控制多个数据的输入/输出引脚

（4）HY57V561620（L)T 芯片的工作过程和操作命令

1）芯片初始化：SDRAM 在加电 100 ~ 200μs 后，必须由一个初始化进程来配置 SDRAM 的模式寄存器，这一过程称为 MRS（Memory Register Set）。MRS 操作参数来源于地址线提供的不同 0/1 信号。模式寄存器的值决定着 SDRAM 的工作模式。

2）行地址选通操作（row active）：nRAS 引脚信号引发行有效操作，也叫做行地址选通操作或者行激活操作，参见图 9-17a。行有效操作选中指定行（row）并使之处于活动状态（active）。行有效操作完成之后再进行列地址选通操作。与行有效操作同时进行的操作是片选和逻辑 Bank 选择。

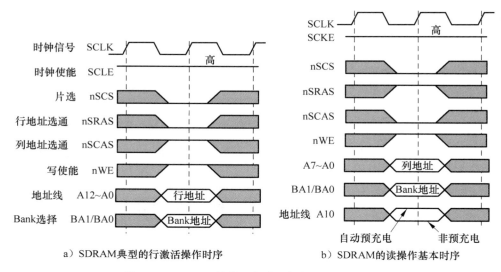

a）SDRAM典型的行激活操作时序   b）SDRAM的读操作基本时序

图 9-17   SDRAM 的典型行激活操作和读操作时序

3）列读写：行地址确定之后对列地址进行寻址。在 SDRAM 中，行地址线与列地址线复用。列地址线仍然是行地址所用的 A0 ~ A12，如图 9-17b 所示。SDRAM 没有明确的读操作或写操作命令，而是通过芯片的 nWE 信号实现读／写控制。nWE 有效时是写命令，无效时就是读命令。nWE 命令与列地址一块发出。

从行有效到读/写命令发出之间的间隔被定义为 tRCD（RAS to CAS Delay），它表示行地址选通到列地址选通的延时。tRCD 通常用时钟周期数来表示。比如，tRCD = 2 代表延迟周期为两个时钟周期。具体到确切的时间，则要根据时钟频率而定，对于 PC100 SDRAM（时钟频率等同于 DDR-200），tRCD = 2 代表 20ns 的延迟，对于 PC133（时钟频率等于 DDR-266）则代表 15ns 的延迟。

相关的列地址被选中之后，将会激发数据传输。但从存储单元中输出到真正出现在内存芯片的 I/O 接口之间还需要一定的时间（数据触发本身就有延迟，而且还需要进行信号放大），这段时间就是 SDRAM 的最重要参数指标 CL（CAS Latency，列地址脉冲选通潜伏期）。CL 的单位与 tRCD 一样，为时钟周期数。图 9-18 描述了 IS42S16400 同步存储器芯片的连续读突发传输时序信号。

4）突发传输：突发（burst）是指在同一行中相邻的存储单元连续进行数据传输的方式，连续传输的周期数就是突发长度（Burst Length，BL）。在进行突发传输时，只要指定起始列地址与突发长度，内存就会依次地自动对后面相应数量的存储单元进行读/写操作，而不再需要控制器连续地提供列地址。

5）预充电和自动预充电：预充电（precharge）命令用于关闭指定 Bank 的有效行或者所有 Bank 的有效行。BA0 和 BA1 信号选择要进行预充电的 Bank。如果 BA0 和 BA1 信号无效，则表示不改变行有效状态。一旦 Bank 被预充电，则进入空闲状态，直到该 Bank 接收到读写命令或者行激活命令为止。例如，在数据读取完之后，为了腾出读出放大器以进行同一 Bank 内其他行的寻址并传输数据，内存芯片将进行预充电的操作来关闭当前工作行。在发出预充电命令之后，要经过一段时间才能发送行有效命令选通新的工作行。从开始关闭现有的工作行到可以打开新的工作行之间的间隔就是 tRP（Row Precharge command period，行预充电命令周期），单位也是时钟周期数。

例如，IS42S16400 同步动态 RAM 中的 A10 信号决定对一个 Bank 还是所有 Bank 进行预充电，参见图 9-17b 和图 9-18。

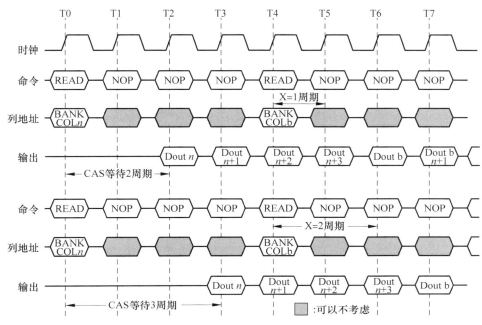

图 9-18　SDRAM 典型的连续读突发传输时序图

通常，SDRAM 的自动预充电（auto precharge）保证在一次突发传输的最早有效阶段就执行预充电，它允许单个 Bank 预充电而无须发出明确指令。当 A10 信号为高，则进行自动预充电。在突发数据读写时如果选择了自动预充电，则被读写行在突发传输完毕之后被预充电，否则该行将继续保持打开状态，用于下一次数据传输。

还是以图 9-16 的逻辑 Bank 示意图为例。当前寻址的存储单元是 B0、RA3、CA4。如果接下来的寻址命令是 B0、RA3、CA5，则不用预充电，因为读出放大器正在为这一行服务。但如果地址命令是 B0、RA4、CA4，则会因为是同一逻辑 Bank 的不同行，必须要先把 RA3 关闭，才能对 RA4 寻址。

（5）SDRAM 器件实例

IS42S16400 是一种 SDRAM 芯片，它是美国 ISSI 公司的产品。其总容量为 64Mb，存储组织为 1M×16b×4Bank，时钟频率为 133MHz 或者 100MHz，全部信号同步于时钟的上升沿，单一 3.3V 电源供电。图 9-19 给出了该 SDRAM 芯片的内部结构。

3. 在嵌入式处理器上配接 SDRAM 实例

许多嵌入式处理器内部集成了 SDRAM 接口逻辑，从而简化了 SDRAM 的接入，否则配接 SDRAM 存储器的工作量将成倍增加。在处理器支持 SDRAM 的情况下，首先应按照处理器数据手册的说明，确定 SDRAM 地址空间在系统总地址空间的位置；设计系统电路板，完成特定 SDRAM 芯片和 CPU 之间的正确连线。此外，还要在系统的启动代码中设置 SDRAM 相关的特殊寄存器，这样一旦启动完毕，SDRAM 就可以作为主存储器投入运行。

我们以三星公司的 S3C44B0X 芯片为例，说明如何配接 SDRAM。

S3C44B0X 内部集成了 SROM/DRAM/SDRAM 接口逻辑。因此，构建嵌入式硬件电路时不需要为 SDRAM 编写接口程序。开发人员需要做的工作有以下几项：

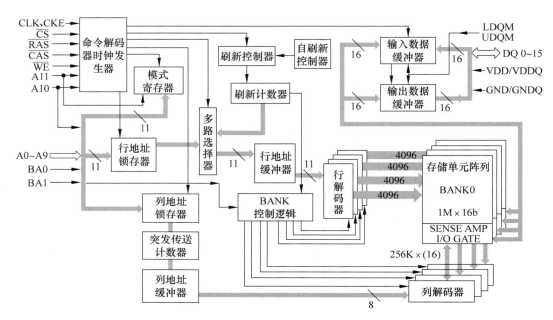

图 9-19   IS42S16400 同步内存芯片的内部结构方框图

1）将选用的 SDRAM 地址空间定位在 S3C44B0X 的适当工作区，可参见图 2-10（位于 2.2.1 节）。S3C44B0X 为 SRAM/DRAM/SDRAM 预留的地址空间是 Bank6 和 Bank7。Bank6 和 Bank7 的可选用地址空间大小一样，都是 2/4/8/16/32MB。其中 Bank6 的起始地址是 0x0C000000，对应的存储器片选信号是 nGCS6。注意，nGCS6/nSCS0/nRAS0 共用一个引脚，引脚编号为 25。

2）在启动代码中编写初始化 SDRAM 控制寄存器参数的程序，即对 SDRAM 控制器进行配置。系统在每次加电后还未执行 C 程序之前，完成 SDRAM 控制器的初始化，然后再进入 C 程序运行。

S3C44B0X 处理器中涉及 SDRAM 运行参数的寄存器有 BWSCON、BANKCONn、REFRESH、BANKSIZE 和 MRSR。涉及的控制位主要包括：Bank6 的数据线宽度、WAIT 状态、存储器类型、nRAS 到 nCAS 的延时周期数、预充电时钟周期数等。

表 9-6 给出了 S3C44B0X 处理器的 Bank 地址配置表。在 S3C44B0X 处理器上连接 SDRAM 时，利用表 9-6 可以确定 Bank 选择线的连接方法。假如要在 S3C44B0X 处理器上配接一个容量为 32MB（256Mbits）的 SDRAM，其型号是 HY57V561620（L）T，那么根据表 9-6 和 HY57V561620（L）T 的数据手册就可以绘制正确的硬件接线图。图 9-20 给出了上述两个芯片的硬件接线图。

表 9-6   S3C44B0X 处理器的 SDRAM 控制器 Bank 地址配置

存储模组总容量	总线宽度	基本芯片容量	存储器配置 = 基本芯片 × 粒数 基本芯片 =（单元数 × 位宽 × Bank 数）	Bank 地址线
8MB	16b	16Mb	（2M 单元 ×4b ×2Bank）×4 粒	A22
	32b		（1M 单元 ×8b ×2Bank）×4 粒	
	8b	64Mb	（4M 单元 ×8b ×2Bank）×1 粒	A[22：21]
	8b		（2M 单元 ×8b ×4Bank）×1 粒	
	16b		（2M 单元 ×16b ×2Bank）×1 粒	A22
	16b		（1M 单元 ×16b ×4Bank）×1 粒	A[22：21]
	32b		（512K 单元 ×32b ×4Bank）×1 粒	

（续）

存储模组总容量	总线宽度	基本芯片容量	存储器配置 = 基本芯片 × 粒数 基本芯片 = (单元数 × 位宽 × Bank 数)	Bank 地址线
16MB	32b	16Mb	(2M 单元 × 4b × 2Bank) × 8 粒	A23
	8b	64Mb	(8M 单元 × 4b × 2Bank) × 2 粒	
	8b		(4M 单元 × 4b × 4Bank) × 2 粒	A[23：22]
	16b		(4M 单元 × 8b × 2Bank) × 2 粒	A23
	16b		(2M 单元 × 8b × 4Bank) × 2 粒	A[23：22]
	32b		(2M 单元 × 16b × 2Bank) × 2 粒	A23
	32b		(1M 单元 × 16b × 4Bank) × 2 粒	
	8b	128Mb	(4M 单元 × 8b × 4Bank) × 1 粒	A[23：22]
	16b		(2M 单元 × 16b × 4Bank) × 1 粒	
32MB	16b	64Mb	(8M 单元 × 4b × 2Bank) × 4 粒	A24
	16b		(4M 单元 × 4b × 4Bank) × 4 粒	A[24：23]
	32b		(4M 单元 × 8b × 2Bank) × 4 粒	A24
	32b		(2M 单元 × 8b × 4Bank) × 4 粒	
	16b	128Mb	(4M 单元 × 8b × 4Bank) × 2 粒	A[24：23]
	32b		(2M 单元 × 16b × 4Bank) × 2 粒	
	8b	256Mb	(8M 单元 × 8b × 4Bank) × 1 粒	
	16b		(4M 单元 × 16b × 4Bank) × 1 粒	

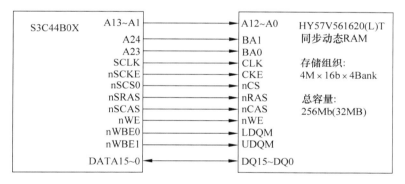

图 9-20 32MB 同步动态存储器与 S3C44B0X 处理器的接线

9.2 常用的嵌入式系统总线

嵌入式系统的硬件主要由嵌入式电路板构成，包括各种信号线、IO 通道和接插在 IO 通道上模块板卡。信号线各种各样，它们把模块板卡连接在一起。一般而言，术语"总线"代表了信号线的集合。

嵌入式系统的总线可以从不同的层次和角度进行分类。

1）按照相对 CPU 的位置：片内总线、片外总线。

2）按照总线的功能：数据线、控制线、地址线。

3）按照总线的层次结构：

- CPU 总线，连接 CPU 和控制板卡。
- 存储总线，连接存储器和存储控制器板卡。
- 外部总线，用于连接外部设备的控制板卡。

- 系统总线、IO 通道总线，用来与扩充插槽上的各个扩充板卡连接。

从电信号角度看，嵌入式产品里内连在 PCB 上的设备以及外接的设备大都采用系统总线方式连接。这些系统总线的控制器以两种方式存在，一种是集成在处理器内部（CPU 片内总线），另外一种是以专用芯片形式出现（片外总线）。下面我们介绍常用的嵌入式系统总线技术标准。

9.2.1　I²C 总线

I²C（Inter-Integrated Circuit，发音为：I squared see，IIC 也是常用写法）的中文名称是内部集成电路总线。它是 20 世纪 80 年代初由飞利浦公司发明的一种双向二进制同步串行总线，是目前系统芯片控制外围设备的常用总线。在消费电子、通信和工控的一些系统设计上都有很多相似部分，包括：①通用电路，如 LCD 驱动、I/O 端口、RAM、EEPROM 和一些数据转换电路。②应用电路，如数字解调和数字信号处理等。③智能控制，如使用微处理器进行控制。为了充分利用以上设计的相似之处，使硬件工作更有效，电路更简单，便开发了 I²C 总线。

I²C 总线不设置仲裁器和时钟发生器，而是通过定义一个仲裁过程来实现总线仲裁，并由仲裁胜利方提供总线时钟。另外，用户使用集电极开路门以"线与"（Wired-AND）方式与总线连接，而不是使用通常的三态门。因此，I²C 是一个廉价、优质的总线，适用于消费电子、通讯电子、工业电子等领域的低速器件。

I²C 总线是一个简单的双向两总线结构。物理上一共有两条信号线和一条地线。两条信号线分别为串行数据线（Serial Data，SDA）和串行时钟线（Serial Clock，SCL）。参见图 9-21。

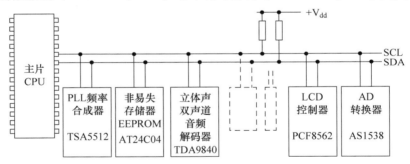

图 9-21　I²C 总线结构示意图

从图 9-21 中可看出，SDA 和 SCL 都是双向的 I/O 线，它们通过上拉电阻连接到正电源。当总线空闲时，SDA 和 SCL 都是高电平，连接在总线上的器件的输出级必须是开漏（OD）或集电极（OC）开路，以实现线与功能。

I²C 总线的技术特点是：

1）I²C 总线中的每一个设备都有唯一的 7 位地址，也就是说，一个 I²C 总线系统中理论上可挂接 128 个不同地址的设备。采用 I²C 总线连接的设备处于主从模式，主设备既可接收数据，也可发送数据。

2）I²C 总线是一个真正多主总线，可以有许多主机共设备于一条总线上。I²C 总线含冲突检测和竞争功能，从而确保当多个主设备同时发送数据时不会造成数据冲突。

3）I²C 总线是一个串行的 8 位双向数据传送总线。在标准模式下，数据传输速率为 100Kbps；在快模式下，数据传输速率为 400Kbps；在高速模式下，数据传输速率为 3.4Mbps。

1. I²C 总线的传输规范

由于 I²C 总线的连线少，结构简单，可不用专门的母板和插座便可直接用导线互连各个设备，因而可大大简化系统的硬件设计。每一个设备都可以作为主设备或者是从设备，例如，存储器之类的设备就可以既是主设备又是从设备。

I²C 总线的数据传输包括位传输和字节传输两方面。当位传输时，必须有一个时钟脉冲产生。此外，由于 I²C 总线中接口连接器件的制作工艺不同（如 CMOS、NMOS 等），位的逻辑 0 和 1 的电平并不是固定的，它根据连接的电源 V_{DD} 来确定。

仅当 SCL 信号线为稳定高电平时，SDA 信号线上的数据有效；当 SCL 信号线为低电平时，允许 SDA 信号线上的数据改变。每一位数据传输需要一个时钟脉冲，如图 9-22 所示。

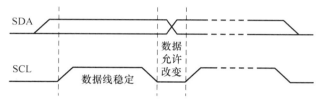

图 9-22　I²C 总线数据稳定与变化的时序

在位传输时，有两个重要的传输位：START（开始位）和 STOP（结束位）。START 位出现在 SDA 信号线电平由高向低转换并且 SCL 信号线电平为高的场合。STOP 位出现在当 SDA 信号线电平由低向高转换并且 SCL 信号线维持高电平场合。在位传输时，START 与 STOP 的位置如图 9-23 所示。

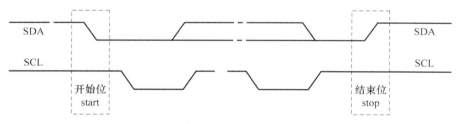

图 9-23　时序图中开始位置与停止位置图

在字节传输时，传送到 SDA 线上的每一个字节必须为 8 位，每次传送的字节数不限，但每一个字节后面必须跟一个响应位。数据传输时，首先传输最高有效位（Most Significant Bit，MSB）。如果在传输的过程中，从设备不能一次接收完一个字节，它就使时钟置为低电平，迫使主设备等待；当从设备能接收下一个数据字节后，将释放 SCL 线，继续后面的数据传输。I²C 总线数据传输时序图如图 9-24 所示。

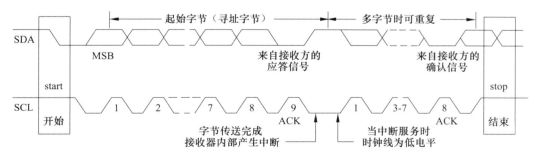

图 9-24　I²C 总线中数据传输时序

2. S3C44B0X 的 I²C 总线读写操作

（1）读写操作

在发送模式下（即写操作），数据被发送之后，I²C 总线接口会一直等待，直到 IICDS（I²C 数据移位寄存器）被程序写入新的数据为止。在新的数据被写入之前，SCL 线都被拉低。写入新的数据之后，SCL 线被释放。S3C44B0X 利用中断来判别当前数据字节是否已经完全送出。CPU 接收到中断请求后，在中断处理程序中将下一个新的数据写入 IICDS 中，如此循环。

在接收模式下（即读操作），数据被接收到后，I²C 总线接口将一直等待，直到 IICDS 寄存器被程序读出为止。在数据被读出之前，SCL 线保持低电平。新的数据被读取之后，SCL 线才被释放。

S3C44B0X 也利用中断来判别是否接收到了新的数据。CPU 收到中断请求之后，处理程序将从 IICDS 中读取数据。

（2）配置 I²C 总线

要控制 SCL 的频率，可以通过设置 IICCON 寄存器中的 4 位预分频值来实现。另外，I²C 总线接口地址通过 I²C 总线地址寄存器 IICADD 来配置（默认状态下，I²C 总线接口地址是一个未知值）。

3. S3C44B0X 的 I²C 总线控制器

S3C44B0X 支持多主模式的 I²C 总线串行接口。S3C44B0X 处理器通过 SDA 和 SCL 及 I²C 总线上的其他外设传输信息，提供 4 种传输模式：主发送、主接收、从发送、从接收。

I²C 总线接口有 4 个专用寄存器，包括：多主 I²C 总线控制寄存器 IICCON、状态寄存器 IICSTATD、I²C 总线地址寄存器 IICADD、I²C 总线发送/接收数据移位寄存器 IICDS。它们都是可读可写寄存器。

9.2.2 SPI 总线接口

串行外围设备接口（Serial Peripheral Interface，SPI）是 Motorola 公司推出的一种同步串行接口技术。由于它起到了串行总线的作用，有不少业内人士将 SPI 称为同步串行总线接口。它主要用于主从分布式的通信网络，由 4 根接口线即可完成主从设备之间的数据通信。这 4 根接口线分别是时钟线（SCLK）、数据输入线（SDI）、数据输出线（SDO）、片选线（CS），如图 9-25 所示。SPI 标准中没有定义最大数据速率，最大数据速率取决于外部设备自己定义的最大数据速率，通常为 5Mbps 量级以上。微处理器可以适应很宽范围的 SPI 数据速率。

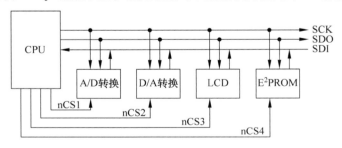

图 9-25 SPI 串行总线的典型结构

SPI 总线接口允许微控制器（MCU）与各种外围设备以串行方式进行通信、数据交换。这些外围设备包括闪存、A/D 转换器、网络控制器、MCU 等。Motorola 公司生产的绝大多数 MCU（如 68 系列 MCU）都配有 SPI 硬件接口。

SPI 系统总线只需 3～4 位数据线和控制线即可与具有 SPI 总线接口功能的各种 I/O 器件进行接口连接，而扩展并行总线则需要 8 根数据线、8～16 位地址线、2～3 位控制线。可见，采用 SPI 总线接口可以简化电路设计，节省很多常规电路中的接口器件和 I/O 口线，从而提高设计的可靠性。

基于 SPI 总线的控制系统有多种形式。如一个主 MCU 和几个从 MCU 的多主机系统、几个从 MCU 相互连接构成的分布式系统、一个主 MCU 和一个或几个从 I/O 设备所构成的简单控制系统等。

SPI 数据的传输格式是最高有效位（MSB）在前、最低有效位（LSB）在后。从设备只有在主控制器发命令后才能接收或发送数据。其中，CS 的有效与否完全由主控制器来定，时钟信号也由主控制器发出。

9.2.3　CAN 总线

CAN（Controller Area Network，控制器局域网）是一种串行数据通信总线，也是全球应用最广泛的现场总线。在讲解 CAN 总线之前，我们先了解一下现场总线的基本知识。

1. 什么是现场总线

现场总线（field bus）是 20 世纪 80 年代后期开始出现的工控领域通信网络，是安装在生产过程区域的智能现场设备（仪表）与总控制站内的自控装置之间的一种串行、数字式、多点、双向传输、多分支结构的通信网络，被称为自动化领域的计算机局域网。现阶段常用的现场总线有：FF H1、PROFIBUS、CAN、WORLDFIP、P-NET 和 LONWORKS 等。

现场总线的特点是：数字化、分布式、开放性、双向串行传输互操作性、节省布线空间等。1999 年底，现场总线协议已被国际电工委员会（International Electro-technical Commission，IEC）批准正式成为国际标准，从而使现场总线成为一种开放的技术。

（1）现场总线标准化机构

目前，现场总线的标准化机构是现场总线基金会（Fieldbus Foundation，FF）。该机构是一个国际性的非营利组织，于 1994 年 6 月成立，其总部位于美国德州的奥斯汀市。FF 的目标是建立单一的、开放的、可互操作的现场总线国际标准。这个组织给予国际电工委员会现场总线标准起草工作组以强大的支持，起着举足轻重的作用。这个组织目前有 100 多成员单位，包括了全世界主要的过程控制产品及系统的生产公司。

（2）基金会现场总线

基金会现场总线是一个典型的开放式现场总线协议，是仪表及过程控制领域向数字化通信领域的技术转变产物。FF 自 1984 年成立以来，经过十年的发展，已经形成了一个开放的、全数字化的工业通信系统，并在 20 世纪末开始进入中国市场，推动了中国的工业自动化技术进步。在大型全区域系统集成方面，FF 有广泛的应用。

现场总线基金会分别于 1996 年和 2000 年颁布了两种 FF 标准，即低速总线 H1（31.25Kbps）和高速以太网 HSE（High Speed Ethernet，100Mbps）。H1 的分层模型自顶向下分为用户应用层、现场总线报文规范层、现场总线访问子层、数据链路层和物理层，采用双绞线连接各个结点。

（3）PROFIBUS

PROFIBUS 也是一种典型的现场总线，1987 年由西门子公司等 13 家企业和 5 家研究机构联合开发。1996 年批准为欧洲标准 EN 50170 V.2 PROFIBUS-FMS/-DP。

PROFIBUS 有两个主要的通信协议：FMS 和 DP。前者用于车间级通信，主要用于可编程的控制器（如 PLC 和 PC）之间的通信；后者用于总线主站与其所属从站设备之间进行简单、快速、循环和时间确定性的过程性数据交换。

PROFIBUS 采用总线拓扑结构，是在屏蔽双绞线电缆上传输的线性总线。对第 1 层的传输技术提供多种不同的版本。利用中继器，该网络最多可支持 127 个节点。使用中继器的数量最多不超过 4 个，最大承载线长为 4800m。一个网段能够支持 32 个节点，最高运行速度为 12Mbps，最低为 9.6Kbps。使用九针 DB 连接器，可实现电缆之间的标准连接。PROFIBUS 使用的串行传输接口标准是 RS-485，传输线是双绞铜缆。

（4）CAN

CAN 最初由德国 Robert Basch 及几个半导体集成电路制造商开发出来，目的是节省接线的工作量。目前，CAN 芯片由 Motorola、Intel 等公司生产。已由 ISO/TC22 技术委员会批准为国际标准 ISO11898（高速场合）和 ISO11519（低速场合），是最早被批准为国际标准的现场总线。

现在，CAN 总线协议已经成为全球汽车计算机控制系统和嵌入式工业局域网的标准总线，同时也是中国汽车电子控制产业和工控局域网行业应用较广、媒体宣传较多的一种现场总线。

2. CAN 主要技术特点

CAN 是一种多主串行通信总线系统，通信介质可以是双绞线、同轴电缆或光纤。通信速率可达到 1Mbps/40m，直接传输距离最远可达 10Km/5Kbps。最多可挂接 110 个设备。报文标识符可达 2032 种（CAN2.0）。

CAN 的媒体访问采用多主随机发送协议。由于使用了 NRZ（非归零码）作为传输码元（发送隐式码元时，总线与发送器间为高阻），实现了无冲突的媒体访问协议 CSMA/CA（载波侦听多路存取/冲突避免）。

CAN 协议中废除了传统的站地址编码，而是对通信数据块编码。这样可使网络中的节点个数在理论上不受限制，数据块的标识码可由 11 位（CAN2.0A）或 29 位（CAN2.0B）二进制数组成，因此可定义成 2^{11} 或 2^{29} 个不同的数据块。这种按块编码的方式，还可使不同的节点同时接受相同的数据，这在分布式控制系统中很有用。

CAN 总线优点包括：速度快，网络带宽利用率高，纠错能力强，帧未结束时就可以得到确认。CAN 总线的缺点包括：①CAN 的时延不确定。它每一帧包括 0~8 个字节的有效数据，所以，只有具有最高优先权的帧的延时是确定的，其他帧只能根据一定的模型估算。②CAN 的单一数据传输方式限制了它的功能，例如，通过网上下载程序比较困难。另外，CAN 的网络规模比较小，一般在 50 个节点以下。

CAN 的最主要应用领域是汽车电子，用于汽车环境中的微控制器通讯，在车载各电子控制装置之间交换信息，形成汽车电子控制网络。如图 9-26 所示。

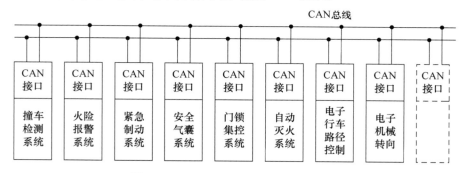

图 9-26　CAN 总线在汽车电子中的应用

CAN 控制系统强调集成、模块化的工作方式，优点是抗干扰能力强、实时性好、系统错误检测和隔离能力强。由于 CAN 总线优点突出，其应用范围目前已不再局限于汽车行业，而向航空航天、航海、机械工业、农用机械、机器人、数控机床、医疗器械及传感器等领域发展。

为促进 CAN 以及 CAN 协议的发展，1992 在欧洲成立了 CiA（CAN in Automation）。现已有 400 多家公司加入了 CiA，CiA 已经为全球应用 CAN 技术的权威组织。

3. 微处理器内置的 CAN 控制器举例

LPC2294 是飞利浦公司新推出的一款功能强大、超低功耗的具有 ARM7TDMI 内核的 32 位微控制器。144 脚封装、两个 32 位定时器、8 路 10 位 ADC、4 路 CAN 通道和 PWM 通道以及多达 9 个外部中断，内部嵌入 256K 字节高速 Flash 存储器和 16K 字节静态 RAM，包含 76（使用了外部存储器）~ 112（单片）个 GPIO 口。

LPC2294 内部集成的 4 个 CAN 控制器符合 CAN 规范 CAN2.0B 以及 ISO 11989-1 标准。总线数据波特率都可达 1Mbps，可访问 32 位的寄存器和 RAM，全局验收过滤器可识别几乎所有总线的 11 位和 29 位 Rx 标识符。

9.3 常用的嵌入式系统接口

本节将介绍嵌入式系统常用的通信接口，包括 UART、通用输入输出接口（GPIO）和以太网接口。

9.3.1 UART 接口

UART（Universal Asynchronous Receiver or Transmitter，通用异步收发器）通常称为串口，它负责管理异步串行数据通信，常常用于主机与嵌入式开发板之间的最初调试信息通信，是嵌入式系统中重要的 I/O 接口之一。

1. UART 的基本功能

UART 提供的主要功能有：传输波特率设定；将接收到的串行数据变换为主机内部的并行数据；把机内并行数据转换为输出串行数据；设定数据传输的帧格式；对输入输出的串行数据流中进行奇偶校验处理；进行数据收发执行缓冲处理等。

多数嵌入式处理器内部集成了 UART 接口。例如，S3C44B0X 具有 2 个（S3C2410 有 3 个）独立的 UART 通道，每个 UART 通道都可以工作在中断模式或 DMA 模式，并且每个 UART 均具有两个 16 字节的 FIFO（先入先出寄存器）分别供接收和发送使用，它所支持的最高波特率达到 118.2Kbps（S3C2410 为 230.4Kbps）。

S3C44B0X 的每一个 UART 通道由波特率发生器、发送器、接收器、FIFO 和控制单元组成。波特率发生器的时钟源自 MCLK。要发送的数据首先被写入 FIFO，然后被复制到发送移位器中，最后从数据输出端口（TxDn）依次被输出。被接收的数据从数据接收端口（RxDn）依次被移位输入移位寄存器，然后被复制到 FIFO 中。

S3C44B0X 的 UART 通道的可编程配置参数包括：波特率、红外收/发模式、数据帧宽度（5、6、7 或者 8 位）、停止位位数（1 位或 2 位）、奇校验/偶校验。

S3C44B0X 的 UART 通道具有如下特性：

- RxD0、TxD0、RxD1、TxD1 可以工作在中断模式或者 DMA 模式。
- UART 通道 0 和通道 1 都符合红外标准 IrDA 1.0，具备 16 字节的 FIFO。
- 支持发送和接收的握手模式。

2. S3C44B0X 处理器的 UART 操作

S3C44B0X 处理器的 UART 操作主要有 4 种，下面分别加以介绍。

（1）数据发送

在 S3C44B0X 处理器中，寄存器 ULCONn 可以表示 ULCON0 和 ULCON1，这就是说最后一个字母 n 可以表示两个寄存器，取值分别是 0 和 1。

我们可以通过线控制寄存器（ULCONn）来设置数据发送的帧格式。一个数据帧包含一个起始位、5~8 个数据位、一个可选的奇偶位和 1~2 个停止位。发送器也能够产生发送中止条件。中止条件迫使串口输出保持在逻辑 0 状态，这种状态的保持时间超过一个传输帧的时间长度。通常在一帧数据完整地传输完之后，再通过这个全 0 状态将中止信号发送给对方。发送中止信号之后，传送数据将持续地放入输出 FIFO 中（在不使用 FIFO 模式下，将被放到输出保持寄存器）。

（2）数据接收

与发送操作一样，接收数据帧格式同样可以通过线控制寄存器（ULCONn）来设置。接收器还可以检测到溢出错误、奇偶校验错误、帧错误和中止状况，每种情况下都会将一个错误标志置位。

检测到的各种错误的描述如下：

- 溢出错误表示新的数据已经覆盖了旧的数据，因为旧的数据没有及时被读入。
- 奇偶校验错误表示接收器检测到了意料之外的奇偶校验结果。
- 帧错误表示接收到的数据没有有效的停止位。
- 中止状况表示 RxDn 的输入被保持为 0 状态的时间超过了一个帧传输的时间。
- 在 FIFO 模式下，接收 FIFO 不应为空，但当接收器在 3 个字符时间内都没有接收到任何数据，就认为发生了接收超时状况。

（3）自动流控制

S3C44B0X 的 UART 通过 nRTS 和 nCTS 信号支持自动流控制（Auto Flow Control，AFC），在这种情况下必须是 UART 与 UART 连接。如果用户将 UART 连接到调制解调器，就应该在 UMCONn 寄存器（MODEM 控制器）中对自动流控制位（第 4 位）写禁能值（赋 0）并由软件控制 nRTS。在 AFC 中，nRTS 由接收器的接收情况控制，nCTS 则控制了发送器的工作。

UART 发送器在 nCTS 信号被置 1 的时候发送 FIFO 中的数据。在 AFC 中，nCTS 置 1 意味着对方 UART 的 FIFO 已经准备好接收数据。

在接收数据时，当 FIFO 中有多于 2 个字节的空余空间，nRTS 激活，指示接收 FIFO 准备好接收数据。当接收 FIFO 的剩余空间少于 1 字节时，必须将 nRTS 清 0，指示不能再接收。在 AFC 中，nRTS 意味着乙方的 FIFO 已经准备好接收数据。UART 的 AFC 接口如图 9-27 所示。

图 9-27　UART 的 AFC 接口

（4）RS-232 接口

如果要将 UART 与调制解调器的接口连接，就需要用 nRTS、nCTS、nDSR、nDTR、DCD 和 nRI 信号。在这种情况下，用户可以通过使用其他 I/O 口来由软件控制这些信号，因为 AFC 不支持 RS-232C 接口。

3. 中断/DMA 请求产生器

S3C44B0X 的每个 UART 都有 7 个状态信号:接收 FIFO/缓冲区数据准备好、发送 FIFO/缓冲区空、发送移位寄存器空、溢出错误、奇偶校验错误、帧错误和中止,这些状态都反映在对应的 UART 状态寄存器 (UTRSTATn/UERSTATn) 中的相应位。

当接收器要将接收移位寄存器的数据送到接收 FIFO,它会激活接收 FIFO 满状态信号。如果控制寄存器中的接收模式选为中断模式,就会引发接收中断。

当发送器从发送 FIFO 中取出数据送到发送移位寄存器,那么 FIFO 空状态信号将会被激活。如果控制寄存器中的发送模式选为中断模式,就会引发发送中断。

如果接收/发送模式被选为 DMA 模式,"接收 FIFO 满"和"发送 FIFO 空"状态信号同样可以产生 DMA 请求信号。

溢出错误、奇偶校验错误、帧错误和中止状况都被认为是接收错误状态,如果 UCONn 中的接收错误状态中断使能位被置位,则上述任何一个错误状态都能够引发接收错误中断请求。当检测到接收错误状态中断请求时,引发中断请求信号的接收错误类型可以通过读取UERSTATn来识别。与 FIFO 有关的中断如表 9-7 所示。

表 9-7 与 FIFO 有关的中断

类型	FIFO 类型	非 FIFO 模式
Rx 中断	每当接收数据达到接收 FIFO 级别,就产生接收中断	每当接收数据满,接收移位寄存器将产生一个中断
Tx 中断	每当发送数据达到发送 FIFO 级别,就产生发送中断	每当发送数据空,发送保持寄存器将产生一个中断
错误中断	一旦发生帧错误、奇偶校验错误和检测出中止信号,都将产生错误中断。当达到接收 FIFO 的顶部,就会产生溢出错误中断	所有错误都会立即产生一个错误中断。但是如果同时也发生另一个错误,则只有一个中断会产生

4. S3C44B0X 的 UART 寄存器

S3C44B0X 处理器负责对 UART 运行的控制寄存器有 11 个,如表 9-8 所示。

表 9-8 UART 通道 1 的控制寄存器清单

序号	中文名称	英文名称	SFR 端口	主要特性描述
1	线控制寄存器	ULCON1	0x01D04000	是否红外模式,帧格式定义
2	UART 主控制器	UCON1	0x01D04004	收发模式,收发中断模式
3	FIFO 控制器	UFCON1	0x01D04008	禁能/使能,触发水平
4	Modem 控制器	UMCON1	0x01D0400C	AFC 禁能/使能
5	发送接收状态寄存器	UTRSTAT1	0x01D04010	发送移位寄存器满/空 接收寄存器准备妥否
6	错误状态寄存器	rUERSTAT1	0x01D04014	错误类型登记
7	FIFO 状态寄存器	rUFSTAT1	0x01D04018	收发 FIFO 满/不满,计数
8	Modem 状态寄存器	rUMSTAT1	0x01D0401C	CTS 状态
9	发送保持缓冲寄存器	UTXH1	0x01D04020	小端序,单字节
10	接收保持缓冲寄存器	URXH1	0x01D04024	小端序,单字节
11	波特率除数寄存器	rUBRDIV1	0x01D04028	波特率除数的值

表 9-8 给出的是 UART 通道 1 的控制寄存器清单，这个清单对于通道 0 也完全适用。此外，发送/接收保持缓冲寄存器的端口地址根据大小端序的不同而有所不同。以下列出的是 UART 通道 1 的数据发送/接收函数和寄存器映射的宏定义代码，用于编写数据收发程序。

```
/*S3C44B0X 处理器的宏定义代码 */
#define rUTXH1          (*(volatile unsigned char *)0x1D04020)  // UART 发送
#define rURXH1          (*(volatile unsigned char *)0x1D04024)  // UART 接收
#define WrUTXH1(ch)     (*(volatile unsigned char *)0x1D04020)=(unsigned char)(ch)
#define RdURXH1()       (*(volatile unsigned char *)0x1D04024)
#define UTXH1           (0x1D04020)
#define URXH1           (0x1D04024)
```

5．S3C44B0X 的 UART 编程步骤

通常，基于 S3C44B0X 嵌入式开发板的串行口使用的是 S3C44B0X 内部 UART 接口。通过电平转换电路芯片（如 Max3233），把 3.3V 的逻辑电平转换为 RS-232-C 的逻辑电平，向外进行数据收发。这种串口往往使用了 RS-232-C 的 3 根线进行通信，其接口为 D 型的 9 针阳性插头。该插头各个管脚的定义如图 9-28a 所示。3 线通信连接方法如图 9-28b 所示。

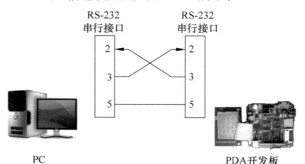

3线连接的RS-232接口			
管脚号	定义	信号	方向
2	数据接收	RxD	输入
3	数据发送	TxD	输出
5	地线	GND	—

a）D型9针阳性插头管脚定义　　　　b）PC和嵌入式开发板的串口线连接

图 9-28　常见的串口（UART 接口）接线方法

涉及 UART 数据发送接收的引脚主要是两组 RxD、TxD 引脚。从图 9-29 可以看出，RxD0、TxD0、RxD1、TxD1 这四个引脚是复用引脚。因此，在编写串口数据收发程序之前，首先需要对 GPC12、GPC13、GPE1、GPE2 口的工作模式进行设置。

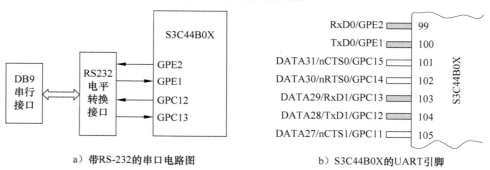

a）带RS-232的串口电路图　　　　b）S3C44B0X的UART引脚

图 9-29　S3C44B0X 的 UART 数据收发引脚

与这两组串口引脚设置有关的寄存器 PCONC 和 PCONE 的部分位定义如表 9-9 所示。注意，GPEn 和 PEn 以及 GPCn 和 PCn 所代表的口线意义相同。

表 9-9　UART 数据收发引脚的控制寄存器位定义

控制寄存器	地址	控制口线	控制位	描述	
PCONC	0x01D20010	PC13	27 ~ 26	00：输入　　　　01：输出	10: DATA29　　11: RxD1
		PC12	25 ~ 24	00：输入　　　　01：输出	10: DATA28　　11: TxD1
PCONE	0x01D20028	PE2	5 ~ 4	00：输入　　　　01：输出	10: RxD0　　　11: 保留
		PE1	3 ~ 2	00：输入　　　　01：输出	10: TxD0　　　11: 保留
PUPC	0x01D20018	PC15 ~ PC0	15 ~ 0	0：相应位的上拉电阻使能	1：相应位的上拉电阻失效
PUPE	0x01D2002C	PE8 ~ PE0	8 ~ 0	0：相应位的上拉电阻使能	1：相应位的上拉电阻失效

（1）PC 口和 PE 口的设置

PC 口通过以下 C 语句设置：

```
rPCONC = 0x0F000000 | rPCONC;        // 使 PC13 引脚为 RxD1,PC12 引脚为 TxD1
rPUPC = 0x3000;                      // 设置 PC13 和 PC12 无内部上拉电阻
```

PE 口通过以下 C 语句设置：

```
rPCONE = (rPCONE&0xFC3) | 0xEB;      // 使 PE2 引脚为 RxD0,PE1 引脚为 TxD0
rPUPE = 0x6;                         // 设置 PE2 和 PE1 无内部上拉电阻
```

（2）UART 初始化

首先对 UART 口的可配置参数进行初始化，使其能够按照所要求的通信方式进行通信。对 UART0 和 UART1 口进行初始化的 C 语言程序代码如下。

```
void Uart_Init(int Uartnum, int mclk,int baud)
{
    int i;
    if(mclk ==0)mclk =MCLK;
    if(Uartnum ==0){                    // UART0,即 UART 通道号为 0
        rUFCON0 = 0x0;                  // 不使用 FIFO
        rUMCON0 = 0x0;                  // 不使用自动流控制(AFC)
        rULCON0 = 0x3;                  // 8 个数据位,1 个停止位,奇偶校验位
                                        // 不采用红外线传输模式
        rUCON0 = 0x245;                 // 当 Tx 缓冲为空时,以电平信号发送中断请求
                                        // 当 Rx 缓冲有数据时,以边沿信号发送中断请求
                                        // 禁止超时中断,允许产生处于接收出错状态的中断请求
                                        // 禁止回送模式,禁止中止信号,发送数据操作按中断方式
                                        // 接收数据操作按中断方式
        rUBRDIV0 = ( (int)(mclk/16. /baud +0.5) -1 );
                                        // 根据波特率计算 UBRDIV0 值
    }
    else{                               // UART1
                                        // UART1 的初始化与 UART0 相同
        rUFCON1 = 0x0;
        rUMCON1 = 0x0;
        rULCON1 = 0x3;
```

```
        rUCON1 = 0x245;
        rUBRDIV1 = ( ( int)(mclk/16./baud + 0.5) - 1 );
    }
    for( i = 0; i < 100; i ++ );
}
```

(3) 字符接受程序 Uart_GetByte

```
#define RdUTXH0( )( *( volatile unsigned char*)0x01D00024)
#define RdUTXH1( )( *( volatile unsigned char*)0x01D04024)

char Uart_GetByte( char*Revdata, int Uartnum, int timeout)
{
    int i = 0;
    if( Uartnum == 0){                    // UART0
        while( !( rUTRSTAT0 & 0x1));      // 读接收数据
        *Revdata = RdURXH0( );
        return TRUE;
    }
    else{
        while( !( rUTRSTAT1 & 0x1));
        *Revdata = RdURXH1( );
        return TRUE;
    }
}
```

(4) 字符发送程序 Uart_SendByte

```
#define WrUTXH0( ch) ( *( volatile unsigned char*)0x01D00020) = (unsigned char)( ch)
#define WrUTXH1( ch) ( *( volatile unsigned char*)0x01D04020) = (unsigned char)( ch)

void Uart_SendByte( int Uartnum, U8 data)
{
    if( Uartnum == 0)                     // UART0
    {
        while( !( rUTRSTAT0 & 0x2));      // 当发送数据缓冲器不空,执行下一条指令
        Delay(1);
        WrUTXH0( data);
    }
    else
    {
        while( !( rUTRSTAT1 & 0x2));      // UART1 的处理同 UART0
        Delay(1);
        WrUTXH1( data);
    }
}
```

(5) 发送字符串程序 Uart_ SendString

```
void Uart_SendString( int Uartnum, char * pt)
{
    while( *pt){
        if( *pt == '\n'){
            Uart_SendByte( Uartnum, '\r');
            Uart_SendByte( Uartnum, *pt ++);
        }
```

```
        else
            Uart_SendByte(Uartnum, *pt ++);
    }
}
```

9.3.2　通用输入输出接口

PC 平台上的数据输入输出接口芯片都是 CPU 的片外集成电路器件，专用性较强。例如，8251 是通用同步异步串行接口，INS8250 是通用异步串行接口，8255 是通用并行接口。

在嵌入式系统中，数据输入输出主要通过通用输入输出接口（General Purpose I/O port，GPIO）进行。之所以称为通用输入输出口，是因为它们的用法非常灵活，可以通过编程设定其功能。一个处理器内的 GPIO 分成若干个组，每一组称为一个 IO 接口。通常，一组 GPIO 接口有 10 多个引脚。例如，S3C2410X 处理器的 A 口（Port A，也可以简称为 GPA）有 23 个输出引脚。通过编程，用户既可以使用一组引脚工作，也可以使用一组中的几个引脚工作；既可以让引脚用于输入，也可以让引脚用于输出；还可以支持串行/并行输入输出、数字/模拟工作状态、休眠唤醒、外部中断请求、外部 DMA 请求或者定时器溢出等。值得初学者注意的是，GPIO 的引脚常常是复用的。在编写嵌入式软件时，当用到某一个 GPIO 引脚时，应该事先查清楚该引脚是否已经被使用过了。

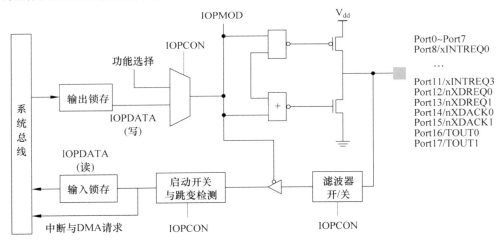

图 9-30　S3C4510 处理器的通用 I/O 功能模块图

GPIO 接口的控制器通常集成在微控制器或者嵌入式处理器芯片内部。

例如，8051 单片机有 4 个 8 位并行 I/O 端口，称为 P0、P1、P2 和 P3。每个端口都是 8 位双向端口，包括一个锁存器（即特殊功能寄存器 P0 ~ P3）、一个输出驱动器和输入缓冲器。执行数据输出时可以锁存，执行数据输入时可以缓冲。

又例如，S3C2410X 处理器有 8 组 GPIO 接口，编号为 A ~ H。除了 A 口是专用的输出口之外，其余的 7 个口都是输入输出可选择的。

再例如，S3C4510B 处理器提供了 18 个可编程的 GPIO 接口。用户通过对片内的 IOPMOD 和 IOPCON 寄存器编程，可以配置每个端口。S3C4510B 的 I/O 端口的功能模块图如图 9-30 所示。

我们以常用的三星公司 S3C44B0X 处理器为例说明 GPIO 的用法。该处理器有 7 个多功能 I/O 端口，涉及 71 个引脚。这 71 个引脚全部是功能复用引脚，可能的使用状态参见表 9-10。

表9-10   三星公司 S3C44B0X 的 GPIO 端口引脚配置一览表

GPIO 端口名称	端口位数	引脚功能 复用数	通常选择的功能用途
端口 A	10 位输出端口	2	地址线
端口 B	11 位输出端口	2	存储体 bank 选择线 或者 SDRAM 信号线
端口 C	16 位输入/输出端口	3	数据线、IIS 接口或 LCD 数据线
端口 D	8 位输入/输出端口	2	LCD 数据线
端口 E	9 位输入/输出端口	3	串口信号线，定时器输出
端口 F	9 位输入/输出端口	4	多功能数据 I/O 口
端口 G	8 位输入/输出端口	3	多功能数据 I/O 口

在系统开发过程中，需要用到三组特殊功能寄存器来定义表9-10里7个 GPIO 端口的具体功能。第一组是端口配置寄存器（PCONA ~ PCONG）。第二组是端口数据寄存器（PDATA ~ PDATG），第三组是端口上拉电阻设置寄存器（PUPA ~ PUPG）。

以端口 F 为例，它是 9 位输入输出端口。使用前需要对 PCONF 寄存器写入控制字，以决定这 9 位中的每一位执行的是输入操作还是输出操作。操作时，PDATF 寄存器的 PF [8:0] 引脚按照输入或者输出的定义接受或者发送数据。PUPF 寄存器的每一位值决定该位使能情况下是否接上拉电阻。值为 0 时上拉电阻有效，值为 1 时上拉电阻无效。

在嵌入式系统中使用 C 语言程序对通用 I/O 口的控制寄存器进行读写。由于控制寄存器都属于 SFR，位于片内的固定单元，为此需要在 .H 文件中映射控制寄存器的地址。其方法是对控制寄存器对应的内存单元用预处理指令 define 加以定义。此后就可以将这些寄存器作为变量直接写入 C 程序的计算表达式中，进行程序控制。

下面的 3 条指令属于 S3C44B0 处理器的 SFR 寄存器地址定义的 .H 文件，它们给出了 GPF 端口的控制寄存器地址映射。

```
#define rPCONF      (*(volatile unsigned *)0x01D20040)
#define rPDATF      (*(volatile unsigned *)0x01D20044)
#define rPUPF       (*(volatile unsigned *)0x01D20048)
```

9.3.3   以太网接口

以太网接口是嵌入式系统的主要 I/O 接口。在开发阶段用于连接主机，完成调试信息传输和程序映像文件下载。在运行阶段，用于连接本地局域网内的其他嵌入式系统、智能设备或者连接因特网。以太网接口也是嵌入式 Internet 的底层核心技术。它不仅可用于工业现场，实现现场节点的自动上网功能，而且还可以用于信息家电实现远程控制。

嵌入式系统技术领域通常使用的是 10Mbps 的标准以太网，在速率上与工业以太网相等或者相当。嵌入式系统配备以太网接口有以下两种方法：

1）嵌入式处理器 + 以太网接口芯片，例如 RTL8019AS、DM9008F、LAN91C111、RTL8139等。这类接口芯片遵循 IEEE802.3 所规定的 CDMA/CD 协议，除了提供物理链路所需的电器性能外，还提供曼彻斯特编码、冲突检测和重发功能。这种方法对嵌入式处理器没有特殊要求，只要正确地把以太网接口芯片连接到嵌入式处理器总线上，编写该接口芯片的驱动程序。这种方法的优点是通用型强，适用于各种处理器；缺点是速度慢，可靠性不高。本书将在下面重点介绍 RTL8019AS 以太网接口。

2）内部集成了以太网控制器的嵌入式处理器，例如 S3C4510B。这种方法要求嵌入式处理器有通用的网络接口（例如：Medium Independent Interface，MII，介质独立接口）。通常，这一类处理器是面向网络应用设计的。处理器和网络通过内部总线交换数据，速度快可靠性高。

1. 以太网数据帧格式

以太网数据编码采用曼彻斯特编码，输出信号高电平为 +0.85V，低电平为 -0.85V，直流电压为0V。传输电缆常用的是 10BASE-T 双绞线电缆。

以太网数据帧是数据链路层（MAC 层）上传输的单位数据报文，该报文格式最早在 RFC894 中提出，在 IEEE802.3 标准中加以规定。以太网数据帧的具体位定义参见表 9-11。从表中可见，以太网数据帧有 8 个字段。每一个帧以先导字段 PR 开头，PR 有 7 个字节，每个字节的内容是 01010101。该字段的曼彻斯特编码会产生 10MHz、持续 8.6μs 的方波，以实现接收方和发送方的时钟同步。SD 字段内容是 10101011，标志数据帧的开始。DA、SA 字段是目的地址和源地址。每个地址长度是 6 个字节。

表 9-11　以太网帧位定义

字段	PR	SD	DA	SA	TYPE	DATA	PAD	FCS
长度	56 位	8 位	48 位	48 位	16 位	46-1500 字节	X	32 位

TYPE 字段表明该帧的数据类型。例如，0800H 表示 IP 数据包，0806H 表示数据为 ARP 包，0835H 表示 RARP 包，814CH 表示 SNMP 包，8137H 表示 IPX/SPX 包。DATA 是数据段，该段数据不能超过 1500 字节。因为以太网规定，整个传输包的最大长度不能超过 1514 字节，而源地址/目的地址和类型占用了 14 个字节。PAD 字段是可选的填充字段。以太网帧传输规定，数据包最短不能小于 60 个字节，除去目的地址、源地址和类型占用的 14 个字节外，至少还必须传输 46 个字节数据。当数据少于 46 个字节时，要在后面补 0。FCS（Frame Check Sequence，帧校验序列）为 32 位的 CRC 校验字段。

2. 基于 RTL8019AS 的以太网接口

RTL8019AS 是中国台湾 Realtek 公司生产的基于 ISA 总线的以太网卡控制芯片，与 NE2000 标准相兼容，支持即插即用功能，速率为 10Mbps，具有全双工和三级电源控制特性。RTL8019AS 芯片性价比高，连接方便，在国内进行嵌入式以太网设计时，它是主流选用的控制芯片。

RTL8019AS 集成了介质访问控制子层（MAC）和物理层的功能，可以方便地和 MCU 系统进行接口。该网卡芯片内部带有 16KB 的 RAM 缓冲区，可以支持 UTP（双绞线）、AUI（粗缆以太网）和 BNC（细缆以太网）。RTL8019AS 还有其他一些主要性能指标，包括：①符合以太网 II 与 IEEE802.3（10Base5、10Base2、10BaseT）标准；②内置 16KB 的 SRAM，用于收发缓冲，降低对主处理器的速度要求；③支持 8/16 位数据总线，具有 8 个中断申请线以及 16 个 I/O 基地址选择；④允许 4 个诊断 LED 引脚可编程输出；⑤采用 CMOS 工艺，功耗低，单一电源 5V 供电。

网卡内部 16KB 的 RAM 是双端口内部存储器（简称双口 RAM）。所谓双口 RAM 就是指有两套总线连接到该 RAM 的两个完全独立的端口。每个端口都有自己的控制线、地址线和数据线。RTL8019AS 芯片有两套总线。第一套总线连接网卡控制器读/写网卡上的 RAM，即本地 DMA；第二套总线 B 连接单片机读/写网卡上的 RAM，即远程 DMA。要接收和发送数据包都必须读写网卡内部 16KB 的 RAM，而且必须通过 DMA 方式进行读写。CPU 对双口 RAM 端口的操作等效于对它的外部 RAM 进行操作。双口 RAM 的关键技术是如何避免两端口上的 CPU 访问指令对同一 RAM 单元的争用。一般来说，双口 RAM 可提供三种防冲突方式。限于篇幅的关系，本书不讨论双口 RAM 的防冲突方式。

（1）RTL8019AS 芯片的内部模块结构

参看图 9-31a，RTL8019AS 的内部逻辑功能分为 5 个部分：

1）接收逻辑：在接收过程中先执行串行到并行数据转换，之后每次有一个接收脉冲就将一个字节数据存入 16 字节的 FIFO 缓冲区中，再将检测到的帧定界符后面的 6 个字节送到地址识别逻辑比较。

2）CRC：在发送过程中用 CRC 算法对数据帧进行计算，得到数据帧的串行计算结果之后，将产生的 CRC 码送往发送逻辑。在接收过程中，则对接收帧进行 CRC 校验。

3）发送逻辑：用于在发送过程从 FIFO 读取并行数据并转换成串行位流发送出去，在每个数据帧发送之前，自动加入 64 位的帧前同步字符序列，在数据帧之后加入 32 位的 CRC 码。

4）地址识别逻辑：将接收到的数据帧目的地址和地址寄存器中的源地址进行比较，判定是否为发到本地的帧，同时支持多地址和广播地址的连接方式。

5）FIFO 和 FIFO 控制逻辑：网络接口卡（Network Interface Card，NIC）中有 16 字节的 FIFO 缓冲区，其控制逻辑实现在发送和接收过程中从 FIFO 取出或存入数据，并防止发生断流或溢流。

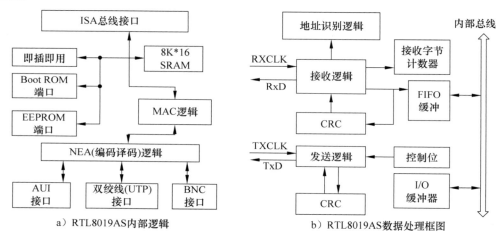

a）RTL8019AS 内部逻辑　　　　　　　b）RTL8019AS 数据处理框图

图 9-31　1RTL8019AS 以太网芯片的内部逻辑和数据处理流程框图

（2）以太网数据收发原理

RTL8019AS 以太网的内部结构和数据收发控制原理如图 9-31 所示。本地 DMA 完成控制器与网线的数据交换，主处理器收发数据只需对远程 DMA 操作。

当主处理器要向网上发送数据时，先将一帧数据通过远程 DMA 通道送到 RTL8019AS 中的发送缓存区，然后发出传送命令。RTL8019AS 在完成了上一帧的发送后，执行此帧的发送。首先由发送逻辑将 FIFO 送来的字节在发送时钟控制下逐个按位移出，送往 CRC 模块。CRC 模块生成帧数据的 CRC，并附加在数据尾传送。地址识别逻辑对接收帧的目的地址与预先设置的本地物理地址进行比较，如两个地址不同且不满足广播地址的设置要求，该帧数据将被拒收。FIFO 缓冲器对收发的数据作 16 个字节的缓冲，以减少本地 DMA 请求次数，参看图 9-31b。

当接收以太网数据时，RTL8019AS 先对接收到的数据进行 MAC 处理和 CRC 校验，然后由 FIFO 存到接收缓冲区。收满一帧后，以中断或寄存器标志的方式通知主处理器。在图 9-36b

中，接收逻辑在接收时钟的控制下，将串行数据拼成字节送到 FIFO 和 CRC，CRC 逻辑在接收时对输入数据进行 CRC 校验，将结果与帧尾的 CRC 比较，如二者不同，该帧数据将被拒收。

RTLS019AS 提供 3 种配置 I/O 端口和中断的模式：第 1 种为跳线模式（Jumper），RTLS019AS 的 I/O 端口和中断由跳线引脚决定；第 2 种为即插即用模式（Plug and Play，PnP），由软件自动配置；第 3 种为免跳线模式（Jumperless），RTL8019AS 的 I/O 端口和中断由 9346（外部 EEPROM 芯片中）的配置信息决定。

RTL8019AS 芯片内部有两块 RAM 区。一块 16KB，地址为 0x4000 ~ 0x7FFF；另一块 32B，地址为 0x0000 ~ 0x001F。RAM 按页存储，每 256B 为一页。一般将 RAM 的前 12 页（即 0x4000 ~ 0x4BFF）存储区作为发送缓冲区，后 52 页（即 0x4C00 ~ 0x7FFF）存储区作为接收缓冲区。第 0 页叫 PROM 页，只有 32B，地址为 0x0000 ~ 0x001F，用于存储以太网物理地址。

RTL8019AS 共有 32 个输入输出口地址，对应地址偏移量为 00H ~ 1FH。RTL8019AS 的内部寄存器是分页的，每个寄存器都是 8 位，在不同页面下，同一个端口地址对应不同的寄存器。页面的选择通过 CR 寄存器的第 6 位和第 7 位来选择。10H ~ 17H 的 8 个地址为数据读写端口地址，只用其中的一个即可。18H ~ 1FH 的 8 个地址为复位端口，只用其中的一个即可。参见表 9-12。

表 9-12　RTL8019AS 的寄存器

地址	Page0		Page1	Page2	Page3	
	[R]	[W]	[R/W]	[R]	[R]	[R/W]
00H	CR	CR	CR	CR	CR	CR
01H	CLDA0	PSTART	PAR0	PSTART	9346CR	9346CR
02H	CLDA1	PSTOP	PAR1	PSTOP	BPAGE	BPATGE
03H	BNRY	BNRY	PAR2	—	CONFIG0	—
04H	TSR	TSR	PAR3	TPSR	CONFIG1	CONFIG1
05H	NCR	TBCR0	PAR4	—	CONFIG2	CONFIG2
06H	FIFO	TBCR1	PAR5	—	CONFIG3	CONFIG3
07H	ISR	ISR	CURR	—	—	TEST
08H	CRDA0	RSAR0	MAR0	—	CSNSAV	—
09H	CRDA1	RSAR1	MAR1	—	—	HLTCLK
0AH	8019ID0	RBCR0	MAR2	—	—	—
0BH	8019ID1	RBCR1	MAR3	—	INTR	—
0CH	RSR	RSR	MAR4	RCR	—	FMWP
0DH	CNTR0	TCR	MAR5	TCR	—	—
0EH	CNTR1	DCR	MAR6	DCR	—	—
0FH	CNTR2	IMR	MAR7	IMR	—	—
10 ~ 17H	DMA 端口					
18 ~ 1FH	复位端口					

1）复位端口：18H ~ 1FH 这 8 个地址对应着复位端口，对该组端口的偶数地址读出或写入任何数，都会引起以太网控制器的复位，这种方式称为热复位。

2）中断状态控制器：中断状态寄存器（Interrupt Status Register，ISR）的地址为 07H，单字节长，位于第 0 页。ISR 中包含有与复位有关的标志位，如表 9-13 所示。

表 9-13   RTL8019AS 中断控制器的位定义

位	符号	描述
0	PRX	这个位表示数据包被无错接收
1	PTX	这个位表示数据包被无错发送
2	RXE	如果在接收数据中发生了诸如 CRC 错误、帧对齐错误和包丢失等错误，则该位置 1
3	TXE	如果在数据发送过程中发生了过多的冲突，则发送就会停止，且该位置 1
4	OVW	如果接收缓冲器溢出，则该位置 1
5	CNT	如果 1 个或多个网络标签计数器的最高位置 1，则该位置 1
6	RDC	如果远程 DMA 操作完成，则该位置 1
7	RST	如果 NIC 进入复位状态，则该位置 1；在启动命令写入命令寄存器 CR 时，该位清 0；在接收缓冲区溢出时该位置 1；如果一个或多个包从缓冲区中读出，该位清 0

3）命令控制器：命令寄存器 CR 的地址偏移量是 00H，单字节长，其定义参见表 9-14。

表 9-14   命令寄存器 CR 的位定义

位	符号	描述
CR7 ~ CR6	PS1，PS0	选择寄存器页。取 00 值选择 0 页，01 选择 1 页，10 选择 2 页；取值 00、01 和 10 表示与 NE2000 型以太网控制器兼容。取值 11 选择 3 页，属于 RTL8019AS 的配置
CR5 ~ CR3	RD2 ~ RD0	表示要执行的功能。000 = 不允许；001 = 远程读取以太网控制器内存；010 = 远程写入以太网控制器内存；011 = 发送包，1XX = 重新完成远程 DMA
CR2	TXP	发送数据包时，必须将该位置 1。该位在数据发送完成后或者发送中止时内部复位。对该位写 0 不起作用
CR1	STA	无控制作用，反映写入该位的值，加电时为 0
CR0	STP	该位是停止命令。该位被置 1，就停止接收或发送任何数据包。上电时该位为 1。STA 与 STP 组合使用时，10 = 启动命令；01 = 停止命令

4）与发送和接收相关的寄存器：

- PSTART：页开始寄存器，设置接收缓冲环的开始页地址，位于 01H，在第 0 页可写，在第 2 页可读。

- PSTOP：页结束寄存器，设置接收缓冲环的停止页地址，该页不用于接收，位于 02H，在第 0 页可写，在第 2 页可读。在 8 位模式不能超过 0x60，在 16 位模式不能超过 0x80。

- BNRY：边界寄存器，位于 03H，在第 0 页可读写。这个寄存器用来避免对环形接收缓冲区中数据的错误覆盖，通常用做指针，指向接收缓冲区中已经被读取的最后一个页。初始化时，BNRY = 0x4C。

- CURR：当前页寄存器，作为写指针使用，位于 07H，在第 1 页可读写。这个寄存器的内容指向接收缓冲区中第一个可用于接收新数据的页面，初始化时指向 BNRY + 1 = 0x4D。

- DCR：数据配置寄存器。将它设置为使用 FIFO 缓存，普通模式，8 位数据传输模式。字节顺序为高位字节在前，低位字节在后。

- TPSR：为发送页的起始页地址。初始化为指向第一个发送缓冲区的页。

- RCR：接收配置寄存器，设置为使用接收缓冲区。它仅接收与自己地址相匹配的数据包（以及广播地址数据包）和多点播送地址包，小于 64 字节的包和校验错的数据包将被丢弃。

- TCR：发送配置寄存器，启用 CRC（循环冗余校验）自动生成和校验功能，工作在正常模式。
- RSAR0，RSAR1：对存储器进行操作的起始地址寄存器，RSAR0 存放低 8 位，RSAR1 存放高 8 位。
- RBCR0，RBCR1：对存储器操作的字节计数寄存器，RBCR0 存放低 8 位，RBCR1 存放高 8 位。
- TBCR0，TBCR1：发送字节计数器，这两个寄存器设置了要发送数据包中的字节数。TBCR0 存放低 8 位，TBCR1 存放高 8 位。
- IMR：中断屏蔽寄存器。设置成 0x00 时，屏蔽所有的中断；设置成 0xFF 将允许所有中断。
- MAR0-MAR8：多点播送地址，可以全写 0xFF。
- PAGE2 的寄存器是只读的，不用设置。PAGE3 的寄存器不是 NE2000 兼容的，所以也不用设置。

（3）网卡 RAM 的环形缓冲区页存储结构

RTL8019AS 网卡的 RAM 以 256 字节为一页，采用按页存储的结构。16 位 RAM 的地址的高 8 位叫页码。网卡 16KB 的 RAM 地址空间是 0x4000~0x7FFF，也就是从页 0x40 到页 0x7F，一共有 64 页。这 64 页被用来接收和发送数据包。一般把前面的 12 页用来存放发送的数据包，后面的 52 页用来存放接收的数据包，当然也可以根据自己的要求来配置。用 0x40~0x4B 的 12 页作为发送缓冲区的理由是一个最大的数据包需要 6 页。12 页可以存放 2 个最大的数据包，从而实现交替缓冲存储和发送。

接收缓冲区是一个 FIFO 型的缓冲区，逻辑上呈环形状态，如图 9-32 所示。BNCY 是读页码指针，指向主机最新已经读取的页。CURR 是写页码指针，指向马上要写入接收缓冲区的页。在图 9-32 中，BNCY = 0x4C，CURR = 0x4D，表示主机已经读取了第 4C 页的数据，下面将接收到的数据将存放在第 4D 页。CURR 和 BNRY 主要用来控制缓冲区的存取过程，保证能顺次写入和读出。当 CURR = BNRY + 1（或当 BNRY = 0x7F，CURR = 0x4C）时，以太网控制器的接收缓冲区里没有数据，表示没有收到任何数据包。用户通过这个判断知道没有包可以读。

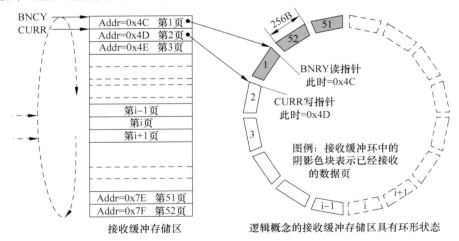

图 9-32　RTL8019AS 接收缓冲环示意图

当上述条件不成立时，表示接收到新的数据包，用户应该读取数据包；每读取一页数据，就将 BNRY 加 1，直到上述条件成立时，表示所有的数据包已经读完，此时停止读取数据包。

通过设置 PSTART（Page Start Register）、PSTOP（Page Stop Register）寄存器来决定作为接收缓冲器的页范围。PSTART 和 PSTOP 是 16 位 RAM 的高 8 位，也就是页码。在初始化中，设置 PSTART = 0x4C，PSTOP = 0x80，表示将使用 0x4C00 ~ 0x47FF 的 RAM 地址区域来存储接收到的数据包。PSTOP 是 0x80 而不是 0x7F，其意义是从该页开始的页不能作为接收缓冲区。

（4）以太网接口与 ARM 处理器的电路连接

以太网接口芯片 RTL8019AS 与 S3C44B0X 的典型连接电路如图 9-33 所示。其中 FB2022 是网卡隔离变压器（也叫做网卡隔离过滤器），RJ-45 是双绞线接头。

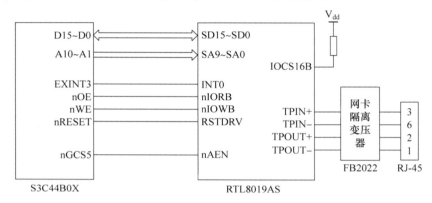

图 9-33　S3C44B0X 处理器与 RTL8019AS 连接电路

（5）主要引脚介绍

RTL8019AS 芯片提供 100 引脚的 TQFP 封装，其引脚可分为电源及时钟引脚、网络介质接口引脚、自举 ROM 及初始化 EEPROM 接口引脚、主处理器接口引脚、输出指示及工作方式配置引脚几种类型。表 9-15 给出了与 ARM 处理器连接时用到的主要引脚。参见图 9-33 和表 9-15。注意，其中表 9-15 中使用的术语曼码是"曼彻斯特编码"的简称。

表 9-15　RTL8019AS 与 ARM7 处理器连接的主要引脚

引脚	信号线	描述	引脚	信号线	描述
数据线	SD15 ~ SD0	16 位模式	主机 I/O 读信号	nIORB	低电平有效
地址线	SA19 ~ SA0	形成 I/O 基地址	主机 I/O 写信号	nIOWB	低电平有效
复位信号	RSTDRV	输入，高电平有效	8/16 位总线选择	IOCS16B	高电平为 16 位
地址允许	nAEN	低电平有效	中断申请	INT0	外部中断 1
输入引脚	TPIN +	接收曼码解码数据	输出引脚	TPOUT +	发送曼码解码数据
输入引脚	TPIN −	接收曼码解码数据	输出引脚	TPOUT −	发送曼码解码数据

（6）RTL8019AS 的软件设计

从本质上讲，RTL8019AS 通过 DMA 方式进行数据传输，因此该芯片驱动程序的设计目标是为远程 DMA 相关的控制寄存器设置参数。

1）复位要求。RSTDRV 为高电平有效，至少需要 800ns 的时间宽度。因此给该引脚一个 1μs 以上的高电平就可以复位。施加高电平后，然后再施加低电平，低电平需要延时 200ms，即可确保完全复位。

2）初始化步骤。以下一些参数是在网络控制器能够工作前所必须初始化的，包括数据总线的宽度、物理地址、中断服务的类型、接收缓冲区的大小、FIFO 阈值和可能接收的数据包类型。RTL8019AS 初始化程序完成以下寄存器设置：

- CR = 0x21，选择页 0 寄存器，禁止接收或发送包。
- TPSR = 0x40，发送页的起始页地址，初始化为指向第一个发送缓冲区的页。
- PSTART = 0x4C，PSTOP = 0x80：构造缓冲环，0x4C ~ 0x80。
- BNRY = 0x4C，设置指针。
- RCR = 0xCC，设置接收配置寄存器，使用接收缓冲区，仅接收自己地址的数据包（以及广播地址数据包）和多点播送地址包，小于 64 字节的包丢弃，校验出错的数据包不接收。
- TCR = 0xE0，设置发送配置寄存器。启用 CRC 自动生成和自动校验，工作在正常模式。
- DCR = 0xC8，设置数据配置寄存器。使用 FIFO 缓存，普通模式，8 位数据 DMA。
- IMR = 0x00，设置中断屏蔽寄存器，屏蔽所有中断。
- CR = 0x61，选择页 1 寄存器。
- CURR = 0x4D，CURR 是 RTL8019AS 写内存的指针，指向当前正在写的页的下一页，初始化时指向 BNRY（0x4C）+ 1 = 0x4D。
- 设置多址寄存器 MAR0 ~ MAR5，均设置为 0x00。
- 设置网卡地址寄存器 PAR0 ~ PAR5。
- CR = 0x22，选择页 0 的寄存器，进入正常工作状态。

3）接收过程。接收程序主要对一些相关的寄存器进行操作，其中要求正确地配置 PSTART、PSTOP、CURR 和 BNRY 寄存器的页码，尤其在初始化的时候要注意使 BNRY = CURR – 1 页。

接收的过程如下：RTL8019AS 接收到以太网数据帧后，自动将其保存在接收缓冲区，并发出中断信号。S3C44B0X 在中断程序中通过 DMA 接收到数据，也就是通过远程 DMA 把数据从 RTL8019AS 的 RAM 空间读回 ARM 处理器中处理。

4）发送过程。发送程序的内部执行顺序为：①接收网卡的地址（6 字节）；②发送网卡的地址（6 字节）；③传输的字节数量；④传输数据序列；⑤写完数据包后，写 CR 寄存器发送数据包。

初始化远程寄存器 RSAR 后将待发送的数据按帧格式封装，启动远程 DMA 将数据写入缓冲区，然后启动本地 DMA 将数据发送到网上。

9.4 嵌入式系统常用的外部设备

嵌入式系统常用的外部设备与 PC 和大型计算机使用的外部设备有所不同，这点在手持设备上表现得更加明显。本节主要介绍手持设备上常用的外部设备或者模块，包括小键盘、液晶显示器、触摸屏。

9.4.1 键盘

键盘是计算机的基本输入设备之一。在嵌入式系统中使用的键盘多数是 4 × 4 的 16 键小键盘。有的嵌入式产品根据需要可以再外加一个 PS/2 接口来连接标准键盘。

从内部结构上看，键盘是由排列成矩阵形式的一系列按键开关组成，可分为编码式键盘和非编码式键盘两大类。编码式键盘是通过数字电路直接产生对应于按键的 ASCII 码，这种方式目前很少使用。非编码式键盘将按键排列成矩阵的形式，由硬件或软件随时对矩阵扫描，一旦某一键被按下，该键的行列信息即被转换为位置码并送入主机，再由键盘驱动程序查表，从而得到按键的 ASCII 码，最后送入内存中的键盘缓冲区供主机分析执行。非编码式键盘由于其结构简单、按键重定义方便而成为目前最常采用的键盘类型。

1. 非编码式键盘识别按键方法

非编码式键盘识别按键的方法有两种：一是行扫描法，二是线反转法。

（1）行扫描法

行扫描法的原理是：让一个行线引脚发出低电平信号，使该引脚对应的键盘上某一行线为低电平，而其余行接高电平。参见图 9-34。然后读取列线值，如果列值中有某位为低电平，则表明行列交点处的键被按下；否则扫描下一行，直到扫描完全部行线为止。换言之，如果该行线所连接的键没有按下，则列线所接的端口得到的是全"1"信号；如果有键按下，则得到非全"1"信号。

为了防止双键或多键同时按下，往往从第 0 行一直扫描到最后 1 行，若只发现 1 个闭合键，则为有效键，否则全部作废。

（2）线反转法

线反转法也是识别闭合键的一种常用方法，该法比行扫描速度快，但在硬件上要求行线和列线外接上拉电阻。

该方法的工作原理是：先将行线作为输出线，列线作为输入线，行线输出全"0"信号，读入列线的值，然后将行线和列线的输入输出关系互换，并且将刚才读到的列线所接的端口输出，再读取行线的输入值。那么在闭合键所在的行线上值必为 0。这样，当一个键被按下时，必定可读到一对唯一的行列值。

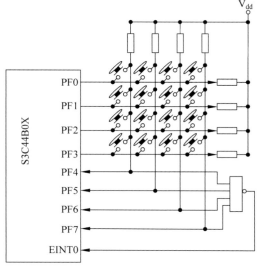

图 9-34 4×4 小键盘的线反转法按键识别示意图

（3）键盘按键控制方法

通常有三种按键识别方法：①程序控制扫描方式，即程序查询方式；②定时扫描方式，即由处理器内部定时器产生定时中断信号（例如每 0.5 秒），CPU 响应中断后对键盘进行扫描；③键盘中断控制方式，当键盘上有键按下去之后立即引发键盘中断请求，处理器执行键盘扫描。这种方法效率最高，下面的键盘接口案例采用的是第 3 种控制方法。

2. 硬件接线方法

图 9-34 给出了采用线翻转识别按键方法在 S3C44B0X 的 GPF 口上连接 4×4 小键盘的硬件接线示意图。

3. 软件编程处理流程

利用 S4C44B0X 处理器多功能 I/O 口的 PF 口实现非编码式 4×4 小键盘的线翻转按键识别的编程步骤如下：

（1）设置 PCONF 寄存器

由于第一次操作需要设定 PF3～0 为输出口（行线），PF7～4 为输入口（列线）。因此编写如下一条 PCONF 寄存器的工作方式指令：

```
rPCONF=000 000 000 000 00 01 01 01 01B=0x55;     // 决定了 PF1~8 口线的操作 1 方式
```

第二次操作需要设定 PF3~0 为输入口（行线），PF7~4 为输出口（列线）。因此 PCONF 寄存器的工作方式设置指令改为：

```
rPCONF=000 001 001 001 01 00 00 00 00B=0x1250;   // 决定了 PF1~8 口线的操作 2 方式
```

（2）设置 PDATF 寄存器

PF3~0 作为输出口输出扫描码时，可采用下面的指令：

```
rPDATF=0xF0;
```

PF7~4 作为输入口读入键值时，可采用下面的指令：

```
Rowkeyvalue=(rPDATF&0xF0)>>4;
```

类似地，PF7~4 作为输出口输出扫描码时，可采用下面的指令：

```
rPDATF=0x0F;
```

PF3~0 作为输入口读入键值时，可采用下面的指令：

```
Columnkeyvalue=(rPDATG&0x0F);
```

（3）设置 PUPF 寄存器

设置 PF 口各个引脚线内部的上拉电阻的指令如下：

```
rPUPF=0x00;                                       // PF7~0 的上拉电阻置为使能状态
```

4. 线反转法按键识别程序

程序清单 9-1

```
/* 本程序功能:4×4 小键盘的线反转法按键识别程序,嵌入式处理器:S3C44B0X  */
unsigned char Readkeyboard(void)
{
    unsigned int PCONFback=0;                          // 备份寄存器数据的变量
    unsigned int PUPFback=0;                           // 备份寄存器数据的变量
    const unsigned char scanvalue[16]={0xEE,0xDE,0xBE,0x7E, // 键位扫描识别码表
                               0xED,0xDD,0xBD,0x7D,
                               0xEB,0xDB,0xBB,0x7B,
                               0xE7,0xD7,0xB7,0x77
                               };
    const unsigned char KeyAscCode[16]={'1','2','3','/',    // 键位 ASCII 码表
                               '4','5','6','+',
                               '7','8','9','-',
                               '*','0','#','='
                               };
    unsigned int a, i, key, temp,temp1, temp2, temp3;
    PCONFback=rPCONF;                                  // 备份寄存器 rPCONF 的值
    PUPFback=rPUPF;                                    // 备份寄存器 rPUPF 的值
    rPUPF=0x00;                                        // PF 的 8 个口线全部上拉电阻有效
    rPCONF=0x0055;                                     // PF0~PF3 为输出(行线), PF4~PF7 为输入(列线)
    rPDATF=0xF0;                                       // PF0~PF3 全写入 0 之后输出
    temp1=rPDATF&0xF0;                                 // 读入列线 PF4~PF7 信号
    rPCONF=0x1250;                                     // PF0~PF3 为输入(行线),PF4~PF7 为输出(列线),
    rPDATF=0x0F;                                       // PF4~PF7 全写入 0 之后输出
    temp2=rPDATF&0x0F;                                 // 读入行线 PF0~PF3 信号
    temp=temp1|temp2;
```

```
        if( temp! = 0xFF )                              // 如果 temp 不为 0xFF 值，则是有键被按下
           {
             for( a = 255;a > 0;a -- ){}                // 延时，消除键盘抖动
             rPCONF = 0x0055;                           // 再读取键值
             rPDATF = 0xF0;
             temp1 = rPDATF&0xF0;
             rPCONF = 0x1250;
             rPDATF = 0x0F;
             temp2 = rPDATF&0x0F;
             temp3 = temp1 |temp2;
             if(temp3 == temp)                          // 判断两次读取的键值,如果相等则为按键
               for(key = 0;key < 16;key ++ )
                   if(temp == scanvalue[key])
                      {
                         rPCONF = PCONFback;
                         rPUPF = PUPFback;
                         rPDATF = 0xFF;                  // 置 rPDATF 为初始值，即没有键按下
                         return(KeyAscCode[key]);       // 返回按键的 ASCII 码
                      }
                   else                                 // 判断两次读取的键值,如果不相等则判断为键盘抖动
                      {
                         rPCONF = PCONFback;
                         rPUPF = PUPFback;
                         return(0x10);                  // 返回错误码 0x10
                      }
           }
        return(0x20);                                   // 没有检测到键被按下,返回代码 0x20
    }
```

9.4.2　液晶显示器

液晶显示器（Liquid Crystal Display，LCD，也称液晶屏）采用一种数字显示技术，可以通过液晶和彩色过滤器过滤光源，在平面面板上产生图像。与传统的阴极射线管（CRT）相比，LCD 占用空间小、功耗低、辐射低、无闪烁，可降低视觉疲劳。目前，液晶显示器成为嵌入式系统产品中最常见的显示设备。

（1）液晶屏显像的基本原理

液晶材料是一种介于固体和液体之间的有机化合物，常温下以长棒状的分子存在，叫做液晶单元。液晶屏的内部有一个液晶盒，所有液晶单元放在液晶盒中。在自然状态下，这些棒状分子的长轴大致平行，但是在电场作用下能够改变其排列方向。液晶屏里的每一个液晶单元都对应一个电极。液晶单元在加电或断电情况下可以做到让光线偏转或者不偏转。

液晶盒一般置放在两块偏光板之间。液晶屏幕后面有一个背光，该光源打在第一层偏光板上，然后光线到达液晶单元。当光线穿过液晶单元时，就会产生光线的色泽改变。穿过液晶单元射出来的光线，还必须经过一个彩色滤光片以及第二块偏光板。两块偏光板相差 90 度。可以利用电压来改变液晶单元的晶体形状，实现遮光和透光效果，从而达到显示目的。如果为液晶盒的每个像素点设置一个开关电路，就做到完全单独地控制一个像素点。用控制电路把显示存储器里的图像数据加载到液晶屏的像素矩阵上，我们就能从液晶屏幕上看到灰度图像或者彩色图像。

（2）液晶显示器技术指标

1）响应时间：结构不同的 LCD，其显示响应输入信号的时间差异很大。对 LCD 速度的需

求取决于用途。如果用于 PC 的文本显示，则响应时间在 250～500ms 就可以满足要求；若用于实时视频显示，则必须小于 50ms。目前具有视频响应能力的 LCD 只有有源点阵的 TFT-LCD，它的响应时间在 30～50ms 范围内。

2）亮度：LCD 的亮度取决于 LCD 的结构和背景照明类型。亮度的测量单位通常为英尺朗伯（foot lamberts，fl）或坎德拉/每平方米（candelas/square meter，cd/m^2），它们之间的换算关系为：

$$1fl = 3.425cd/m^2$$
$$1cd/m^2 = 0.292fl$$

对大多数环境来说，亮度为 $25cd/m^2$ 一般就可以满足要求。

3）对比度：对比度通常是指开状态像素与关状态像素的亮度比率。高分辨率显示器的对比度范围为 10∶1～100∶1。尽管人们的肉眼接受对比度的能力取决于多种因素，但在许多场合下，7∶1 或更高一点就能满足要求。高于 20∶1 时，人的肉眼就觉察不到它们的差别了。

4）LCD 的点距和可视面积：LCD 显示器的像素点距指标同 CRT 有差距。LCD 显示器的像素点距多半为 0.32～0.297mm，比 CRT 的点距指标略差一些。CRT 的像素点距一般为 0.28mm。可视面积指能够看到像素的面积，往往用显示矩形的对角线长度来表示。例如 14 英寸、2 英寸等。

5）LCD 的分辨率：以 LCD 显示矩形面上的纵方向像素数和横方向像素数之乘积来表示，受 LCD 的可视面积大小限制。手机 LCD 的显示面积较小，分辨率大约在 200×300 像素的范围内。一般的嵌入式监控设备 LCD 分辨率可以达到 640×480 像素。

6）色彩指数：LCD 屏幕颜色数是衡量 LCD 品质的重要指标。LCD 面板每个独立的像素色彩是由红、绿、蓝（R、G、B）三种基本色来控制。每个基本色根据控制其亮度的二进制数数位多少，分成不同的色阶。例如 R、G、B 分别用 1 位表示，则效果为 8 种彩色显示。如果 R、G、B 的色阶分别使用 6 位控制，即有 64 种表现度，则每个独立的像素就有 64×64×64 = 262144 种色彩。当 R、G、B 三个基本色的每一个色阶控制能达到 8 位，即有 256 种表现度，那么每个独立的像素的色彩总数就高达 256×256×256 = 16777216 种。

通常 65536 色已基本可满足我们肉眼的识别需求。26 万色是数码相机高质量照片所需要的彩色指数。

7）视角：视角是指人们观察显示器的范围。它用于垂直于显示器平面的法向平面角度来度量。如视角为 45 度，表示人们可以从法向平面开始向上下左右任意方向的 0～45 度角均可观察到显示器的显示内容。

（3）液晶显示器的物理结构

常见的液晶显示器按物理结构分为四种：扭曲向列型（Twisted Nematic，TN）、超扭曲向列型（Super TN，STN）、双层超扭曲向列型（Dual Scan Tortuosity Nomograph，DSTN）和薄膜晶体管型（Thin Film Transistor，TFT）。其中前三种是无源点阵 LCD。

TN-LCD 的对比度通常小于 3∶1，视角小于 +20 度。其显示品质、反应速度及视角较差，多用于简单数字及文字显示的中/小尺寸面板，例如电子表及电子计算器、寻呼机等。

STN-LCD 增大液晶分子的扭曲角，使其具有高达 10∶1 的对比度和高达 +40 度的视角，显示效果比 TN-LCD 好，但是在应用面上与 TN-LCD 差不多。

DSTN-LCD 是由 STN-LCD 发展而来，采用双扫描技术，因此显示效果相对 STN-LCD 来说有所提高。但是 DSTN 显示屏上每个像素点的亮度和对比度都不能独立控制，造成其显示效果欠佳。此外，屏幕观察范围也较小，色彩不够丰富，特别是反应速度慢（约为 300ms），不适于高速全动图像、视频播放等应用，一般只用于文字、表格和静态图像处理。DSTN-LCD 像素矩阵是被动矩阵（无源矩阵），它只能显示一定的颜色深度，不是真正的彩色显示器，因而又称为"伪彩显"。DSTN-LCD 的优点是：结构简单、价格相对低廉、耗能也比 TFT-LCD 少，而且由于视角小可以防止窥视屏幕内容而达到保密作用。所以目前 DSTN 液晶显示屏仍然占有一定的市场份额。

TFT-LCD 于 1985 年诞生，它是主动矩阵式（有源矩阵）的产品。TFT-LCD 的每个像素点都是由集成在自身上的 TFT 来控制的，它们是有源像素点。因此，不但其反应时间大大缩短（至少可以做到 80ms 左右，一般为 30ms 左右），对比度和亮度也大大提高了，同时分辨率也得到了空前的提升。TFT-LCD 具有更高的对比度和更丰富的色彩，荧屏更新频率也更快，所以我们称为"真彩"。

与传统的 CRT 显示器相比，TFT-LCD 体积小、厚度小、重量轻、耗能少、工作电压低、无辐射、无闪烁，能直接与 CMOS 集成电路相匹配，易于实现大规模集成化生产。由于优点众多，目前台式机和笔记本电脑的主流显示器采用了 TFT-LCD。

嵌入式系统产品上广泛使用的液晶屏是 STN-LCD、DSTN-LCD 和 TFT-LCD。下面我们给出典型的嵌入式产品的液晶屏参数。①常见的嵌入式教学实验箱液晶屏：4096 色、STN 屏、640 × 480 像素、5.7 英寸；②诺基亚公司 6300 型手机：1600 万色、TFT 彩色屏幕、240 × 320 像素、2.0 英寸；③苹果公司 iPhone 手机：1600 万色、320 × 480 像素、点距：每英寸 160 像素（相当于 0.15mm）、3.5 英寸。

（4）LCD 模块和 LCD 控制器

市场上销售的 LCD 有两种类型。一种是带有驱动电路的 LCD 显示模块，这种 LCD 可以与各种低档单片机进行接口，如 8051 系列单片机。另外一种是 LCD 显示屏，它需要配接驱动电路才能使用。

三星公司的 S3C2410A 处理器片内集成了 LCD 控制器，该控制器具备 LCD 驱动能力，其内部结构如图 9-35 所示。

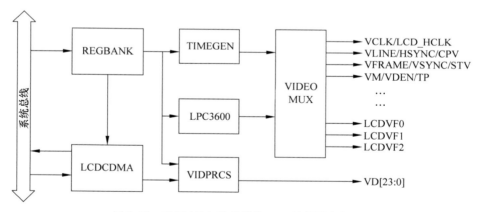

图 9-35　S3C2410A 处理器的 LCD 控制器方框图

在图 9-35 中，我们可以看到 LCD 控制器内含 6 个逻辑模块。REGBANK 是 LCD 控制器的寄存器组，拥有 17 个可编程寄存器和一个 256 × 16 的调色板存储器，用来对 LCD 控制器的各项参数进行设置。而 LCDCDMA 则是 LCD 控制器专用的 DMA 数据通道，负责将视频数据从显示存储器读出，经过 VIDPRCS（视频信号处理单元）逻辑从 VD[23:0] 总线发送给 LCD 屏。借助这种特殊的 DMA 通道，视频数据可以无需 CPU 处理就在显示屏上显示出来。VIDPRCS 逻辑将对经过它的显示数据进行格式变换，例如为 4/8 位的单扫描屏或者 4 位双扫描屏提供数据。TIMEGEN（时序信号产生单元）由可编程逻辑组成，负责产生各种 LCD 驱动程序常用的接口定时信号和时钟速率。TIMEGEN 产生的信号有 VSYNC、HSYNC、VCLK、VDEN。LPC3600 是专用定时器，用于三星公司 LTS350Q1-PD1/2 型 3 英寸竖向 256 色 TFT 液晶屏。

（5）S3C2410A 内嵌 LCD 控制器的特性

对于 STN-LCD：

- 支持 3 种扫描方式的 STN 屏：4 位单扫、4 位双扫和 8 位单扫。
- 支持单色 LCD 屏：4 级灰度和 16 级灰度屏。
- 支持 256 色和 4096 色彩色 STN 屏（CSTN）。
- 支持分辨率为 640×480、320×240、160×160 及其他规格的多种 STN 屏。最大显存空间为 4MB。在 256 色显示模式下，最大可支持 4096×1024、2048×2048 和 1024×4096 三种分辨率。

对于 TFT-LCD：

- 支持单色、4 级灰度、16 色和 256 色的彩色调色板显示模式。
- 支持 64K 和 16M 色非调色板显示模式。
- 支持分辨率为 640×480，320×240 及其他多种规格的 LCD。最大显存空间为 4MB。在 64K 色彩显示模式时，最大可支持 2048×1024 分辨率。

（6）S3C2410A LCD 控制器的控制信号

对于控制 TFT 屏来说，除了要向它发送视频数据（VD［23：0］）以外，还有以下 6 个信号是必不可少的，分别是：

1）VSYNC（垂直同步信号）：用来指示新的一帧图像的开始。

2）HSYNC（水平同步信号）：用来给出新的一行扫描信号的开始。

3）VCLK（像素时钟）：是 LCD 控制器和 LCD 驱动器的像素时钟信号，LCD 控制器在 VCLK 信号的上升沿处将数据送出，在 VCLK 信号的下降沿处被 LCD 控制器采样。

4）VDEN（数据有效信号）：视频数据使能信号。

5）LEND（行结束信号）：行扫描结束信号，LCD 驱动器在每扫描一行像素后给出该信号。

6）LCD_PWREN（液晶屏使能信号）：控制 LCD 控制器的开或关，以便降低功耗，它需要 LCD 控制器硬件设计的支持。

9.4.3 触摸屏

触摸屏是一种历史悠久的外部设备，早在 20 世纪 60 年代触摸屏就已经在一些公共场合得到使用。目前，它已经成为重要的嵌入式输入设备，广泛应用在个人自助存款取款机、PDA、媒体播放器、汽车导航器、智能手机、医疗电子设备等方面，使用频度仅次于键盘和鼠标。触摸屏不是独立的输入设备，它必须安装在液晶屏上，在液晶屏显示数据时才能使用。

触摸检测装置和触摸屏控制器是触摸屏系统的两个主要组成部分。触摸检测装置安装在显示器屏幕前面，用于检测用户触摸位置，接收后送到触摸屏控制器。触摸屏控制器的主要作用是从触摸点检测装置上接收触摸信息，并将它转换成触点坐标，再送给 CPU；同时它能接收 CPU 发来的命令并加以执行。目前，国内广泛使用的嵌入式触摸屏专用控制芯片有 ADS7843、ADS7846、UCB1400 等。

根据触摸检测工作原理的不同，可以把触摸屏分成电阻式、电容式、表面声波、红外线扫描和近场成像式等几大类，其中使用最广泛的是电阻式触摸屏。其主要特点是精确度高，不受环境干扰，适用于各种场合。

　　电阻式触摸屏由 4 层透明薄膜构成，最下面是玻璃或有机玻璃构成的基层，最上面是外表面经过硬化处理从而光滑防刮的塑料层，附着在上下两层内表面的两层为金属导电层。电极选用导电性极好的材料构成。当用笔或手指触摸屏幕时，两个导电层在触摸点处接触。

　　触摸层的两个金属导电层分别用来测量 X 轴和 Y 轴方向的坐标。用于测量 X 坐标的导电层从左右两端引出两个电极，记为 X_+ 和 X_-。用于测量 Y 坐标的导电层从上下两端引出两个电极，记为 Y_+ 和 Y_-，这就是四线电阻触摸屏的引线构成。

　　当在一对电极上施加电压时，在该导电层上就会形成均匀连接的电压分布。其工作原理图如图 9-36 所示。

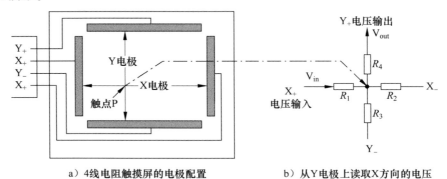

　　　a）4 线电阻触摸屏的电极配置　　　　　　　b）从 Y 电极上读取 X 方向的电压

图 9-36　4 线电阻触摸屏原理图

　　如果在 X 方向的电极对上施加一确定的电压 V_{in}，而 Y 方向电极对上不加电压，那么在 X 平行电场中，触点 P 的电压值 V_x 可在 Y 电极上反映出来。通过测量 Y_+ 电极对地的电压大小，便可得知触点的坐标 D_x。用同样的方法也可以得知触点 P 的 Y 坐标 D_y。计算公式如下：

$$V_x = \frac{V_{in}}{R_1 + R_2} \times R_2 \tag{9-2}$$

$$V_y = \frac{V_{in}}{R_3 + R_4} \times R_4 \tag{9-3}$$

$$D_x = \frac{V_x}{V_{ref}} \times 2^n \tag{9-4}$$

$$D_y = \frac{V_y}{V_{ref}} \times 2^n \tag{9-5}$$

　　公式（9-2）和公式（9-3）是 P 点的测量电压计算公式。公式（9-4）和公式（9-5）是 P 点输出的二进制代码计算公式，以 BB（Burr-Brown）公司出产的触摸屏控制器 ADS7843 为例，其中的 V_{ref} 是内部的 AD 转换器的参考电压，n 为转换精度（$n=8$，或者 $n=12$）。

　　送回触摸屏控制器的 X 坐标值 D_x 与 Y 坐标值 D_y 仅是对当前触摸点的电压值的 A/D 转换值，它不具有实用价值。这个值的大小不但与触摸屏的分辨率有关，而且也与触摸屏与 LCD 贴合的情况有关。而且，LCD 分辨率与触摸屏的分辨率一般不一样，坐标也不一样。因此，如果想得到反映 LCD 坐标的触摸屏位置，还需要在程序中进行转换。假设 LCD 分辨率是 320 × 240，坐标原点在左上角；触摸屏分辨率是 900 × 900，坐标原点在左上角，则转换公式如下：

$$X_{LCD} = 320(D_x - X_{min})/(X_{max} - X_{min})$$
$$Y_{LCD} = 240(D_y - Y_{min})/(Y_{max} - Y_{min}) \tag{9-6}$$

其中 X_{LCD} 和 Y_{LCD} 是液晶屏的 X 坐标值与 Y 坐标值，X_{max}、X_{min}、Y_{max}、Y_{min} 分别是触摸屏 X 轴向和 Y 轴向的最大值和最小值。

ADS7843 与 LCD 和 S3C44B0X 的接线

ADS7843 是一个具备内置 12 位 A/D 转换和低导通电阻模拟开关的同步串行接口芯片，可支持高达 125KHz 的转换速率，它的工作电压 Vcc 为 2.7V ~ 5V，参考电压 V_{ref} 在 1V 到 + V_{CC} 之间，参考电压的数值决定转换器的输入电压范围。在 125KHz 吞吐速率和 2.7V 电压下的功耗为 750μW，在关闭模式下的功耗仅为 0.5μW。ADS7843 有 8 位/12 位两种 AD 转换精度。

ADS7843 有一个单字节的控制字寄存器。其中的位定义如表 9-16 所示。

表 9-16 ADS7843 的控制字

位	名称	描述
7	S	必须做到 S = 1，标志数据传输开始
6 ~ 4	A2 ~ A0	通道选择
3	MODE	12 或 8 位转换选择，取值 0 = 12 位，取值 1 = 8 位
2	SER/nDFR	参考电压设置模式选择，1 = 固定模式，0 = 差动模式
1 ~ 0	PD1 ~ PD0	电源模式，00 为中断低功耗模式，11 为连续工作模式

ADS7843 和外部进行数据交换时要使用 SPI 总线，而 S3C44B0X 没有 SPI 总线接口，所以采用通用 I/O 口软件模拟 SPI。图 9-37 给出了 ADS7843 触摸屏控制芯片与 LCD 以及 S3C44B0X 的通用 I/O 端口 G 的接线方法。具体寄存器设置如下。

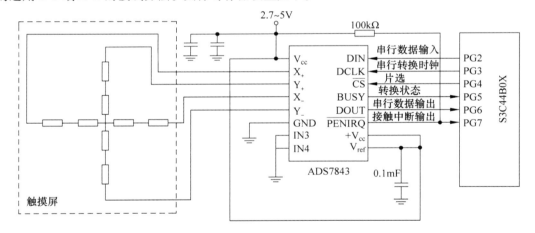

图 9-37 ADS7843 触摸屏控制芯片与 LCD 和 S3C44B0X 的接线

- 端口配置寄存器 rPCONG = 0x015F，决定 PG0 ~ PG7 的工作方式。
- 端口上拉寄存器 rPUPG& = 0x7F，用来设定端口是否具有内部上拉。

注意：本书配套光盘上存放了一些在 ARM300 – S 实验板上测试或者运行的驱动程序和应用程序。其中有涉及 ADS7843 触摸屏驱动程序源代码的工程文件夹，它们可以在 ADS 1.2 环境下打开。ADS7843 芯片是触摸屏的控制芯片，裸机驱动程序有两个，一个是 tchScr.h，另一个是 tchScr.c。有兴趣的读者可以在 ADS 1.2 环境下打开工程管理文件，阅读 tchScr.h 和 tchScr.c 这两个驱动程序。此外，如果尝试编译和链接，则能够无错通过，生成可执行的映像文件。

下面我们首先给出 ADS7843 芯片的 C 语言头文件 tchScr.h 的源代码清单。

程序清单 9-2

```
#include "def.h"

#define ADS7843_CTRL_START        0x80
#define ADS7843_GET_X             0x50
#define ADS7843_GET_Y             0x10
#define ADS7843_CTRL_12MODE   0x0
#define ADS7843_CTRL_8MODE    0x8
#define ADS7843_CTRL_SER      0x4
#define ADS7843_CTRL_DFR      0x0
#define ADS7843_CTRL_DISPWD   0x3      // Disable power down
#define ADS7843_CTRL_ENPWD    0x0      // enable power down

#define ADS7843_PIN_CS        (1<<6)   // GPF6
#define ADS7843_PIN_PEN       (1<<5)   // GPG5
// #define ADS7843_PIN_BUSY   (1<<6)

// // // // //触摸屏动作// // // //
#define TCHSCR_ACTION_NULL      0
#define TCHSCR_ACTION_CLICK     1          // 触摸屏单击
#define TCHSCR_ACTION_DBCLICK   2          // 触摸屏双击
#define TCHSCR_ACTION_DOWN      3          // 触摸屏按下
#define TCHSCR_ACTION_UP        4          // 触摸屏抬起
#define TCHSCR_ACTION_MOVE      5          // 触摸屏移动

#define TCHSCR_IsPenNotDown   (rPDATG&ADS7843_PIN_PEN)

void TchScr_GetScrXY(int *x, int *y, U8 bCal);
U32 TchScr_GetOSXY(int *x, int *y);
void TchScr_Test(void);
void TchScr(void);
```

下面给出了 tchScr.c 驱动程序中的主要源代码，其中两个主要函数完整地展示出来了。

程序清单 9-3

```
#include "44b.h"
#include "LCD320.h"
#include "tchScr.h"
#include "maro.h"

#define ADS7843_CMD_X  (ADS7843_CTRL_START|ADS7843_GET_X|    \
ADS7843_CTRL_12MODE|ADS7843_CTRL_DFR|ADS7843_CTRL_ENPWD)
// 采样 x 轴电压值,数据为 12 位,参考电压输入模式为差分模式,允许省电模式
#define ADS7843_CMD_Y  (ADS7843_CTRL_START|ADS7843_GET_Y|    \
ADS7843_CTRL_12MODE|ADS7843_CTRL_DFR|ADS7843_CTRL_ENPWD)

int TchScr_Xmax=1876,TchScr_Xmin=269,
    TchScr_Ymax=229,TchScr_Ymin=1725;   // 触摸屏返回电压值范围

void TchScr_GetScrXY(int *x, int *y, U8 bCal)
{   /*  本函数通过 ADS7843 芯片读取触摸屏触摸点坐标,
        语句省略。请打开配套光盘上的工程文件,阅读 tchScr.c 的全部源代码。
    */
}
```

```
U32 TchScr_GetOSXY(int *x, int *y)
{   /*ADS7843 读取结果坐标并返回触摸动作的函数清单 */
    static U32 mode = 0;
    static int oldx,oldy;
    int i,j;
    for(;;)
    {
        if((mode! = TCHSCR_ACTION_DOWN) && (mode! = TCHSCR_ACTION_MOVE))
        {
            if(!TCHSCR_IsPenNotDown)           // 有触摸动作
            {
                TchScr_GetScrXY(x, y,TRUE); // 得到触摸点坐标
                for(i = 0; i < 40; i + +)
                {
                    if(TCHSCR_IsPenNotDown) // 抬起
                        break;
                    Delay(100);
                }
                if(i < 40)                      // 在规定的双击时间之内抬起,检测是不是及时按下
                {
                    for(i = 0; i < 60; i + +)
                    {
                        if(!TCHSCR_IsPenNotDown)
                        {
                            if (i < 10)
                            {
                                i = 60;         // 如果单击后很短时间内按下,不视为双击
                                break;
                            }

                            mode = TCHSCR_ACTION_DBCLICK;
                            for(j = 0; j < 40; j + +) Delay(100);
                            // 检测到双击后延时,防止拖尾
                            break;
                        }

                        Delay(100);
                    }
                    if(i = = 60)                // 没有在规定的时间内按下
                        mode = TCHSCR_ACTION_CLICK;
                }
                else                             // 没有在规定的时间内抬起
                {
                    mode = TCHSCR_ACTION_DOWN;
                }

                break;
            }
        }
        else
        {
            if(TCHSCR_IsPenNotDown)              // 抬起
            {
                mode = TCHSCR_ACTION_UP;
```

```
                *x = oldx;
                *y = oldy;
                return mode;
            }
            else
            {
                TchScr_GetScrXY(x, y, TRUE);
                if(ABS(oldx - *x) > 4 || ABS( oldy - *y) > 4)   // 有移动动作
                {
                    mode = TCHSCR_ACTION_MOVE;
                    break;
                }
            }
        }
        Delay(50);
    }
    oldx = *x;
    oldy = *y;
    return mode;
}


void TchScr_Test()
{
        语句省略。请打开配套光盘上的工程文件, 阅读 tchScr.c 的全部源代码。
}


void TchScr()
{   /*  处理用户操作触摸屏的各种动作  */
    U32 mode;
    int x, y;

    for(;;)
    {
        mode = TchScr_GetOSXY(&x, &y);
        switch(mode)
        {
        case TCHSCR_ACTION_CLICK:
            Uart_Printf("Action = click:x = %d, \ty = %d\n", x, y);
            LCD_Cls_320_40();
            LCD_printf_320_40("Action = click:x = %d, \ty = %d\n", x, y);
            LED_Display(x, y);
            break;
        case TCHSCR_ACTION_DBCLICK:
            Uart_Printf("Action = double click:x = %d, \ty = %d\n", x, y);
            LCD_Cls_320_40();
            LCD_printf_320_40("Action = double click:x = %d, \ty = %d\n", x, y);
            LED_Display(x, y);
            break;
        case TCHSCR_ACTION_DOWN:
            Uart_Printf("Action = down:x = %d, \ty = %d\n", x, y);
            LCD_Cls_320_40();
            LCD_printf_320_40("Action = down:x = %d, \ty = %d\n", x, y);
            LED_Display(x, y);
            break;
```

```
case TCHSCR_ACTION_UP:
    Uart_Printf("Action = up:x = %d,\ty = %d\n",x,y);
    LCD_Cls_320_40();
    LCD_printf_320_40("Action = up:x = %d,\ty = %d\n",x,y);
    LED_Display(x,y);
    break;
case TCHSCR_ACTION_MOVE:
    Uart_Printf("Action = move:x = %d,\ty = %d\n",x,y);
    LCD_Cls_320_40();
    LCD_printf_320_40("Action = move:x = %d,\ty = %d\n",x,y);
    LED_Display(x,y);
    break;
}
Delay(1000);
}
}
```

9.5 本章小结

本章首先讲解了嵌入式系统常用的半导体存储器，包括 Nor Flash、Nand Flash 和 SDRAM。随后讲解了常用的嵌入式总线技术和接口技术，其中总线方面包括 I^2C、SPI 和 CAN，接口方面包括 UART、GPIO 和以太网。目前，嵌入式系统联网需求比较突出，为此介绍了外置以太网控制器 RTL8019。本章最后讲述了嵌入式系统常用的外部设备，包括键盘、液晶屏和触摸屏。

9.6 习题和思考题

9-1 请计算图 9-19 中 IS42S16400 内存芯片的总容量。

9-2 试说明 SDRAM 的用途和特点。

9-3 试根据表 9-6，设计容量分别为 16MB 和 32MB 的两种 SDRAM 存储器，总线宽度为 16 位。请问一共有多少种配置方法？

9-4 FLASH 存储器和 SDRAM 存储器配接 CPU 时，地址线如何连接？

9-5 I^2C 总线、SPI 总线和 CAN 总线的技术特点分别是什么？它们是如何实现总线仲裁的？它们分别适用于何种场合？

9-6 哪些嵌入式部件/模块能够使用 I^2C 总线？

9-7 CAN 总线的一个数据帧的长度是多少？CAN 总线的传输速率是多少？它主要应用于什么方面？

9-8 S3C44B0X 的 UART 有哪些基本功能？

9-9 编写一个 S3C44B0X 的 UART0 驱动程序。要求：波特率 115200b/s，8 个数据位，2 个停止位，1 个奇偶校验位，采用流控制。

9-10 触摸屏控制芯片的主要功能是什么？

9-11 液晶显示器有哪些主要的技术指标？

参 考 文 献

［1］ 李佳编．ARM 系列处理器应用技术完全手册［M］．北京：人民邮电出版社，2006.

［2］ 马忠梅，等．ARM 嵌入式处理器结构与应用基础［M］．北京：北京航空航天大学出版社，2007.

［3］ 王田苗．嵌入式系统设计与实例开发［M］．北京：清华大学出版社，2003.

［4］ 沃尔夫．嵌入式计算机系统设计原理［M］．孙玉芳，等译．北京：机械工业出版社，2002.

［5］ 田泽．嵌入式系统开发与应用［M］．北京：北京航空航天大学出版社，2005.

［6］ 探矽工作室．嵌入式系统开发圣经［M］北京：中国铁道出版社，2003.

［7］ Steve Furber. ARM SoC 体系结构［M］．田泽，于敦山，等译．北京：北京航空航天大学出版社，2002.

［8］ 贾智平，张瑞华．嵌入式系统原理与接口技术［M］．北京：清华大学出版社，2009.

［9］ Andrew N. Sloss，等．ARM 嵌入式系统开发 – 软件设计与优化［M］．沈建华，译．北京：北京航空航天大学出版社，2005.

［10］ 杜春雷．ARM 体系结构与编程［M］．北京：清华大学出版社，2003.

［11］ 常春喜．快擦写存储器结构及机理［J］．国防科技大学学报，1998.

［12］ 来清民，来俊鹏．ARM Cortex-M3 嵌入式系统设计和典型实例——基于 LM3S811［M］．北京：北京航空航天大学出版社，2013.

［13］ 胥静．嵌入式系统设计与开发实例详解［M］．北京：北京航空航天大学出版社，2005.

［14］ 沈文斌．嵌入式硬件系统设计与开发实例详解［M］．北京：电子工业出版社，2005.

［15］ 陈连坤．嵌入式系统的设计与开发［M］．北京：北京交通大学出版社，2005.

［16］ Joseph Yiu. ARM Cortex-M3 权威指南［M］．宋岩，译．北京：北京航空航天大学出版社，2009.

［17］ 马维华．嵌入式系统原理及应用［M］．北京：北京邮电大学出版社，2006.

随着嵌入式系统集成与开发技术的不断发展,嵌入式产品已经逐渐进入人们的工作、生活等各个方面。产业界对嵌入式人才的需求推动了教育界对嵌入式课程的重视和建设,本书自第1版发行至今已有近6年时间,被国内许多高校采用为课程教材。期间嵌入式技术经历了新的飞跃和更替,作者在第2版中加入了新的技术内容并从结构上系统梳理了该领域的知识脉络,以便读者学习。本书作者多年从事嵌入式系统教学,积累了丰富的教学经验,本书也正是基于作者丰富的实践和科研成果编写而成的。

本书特点

- 由宏观到微观,由浅入深:从嵌入式系统行业概述着手,系统介绍嵌入式系统的基本定义、特点、分类和发展等,给读者清晰的整体印象。
- 层次清晰,重点突出:在上一版本的基础上更加系统化地梳理了嵌入式系统的理论层次。同时,以目前市场上常见的ARM处理器为核心,兼顾其他体系结构的处理器,对嵌入式系统硬件理论进行全面介绍。
- 理实并重,内容均衡:本书原理介绍和应用编程语言实例并重,注意理论和实践的结合,帮助读者更好地理解知识。
- 教辅资源丰富:本书将为用书教师提供PPT、教师手册等丰富的教辅资源。用书教师可登录华章网站下载相关资源。

附光盘

投稿热线: (010) 88379604
客服热线: (010) 88378991 88361066
购书热线: (010) 68326294 88379649 68995259

华章网站: www.hzbook.com
网上购书: www.china-pub.com
数字阅读: www.hzmedia.com.cn

上架指导: 计算机/嵌入式

ISBN 978-7-111-47998-7

9 787111 479987

定价: 49.00元 (附光盘)